机械基础件的偏载与修形理论

周建军　楼　易　刘鹄然　著

科学出版社

北　京

内 容 简 介

本专著以数学物理方程为支撑工具，对常见的机械偏载问题进行研究，求解机械中的偏载和修形问题，并给出工程应用实例。内容包括圆柱齿轮的偏载与修形、圆弧齿轮的偏载与修形、圆锥齿轮的偏载与修形、联轴器和键的偏载与修形、螺旋的偏载与修形、板带轧机轧辊的偏载与凸度补偿、蜗轮蜗杆副的偏载与修形、偏载的对称性等。

本专著可供机械设计工程领域的技术人员和研究人员参考，也可供相关专业的教师、研究生及高年级本科生参考。

图书在版编目（CIP）数据

机械基础件的偏载与修形理论/周建军，楼易，刘鹄然著. —北京：科学出版社，2019.11

ISBN 978-7-03-062928-9

Ⅰ. ①机… Ⅱ. ①周… ②楼… ③刘… Ⅲ. ①机械元件-偏载 ②机械元件-修形 Ⅳ. ①TH13

中国版本图书馆 CIP 数据核字（2019）第 241944 号

责任编辑：余 丁 / 责任校对：杨聪敏
责任印制：吴兆东 / 封面设计：蓝 正

科学出版社 出版
北京东黄城根北街 16 号
邮政编码：100717
http://www.sciencep.com

北京虎彩文化印刷有限公司 印刷

科学出版社发行 各地新华书店经销

*

2019 年 11 月第 一 版 开本：720 × 1000 B5
2019 年 11 月第一次印刷 印张：20 3/4
字数：416 000

定价：199.00 元

（如有印装质量问题，我社负责调换）

前　言

机械基础件是组成机器不可拆分的基本单元，是装备制造业赖以生存和发展的基础之一，其水平直接决定着重大装备和主机产品的性能、质量和可靠性。随着机械装备的发展，国民经济对机械装备服役性能的要求越来越高，如长寿命工作、极端环境条件下工作等，其中基础件的可靠服役性能决定了整机的性能。

作为典型机械基础件之一，齿轮传动具有受载复杂、自身结构及几何形状复杂、制造工艺复杂等特点。本专著以齿轮传动为重点，研究了齿轮长期运转工作时齿面的受力、轮体的变形和由此造成的偏载，以及由偏载导致的齿轮失效，并以失效事实为依据，提出考虑齿轮实际工作状况的偏载齿轮的载荷计算理论，探讨相应的修形方法，理论和实践上都有重大意义，部分内容属国内外首次提出，具有创新性。

在研究齿轮传动偏载的基础上，本专著的最后两章还就其他典型机械基础件服役中的偏载问题、载荷与基础件自身的几何结构、受载几何结构变形协调等问题和工作时的特点作了研究，对改善偏载、轻量化设计、采取合适的修形量等方面也作了一些探讨。

本专著的特点是：把数学物理方程系统地应用于齿轮和其他机械基础传动件的偏载问题的分析和求解之中，采用数学形式化推导分析，具有计算方法简洁明了、直接给出解析结果、便于计算机统一编程求解等特点。尤其是可以直接算出对应偏载的精确修形量，这是其他方法无法实现的。

本专著的出版得到清华大学摩擦学国家重点实验室开放基金(SKLTK14A06)、华中科技大学数控技术国家重点实验室开放基金(DMETKF2015016)、浙江大学工业控制技术国家重点实验室开放课题(ICT170299)资助。

本专著的整体构架由杭州电子科技大学周建军教授构思；第 1、7、8、9 章由杭州电子科技大学周建军教授撰写；第 2、3、5、6 章由浙江科技学院楼易副教授撰写；第 4 章由浙江科技学院楼易副教授、杭州电子科技大学周建军教授、浙江科技学院刘鹄然教授撰写；全书由杭州电子科技大学周建军教授统稿和终审。

感谢东北大学蔡春源教授、鄂中凯教授、何德芳教授，北京科技大学朱孝录教授，华中科技大学钟毅芳教授、刘志善教授，清华大学蒋孝煜教授等学术老前辈的指导。

希望本专著的出版对繁荣学术，推动我国机械基础件的研究及应用有所裨益。因作者水平有限和时间仓促，不妥之处在所难免，望广大读者指正。

目　录

第1章 绪　　论

机械基础件是组成机器不可拆分的基本单元，包括：轴承、齿轮、液压件、液力元件、气动元件、密封件、链与链轮、传动联结件、紧固件、弹簧、粉末冶金零件、模具等。机械基础件是装备制造业赖以生存和发展的基础之一，直接决定着重大装备和主机产品的性能、质量和可靠性。

随着科学技术日新月异，装备制造业智能化、绿色化的发展趋势明显，重大装备和主机产品的应用条件日趋超常态与恶劣，对配套的机械基础零部件、制造工艺和材料均提出了更高的要求，推动机械基础件向长寿命、高可靠性、轻量化、减免维修方向发展。

机械基础件中，齿轮是量大面广、受力复杂、制造工艺要求高的重要零件，在一定程度上说，齿轮的设计生产技术水平代表了一个国家机械基础件工业的发展水平。

随着近代工业的迅速发展，齿轮技术也有了很大发展。尤其是近 30 年来，随着重大装备和高端装备发展的配套要求的提升，齿轮传动在啮合理论、承载能力计算、制造技术等方面，都有了很大进步。其中，齿轮设计中的力分析技术，真实接触齿面的载荷精确分析，齿轮的几何结构、材料及其热处理工艺等方面直接影响齿轮的服役性能。

研究齿轮副工作时的受力状况，除了要研究整体的受力以外，还要研究其局部沿齿向的载荷分布。因此要考虑负荷沿轮齿的接触线分布不均匀而对齿轮的载荷带来的影响。在众多传动中，失效主要是由齿向载荷分布不均引起的。分析影响载荷分布不均的因素，改善和减轻载荷分布不均的状况，一直是齿轮承载能力研究中的极具重要性、极具理论和实际意义的问题。

1.1　偏载现象描述

如果制造的机械零件无制造装配误差，同时又是绝对刚性的，则啮合齿面对在啮合力的作用下沿接触线均匀紧密地贴合在一起，载荷一定是均匀分布在接触线上，但实际上由于各种因素的影响，齿轮副啮合时的载荷总是存在不同程度的分布不均匀，这种不均匀受力现象就是偏载。由偏载造成的齿轮轮齿断裂如

图 1.1.1 所示。

图 1.1.1　由偏载造成的齿轮轮齿断裂

1.2　偏载的定义

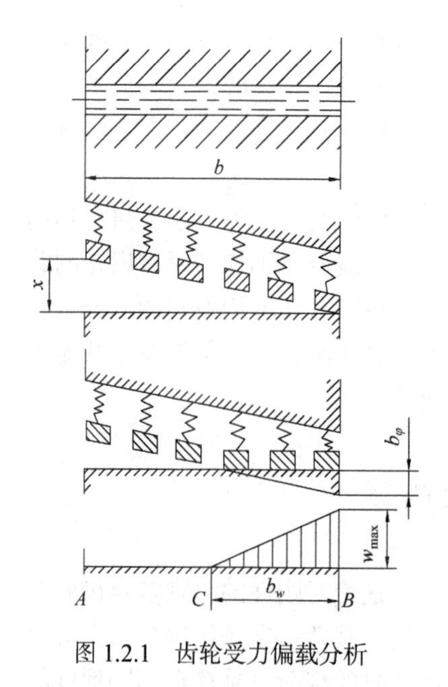

图 1.2.1　齿轮受力偏载分析

偏载指载荷沿零件表面的不均匀分布，如图 1.2.1 所示。影响载荷沿齿向分布不均匀的因素很多，主要有：齿轮支承的布置、齿轮加工误差、支承孔的误差、齿轮轴的各种制造误差、载荷状况、齿轮结构、轴与箱体的刚度、支承部位刚度、相关零件的工作热变形等。

齿向载荷分布不均匀对齿面接触强度和轮齿弯曲强度的影响各有不同。齿面接触强度计算用均匀分布的载荷进行。当支承对齿轮不对称布置时，轴受载后产生弯曲变形，如图 1.2.2 所示。轴上齿轮随之倾斜，使载荷集中于齿宽的一侧，齿宽愈大，轴的刚度愈低，载荷集中现象将愈严重。采用鼓形齿或齿端修薄措施，可有效减小齿向载荷分布不均匀程度。

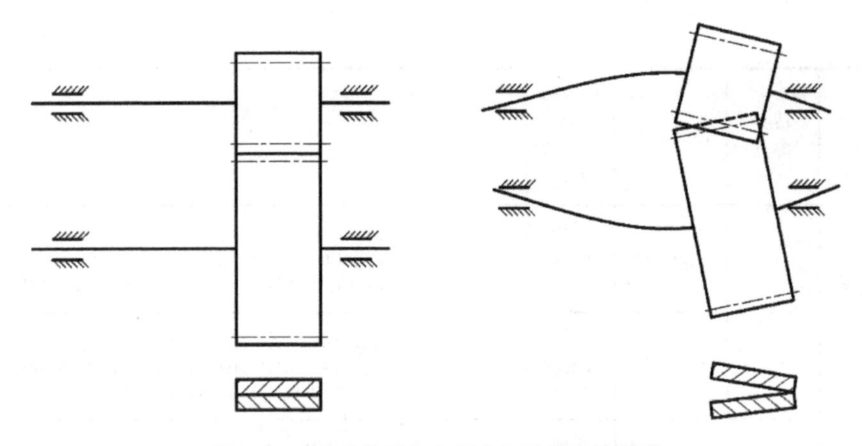

图 1.2.2　轴受载后产生弯曲变形和扭转变形

1.3　偏载的衡量

衡量偏载需要用到齿向载荷分布因数 $K_{H\beta}$、$K_{F\beta}$。影响载荷沿齿向分布不均匀的因素很多，主要有：支承对齿轮的布置、齿轮加工误差、箱体镗孔偏差、轴线平行度、载荷状况、齿轮结构、轴与箱体的刚度、支承误差与刚度、相关零件的热变形等。

齿向载荷分布不均匀对齿面接触强度和轮齿弯曲强度的影响不同，齿面接触强度计算用 $K_{H\beta}$，轮齿弯曲强度计算用 $K_{F\beta}$。简化计算时，$K_{H\beta}$ 见表 1-1，$K_{F\beta}$ 可由表 1-1 根据精度等级、支承布置等来查取。

表 1-1　齿向载荷分布因数 $K_{H\beta}$ 的简化计算公式

	精度等级	小齿轮相对支承的布置	$K_{H\beta}$
调质齿轮(检验调整或对研跑合)	6	对称	$K_{H\beta}=1.11+0.18(b/d_1)^2+0.15\times10^{-3}b$
		非对称	$K_{H\beta}=1.11+0.18[1+0.6(b/d_1)^2](b/d_1)^2+0.15\times10^{-3}b$
		悬臂	$K_{H\beta}=1.11+0.18[1+6.7(b/d_1)^2](b/d_1)^2+0.15\times10^{-3}b$
	7	对称	$K_{H\beta}=1.12+0.18(b/d_1)^2+0.23\times10^{-3}b$
		非对称	$K_{H\beta}=1.12+0.18[1+0.6(b/d_1)^2](b/d_1)^2+0.23\times10^{-3}b$
		悬臂	$K_{H\beta}=1.12+0.18[1+6.7(b/d_1)^2](b/d_1)^2+0.23\times10^{-3}b$
	8	对称	$K_{H\beta}=1.15+0.18(b/d_1)^2+0.31\times10^{-3}b$
		非对称	$K_{H\beta}=1.15+0.18[1+0.6(b/d_1)^2](b/d_1)^2+0.31\times10^{-3}b$
		悬臂	$K_{H\beta}=1.15+0.18[1+6.7(b/d_1)^2](b/d_1)^2+0.31\times10^{-3}b$

续表

	精度等级	限制条件	小齿轮相对支承的布置	$K_{H\beta}$
硬齿面齿轮(装配时检验调整)	5	$K_{H\beta}\leqslant 1.34$	对称	$K_{H\beta}=1.05+0.26(b/d_1)^2+0.1\times 10^{-3}b$
			非对称	$K_{H\beta}=1.05+0.26[1+0.6(b/d_1)^2](b/d_1)^2+0.1\times 10^{-3}b$
			悬臂	$K_{H\beta}=1.05+0.26[1+6.7(b/d_1)^2](b/d_1)^2+0.1\times 10^{-3}b$
		$K_{H\beta}>1.34$	对称	$K_{H\beta}=0.99+0.31(b/d_1)^2+0.12\times 10^{-3}b$
			非对称	$K_{H\beta}=0.99+0.31[1+0.6(b/d_1)^2](b/d_1)^2+0.12\times 10^{-3}b$
			悬臂	$K_{H\beta}=0.99+0.31[1+6.7(b/d_1)^2](b/d_1)^2+0.12\times 10^{-3}b$
	6	$K_{H\beta}\leqslant 1.34$	对称	$K_{H\beta}=1.05+0.26(b/d_1)^2+0.16\times 10^{-3}b$
			非对称	$K_{H\beta}=1.15+0.26[1+0.6(b/d_1)^2](b/d_1)^2+0.26\times 10^{-3}b$
			悬臂	$K_{H\beta}=1.15+0.26[1+6.7(b/d_1)^2](b/d_1)^2+0.26\times 10^{-3}b$
		$K_{H\beta}>1.34$	对称	$K_{H\beta}=1.0+0.31(b/d_1)^2+0.19\times 10^{-3}b$
			非对称	$K_{H\beta}=1.0+0.31[1+0.6(b/d_1)^2](b/d_1)^2+0.19\times 10^{-3}b$
			悬臂	$K_{H\beta}=1.0+0.31[1+6.7(b/d_1)^2](b/d_1)^2+0.19\times 10^{-3}b$

注：①式中 b 为齿宽(mm)，d_1 为小齿轮分度圆直径(mm)。

②其他精度等级，以及装配时不作检验调整或对研跑合的计算公式见 GB/T 3480—1997。

为改善由支承不对称布置引起的载荷集中程度，对于刚度较低的小齿轮轴，宜把轴的转矩输入端安置在远离齿轮端，可使轮齿的扭转变形与轴的弯曲变形得到一些补偿。

齿向修形(螺旋线修形)是一种较完善的技术措施，使轮齿在实际受载变形及热变形后，沿齿向的载荷分布不均匀现象大大改善，在高速、重载斜齿轮传动中应用较普遍。

对高速、重载齿轮传动，应尽可能避免采用悬臂布置。一般情况下采用时，应适当限制齿宽，缩短悬臂长度，加大轴及支承的刚度，并使未受载时齿面的接触斑点偏离支承点。

1.4 抵消偏载造成的载荷增大的方法

工程中普遍采用的方法就是修形。所谓修形是有意识地微量修整齿轮的齿面，使其偏离理论齿面的工艺措施，有目的地使一对相啮合的齿轮，啮合在空载时呈“失配”状态传动，在受载后能接近“理想”状态传动。按修形部位的不同，轮齿修形可分为齿廓修形和齿向修形，如图 1.4.1 所示。

(1) 齿廓修形

微量修整齿廓，使其偏离理论齿廓。齿廓修形包括修缘、修根和挖根等，如图 1.4.1 所示。修缘是对齿顶附近的齿廓修形。修缘可以减轻轮齿的冲击、振动和噪声，减小动载荷，改善齿面的润滑状态，减缓或防止胶合破坏。修根是对齿根附近的齿廓修形。修根的作用与修缘基本相同，但修根使齿根弯曲强度削弱。采用磨削工艺修形时，为提高工效，有时以小齿轮修根代替配对大齿轮修缘。挖根是对轮齿的齿根过渡曲面进行修整。经淬火和渗碳的硬齿面齿轮，在热处理后需要磨齿，为避免齿根部磨削烧伤和保持残余压应力的有利作用，齿根部不应磨削，为此在切制时可进行挖根。此外，挖根可增大齿根过渡曲线的曲率半径，以减小齿根圆角处的应力集中。

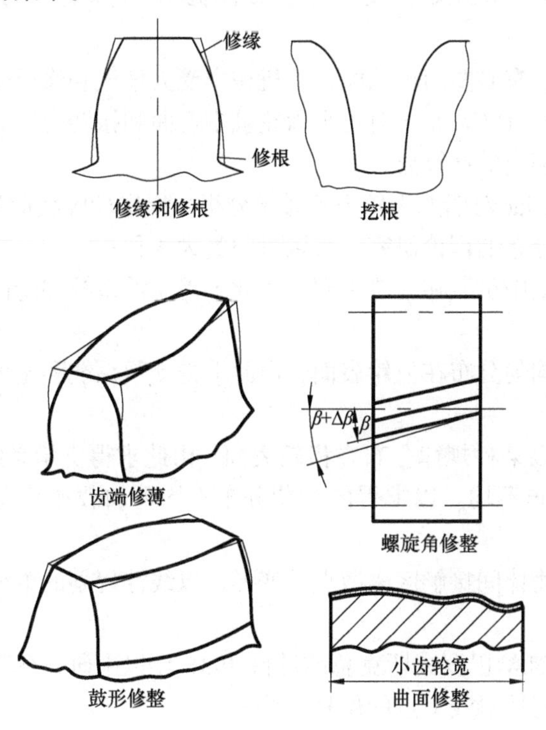

图 1.4.1 齿轮轮齿的修形

(2) 齿向修形

沿齿线方向微量修整齿面，使其偏离理论齿面。通过齿向修形可以改善载荷沿轮齿接触线的不均匀分布，提高齿轮承载能力。齿轮轮齿的修形方法主要有齿端修薄、螺旋角修整、鼓形修整和曲面修整等，如图 1.4.1 所示。齿端修薄是对轮齿的一端或两端在一小段齿宽上将齿厚向端部逐渐削薄。它是最简单的修形方法，但修整效果较差。螺旋角修整是微量改变齿向或螺旋角 β 的大小，使实际齿面位置偏离理论齿面位置。螺旋角修整比齿端修薄效果好，但由于改变的角度很小，不能在齿向各处都有显著效果。鼓形修整是采用齿向修形使轮齿在齿宽中央鼓起，一般两边呈对称形状。鼓形修整虽然可以改善轮齿接触线上载荷的不均匀分布，但是由于齿的两端载荷分布并非完全相同，误差也不完全按鼓形分布，因此修形效果也不理想。曲面修整是按实际偏载误差进行齿向修形。考虑实际偏载误差，特别是考虑热变形，修整以后的齿面不一定总是鼓起的，而通常呈凹凸相连的曲面。曲面修整效果较好，是较理想的修形方法，但计算比较麻烦，工艺比较复杂。

1.5　机械中受力偏载和修形的研究历史

为便于理解，有必要简单回顾一下机械中受力偏载和修形的研究历史。

早在 1923 年，R.Cardner 对透平齿轮轴中弯曲和扭转变形对传动的影响进行了分析，导出了相应的计算公式。

1924 年 W.Sellar 对船舶齿轮失效做了分析，提出齿廓载荷分布不均问题。

对齿轮载荷分布的理论研究，大致可归类为 4 种：

①假定载荷集中负载在齿轮中部，由此求得支承系统和轮齿的变形，进而求载荷分布不均。

②假定载荷均匀分布在齿轮表面，由此求得支承系统和轮齿的变形，反求载荷分布不均。

③假定载荷以某种规律分布在齿轮表面，由此求得支承系统和轮齿的变形，并由此求载荷分布不均。以求得的载荷分布不均再加载在轮齿表面，继续迭代求解。

④由两接触物体间接触区离散点的变形，以线性规划的单纯形法为工具按数字方法求解。

苏联学者 K.N.洽巴罗夫斯克总结过自 1936 年以来研究载荷分布不一致的一般方法、载荷引起接触线上点的位移，等等。

1945 年 H.Poris 等根据齿轮轴的弯曲和扭转变形，对载荷分布问题作了比较严密的分析计算。F.M.Levis 提出更简单而且结果更加精确的方法。

1951 年 J.H.Joughin 及 1954 年 H.E.Merritt 研究了齿轮本体变形引起接触线上点的位移。

1966 年 G.Niemann 等在这方面做了深入研究，考虑了制造误差带来的影响及使用过程载荷的变化。

1971 年苏联学者雅可比尼科夫等，进行了齿轮对轴承位置的配置的敏感性研究，分析了轴承的变形对偏载的影响。

20 世纪 80 年代初，北京钢铁学院范垂本搜集了大量资料，编辑出版了一本著作《齿轮强度设计》，对包括齿轮偏载的齿轮强度各方面问题做了系统综述。引起齿轮传动学界的广泛关注。

20 世纪 80 年代中后期，国际标准化组织齿轮强度计算标准分组召集人，联邦德国学者温特访华讲学，介绍国际动态，在我国学术界掀起研究热潮。同期参与研究的有清华大学蒋孝煜，北京钢铁学院朱孝录，华中工学院钟毅芳、刘志善，重庆大学李润芳，哈尔滨工业大学陈甚文，合肥工业大学朱龙根、胡来瑢，太原工业大学邵家辉，东北工学院蔡春源、鄂中凯、何德芳、潘汝民，中国矿业大学魏任之，以及冶金部北京冶金机械研究院，机械部郑州齿轮研究所等。

20 世纪 90 年代，东北大学蔡春源、鄂中凯、刘鹄然致力于圆弧点啮合齿轮的偏载计算方法的探讨，有一定开拓性意义，因为在此之前研究者难以下手，不知道如何分析。只能以渐开线齿轮的偏载系数来代替。俄罗斯刊物曾摘要报道。

2000 年前后，西澳大利亚帕斯市的 Curtin 大学的一位中国博士后留学生 C. S. Lu 及其导师共同开发了塑料齿轮偏载测试装置。

2010 年前后，日本鸟取大学宫近幸逸研究了非对称齿圈对齿轮偏载的影响，在第 13 届齿轮传动会议上发表了实验结果。

目前，许多国家如美国、俄罗斯、英国、德国和日本，许多有影响的国际组织如国际标准化组织(ISO)等，仍然在各自研究的基础上，提出对这一问题的见解。

1.6　现有偏载计算方法存在的问题

现有偏载计算方法均以假定为前提，假定模型和后续迭代计算的差异导致分析计算结果不一致。实际机械零部件工作受载时，结构的特点、结构的不对称性、局部变形等带来的载荷不均匀分布直接影响齿轮工作中的偏载及服役寿命。由于前述差异，现有的 ISO 国际标准和国内齿轮强度标准存在的问题有：

①齿轮轮体的弯曲和扭转变形造成的偏载分别考虑，分析轮体弯曲时将其看成弹性体，而分析齿面变形时将其看成刚体，忽略了弯扭之间的相互影响。

②在分析轴的弯曲变形时，假定载荷作用在齿宽中间，假定了轴没有偏载，忽略了偏载本身对弯曲变形的影响。

③对于圆弧点啮合齿轮，仍沿用渐开线的偏载计算方法，缺乏对圆弧点啮合的偏载的分析计算理论。

为了解决上述问题，本专著从更早的文献中发掘出新的思路。苏联学者 Часовников Лев Дмитриевич 最先提出用数学物理方程求解齿轮偏载问题。根据轮体变形和轮齿变形的变形协调条件，导出载荷应满足的偏微分方程，可以避免上述矛盾，不用迭代，直接求解得到结果。

本专著继承、推广和扩展了 Часовников Лев Дмитриевич 的理论和方法，有以下几方面贡献：

①从分析齿轮的齿面变形和齿体扭转变形出发，导出了齿轮齿面分布载荷所应满足的常系数二阶微分方程。偏载不仅取决于齿体变形，还取决于轮体变形和扭矩的传递方式。

②同时考虑到齿面误差导出齿轮齿面分布载荷所应满足的二阶非齐次微分方程，偏载不仅取决于齿体变形、轮体变形、扭矩的传递方式，还取决于齿面误差。

③提出设想，人为地给出齿面误差，使载荷均匀。提出相应的抛物线修形方案，修形量既考虑齿体变形又同时考虑轮体变形和扭矩的传递方式。

④综合考虑齿轮扭转变形和齿条的剪切变形,导出齿轮齿条拟合的偏载方程。

⑤综合考虑扭转和弯曲变形,齿轮齿面分布载荷所应满足的 4 阶微分方程，偏载不仅取决于齿体变形，还取决于轮体变形和扭矩的传递方式、齿轮的安装位置。

⑥考虑多对齿轮的啮合，导出齿面分布载荷所应满足的二阶微分方程组及其求解方法。

⑦推广到载荷作用在不连续点的情形，从而推出了圆弧点啮合齿轮扭转偏载的计算公式。从分析齿轮的扭转变形出发，导出了载荷作用在不连续的齿轮齿面时,各载荷点所应满足的偏载矩阵,并分析齿面存在齿形误差时的偏载计算方法。进而提出抵消圆弧点啮合齿轮扭转偏载的修形计算公式。

⑧推广到圆锥齿轮的偏载问题，导出了齿轮齿面分布载荷所应满足的变系数二阶微分方程，偏载不仅取决于齿体变形，还取决于轮体锥度。

⑨推广到花键等类似于齿轮的传动件的偏载问题。

⑩把齿轮的齿面变形和齿体扭转变形超静定问题，衍生到螺纹的牙面变形与螺杆的拉压变形的超静定问题，导出了螺纹牙面分布载荷所应满足的常系数二阶微分方程，偏载不仅取决于牙面变形，还取决于螺杆体的拉压变形和螺栓的紧固方式。

⑪综合考虑轧辊和被轧件的弯曲变形，齿轮齿面分布载荷所应满足的 4 阶微分方程组以及轧辊凸度补偿方法。

本专著最具价值的内容有三部分。其一是抛物线修形方案理论上可以完全均载；其二是圆弧齿轮偏载计算，工程界以前是无从着手的问题；其三是悬置螺杆螺母的最佳截面计算，既使螺杆等强度，又使螺纹牙处处均载，材料的承载能力达到极致，有可能降低各种航空器的自重。

关于本专著的研究方法，非常类似于数学物理方法。数学物理方法包括数学物理方程和特殊函数，是应用数学的一个分支，用于解决工程问题。其特点是，做了一定数学假设后，就一直按数学问题处理。而力学包括实验力学和计算力学等。为写此书，作者专门研读了梁昆淼的《数学物理方法》。每章开始的推导与数学物理方程非常相似。本书还把线性方程、欧拉方程、伯努利方程、微分方程组等数学工具引入数学物理方法，可以说是对数学物理方法的一点贡献。本书没有用到特殊函数。数值方法越来越广泛地应用在机械偏载计算中，相对于有限元等数值方法，解析法有如下优点：

第一，数值计算无法体现齿面局部变形与整个轮体及多个轮体变形的影响；解析法可以更好地体现齿面局部变形与整个轮体及多个轮体变形的影响。

第二，数值计算只能得到某个具体工程算例的计算结果，无法解释得到这种数值结果的原因；解析法除了得到某个具体工程算例的计算结果，还可以解释得到这种数值结果的原因。

第三，数值计算只能得到某个具体工程算例的计算结果，无法解释机械受力变形及相互影响的规律性认识；解析法除了得到某个具体工程算例的计算结果，还可以解释机械受力变形及相互影响的规律性认识。

第四，数值计算需要大量前期数值准备工作，而解析法可以提供通用公式。

第五，数值计算方法，如有限元法等，必须固定一部分单元节点，而齿轮、螺栓螺杆严格地说没有固定点，在空间一边运动，一边受力变形；解析法不需要固定点。

第 2 章　圆柱齿轮的偏载与修形

本章内容：研究圆柱直齿轮的偏载，属于齿轮传动中偏载最基本问题。

本章目的：分析圆柱直齿轮偏载这一最基本问题，帮助读者了解本书的理论基础。

本章特色：将轮体、轮齿变形一起考虑，把齿轮偏载视为超静定问题，没有做不必要的假设，统一在一个方程中采用数学与力学方法求解，对应的推导比较简单易懂。从分析直齿轮扭转变形出发，结合齿体变形，导出了齿轮齿面分布载荷所应满足的二阶微分方程，并提出相应的抛物线齿廓修形方案。修形量不仅取决于齿体变形，还取决于轮体的变形和扭矩的传递方式。

2.1　圆柱外啮合齿轮的偏载与修形

2.1.1　圆柱外啮合齿轮的偏载分析

一对外啮合齿轮传动图如图 2.1.1 所示。

如果齿轮轮体和齿体都是绝对刚体，只要齿廓宏观形状大致准确，载荷必然沿齿宽均匀分布。但实际齿轮材料在受载后有弹性变形，接触线上各点的弹性变形不同，就会造成载荷沿接触线不均匀分布。

图 2.1.1　一对外啮合齿轮传动图

本书所描述的齿轮偏载的数学物理问题可以简单地抽象和归纳为：两个圆柱形扭杆上布满弹簧片，其上作用连续分布力。必然发生两个现象：第一，这些分布力使弹簧片变形；第二，这些分布力使扭杆各截面之间发生相对扭转。这些力和变形需要满足三个条件：第一，作用力等于反作用力，即作用在两个扭杆上的对应点的力大小相对、方向相反；第二，无论扭杆和弹簧片如何变形，变形后这些弹簧片之间始终保持接触；第三，作用在弹簧片上的分布力的合力应该与外加的扭矩平衡。本书的目标是求解出这些分布力的分布规律。为了将定性的分析提升到定量的计算，必须的数学工具就是数学物理方程。

图 2.1.2 为轮齿载荷集中的模型，在未加载时两端面上的半径线 OC 与 $O'C'$ 是平行的，加载后扭转变形使 OC 对 $O'C'$转过一个 $\Delta\phi$ 角而到了 OC''的位置，母线 CC'也变到 $C'C''$的位置，左端的扭角大于右端，即垂直于轴的各断面内的扭角并不相等。在任意一个轴向位置截取一微段，如图 2.1.3 所示，设左截面内力扭矩为 T，右截面为 $T+\mathrm{d}T$，可以得到物理方程：

$$\frac{\mathrm{d}\phi}{\mathrm{d}x}=\frac{T}{GJ} \tag{2.1.1}$$

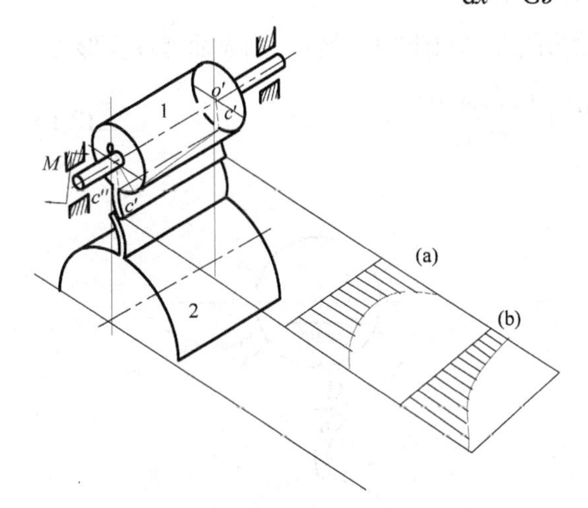

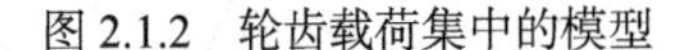
图 2.1.2　轮齿载荷集中的模型

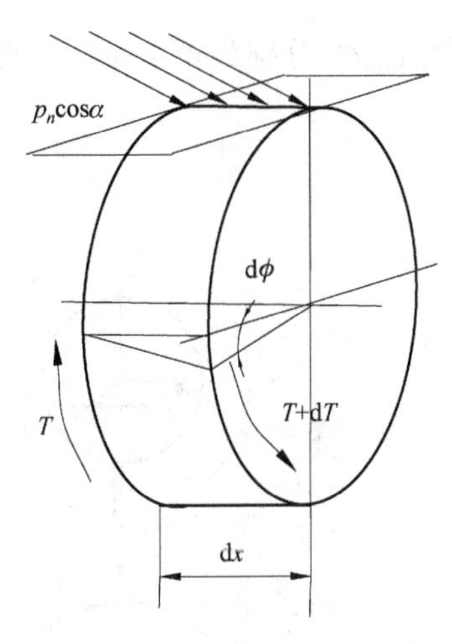

图 2.1.3　微单元受力图

微分一次，得到：

$$\frac{\mathrm{d}^2\phi}{\mathrm{d}x^2}=\frac{\mathrm{d}T}{\mathrm{d}x}\cdot\frac{1}{GJ} \tag{2.1.2}$$

微段的力矩平衡条件为：

$$\left(T+\mathrm{d}T\right)-T=rp\cos\alpha\mathrm{d}x \tag{2.1.3}$$

即：

$$\frac{\mathrm{d}T}{\mathrm{d}x}=rp\cos\alpha \tag{2.1.4}$$

代入式(2.1.2)，可得：

$$\frac{\mathrm{d}^2\phi}{\mathrm{d}x^2}=\frac{rp\cos\alpha}{GJ} \tag{2.1.5}$$

这里的ϕ应理解为两齿轮的相对附加扭转角，对轮 1 和轮 2 分别有：

$$\frac{\mathrm{d}^2\phi_1}{\mathrm{d}x^2}=\frac{r_1 p\cos\alpha}{G_1J_1}\,,\quad \frac{\mathrm{d}^2\phi_2}{\mathrm{d}x^2}=\frac{r_2 p\cos\alpha}{G_2J_2} \tag{2.1.6}$$

分别乘以$r_1\cos\alpha, r_2\cos\alpha$再相加，得到：

$$\cos\alpha\left(r_1\frac{\mathrm{d}^2\phi_1}{\mathrm{d}x^2}+r_2\frac{\mathrm{d}^2\phi_2}{\mathrm{d}x^2}\right)=\left(\frac{r_1^{\,2}}{G_1J_1}+\frac{r_2^{\,2}}{G_2J_2}\right)p\cos^2\alpha \tag{2.1.7}$$

设轮齿综合刚度为C，则有：

$$\frac{1}{C}=\frac{1}{C_1}+\frac{1}{C_2} \tag{2.1.8}$$

式中：C_1,C_2分别为轮 1 和轮 2 的轮齿刚度。如图 2.1.4 所示，则齿面弹性变形为：

$$\beta_2^2=\frac{Cr_2^2\cos^2\alpha}{G_2J_2} \tag{2.1.9}$$

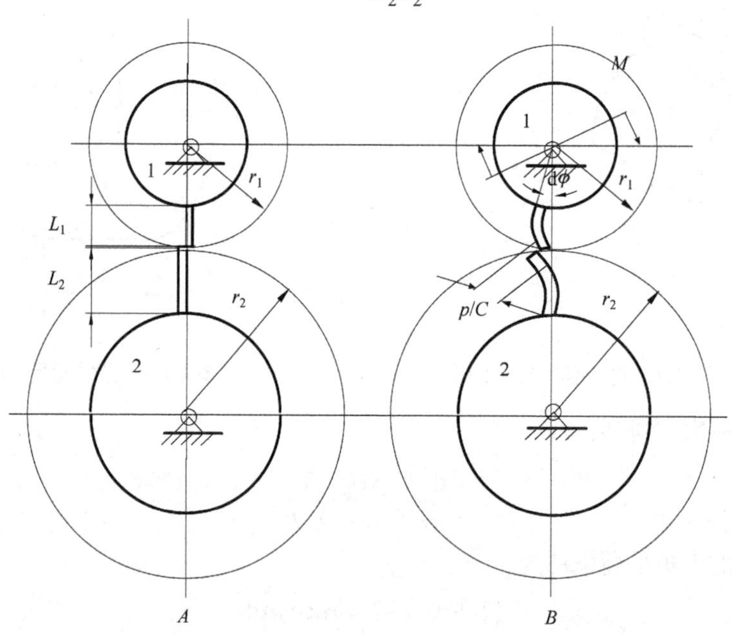

图 2.1.4　变形协调条件

由于轮体变形后，齿面仍然是保持接触的，齿面弹性变形应由两轴的相对附加转动弥补。如图 2.1.4 所示，故有变形协调条件：

$$(r_1\phi_1 + r_2\phi_2)\cos\alpha = \frac{p}{C} \tag{2.1.10}$$

因此齿面载荷分布问题实际上是轮齿变形与轮体扭转变形的超静定问题，对式(2.1.10)微分两次：

$$(r_1\phi_1'' + r_2\phi_2'')\cos\alpha = \frac{p''}{C} \tag{2.1.11}$$

代入式(2.1.7)，可得：

$$\frac{p''}{C} = \left(\frac{r_1^{\ 2}}{G_1 J_1} + \frac{r_2^{\ 2}}{G_2 J_2}\right) p\cos^2\alpha \tag{2.1.12}$$

再简写成：

$$p'' - \beta^2 p = 0 \tag{2.1.13}$$

式中：

$$\beta^2 = \beta_1^2 + \beta_2^2 \tag{2.1.14}$$

其中：

$$\beta_1^2 = \frac{C r_1^2 \cos^2\alpha}{G_1 J_1}, \quad \beta_2^2 = \frac{C r_2^2 \cos^2\alpha}{G_2 J_2}$$

式(2.1.13)为外啮合齿轮偏载基本微分方程，解此微分方程，可得到：

$$p = E\sinh(\beta x) + F\cosh(\beta x) \tag{2.1.15}$$

式中：E, F 为待定常数，与转矩的输入输出条件有关。

如扭矩同时由轮 1 和轮 2 的右端输入、输出，边界条件为：

$$x = 0, \quad \frac{\mathrm{d}\phi_1}{\mathrm{d}x} = \frac{\mathrm{d}\phi_2}{\mathrm{d}x} = 0 \tag{2.1.16}$$

$$x = B, \quad \frac{\mathrm{d}\phi_1}{\mathrm{d}x} = \frac{M_1}{G_1 J_1}, \quad \frac{\mathrm{d}\phi_2}{\mathrm{d}x} = \frac{M_2}{G_2 J_2} \tag{2.1.17}$$

对变形协调条件式(2.1.10)微分一次，得到：

$$\left(r_1 \frac{d\phi_1}{dx} + r_2 \frac{d\phi_2}{dx}\right)\cos\alpha = \frac{\mathrm{d}p}{\mathrm{d}x}\frac{1}{C} \tag{2.1.18}$$

所以，考虑到式(2.1.16)，可得：

$$x = 0, \quad \frac{\mathrm{d}p}{\mathrm{d}x} = 0 \tag{2.1.19}$$

同样，考虑到式(2.1.17)，可得：

$$x = B, \quad \frac{\mathrm{d}p}{\mathrm{d}x} = C\left(\frac{M_1 r_1}{G_1 J_1} + \frac{M_2 r_2}{G_2 J_2}\right)\cos\alpha \tag{2.1.20}$$

由于：

$$\frac{M_1}{r_1}=\frac{M_2}{r_2}=p_{\mathrm{m}}B\cos\alpha$$

式中：p_{m} 为平均载荷。

故又有：

$$x=B\,,\quad \frac{\mathrm{d}p}{\mathrm{d}x}=C\left(\frac{r_1^2}{G_1J_1}+\frac{r_2^2}{G_2J_2}\right)p_{\mathrm{m}}B\cos^2\alpha=\beta^2p_{\mathrm{m}}B \tag{2.1.21}$$

据此确定待定常数，微分方程的解为：

$$p(x)=p_{\mathrm{m}}\beta^2B\left[\frac{\cosh(\beta B)}{\sinh(\beta B)}\cosh(\beta x)-\sinh(\beta x)\right] \tag{2.1.22}$$

载荷分布如图 2.1.2(a)所示，如扭矩由轮 1 左端传入，由轮 2 的右端传出，则边界条件为：

$$x=0\,,\quad \frac{\mathrm{d}\phi_1}{\mathrm{d}x}=-\frac{M_1}{G_1J_1}\,,\quad \frac{\mathrm{d}\phi_2}{\mathrm{d}x}=0 \tag{2.1.23}$$

$$x=B\,,\quad \frac{\mathrm{d}\phi_1}{\mathrm{d}x}=0\,,\quad \frac{\mathrm{d}\phi_2}{\mathrm{d}x}=\frac{M_2}{G_2J_2} \tag{2.1.24}$$

即：

$$x=0\,,\quad \frac{\mathrm{d}p}{\mathrm{d}x}=-C\frac{M_1r_1}{G_1J_1}\cos\alpha=-\beta_1^2p_{\mathrm{m}}B$$

$$x=B\,,\quad \frac{\mathrm{d}p}{\mathrm{d}x}=C\frac{M_2r_2}{G_2J_2}\cos\alpha=\beta_2^2p_{\mathrm{m}}B \tag{2.1.25}$$

据此确定待定常数，微分方程的解为：

$$p(x)=p_mB\left(\frac{\beta_2^2+\beta_1^2\cosh(\beta B)}{\sinh(\beta B)}\cdot\cosh(\beta x)-\beta_1^2\sinh(\beta x)\right)\frac{1}{\beta} \tag{2.1.26}$$

载荷分布如图 2.1.2(b)所示。

2.1.2　存在误差情况下的偏载

如果齿轮在加载前便存在齿向误差，那么两齿面加载前就有微小分离，分离量为$\delta(x)$。假定$\delta(x)$二阶导数存在，如$\delta(x)$不可用连续函数表示，可以先用二阶可导函数拟合，则变形协调条件变成：

$$(r_1\phi_1+r_2\phi_2)\cos\alpha=\frac{p}{C}+\delta(x) \tag{2.1.27}$$

微分 2 次，可得：

$$(r_1\phi_1''+r_2\phi_2'')\cos\alpha=\frac{p''}{C}+\delta''(x) \tag{2.1.28}$$

式(2.1.28)简写成：

$$p''-\beta^2 p=-\delta''C \tag{2.1.29}$$

该式为非齐次微分方程，利用非齐次方程的常数变异法，方程特解 p^* 为：

$$p^*=E(x)\sinh(\beta x)+F(x)\cosh(\beta x) \tag{2.1.30}$$

$E(x),F(x)$ 满足：

$$E'(x)\sinh(\beta x)+F'(x)\cosh(\beta x)=0 \tag{2.1.31}$$

$$E'(x)\beta\sinh'(\beta x)+F'(x)\beta\cosh'(\beta x)=-\delta''C \tag{2.1.32}$$

解得：

$$E'(x)=\frac{-C\delta''\cosh(\beta x)}{\beta} \tag{2.1.33}$$

$$E(x)=\frac{-C}{\beta}\int\delta''\cosh(\beta x)\mathrm{d}x \tag{2.1.34}$$

$$F'(x)=\frac{C\delta''\sinh(\beta x)}{\beta} \tag{2.1.35}$$

$$F(x)=\frac{C}{\beta}\int\delta''\sinh(\beta x)\mathrm{d}x \tag{2.1.36}$$

p 的通解为：

$$\begin{aligned}p=&C_1\sinh(\beta x)+C_2\cosh(\beta x)-\frac{C}{\beta}\sinh(\beta x)\int\delta''\cosh(\beta x)\mathrm{d}x\\&+\frac{C}{\beta}\cosh(\beta x)\int\delta''\sinh(\beta x)\mathrm{d}x\end{aligned} \tag{2.1.37}$$

齿面载荷分布还取决于齿面原始误差。

2.1.3　齿面修形

由于齿面载荷分布还取决于齿面原始误差，因而很自然地产生这样的想法，可以人为地改变齿面原始廓形，抵消偏载的影响，使偏载沿齿宽均匀分布，这个恰当的函数 $\delta(x)$ 就是齿廓修形量。在式(2.1.17)两边乘以 C，再令：

$$\Phi=C(r_1\phi_1+r_2\phi_2)\cos\alpha \tag{2.1.38}$$

则式(2.1.17)成为：

$$\Phi'' = \beta^2 p \tag{2.1.39}$$

而式(2.1.27)成为:

$$\Phi = p + C\delta \tag{2.1.40}$$

对式(2.1.39)积分两次，因 p 为常数:

$$p \equiv p_{\mathrm{m}}$$

所以有:

$$\Phi = \frac{\beta^2 p_{\mathrm{m}} x^2}{2} + C_1 x + C_2 \tag{2.1.41}$$

由式(2.1.41)得到:

$$C\delta = \Phi - p_{\mathrm{m}} = \frac{\beta^2 p_{\mathrm{m}} x^2}{2} + C_1 x + C_2 - p_{\mathrm{m}} \tag{2.1.42}$$

仍然分两种情况讨论。先假定扭矩在两轮右端作用，有边界条件:

$$x = 0\ ,\quad \frac{\mathrm{d}\phi_1}{\mathrm{d}x} = 0\ ,\quad \frac{\mathrm{d}\phi_2}{\mathrm{d}x} = 0$$

即:

$$\frac{\mathrm{d}\Phi}{\mathrm{d}x} = 0$$

$$C_1 = 0$$

$$x = B\ ,\quad \frac{\mathrm{d}\phi_1}{\mathrm{d}x} = \frac{M_1}{G_1 J_1}\ ,\quad \frac{\mathrm{d}\phi_2}{\mathrm{d}x} = \frac{M_2}{G_2 J_2}$$

$$\begin{aligned} C(r_1\phi_1' + r_2\phi_2')\cos\alpha\,|_{x=B} &= C\left(\frac{M_1 r_1}{G_1 J_1} + \frac{M_2 r_2}{G_2 J_2}\right)\cos\alpha \\ &= C\left(\frac{r_1^2}{G_1 J_1} + \frac{r_2^2}{G_2 J_2}\right) p_{\mathrm{m}} B\cos\alpha \\ &= \beta^2 p_{\mathrm{m}} B \end{aligned} \tag{2.1.43}$$

对式(2.1.39)微分两次，由于:

$$p_{\mathrm{m}} = \text{常数}$$

有:

$$C\delta'|_{x=B} = \Phi|_{x=B}$$

$$\beta^2 p_{\mathrm{m}} B + C_1 = \beta^2 p_{\mathrm{m}} B$$

解得:

$$C_1 = 0$$

两个边界条件不独立。由于所谓修形量是指齿廓相对于理想齿廓的减少量，在整个齿面上统统去除等厚层等于没修形，因此至少应使齿面的一边修形量为零。通常应使载荷较小侧的一边修形量为零，否则将会出现负修形量，故令远离扭矩加载端的左端面的修形量为零，即：

$$x=0\ ,\quad \delta=0$$

$$C_2-p_{\mathrm{m}}=0$$

两个待定系数都确定后，可以得到修形曲线：

$$C\delta=\frac{\beta^2 p_{\mathrm{m}}x^2}{2} \tag{2.1.44}$$

齿廓曲面与分度圆柱的交线展开后是一条抛物线。再假定扭矩分别从两端传入，有边界条件：

$$x=0\ ,\quad \frac{\mathrm{d}\phi_1}{\mathrm{d}x}=-\frac{M_1}{G_1J_1}\ ,\quad \frac{\mathrm{d}\phi_2}{\mathrm{d}x}=0$$

$$x=B\ ,\quad \frac{\mathrm{d}\phi_1}{\mathrm{d}x}=0\ ,\quad \frac{\mathrm{d}\phi_2}{\mathrm{d}x}=\frac{M_2}{G_2J_2}$$

即：

$$x=0\ ,\quad C(r_1\phi_1'+r_2\phi_2')\cos\alpha=-C\frac{M_1r_1}{G_1J_1}\cos\alpha=-\beta_1^2 p_{\mathrm{m}}B$$

$$x=B\ ,\quad C(r_1\phi_1'+r_2\phi_2')\cos\alpha=C\frac{M_2r_2}{G_2J_2}\cos\alpha=\beta_{21}^2 p_{\mathrm{m}}B$$

$$C\delta'|_{x=B}=\beta^2 p_{\mathrm{m}}B+C_1=-\beta_1^2 p_{\mathrm{m}}B$$

$$C_1=-\beta_1^2 p_{\mathrm{m}}B$$

$$C\delta'|_{x=B}=\beta^2 p_{\mathrm{m}}B+C_1=\beta_2^2 p_{\mathrm{m}}B$$

$$C_1=p_{\mathrm{m}}B\left(\beta_2^2-\beta_1^2\right)=-p_{\mathrm{m}}B\beta_1^2$$

两个边界条件也不独立，求修形曲线的最小值点坐标：

$$C\delta'(x)=0$$

$$p_{\mathrm{m}}x\beta^2-p_{\mathrm{m}}B\beta_1^2=0$$

解得：

$$x^*=\frac{B\beta_1^2}{\beta^2}$$

当两齿轮大小相同：

$$\beta_1^2=\beta_2^2=\frac{\beta^2}{2}$$

$$x^* = \frac{B}{2}$$

令修形量曲线极小值点处修形量为零：

$$C\delta'(x) = \beta^2 p_{\mathrm{m}} \cdot \frac{1}{2}\left(\frac{\beta_1^2 B}{\beta^2}\right) - \beta_1^2 p_{\mathrm{m}} B\left(\frac{\beta_1^2 B}{\beta^2}\right) + C_2 - p_{\mathrm{m}} = 0$$

$$C_2 - p_{\mathrm{m}} = \frac{\beta_1^4 p_{\mathrm{m}} B}{2\beta^2}$$

两个待定系数都确定后，可以得到修形曲线：

$$C\delta = \beta^2 p_{\mathrm{m}} \cdot \frac{x^2}{2} - \beta_1^2 p_{\mathrm{m}} Bx + \frac{\beta_1^4 p_{\mathrm{m}} B}{2\beta^2} \tag{2.1.45}$$

图 2.1.5 和图 2.1.6 为两齿廓加载前后啮合示意图。

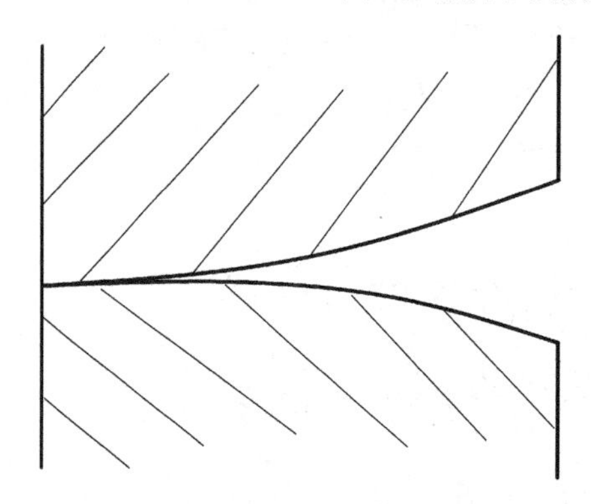

图 2.1.5　两齿廓修形曲线示意图
(转矩在同端作用)

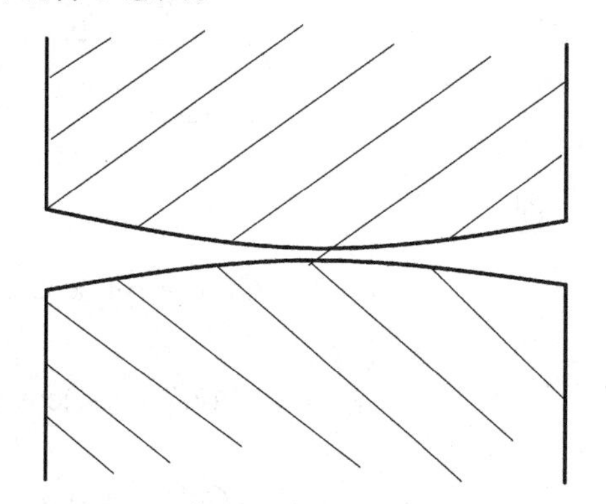

图 2.1.6　两齿廓修形曲线示意图
(转矩在异端作用)

2.1.4　反向验证

可以验证按抛物线方案修形齿面载荷为常数。由式(2.1.5)，当 δ'' = 常数时可改写为：

$$p = C_1\sinh(\beta x) + C_2\cosh(\beta x) - \frac{C\delta''}{\beta}\sinh(\beta x)\int\cosh(\beta x)\mathrm{d}x + \frac{C\delta''}{\beta}\cosh(\beta x)\int\sinh(\beta x)\mathrm{d}x$$

$$= C_1\sinh(\beta x) + C_2\cosh(\beta x) + \frac{C\delta''}{\beta}\left(-\sinh^2(\beta x) + \cosh^2(\beta x)\right)$$

$$= C_1\sinh(\beta x) + C_2\cosh(\beta x) + \frac{C\delta''}{\beta}$$

$$= C_1\sinh(\beta x) + C_2\cosh(\beta x) + p_{\mathrm{m}}$$

边界条件为：

$$p'|_{x=0}=C(r_1\phi_1'+r_2\phi_2')\cos\alpha|_{x=0}-C\delta'|_{x=0}$$
$$C_1\beta\cosh(\beta x)+C_2\beta\sinh(\beta x)|_{x=0}=0$$

得到：

$$C_1=0$$
$$p'|_{x=B}=C(r_1\phi_1'+r_2\phi_2')\cos\alpha|_{x=B}-C\delta'|_{x=B}$$
$$C_2\beta\sinh(\beta x)=C\left(\frac{M_1r_1}{G_1J_1}+\frac{M_2r_2}{G_2J_2}\right)\cos^2\alpha-\beta p_{\mathrm{m}}B=0$$

得到：

$$C_2=0$$

故 $p=p_{\mathrm{m}}$，即齿面载荷恒等于平均载荷。证毕。

2.1.5　计算实例

现有一对渐开线直齿圆柱齿轮，$z_1=30,\ z_2=100$，模数 $m=4\mathrm{mm}$，$h=2.25m$，$\alpha=20^\circ$，$B=105\mathrm{mm}$，$p_{\mathrm{m}}=320\mathrm{N/mm}$，求修形曲线。

分度圆直径为 $d_1=30\times4=120\mathrm{mm}$，$d_2=100\times4=400\mathrm{mm}$；对应半径为 $r_1=60\mathrm{mm}$，$r_2=200\mathrm{mm}$。齿根圆直径为 $d_{f1}=(30-2.5)\times4=110\mathrm{mm}$，$d_{f2}=(100-2.5)\times4=390\mathrm{mm}$。则：

$$J_1=\frac{\pi d_{f1}^4}{32},\quad J_2=\frac{\pi d_{f2}^4}{32}$$
$$G_1=G_2=80\times10^3\ \mathrm{N/mm^2}$$

由式(2.1.44)：

$$\begin{aligned}\delta&=\frac{\beta^2p_{\mathrm{m}}x^2}{2C}\\&=\left\{\frac{p_{\mathrm{m}}}{2}\left(\frac{r_1^2}{G_1J_1}+\frac{r_2^2}{G_2J_2}\right)\cos^2\alpha\right\}\cdot x^2\\&=\left\{\frac{320}{2}\left(\frac{60^2}{110^4}+\frac{200^2}{390^4}\right)\frac{32\times\cos^2 20^\circ}{\pi\times80\times10^3}\right\}x^2\\&=4.73\times10^{-7}x^2\end{aligned}$$

最大修形量为：

$$\delta_{\max}=\delta_{x=B}=5.21\times10^{-3}\mathrm{mm}$$

当载荷从两轮不同端输入时，由式(2.1.45)：

$$\delta = \frac{p_{\rm m}}{2}\left(\frac{r_1^2}{G_1 J_1} + \frac{r_2^2}{G_2 J_2}\right)x^2\cos^2\alpha - \frac{p_{\rm m} r_1^2 B\cos^2\alpha}{G_1 J_1}\cdot x + \frac{p_{\rm m} B\left(\frac{r_1^2}{G_1 J_1}\right)^2 \cos^2\alpha}{2\left(\frac{r_1^2}{G_1 J_1} + \frac{r_2^2}{G_2 J_2}\right)}$$

$$= 4.73\times10^{-7}x^2 - 8.67\times10^{-5}x + 4.55\times10^{-3}\,\text{mm}$$

最后得到最大修形量在小齿轮加载端：

$$\delta_{\max} = \delta_{x=B} = 4.55\times10^{-3}\,\text{mm}$$

2.2　圆柱内啮合齿轮的偏载与修形

2.2.1　圆柱内啮合齿轮的偏载

一对内啮合齿轮如图 2.2.1 所示。

本节考虑内啮合齿轮的特点，从分析一对内齿轮传动副整体扭转变形出发，导出了内齿轮啮合齿面分布载荷所应满足的二阶微分方程，并提出相应的抛物线修形方案。计算分析表明修形量不仅取决于齿体变形，还与轮体变形和扭矩的传递方式有关。

如果假定内齿轮轮体和齿体都是绝对刚体，只要宏观齿廓形状大致精确，载荷必然沿齿宽均匀分布，但实际内齿轮材料在受载后有弹性变形，接触线上各点的弹性变形不同，就造成载荷沿接触线不均匀分布。

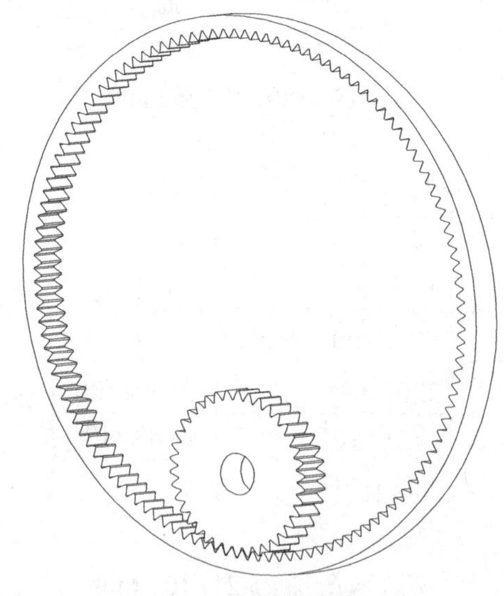

图 2.2.1　内啮合齿轮

图 2.2.2 为轮齿载荷集中的模型，类似于图 2.1.2，在未加载时两端面上的半径线是平行的，加载后扭转变形使半径线相对转过一个角而到了新的位置，母线也变到新的位置，左端的扭角大于右端，即垂直于轴的各断面内的扭角并不相等。

在任意一个轴向位置截取一微段，如图 2.2.3 所示，设左截面内力扭矩为 T，右截面为 $T+\mathrm{d}T$，有物理方程：

$$\frac{\mathrm{d}\phi}{\mathrm{d}x}=\frac{T}{GJ}$$

$$\frac{\mathrm{d}^2\phi}{\mathrm{d}x^2}=\frac{\mathrm{d}T}{\mathrm{d}x}\cdot\frac{1}{GJ}$$

取微段的力矩平衡：

$$(T+\mathrm{d}T)-T=rp\cos\alpha\mathrm{d}x$$

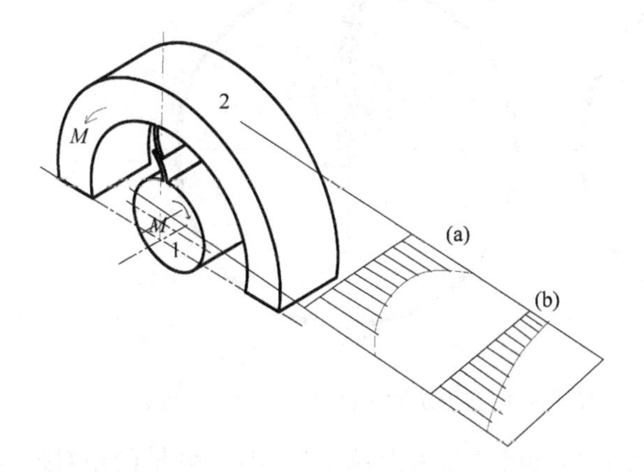

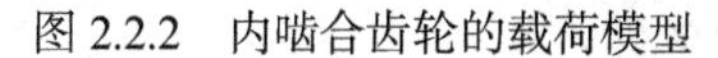
图 2.2.2　内啮合齿轮的载荷模型

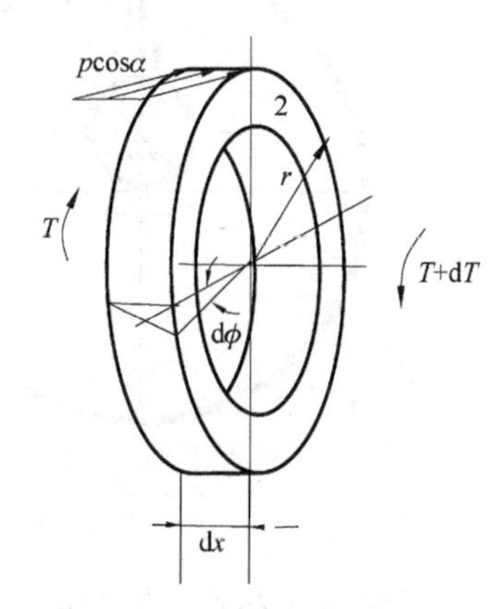

图 2.2.3　内啮合齿轮的微单元受力变形图

$$\frac{\mathrm{d}T}{\mathrm{d}x}=rp\cos\alpha$$

$$\frac{\mathrm{d}^2\phi}{\mathrm{d}x^2}=\frac{rp\cos\alpha}{GJ}$$

这里的 ϕ 应理解为两内齿轮的相对附加扭转角，对外齿轮 1 和内齿圈 2 分别有：

$$\frac{\mathrm{d}^2\phi_1}{\mathrm{d}x^2}=\frac{r_1p\cos\alpha}{G_1J_1}，\quad\frac{\mathrm{d}^2\phi_2}{\mathrm{d}x^2}=\frac{r_2p\cos\alpha}{G_2J_2}$$

分别乘以 $r_1\cos\alpha, r_2\cos\alpha$ 再相加：

$$\left(r_1\frac{\mathrm{d}^2\phi_1}{\mathrm{d}x^2}-r_2\frac{\mathrm{d}^2\phi_2}{\mathrm{d}x^2}\right)\cos\alpha=\left(\frac{r_1^{\ 2}}{G_1J_1}-\frac{r_2^{\ 2}}{G_2J_2}\right)p\cos^2\alpha \tag{2.2.1}$$

设轮齿综合刚度为 C，则有：

$$\frac{1}{C}=\frac{1}{C_1}+\frac{1}{C_2}$$

式中：C_1,C_2 分别为轮 1 和轮 2 的轮齿刚度。

参考图 2.2.4，齿向弹性变形为：

$$\frac{p}{C}=p\left(\frac{1}{C_1}+\frac{1}{C_2}\right)$$

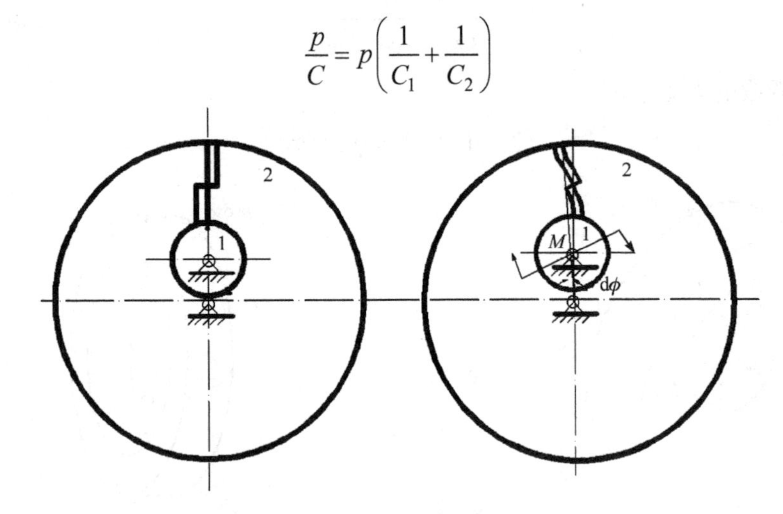

图 2.2.4　内啮合齿轮的变形协调条件

由于轮体变形后，齿面仍然是保持接触的，齿面弹性变形应由两轴的相对附加转动补偿。如图 2.2.4 所示，有变形协调条件：

$$(r_1\phi_1-r_2\phi_2)\cos\alpha=\frac{p}{C}$$

可以得到齿面载荷分布问题实际上是轮齿变形与轮体扭转变形的超静定问题，对上式微分两次：

$$(r_1\phi_1''-r_2\phi_2'')\cos\alpha=\frac{p''}{C}$$

代入式(2.2.1)：

$$\frac{p''}{C}=\left(\frac{r_1^{\ 2}}{G_1J_1}-\frac{r_2^{\ 2}}{G_2J_2}\right)p\cos^2\alpha$$

$$p'' - \beta^2 p = 0 \tag{2.2.2}$$

式中：

$$\beta^2 = \beta_1^2 + \beta_2^2,\quad \beta_1^2 = \frac{Cr_1^2\cos^2\alpha}{G_1J_1},\quad \beta_2^2 = \frac{Cr_2^2\cos^2\alpha}{G_2J_2}$$

式(2.2.2)为内啮合的齿轮偏载基本微分方程，解此微分方程，得：

$$p = E\sinh(\beta x) + F\cosh(\beta x)$$

式中：E, F 为待定常数，与转矩的输入条件有关。

假设扭矩同时由内齿轮 1、2 右端输入输出，边界条件：

$$x = 0,\quad \frac{\mathrm{d}\phi_1}{\mathrm{d}x} = \frac{\mathrm{d}\phi_2}{\mathrm{d}x} = 0$$

$$x = B,\quad \frac{\mathrm{d}\phi_1}{\mathrm{d}x} = \frac{M_1}{G_1J_1},\quad \frac{\mathrm{d}\phi_2}{\mathrm{d}x} = \frac{M_2}{G_2J_2}$$

对变形协调条件微分一次：

$$\left(r_1\frac{\mathrm{d}\phi_1}{\mathrm{d}x} - r_2\frac{\mathrm{d}\phi_2}{\mathrm{d}x}\right)\cos\alpha = \frac{\mathrm{d}p}{\mathrm{d}x}\frac{1}{C}$$

故有：

$$x = 0,\quad \frac{\mathrm{d}p}{\mathrm{d}x} = 0$$

$$x = B,\quad \frac{\mathrm{d}p}{\mathrm{d}x} = C\left(\frac{M_1r_1}{G_1J_1} - \frac{M_2r_2}{G_2J_2}\right)\cos\alpha$$

由于：

$$\frac{M_1}{r_1} = \frac{M_2}{r_2} = p_{\mathrm{m}}B\cos\alpha$$

式中：p_{m} 为平均载荷。

故又有：

$$x = B,\quad \frac{\mathrm{d}p}{\mathrm{d}x} = C\left(\frac{r_1^2}{G_1J_1} - \frac{r_2^2}{G_2J_2}\right)p_{\mathrm{m}}B\cos^2\alpha = \beta^2 p_{\mathrm{m}}B$$

$$p(x) = p_{\mathrm{m}}\beta^2 B\left[\frac{\cosh(\beta B)}{\sinh(\beta B)}\cosh(\beta x) - \sinh(\beta x)\right] \tag{2.2.3}$$

载荷分布如图 2.2.2 所示，若扭矩由内齿轮 1 左端传入，由内齿轮 2 的右端传出，则边界条件为：

$$x = 0,\quad \frac{\mathrm{d}\phi_1}{\mathrm{d}x} = -\frac{M_1}{G_1J_1},\quad \frac{\mathrm{d}\phi_2}{\mathrm{d}x} = 0$$

$$x = B\ ,\quad \frac{\mathrm{d}\phi_1}{\mathrm{d}x} = 0\ ,\quad \frac{\mathrm{d}\phi_2}{\mathrm{d}x} = \frac{M_2}{G_2 J_2}$$

即：

$$x = 0\ ,\quad \frac{\mathrm{d}p}{\mathrm{d}x} = -C\frac{M_1 r_1}{G_1 J_1}\cos\alpha = -\beta_1^2 p_{\mathrm{m}} B$$

$$x = B\ ,\quad \frac{\mathrm{d}p}{\mathrm{d}x} = C\frac{M_2 r_2}{G_2 J_2}\cos\alpha = \beta_2^2 p_{\mathrm{m}} B$$

$$p(x) = p_{\mathrm{m}} B\left(\frac{\beta_2^2 + \beta_1^2\cosh(\beta B)}{\sinh(\beta B)}\cdot\cosh(\beta x) - \beta_1^2\sinh(\beta x)\right)\frac{1}{\beta} \tag{2.2.4}$$

2.2.2　考虑齿面误差

如果内齿轮在加载前便存在齿向误差，那么两齿面加载前就有微小分离，分离量为$\delta(x)$。假定$\delta(x)$二阶导数存在，如$\delta(x)$不可用连续函数表示，可以先用二阶可导函数拟合，则变形协调条件里多出一项，成为：

$$(r_1\phi_1 - r_2\phi_2)\cos\alpha = \frac{p}{C} + \delta(x)$$

$$(r_1\phi_1'' - r_2\phi_2'')\cos\alpha = \frac{p''}{C} + \delta''(x)$$

式(2.2.2)可写为：

$$p'' - \beta^2 p = -\delta'' C$$

该式为非齐次微分方程，利用非齐次微分方程的常数变异法，方程特解p^*为：

$$p^* = E(x)\sinh(\beta x) + F(x)\cosh(\beta x)$$

其中$E(x), F(x)$满足：

$$E'(x)\sinh(\beta x) + F'(x)\cosh(\beta x) = 0$$

$$E'(x)\sinh'(\beta x) + F'(x)\cosh'(\beta x) = -\delta'' C$$

解得：

$$E'(x) = \frac{-C\delta''\cosh(\beta x)}{\beta}$$

$$E(x) = \frac{-C}{\beta}\int\delta''\cosh(\beta x)\mathrm{d}x$$

$$F'(x) = \frac{C\delta''\sinh(\beta x)}{\beta}$$

$$F(x)=\frac{C}{\beta}\int\delta''\sinh(\beta x)\mathrm{d}x$$

p 的通解为：

$$\begin{aligned}p=&C_1\sinh(\beta x)+C_2\cosh(\beta x)-\frac{C}{\beta}\sinh(\beta x)\int\delta''\cosh(\beta x)\mathrm{d}x\\&+\frac{C}{\beta}\cosh(\beta x)\int\delta''\sinh(\beta x)\mathrm{d}x\end{aligned}\tag{2.2.5}$$

齿面载荷分布还取决于齿面原始误差。

2.2.3　齿面修形

由于齿面载荷分布还取决于齿面原始误差，因而很自然地产生这样的想法，可以人为地改变齿面原始廓形，抵消偏载的影响，使偏载沿齿宽均匀分布，这个恰当的函数 $\delta(x)$ 就是齿廓修形量。在式(2.2.1)两边乘以 C，再令：

$$\Phi=C(r_1\phi_1-r_2\phi_2)\cos\alpha$$

则式(2.2.2)成为：

$$\Phi''=\beta^2 p\tag{2.2.6}$$

而变形协调条件成为：

$$\Phi=p+C\delta$$

对式(2.2.6)积分两次，因 p 为常数 $p\equiv p_{\mathrm{m}}$， 所以：

$$\Phi=\frac{\beta^2 p_{\mathrm{m}}x^2}{2}+C_1x+C_2$$

由该式可得：

$$C\delta=\Phi-p_{\mathrm{m}}=\frac{\beta^2 p_{\mathrm{m}}x^2}{2}+C_1x+C_2-p_{\mathrm{m}}$$

仍然分两种情况讨论，先假定扭矩在两轮右端作用，边界条件为：

$$x=0\text{ ，}\quad\frac{\mathrm{d}\phi_1}{\mathrm{d}x}=0\text{ ，}\quad\frac{\mathrm{d}\phi_2}{\mathrm{d}x}=0$$

即：

$$\frac{\mathrm{d}\Phi}{\mathrm{d}x}=0$$

$$C_1=0$$

$$x=B\text{ ，}\quad\frac{\mathrm{d}\phi_1}{\mathrm{d}x}=\frac{M_1}{G_1J_1}\text{ ，}\quad\frac{\mathrm{d}\phi_2}{\mathrm{d}x}=\frac{M_2}{G_2J_2}$$

$$C(r_1\phi_1'-r_2\phi_2')\cos\alpha|_{x=B}=C\left(\frac{M_1r_1}{G_1J_1}-\frac{M_2r_2}{G_2J_2}\right)\cos\alpha$$

$$=C\left(\frac{r_1^2}{G_1J_1}-\frac{r_2^2}{G_2J_2}\right)p_{\mathrm{m}}B\cos\alpha$$

$$=\beta^2p_{\mathrm{m}}B$$

对变形协调条件微分一次，由于 $p_{\mathrm{m}}=$常数，故有：

$$C\delta'|_{x=B}=\Phi|_{x=B}$$

$$\beta^2p_{\mathrm{m}}B+C_1=\beta^2p_{\mathrm{m}}B$$

$$C_1=0$$

两个边界条件不独立。由于所谓修形量是指齿廓相对于理想齿廓的减少量，因此至少应使齿面的一边为基准，即修形量为零。通常取小载荷侧边的修形量为零，否则势必出现负修形量，故令远离扭矩加载端，即左端面的修形量为零，即：

$$x=0\ ,\quad \delta=0$$

$$C_2-p_{\mathrm{m}}=0$$

$$C\delta=\frac{\beta^2p_{\mathrm{m}}x^2}{2}$$

齿廓曲面与分度圆柱的交线展开后是一条抛物线。再假定扭矩分别从两端传入，有边界条件：

$$x=0\ ,\quad \frac{\mathrm{d}\phi_1}{\mathrm{d}x}=-\frac{M_1}{G_1J_1}\ ,\quad \frac{\mathrm{d}\phi_2}{\mathrm{d}x}=0$$

$$x=B\ ,\quad \frac{\mathrm{d}\phi_1}{\mathrm{d}x}=0\ ,\quad \frac{\mathrm{d}\phi_2}{\mathrm{d}x}=\frac{M_2}{G_2J_2}$$

即：

$$x=0\ ,\quad C(r_1\phi_1'-r_2\phi_2')\cos\alpha=-C\frac{M_1r_1}{G_1J_1}\cos\alpha=-\beta_1^2p_{\mathrm{m}}B$$

$$x=B\ ,\quad C(r_1\phi_1'-r_2\phi_2')\cos\alpha=C\frac{M_2r_2}{G_2J_2}\cos\alpha=\beta_{21}^2p_{\mathrm{m}}B$$

$$C\delta'|_{x=B}=\beta^2p_{\mathrm{m}}B+C_1=-\beta_1^2p_{\mathrm{m}}B$$

$$C_1=-\beta_1^2p_{\mathrm{m}}B$$

$$C\delta'|_{x=B}=\beta^2p_{\mathrm{m}}B+C_1=\beta_2^2p_{\mathrm{m}}B$$

$$C_1 = p_{\mathrm{m}} B\left(\beta_2^2 - \beta_1^2\right) = -p_{\mathrm{m}} B\beta_1^2$$

两个边界条件也不独立，求修形曲线的微小值点：

$$C\delta'(x) = 0$$

$$p_{\mathrm{m}} x\beta^2 - p_{\mathrm{m}} B\beta_1^2 = 0$$

解得：

$$x^* = \frac{B\beta_1^2}{\beta^2}$$

当两内齿轮大小相同时，有：

$$\beta_1^2 = \beta_2^2 = \frac{\beta^2}{2},\quad x^* = \frac{B}{2}$$

令修形量曲线极小值点处修形量为零，即：

$$C\delta'(x) = \beta^2 p_{\mathrm{m}} \cdot \frac{1}{2}\left(\frac{\beta_1^2 B}{\beta^2}\right) - \beta_1^2 p_{\mathrm{m}} B\left(\frac{\beta_1^2 B}{\beta^2}\right) + C_2 - p_{\mathrm{m}} = 0$$

$$C_2 - p_{\mathrm{m}} = \frac{\beta_1^4 p_{\mathrm{m}} B}{2\beta^2}$$

$$C\delta = \beta^2 p_{\mathrm{m}} \cdot \frac{x^2}{2} - \beta_1^2 p_{\mathrm{m}} Bx + \frac{\beta_1^4 p_{\mathrm{m}} B}{2\beta^2}$$

图 2.2.5 和 2.2.6 分别为不同加载状态下的两齿廓加载前后内啮合示意图。

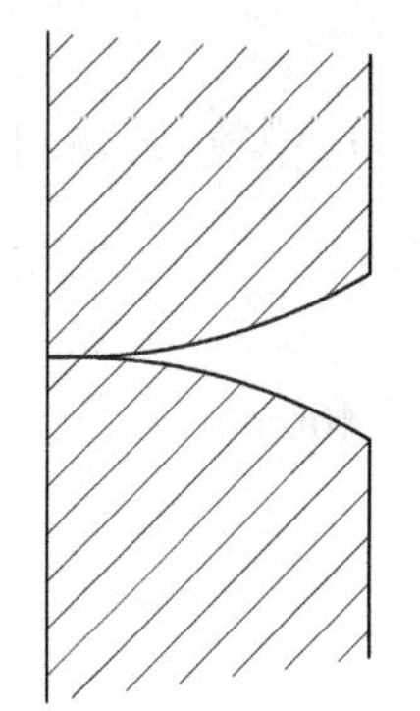

图 2.2.5　两齿廓加载前后内啮合示意图
(载荷从一端作用)

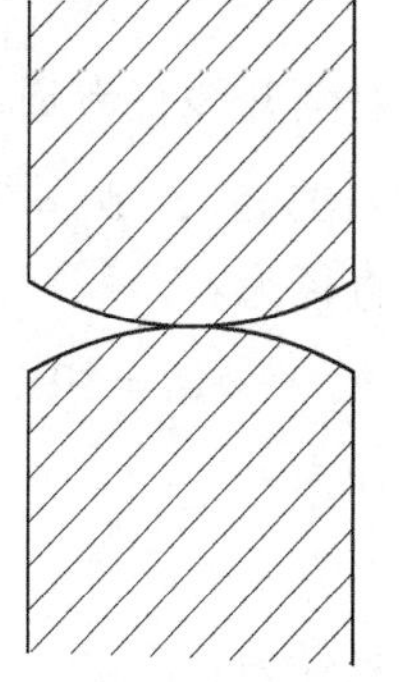

图 2.2.6　两齿廓加载前后内啮合示意图
(载荷从两端作用)

2.2.4　反向验证

可以验证按抛物线方案修形齿面载荷为常数。当 δ'' = 常数时式(2.2.5)可改写为：

$$p = C_1\sinh(\beta x) + C_2\cosh(\beta x) - \frac{C\delta''}{\beta}\sinh(\beta x)\int\cosh(\beta x)\mathrm{d}x + \frac{C\delta''}{\beta}\cosh(\beta x)\int\sinh(\beta x)\mathrm{d}x$$

$$= C_1\sinh(\beta x) + C_2\cosh(\beta x) + \frac{C\delta''}{\beta}\left(-\sinh^2(\beta x) + \cosh^2(\beta x)\right)$$

$$= C_1\sinh(\beta x) + C_2\cosh(\beta x) + \frac{C\delta''}{\beta}$$

$$= C_1\sinh(\beta x) + C_2\cosh(\beta x) + p_{\mathrm{m}}$$

边界条件为：

$$p'|_{x=0} = C(r_1\phi_1' + r_2\phi_2')\cos\alpha|_{x=0} - C\delta'|_{x=0}$$

$$C_1\beta\cosh(\beta x) + C_2\beta\sinh(\beta x)|_{x=0} = 0$$

得到：

$$C_1 = 0$$

$$p'|_{x=B} = C(r_1\phi_1' + r_2\phi_2')\cos\alpha|_{x=B} - C\delta'|_{x=B}$$

$$C_2\beta\sinh(\beta x) = C\left(\frac{M_1 r_1}{G_1 J_1} + \frac{M_2 r_2}{G_2 J_2}\right)\cos^2\alpha - \beta p_{\mathrm{m}} B = 0$$

得到：

$$C_2 = 0$$

故 $p = p_{\mathrm{m}}$，即齿面载荷恒等于平均载荷。证毕。

2.2.5 计算实例

现有一对渐开线直齿圆柱内齿轮，$z_1 = 30$，$z_2 = 100$，模数 m=4mm，$h = 2.25m$ $\alpha = 20°$，B=105mm，$p_{\mathrm{m}} = 320\,\mathrm{N/mm}$，求修形曲线。

分度圆直径为：

$$d_1 = 30 \times 4 = 120\mathrm{mm},\ d_2 = 100 \times 4 = 400\mathrm{mm}$$

对应半径为：

$$r_1 = 60\mathrm{mm},\ r_2 = 200\mathrm{mm}$$

齿根圆直径为：

$$d_{f1} = (30 - 2.5) \times 4 = 110\mathrm{mm},\ d_{f2} = (100 + 2.5) \times 4 = 410\mathrm{mm}$$

全齿高为：

$$h = 2.25m = 2.25 \times 4 = 9\mathrm{mm}$$

内齿圈厚取全齿高的 3 倍，即：

$$H = 3h$$

内齿圈外径为：

$$D = d_{f2} + 2\times 3\times h = 464\text{mm}$$

$$J_1 = \frac{\pi d_{f1}^4}{32}$$

$$J_2 = \frac{\pi D^4}{32} - \frac{\pi d_{f2}^4}{32} = \frac{\pi}{32}(D^4 - d_{f2}^4)$$

$$G_1 = G_2 = 80\times 10^3\ \text{N/mm}^2$$

$$\begin{aligned}\delta &= \frac{\beta^2 p_{\text{m}} x^2}{2C} \\ &= \left[\frac{p_{\text{m}}}{2}\left(\frac{r_1^2}{G_1 J_1} - \frac{r_2^2}{G_2 J_2}\right)\cos^2\alpha\right]x^2 \\ &= \left[\frac{320}{2}\left(\frac{60^2}{110^4} - \frac{200^2}{464^4 - 410^4}\right)\frac{32\times\cos^2 20^\circ}{\pi\times 80\times 10^3}\right]x^2 \\ &= 4.81\times 10^{-7}x^2\end{aligned}$$

最大修形量为：

$$\delta_{\max} = \delta_{x=B} = 5.21\times 10^{-3}\,\text{mm}$$

当载荷从两轮不同端输入时，有：

$$\delta = \frac{\cos^2\alpha\, p_{\text{m}}}{2}\left(\frac{r_1^2}{G_1 J_1} - \frac{r_2^2}{G_2 J_2}\right)x^2 - \frac{p_{\text{m}} r_1^2 B\cos^2\alpha}{G_1 J_1}x + \frac{p_{\text{m}} B\left(\dfrac{r_1^2}{G_1 J_1}\right)^2\cos^2\alpha}{2\left(\dfrac{r_1^2}{G_1 J_1} - \dfrac{r_2^2}{G_2 J_2}\right)}$$

$$= 4.81\times 10^{-7}x^2 - 8.67\times 10^{-5}x + 2.55\times 10^{-3}\,\text{mm}$$

最大修形量在内齿轮加载端，即：

$$\delta_{\max} = \delta_{x=B} = 1.55\times 10^{-3}\,\text{mm}$$

2.3　齿轮齿条副的偏载与修形

2.3.1　齿轮齿条的偏载

一对齿轮齿条副的啮合如图 2.3.1 所示。

如果齿轮齿条轮体和齿体都是绝对刚体，只要齿廓形状大约精确，载荷必然沿齿宽均匀分布，但实际齿轮齿条材料在受载后有弹性变形，偏载线上各点的弹性变形不同，就造成载荷沿偏载线不均匀分布。图 2.3.2 为齿轮齿条载荷集中的模型，类似于图 2.1.2，在未加载时两端面上的半径线是平行的，加载后扭转变形使半径线转过一个角而到了新的位置,母线也变到新的位置,左端的扭角大于右端，即垂直于轴的各断面内的扭角并不相等。

图 2.3.1　一对齿轮齿条副的啮合

在任意一个轴向位置截取一微段，如图 2.3.3 所示，设左截面内力扭矩为 T，右截面为 $T+\mathrm{d}T$ ，有物理方程：

$$\frac{\mathrm{d}\phi}{\mathrm{d}x}=\frac{T}{GJ}$$

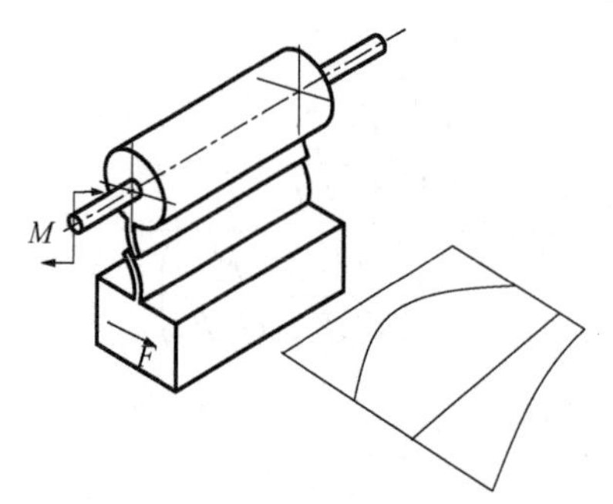

图 2.3.2　齿轮齿条载荷集中的模型

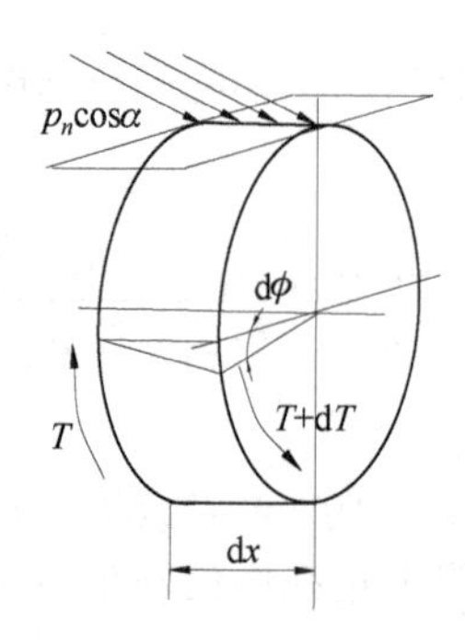

图 2.3.3　齿轮微单元受力图

$$\frac{\mathrm{d}^2\phi}{\mathrm{d}x^2}=\frac{\mathrm{d}T}{\mathrm{d}x}\cdot\frac{1}{GJ}$$

取微段，有力矩平衡关系：

$$\left(T+\mathrm{d}T\right)-T=rp\cos\alpha\mathrm{d}x$$

$$\frac{\mathrm{d}T}{\mathrm{d}x}=rp\cos\alpha$$

$$\frac{\mathrm{d}^2\phi}{\mathrm{d}x^2}=\frac{rp\cos\alpha}{GJ}$$

这里的$T+\mathrm{d}T$应理解为两齿轮齿条的相对附加扭转角。

如果齿条齿体和齿条齿面都是绝对刚体，只要齿条齿牙形状大约精确，载荷必然沿齿宽均匀分布，但实际齿条材料在受载后有弹性变形，偏载线上各点的弹性变形不同，就造成载荷沿偏载线不均匀分布。图 2.3.4 和图 2.3.5 为齿条齿面载荷集中的模型，在未加载时两端面上的半径线是平行的，加载后切向剪切变形使其转过一个剪切变形量γ角而到了新的位置，母线也变到新的位置，左端的剪切线变形量大于右端，即垂直于轴的各断面内的扭线变形量并不相等。在任意一个切向位置截取一微段，如图 2.3.6 所示，设左截面内力切向力为Q，右截面为$Q+\mathrm{d}Q$，有物理方程：

$$\frac{\mathrm{d}\gamma}{\mathrm{d}x}=\frac{Q}{GA}$$

$$\frac{\mathrm{d}^2\gamma}{\mathrm{d}x^2}=\frac{\mathrm{d}Q}{\mathrm{d}x}\cdot\frac{1}{GA}$$

该微段有力的平衡条件：

$$(Q+\mathrm{d}Q)-Q=p\cos\alpha\mathrm{d}x$$

$$\frac{\mathrm{d}Q}{\mathrm{d}x}=p\cos\alpha$$

$$\frac{\mathrm{d}^2\gamma}{\mathrm{d}x^2}=\frac{p\cos\alpha}{GA}$$

式中：γ为齿条齿面的相对附加切向剪切线变形量。

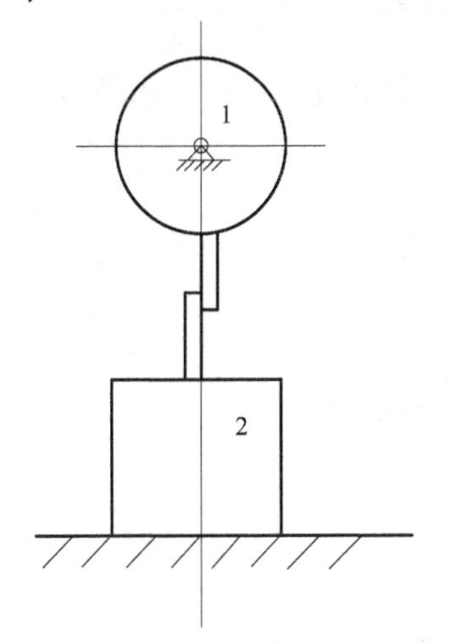

图 2.3.4　齿轮与齿条的变形协调条件(变形前)

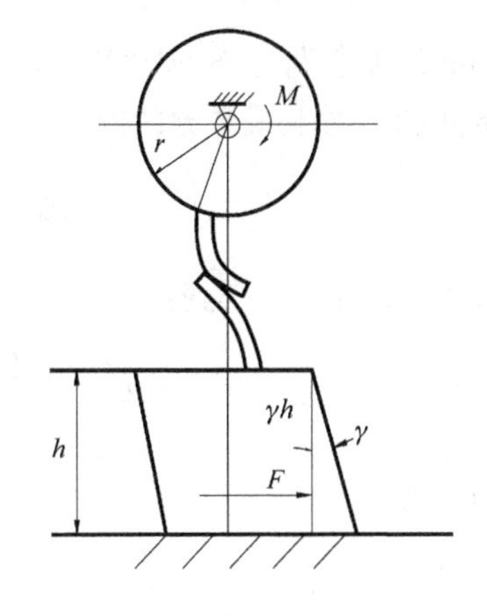

图 2.3.5　齿轮与齿条的变形协调条件(变形后)

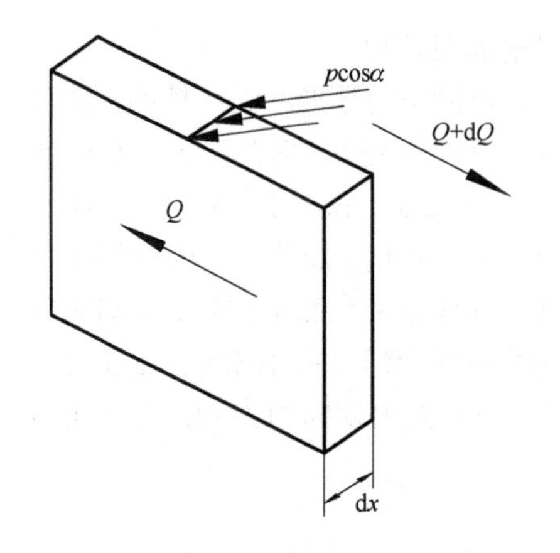

图 2.3.6　齿条微单元受力

对齿轮 1 和齿条 2 分别有：

$$\frac{d^2\phi_1}{dx^2}=\frac{r_1 p\cos\alpha}{G_1J_1}, \quad \frac{d^2\gamma_2}{dx^2}=\frac{p\cos\alpha}{G_2A_2}$$

分别乘以 $r_1\cos\alpha$，$h_2\cos\alpha$ 再相加，得到：

$$\left(r\frac{d^2\phi}{dx^2}+h\frac{d^2\gamma}{dx^2}\right)\cos\alpha =\left(\frac{r_1^2}{G_1J_1}+\frac{h_2}{G_2A_2}\right)p\cos^2\alpha \tag{2.3.1}$$

设轮齿综合刚度为 C，则有：

$$\frac{1}{C}=\frac{1}{C_1}+\frac{1}{C_2}$$

式中：C_1,C_2 分别为齿轮 1 和齿条 2 的轮齿刚度。

则齿向弹性变形为：

$$\frac{p}{C}=p\left(\frac{1}{C_1}+\frac{1}{C_2}\right)$$

由于轮体变形后，齿面仍然是保持接触的，齿面弹性变形应由两轴的相对附加转动弥补。如图 2.3.3 所示，故有变形协调条件：

$$(r_1\phi_1+h_2\gamma_2)\cos\alpha=\frac{p}{C}$$

因此齿面载荷分布问题实际上是轮齿变形与轮体扭转变形、齿条剪切变形的超静定问题，对上式微分两次：

$$(r_1\phi_1''+h_2\gamma_2'')\cos\alpha=\frac{p''}{C}$$

代入式(2.3.1)，得到：

$$\frac{p''}{C}=\left(\frac{r_1^2}{G_1J_1}+\frac{h_2}{G_2A_2}\right)p\cos^2\alpha$$

简写成：

$$p''-\beta^2 p=0 \tag{2.3.2}$$

式中：

$$\beta^2=\beta_1^2+\beta_2^2, \quad \beta_1^2=\frac{Cr_1^2\cos^2\alpha}{G_1J_1}, \quad \beta_2^2=\frac{Ch_2^2\cos^2\alpha}{G_2A_2}$$

式(2.3.2)为齿轮齿条偏载的基本微分方程，解此微分方程，得到：

$$p = E\sinh(\beta x) + F\cosh(\beta x)$$

式中：E, F 为待定常数，与转矩的输入条件有关。

假定扭矩同时都由齿轮 1 和齿条 2 的右端输入输出，则有边界条件：

$$x = 0\text{，}\quad \frac{\mathrm{d}\phi_1}{\mathrm{d}x} = \frac{\mathrm{d}\phi_2}{\mathrm{d}x} = 0$$

$$x = B\text{，}\quad \frac{\mathrm{d}\phi_1}{\mathrm{d}x} = \frac{M_1}{G_1 J_1}\text{，}\quad \frac{\mathrm{d}\gamma_2}{\mathrm{d}x} = \frac{F_2}{G_2 A_2}$$

对变形协调条件式微分一次，得到：

$$\left(r_1\frac{\mathrm{d}\phi_1}{\mathrm{d}x} + h_2\frac{\mathrm{d}\gamma_2}{\mathrm{d}x}\right)\cos\alpha = \frac{\mathrm{d}p}{\mathrm{d}x}\frac{1}{C}$$

故在左侧有：

$$x = 0\text{，}\quad \frac{\mathrm{d}p}{\mathrm{d}x} = 0$$

$$x = B\text{，}\quad \frac{\mathrm{d}p}{\mathrm{d}x} = C\left(\frac{M_1 r_1}{G_1 J_1} + \frac{F_2 h_2}{G_2 A_2}\right)\cos\alpha$$

$$\frac{M_1}{r_1} = F_2 = p_\mathrm{m} B\cos\alpha$$

式中：p_m 为平均载荷。

在右侧有：

$$x = B\text{，}\quad \frac{\mathrm{d}p}{\mathrm{d}x} = C\left(\frac{r_1^2}{G_1 J_1} + \frac{h_2}{G_2 A_2}\right)p_\mathrm{m} B\cos^2\alpha = \beta^2 p_\mathrm{m} B$$

$$p(x) = p_\mathrm{m}\beta^2 B\left[\frac{\cosh(\beta B)}{\sinh(\beta B)}\cosh(\beta x) - \sinh(\beta x)\right] \tag{2.3.3}$$

载荷分布如图 2.3.2 所示，设扭矩通过齿轮 1 左端传入，由齿条 2 的右端传出，则边界条件为：

$$x = 0\text{，}\quad \frac{\mathrm{d}\phi_1}{\mathrm{d}x} = -\frac{M_1}{G_1 J_1}\text{，}\quad \frac{\mathrm{d}\gamma_2}{\mathrm{d}x} = 0$$

$$x = B\text{，}\quad \frac{\mathrm{d}\phi_1}{\mathrm{d}x} = 0\text{，}\quad \frac{\mathrm{d}\gamma_2}{\mathrm{d}x} = \frac{F_2}{G_2 A_2}$$

即：

$$x = 0\text{，}\quad \frac{\mathrm{d}p}{\mathrm{d}x} = -C\frac{M_1 r_1}{G_1 J_1}\cos\alpha = -\beta_1^2 p_\mathrm{m} B$$

$$x = B\ ,\quad \frac{\mathrm{d}p}{\mathrm{d}x} = C\frac{F_2 h_2}{G_2 A_2}\cos^2\alpha = \beta_2^2 p_{\mathrm{m}} B$$

$$p(x) = p_{\mathrm{m}} B\left(\frac{\beta_2^2 + \beta_1^2\cosh(\beta B)}{\sinh(\beta B)}\cdot\cosh(\beta x) - \beta_1^2\sinh(\beta x)\right)\frac{1}{\beta} \tag{2.3.4}$$

2.3.2　考虑齿轮齿条齿面误差

如果齿轮齿条在加载前便存在齿向误差，那么两齿面加载前就有微小分离，分离量为$\delta(x)$。假定$\delta(x)$二阶导数存在，如$\delta(x)$不可用连续函数表示，可以先用二阶可导函数拟合，则变形协调条件成为如下形式：

$$(r_1\phi_1 + h_2\gamma_2)\cos\alpha = \frac{p}{C} + \delta(x)$$

$$(r_1\phi_1'' + h_2\gamma_2'')\cos\alpha = \frac{p''}{C} + \delta''(x)$$

则微分方程(2.3.2)可简化成如下形式：

$$p'' - \beta^2 p = -\delta'' C$$

该式为非齐次微分方程，利用非齐次方程的常数变异法，方程特解p^*设为：

$$p^* = E(x)\sinh(\beta x) + F(x)\cosh(\beta x)$$

其中$E(x), F(x)$满足：

$$E'(x)\sinh(\beta x) + F'(x)\cosh(\beta x) = 0$$

$$E'(x)\sinh'(\beta x) + F'(x)\cosh'(\beta x) = -\delta'' C$$

解得：

$$E'(x) = \frac{-C\delta''\cosh(\beta x)}{\beta}$$

$$E(x) = \frac{-C}{\beta}\int \delta''\cosh(\beta x)\mathrm{d}x$$

$$F'(x) = \frac{C\delta''\sinh(\beta x)}{\beta}$$

$$F(x) = \frac{C}{\beta}\int \delta''\sinh(\beta x)\mathrm{d}x$$

p的通解为：

$$p = C_1\sinh(\beta x) + C_2\cosh(\beta x) - \frac{C}{\beta}\sinh(\beta x)\int\delta''\cosh(\beta x)\mathrm{d}x$$
$$+\frac{C}{\beta}\cosh(\beta x)\int\delta''\sinh(\beta x)\mathrm{d}x \tag{2.3.5}$$

齿面载荷分布还取决于齿面原始误差 $\delta(x)$。

2.3.3　修形

由于齿面载荷分布还取决于齿面原始误差，因而很自然地产生这样的想法，可以人为地改变齿面原始廓形，抵消偏载的影响，使偏载沿齿宽均匀分布，这个恰当的函数 $\delta(x)$ 就是齿廓修形量。在式 $(r_1\phi_1 + h_2\gamma_2)\cos\alpha = \dfrac{p}{C}$ 两边乘以 C，再令：

$$\varPhi = C(r_1\phi_1 + h_2\gamma_2)\cos\alpha$$

则式(2.3.1)成为：

$$\varPhi'' = \beta^2 p$$

而式 $(r_1\phi_1 + h_2\gamma_2)\cos\alpha = \dfrac{p}{C} + \delta(x)$ 成为：

$$\varPhi = p + C\delta$$

而式 $(r_1\phi_1'' + h_2\gamma_2'')\cos\alpha = \dfrac{p''}{C} + \delta''(x)$ 成为：

$$\varPhi'' = p'' + C\delta''$$

对该式积分两次，因 p 为常数，$p \equiv p_{\mathrm{m}}$，所以：

$$\varPhi = \frac{\beta^2 p_{\mathrm{m}} x^2}{2} + C_1 x + C_2$$

由该式可得：

$$C\delta = \varPhi - p_{\mathrm{m}} = \frac{\beta^2 p_{\mathrm{m}} x^2}{2} + C_1 x + C_2 - p_{\mathrm{m}}$$

仍然分两种情况讨论，先假定扭矩在两轮右端作用，边界条件为：

$$x = 0\,,\quad \frac{\mathrm{d}\phi_1}{\mathrm{d}x} = 0\,,\quad \frac{\mathrm{d}\gamma_2}{\mathrm{d}x} = 0$$

即：

$$\frac{\mathrm{d}\varPhi}{\mathrm{d}x} = 0$$

$$C_1 = 0$$

$$x=B\ ,\quad \frac{\mathrm{d}\phi_1}{\mathrm{d}x}=\frac{M_1}{G_1J_1}\ ,\quad \frac{\mathrm{d}\phi_2}{\mathrm{d}x}=\frac{F_2}{G_2A_2}$$

$$\begin{aligned}C(r_1\phi_1'+h_2\gamma_2')\cos\alpha\,|_{x=B}&=C\left(\frac{M_1r_1}{G_1J_1}+\frac{F_2h_2}{G_2A_2}\right)\cos\alpha\\&=C\left(\frac{r_1^2}{G_1J_1}+\frac{h_2}{G_2A_2}\right)p_\mathrm{m}B\cos\alpha\\&=\beta^2p_\mathrm{m}B\end{aligned}$$

对式 $(r_1\phi_1+h_2\gamma_2)\cos\alpha=\dfrac{p}{C}+\delta(x)$ 微分一次，由于 p_m 为常数，得到：

$$C\delta'|_{x=B}=\varPhi|_{x=B}$$

$$\beta^2p_\mathrm{m}B+C_1=\beta^2p_\mathrm{m}B$$

解得：

$$C_1=0$$

两个边界条件不独立。考虑修形是齿廓相对于理想齿廓的减少量，取小载荷侧的边修形量为零，故令远离扭矩加载端的左端面的修形量为零，即：

$$x=0\ ,\quad \delta=0$$

$$C_2-p_\mathrm{m}=0$$

修形曲线为：

$$C\delta=\frac{\beta^2p_\mathrm{m}x^2}{2}$$

齿廓曲面与分度圆柱的交线展开后是一条抛物线。再假定扭矩分别从两端传入，有边界条件：

$$x=0\ ,\quad \frac{\mathrm{d}\phi_1}{\mathrm{d}x}=-\frac{M_1}{G_1J_1}\ ,\quad \frac{\mathrm{d}\gamma_2}{\mathrm{d}x}=0$$

$$x=B\ ,\quad \frac{\mathrm{d}\phi_1}{\mathrm{d}x}=0\ ,\quad \frac{\mathrm{d}\gamma_2}{\mathrm{d}x}=\frac{F_2}{G_2A_2}$$

即：

$$x=0\ ,\quad C(r_1\phi_1'+h_2\gamma_2')\cos\alpha=-C\frac{M_1r_1}{G_1J_1}\cos\alpha=-\beta_1^2p_\mathrm{m}B$$

$$x=B\ ,\quad C(r_1\phi_1'+h_2\gamma_2')\cos\alpha=C\frac{F_2}{G_2A_2}\cos\alpha=\beta_{21}^2p_\mathrm{m}B$$

$$C\delta'|_{x=B}=\beta^2p_\mathrm{m}B+C_1=-\beta_1^2p_\mathrm{m}B$$

$$C_1 = -\beta_1^2 p_{\mathrm{m}} B$$

$$C\delta'|_{x=B} = \beta^2 p_{\mathrm{m}} B + C_1 = \beta_2^2 p_{\mathrm{m}} B$$

$$C_1 = p_{\mathrm{m}} B\left(\beta_2^2 - \beta_1^2\right) = -p_{\mathrm{m}} B \beta_1^2$$

两个边界条件也不独立，求修形曲线的最小值点，令：

$$C\delta'(x) = 0$$

即：

$$p_{\mathrm{m}} x \beta^2 - p_{\mathrm{m}} B \beta_1^2 = 0$$

解得：

$$x^* = \frac{B\beta_1^2}{\beta^2}$$

当两齿轮齿条大小相同时，有：

$$\beta_1^2 = \beta_2^2 = \frac{\beta^2}{2}$$

$$x^* = \frac{B}{2}$$

令修形量曲线极小值点处修形量为零，故有：

$$C\delta'(x) = \beta^2 p_{\mathrm{m}} \cdot \frac{1}{2}\left(\frac{\beta_1^2 B}{\beta^2}\right) - \beta_1^2 p_{\mathrm{m}} B\left(\frac{\beta_1^2 B}{\beta^2}\right) + C_2 - p_{\mathrm{m}} = 0$$

$$C_2 - p_{\mathrm{m}} = \frac{\beta_1^4 p_{\mathrm{m}} B}{2\beta^2}$$

修形曲线为：

$$C\delta = \beta^2 p_{\mathrm{m}} \cdot \frac{x^2}{2} - \beta_1^2 p_{\mathrm{m}} B x + \frac{\beta_1^4 p_{\mathrm{m}} B}{2\beta^2}$$

2.3.4　理论验证

可以验证按抛物线方案修形齿面载荷为常数。由式(2.3.5)，当 $C_2 = 0$ 时可改写为：

$$p = C_1 \sinh(\beta x) + C_2 \cosh(\beta x) - \frac{C\delta''}{\beta}\sinh(\beta x)\int \cosh(\beta x)\mathrm{d}x + \frac{C\delta''}{\beta}\cosh(\beta x)\int \sinh(\beta x)\mathrm{d}x$$

$$= C_1 \sinh(\beta x) + C_2 \cosh(\beta x) + \frac{C\delta''}{\beta}\left(-\sinh^2(\beta x) + \cosh^2(\beta x)\right)$$

$$= C_1 \sinh(\beta x) + C_2 \cosh(\beta x) + \frac{C\delta''}{\beta}$$

$=C_1\sinh(\beta x)+C_2\cosh(\beta x)+p_{\rm m}$

边界条件为：

$$p'|_{x=0}=C(r_1\phi_1'+r_2\phi_2')\cos\alpha|_{x=0}-C\delta'|_{x=0}$$

$$C_1\beta\cosh(\beta x)+C_2\beta\sinh(\beta x)|_{x=0}=0$$

得到：

$$C_1=0$$

$$p'|_{x=B}=C(r_1\phi_1'+r_2\phi_2')\cos\alpha|_{x=B}-C\delta'|_{x=B}$$

$$C_2\beta\sinh(\beta x)=C\left(\frac{M_1r_1}{G_1J_1}+\frac{F_2}{G_2A_2}\right)\cos^2\alpha-\beta p_{\rm m}B=0$$

$$C_2=0$$

故：

$$p=p_{\rm m}$$

即齿面载荷恒等于平均载荷，证毕。

2.3.5 计算实例

现有一对渐开线直齿圆柱齿轮齿条，$z_1=30$，模数 $m=4\text{mm}$，$h=2.25m$，$\alpha=20^\circ$，B=105mm，$p_{\rm m}=320\text{N/mm}$，求修形曲线。

分度圆直径为：

$$d_1=30\times 4=120\text{mm}$$

对应半径为：

$$r_1=60\text{mm}$$

齿根圆直径为：

$$d_{f1}=(30-2.5)\times 4=110\text{mm}$$

齿条齿体高度取全齿高的 3 倍，即：

$$3h=3\times 2.25m=3\times 2.25\times 4=27\text{mm}$$

齿条齿体宽度取 20 个齿，即：

$$2\pi mz=2\pi\times 4\times 20=160\pi\ \text{mm}$$

$$J_1=\frac{\pi d_{f1}^4}{32}$$

$$G_1=G_2=80\times 10^3\ \text{N/mm}^2$$

$$\delta = \frac{\beta^2 p_{\mathrm{m}} x^2}{2C}$$
$$= \left[\frac{p_{\mathrm{m}}}{2}\left(\frac{r_1^2}{G_1 J_1} + \frac{h_2}{G_2 A_2}\right)\cos^2\alpha\right] x^2$$
$$= \left[\frac{320}{2}\left(\frac{60^2}{110^4} + \frac{1}{27\times 80\times 32}\right)\frac{32\times\cos^2 20^\circ}{\pi\times 80\times 10^3}\right] x^2$$
$$= 7.0194\times 10^{-7} x^2$$

最大修形量为：

$$\delta_{\max} = \delta_{x=B} = 5.21\times 10^{-3}\,\mathrm{mm}$$

当载荷从两轮不同端输入时，有：

$$\delta = \frac{\cos^2\alpha\, p_{\mathrm{m}}}{2}\left(\frac{r_1^2}{G_1 J_1} + \frac{h_2}{G_2 A_2}\right) x^2 - \frac{p_{\mathrm{m}} r_1^2 B\cos^2\alpha}{G_1 J_1} x + \frac{p_{\mathrm{m}} B\left(\frac{r_1^2}{G_1 J_1}\right)^2 \cos^2\alpha}{2\left(\frac{r_1^2}{G_1 J_1} + \frac{h_2}{G_2 A_2}\right)}$$
$$= 7.0194\times 10^{-7} x^2 - 8.67\times 10^{-5} x + 1.55\times 10^{-3}\,\mathrm{mm}$$

最大修形量在小齿轮齿条加载端：

$$\delta_{\max} = \delta_{x=B} = 3.15\times 10^{-3}\,\mathrm{mm}$$

修形曲线如图 2.3.7 所示。

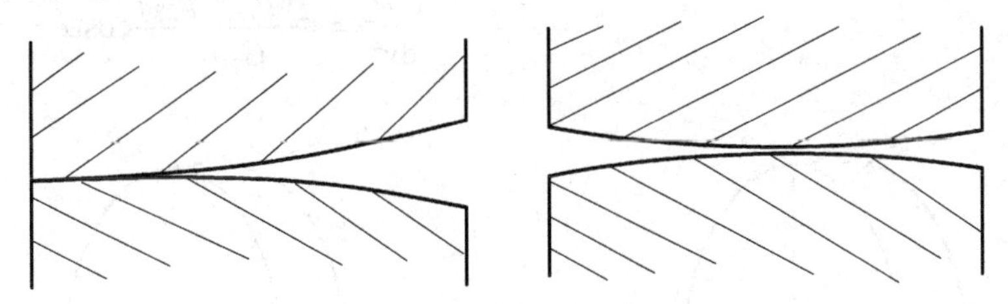

图 2.3.7　两齿廓修形曲线示意图

2.4　齿轮在复合啮合下的偏载与修形

复合啮合是指两个以上齿轮相互啮合，如图 2.4.1 所示。

2.4.1　第一种复合啮合

第一种复合啮合情形如图 2.4.2 所示，由轮 2 驱动轮 1 和轮 3，对轮 1 轮 3 有：

$$\frac{\mathrm{d}^2\phi_1}{\mathrm{d}x^2} = \frac{r_1 p_{12}\cos\alpha}{G_1 J_1} \tag{2.4.1}$$

图 2.4.1 多个齿轮复合啮合

$$\frac{\mathrm{d}^2\phi_3}{\mathrm{d}x^2}=\frac{r_3 p_{23}\cos\alpha}{G_3 J_3} \tag{2.4.2}$$

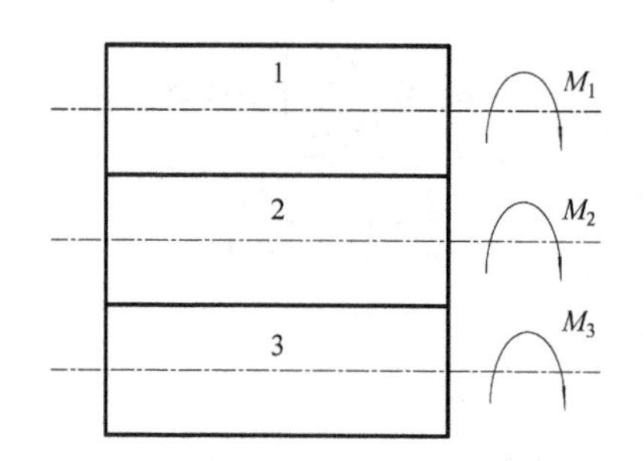

图 2.4.2 复合啮合的第一种情形

式中：p_{12}, p_{23} 分别为轮 1 与轮 2，轮 3 与轮 2 之间的啮合力。

在轮 2 中任意一个轴向位置截取一微段，如图 2.4.3 和图 2.4.4 所示，该微段的力矩平衡条件为：

$$(T+\mathrm{d}T)-T=r_2(p_{12}+p_{23})\mathrm{d}x\cos\alpha$$

$$\frac{\mathrm{d}T}{\mathrm{d}x}=r_2(p_{12}+p_{23})\cos\alpha$$

$$\frac{\mathrm{d}^2\phi_2}{\mathrm{d}x^2}=\frac{r_2(p_{12}+p_{23})}{G_2 J_2}\cos\alpha \tag{2.4.3}$$

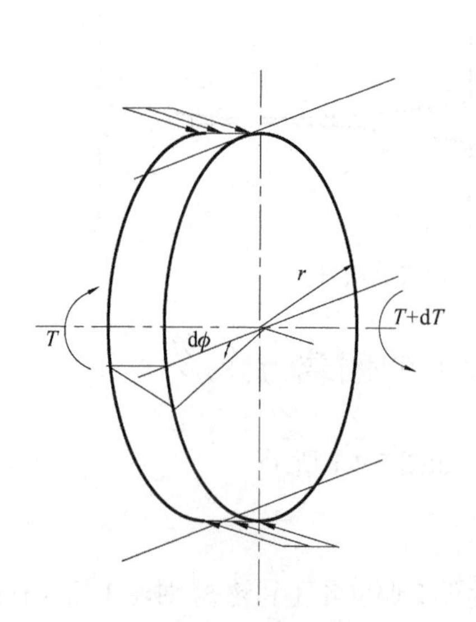

图 2.4.3 复合啮合的微单元受力图之一

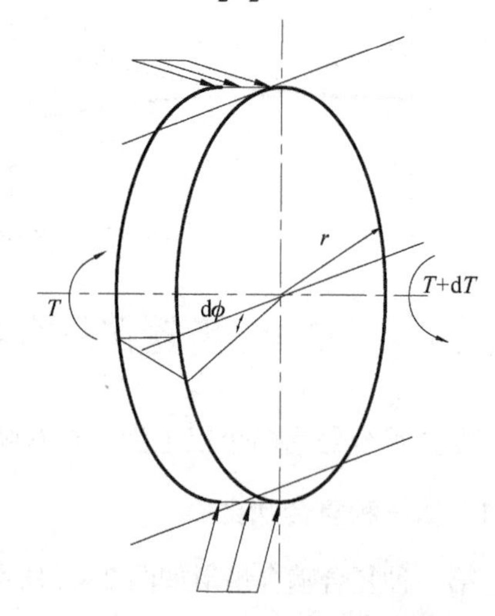

图 2.4.4 复合啮合的微单元受力图之二

复合啮合的变形协调条件参考图 2.4.5，可得：

$$(r_1\phi_1 + r_2\phi_2)\cos\alpha = \frac{p_{12}}{C} \tag{2.4.4}$$

$$(r_2\phi_2 + r_3\phi_3)\cos\alpha = \frac{p_{23}}{C} \tag{2.4.5}$$

$$(r_1\phi_1'' + r_2\phi_2'')\cos\alpha = \frac{p_{12}''}{C} \tag{2.4.6}$$

$$(r_2\phi_2'' + r_3\phi_3'')\cos\alpha = \frac{p_{23}''}{C} \tag{2.4.7}$$

式 (2.4.1) 乘以 $r_1\cos\alpha$，式 (2.4.2) 乘以 $r_2\cos\alpha$，再相加，考虑到式(2.4.6)，有：

$$p_{12}'' = \beta_1^2 p_{12} + \beta_2^2(p_{12} + p_{23}) \tag{2.4.8}$$

同理可得：

$$p_{23}'' = \beta_3^2 p_{23} + \beta_2^2(p_{12} + p_{23}) \tag{2.4.9}$$

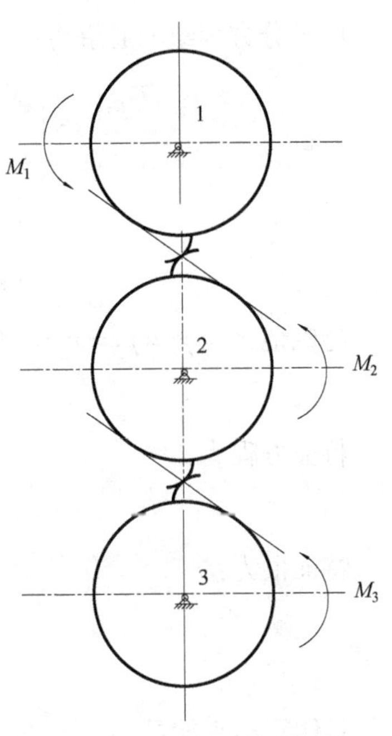

图 2.4.5　复合啮合的变形协调条件

引入算式符号 $\frac{\mathrm{d}}{\mathrm{d}x} = D$，将式 (2.4.8) 和式 (2.4.9)写成矩阵形式，可得：

$$\begin{bmatrix} D^2 - \left(\beta_1^2 + \beta_2^2\right) & -\beta_2^2 \\ -\beta_2^2 & D^2 - \left(\beta_2^2 + \beta_3^2\right) \end{bmatrix} \begin{bmatrix} p_{12} \\ p_{23} \end{bmatrix} = 0 \tag{2.4.10}$$

为求微分方程组的特征根，令系数矩阵行列式为 0，并展开，得：

$$D^4 - \left(2\beta_2^2 + \beta_1^2 + \beta_3^2\right)D^2 + \left(\beta_1^2\beta_2^2 + \beta_1^2\beta_3^2 + \beta_2^2\beta_3^2\right) = 0 \tag{2.4.11}$$

4 个特征根分别为：

$$D^2 = \gamma_1, \quad D^2 = \gamma_2$$

$$D = \pm\sqrt{\gamma_1}, \quad D = \pm\sqrt{\gamma_2} \tag{2.4.12}$$

设式(2.4.10)对应于特征值 γ_1 的特征向量为：

$$\vec{e}^{(1)} = \left(e_1^{(1)}, e_2^{(2)}\right)$$

对应于特征值 γ_2 的特征向量为：

$$\vec{e}^{(2)} = \left(e_1^{(2)}, e_2^{(2)}\right)$$

则微分方程组的通解为：

$$\begin{bmatrix} p_{12} \\ p_{23} \end{bmatrix} = \begin{bmatrix} e_1^{(1)} \\ e_2^{(1)} \end{bmatrix}\left(E\sinh\sqrt{\gamma_1 x} + F\cosh\sqrt{\gamma_2 x}\right) + \begin{bmatrix} e_1^{(2)} \\ e_2^{(2)} \end{bmatrix}\left(G\sinh\sqrt{\gamma_1 x} + H\cosh\sqrt{\gamma_2 x}\right) \tag{2.4.13}$$

特殊地，当 $\gamma_1 = \gamma_2 = \gamma_3 = \gamma$ 时：

$$\beta_1^2 = \beta_2^2 = \beta_3^2 = \beta^2$$

特征方程为：

$$D^4 - 4\beta^2 D^2 + 3\beta^4 = 0$$

特征根为：

$$r_{1,2} = \begin{matrix} 3\beta^2 \\ \beta^2 \end{matrix}$$

具体写出来就是：

$$D = \sqrt{3}\beta\text{，}\ D = -\sqrt{3}\beta\text{，}\ D = \beta\text{，}\ D = -\beta$$

对应的特征根 $\gamma_1 = 3\beta^2$ 的特征向量满足特征方程：

$$\begin{bmatrix} 3\beta^2 - 2\beta^2 & -\beta^2 \\ -\beta^2 & 3\beta^2 - 2\beta^2 \end{bmatrix}\begin{bmatrix} e_1^{(1)} \\ e_2^{(1)} \end{bmatrix} = 0 \tag{2.4.14}$$

对应特征向量为：

$$\left(e_1^{(1)}, e_2^{(2)}\right) = (1,1) \tag{2.4.15}$$

对应特征根 $\gamma_2 = \beta^2$ 的特征方程为：

$$\begin{bmatrix} \beta^2 - 2\beta^2 & -\beta^2 \\ -\beta^2 & \beta^2 - 2\beta^2 \end{bmatrix}\begin{bmatrix} e_1^{(2)} \\ e_2^{(2)} \end{bmatrix} = 0 \tag{2.4.16}$$

对应特征向量为：

$$\left(e_1^{(2)}, e_2^{(2)}\right) = (1,-1) \tag{2.4.17}$$

$$\begin{bmatrix} p_{12} \\ p_{23} \end{bmatrix} = \begin{bmatrix} 1 \\ 1 \end{bmatrix}\left(E\sinh(\sqrt{3\beta x}) + F\cosh(\sqrt{3}\beta x)\right) + \begin{bmatrix} 1 \\ -1 \end{bmatrix}\left(G\sinh(\beta x) + H\cosh(\beta x)\right) \tag{2.4.18}$$

式中：E, F, G, H 为待定常数，由边界条件决定。

对式(2.4.4)和式(2.4.5)微分一次，得到：

$$\frac{\mathrm{d}p_{12}}{\mathrm{d}x}=C\left(r_1\phi_1'+r_2\phi_2'\right)\cos\alpha \tag{2.4.19}$$

$$\frac{\mathrm{d}p_{23}}{\mathrm{d}x}=C\left(r_2\phi_2'+r_3\phi_3'\right)\cos\alpha \tag{2.4.20}$$

对于第一种情形，M_1,M_2,M_3都作用于右侧，边界条件为

$$x=0\text{ ，}\quad \frac{\mathrm{d}\phi_1}{\mathrm{d}x}=0\text{ ，}\quad \frac{\mathrm{d}\phi_2}{\mathrm{d}x}=0\text{ ，}\quad \frac{\mathrm{d}\phi_3}{\mathrm{d}x}=0$$

$$\frac{\mathrm{d}p_{12}}{\mathrm{d}x}=0\text{ ，}\quad \frac{\mathrm{d}p_{23}}{\mathrm{d}x}=0 \tag{2.4.21}$$

$$x=B\text{ ，}\quad \frac{\mathrm{d}\phi_1}{\mathrm{d}x}=\frac{M_1}{G_1J_1}\text{ ，}\quad \frac{\mathrm{d}\phi_2}{\mathrm{d}x}=\frac{M_2}{G_2J_2}\text{ ，}\quad \frac{\mathrm{d}\phi_3}{\mathrm{d}x}=\frac{M_3}{G_3J_3}$$

$$\begin{aligned}\frac{\mathrm{d}p_{12}}{\mathrm{d}x}\Big|_{x=B}&=C\left(\frac{r_1M_1}{G_1J_1}+\frac{r_2M_2}{G_2J_2}\right)\cos\alpha\\&=C\left[\frac{{r_1}^2Bp_{12}^{\mathrm{m}}}{G_1J_1}+\frac{{r_2}^2B}{G_2J_2}\left(p_{12}^{\mathrm{m}}+p_{23}^{\mathrm{m}}\right)\right]\cos^2\alpha\\&=Bp_{12}^{\mathrm{m}}\left(\beta_1^2+\beta_2^2\right)+Bp_{23}^{\mathrm{m}}\beta_2^2\end{aligned} \tag{2.4.22}$$

$$\begin{aligned}\frac{\mathrm{d}P_{23}}{\mathrm{d}x}\Big|_{x=B}&=C\left(\frac{r_2M_2}{G_2J_2}+\frac{r_3M_3}{G_3J_3}\right)\cos\alpha\\&=CB\left[\frac{{r_3}^2p_{23}^{\mathrm{m}}}{G_3J_3}+\frac{{r_2}^2B}{G_2J_2}\left(p_{12}^{\mathrm{m}}+p_{23}^{\mathrm{m}}\right)\right]\cos^2\alpha\\&=Bp_{12}^{\mathrm{m}}\beta_2^2+Bp_{23}^{\mathrm{m}}\left(\beta_3^2+\beta_2^2\right)\end{aligned} \tag{2.4.23}$$

式中：$p_{12}^{\mathrm{m}},p_{23}^{\mathrm{m}}$分别为轮 1 与轮 2，轮 2 与轮 3 之间的平均啮合力。

4 个边界条件可以确定 4 个待定系数：

$$\begin{bmatrix}\sqrt{3}\beta & 0 & +\beta & 0\\ \sqrt{3}\beta & 0 & -\beta & 0\\ \sqrt{3}\beta\cosh(\sqrt{3}\beta B) & \sqrt{3}\beta\sinh(\sqrt{3}\beta B) & \beta\cosh(\beta B) & \beta\sinh(\beta B)\\ \sqrt{3}\beta\cosh(\sqrt{3}\beta B) & \sqrt{3}\beta\sinh(\sqrt{3}\beta B) & -\beta\cosh(\beta B) & -\beta\sinh(\beta B)\end{bmatrix}\begin{bmatrix}E\\F\\G\\H\end{bmatrix}$$

$$=\begin{bmatrix}0\\0\\2p_{12}^{\mathrm{m}}\beta^2+p_{23}^{\mathrm{m}}\beta^2\\2p_{23}^{\mathrm{m}}\beta+p_{12}^{\mathrm{m}}\beta\end{bmatrix}B \tag{2.4.24}$$

解出 E，F，G，H，即可求出方程的解。

2.4.2　第二种复合啮合

第二种复合啮合情形如图 2.4.6 所示，由轮 2 驱动轮 1 和轮 3，但主动扭矩和两个从动扭矩作用于不同侧，边界条件：

$$x=0\ ,\quad \frac{\mathrm{d}\phi_1}{\mathrm{d}x}=0\ ,\quad \frac{\mathrm{d}\phi_2}{\mathrm{d}x}=-\frac{M_2}{G_2J_2}\ ,\quad \frac{\mathrm{d}\phi_3}{\mathrm{d}x}=0$$

$$\frac{\mathrm{d}p_{12}}{\mathrm{d}x}\Big|_{x=0}=C\Big(-\frac{r_2M_2}{G_2J_2}\Big)\cos\alpha=-B(p_{12}^{\mathrm{m}}+p_{23}^{\mathrm{m}})\beta_2^2 \tag{2.4.25}$$

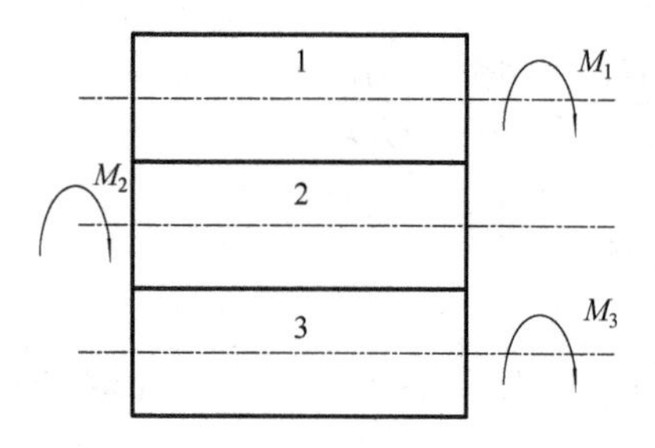

图 2.4.6　复合啮合的第二种情形

$$\frac{\mathrm{d}p_{23}}{\mathrm{d}x}\Big|_{x=0}=-B(p_{12}^{\mathrm{m}}+p_{23}^{\mathrm{m}})\beta_3^2 \tag{2.4.26}$$

$$x=B\ ,\quad \frac{\mathrm{d}\phi_1}{\mathrm{d}x}=\frac{M_1}{G_1J_1}\ ,\quad \frac{\mathrm{d}\phi_2}{\mathrm{d}x}=0\ ,\quad \frac{\mathrm{d}\phi_3}{\mathrm{d}x}=\frac{M_3}{G_3J_3}$$

$$\frac{\mathrm{d}p_{12}}{\mathrm{d}x}\Big|_{x=B}=C\frac{r_1M_1}{G_1J_1}\cos\alpha=p_{12}^{\mathrm{m}}B\beta_1^2 \tag{2.4.27}$$

$$\frac{\mathrm{d}P_{23}}{\mathrm{d}x}\Big|_{x=B}=C\frac{r_3M_3}{G_3J_3}\cos\alpha=Bp_{23}^{\mathrm{m}}\beta_3^2 \tag{2.4.28}$$

2.4.3　第三种复合啮合

第三种复合啮合情形如图 2.4.7 所示，由轮 2 驱动轮 1 和轮 3，从动扭矩一个作用在主动扭矩同侧，一个作用在异侧，边界条件为：

$$x=0\ ,\quad \frac{\mathrm{d}\phi_1}{\mathrm{d}x}=0\ ,\quad \frac{\mathrm{d}\phi_2}{\mathrm{d}x}=0\ ,\quad \frac{\mathrm{d}\phi_3}{\mathrm{d}x}=-\frac{M_3}{G_3J_3}$$

$$\frac{\mathrm{d}p_{12}}{\mathrm{d}x}\Big|_{x=0}=0 \tag{2.4.29}$$

$$\frac{\mathrm{d}P_{23}}{\mathrm{d}x}\Big|_{x=0}=C\left(-\frac{r_3M_3}{G_3J_3}\right)\cos\alpha=-Bp_{23}^{\mathrm{m}}\beta_3^2 \tag{2.4.30}$$

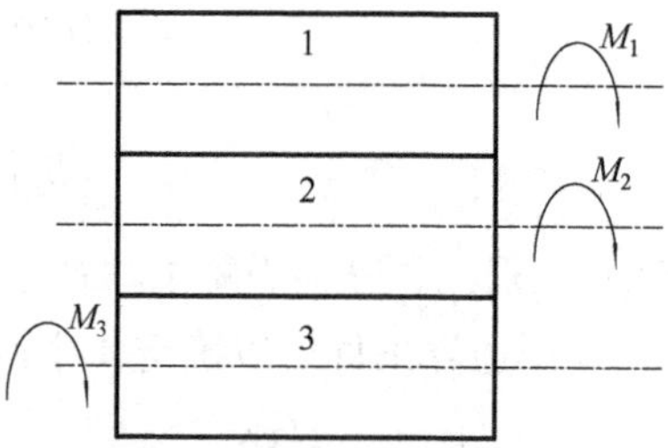

图 2.4.7　复合啮合的第三种情形

$$x=B\ ,\quad \frac{\mathrm{d}\phi_1}{\mathrm{d}x}=\frac{M_1}{G_1J_1}\ ,\quad \frac{\mathrm{d}\phi_2}{\mathrm{d}x}=\frac{M_2}{G_2J_2}\ ,\quad \frac{\mathrm{d}\phi_3}{\mathrm{d}x}=0$$

$$\frac{\mathrm{d}p_{12}}{\mathrm{d}x}\Big|_{x=B}=Bp_{12}^{\mathrm{m}}\left(\beta_1^2+\beta_2^2\right)+Bp_{23}^{\mathrm{m}}\beta_2^2 \tag{2.4.31}$$

$$\frac{\mathrm{d}p_{12}}{\mathrm{d}x}\Big|_{x=B}=B(p_{12}^{\mathrm{m}}+p_{23}^{\mathrm{m}})\beta_2^2 \tag{2.4.32}$$

2.4.4　第四种复合啮合

第四种复合啮合情形如图 2.4.8 所示。轮 2 只是作为惰轮，由轮 1 驱动轮 3，M_1, M_3 作用于两轮同侧，对轮 1 和轮 3 有：

$$\frac{\mathrm{d}^2\phi_1}{\mathrm{d}x^2} = \frac{r_1 p_{12}\cos\alpha}{G_1 J_1} \tag{2.4.33}$$

$$\frac{\mathrm{d}^2\phi_3}{\mathrm{d}x^2} = \frac{r_3 p_{23}\cos\alpha}{G_3 J_3} \tag{2.4.34}$$

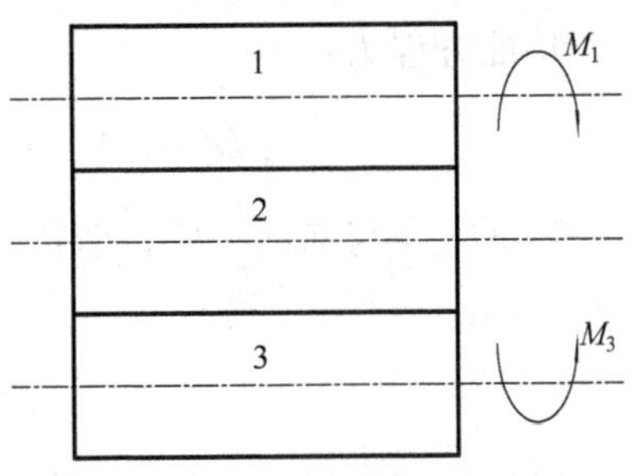

图 2.4.8　复合啮合的第四种情形

在轮 2 任意一个轴向位置截取一微段，如图 2.4.3 所示，取微段的力矩平衡条件：

$$(T + \mathrm{d}T) - T = r_2\cos\alpha(p_{12} - p_{23})\mathrm{d}x$$

$$\frac{\mathrm{d}T}{\mathrm{d}x} = r_2(p_{12} - p_{23})\cos\alpha$$

$$\frac{\mathrm{d}^2\phi}{\mathrm{d}x^2} = \frac{r_3(p_{12} - p_{23})}{G_2 J_2}\cos\alpha \tag{2.4.35}$$

变形协调条件参见图 2.4.9，有：

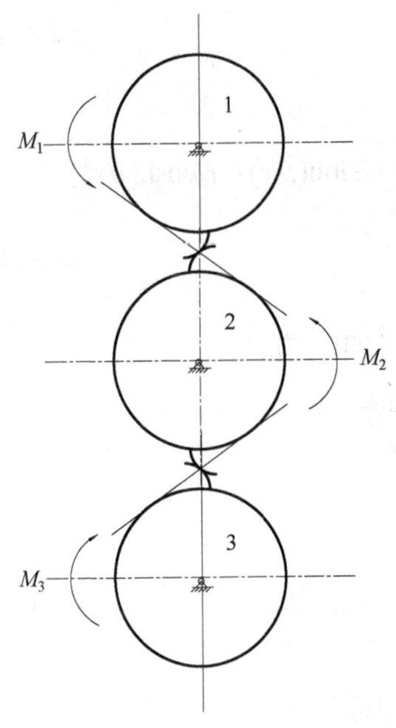

图 2.4.9　复合啮合的变形协调条件

$$(r_1\phi_1 + r_2\phi_2)\cos\alpha = \frac{p_{12}}{C} \tag{2.4.36}$$

$$(r_3\phi_3 - r_2\phi_2)\cos\alpha = \frac{p_{23}}{C} \tag{2.4.37}$$

$$(r_1\phi_1'' + r_2\phi_2'')\cos\alpha = \frac{p_{12}''}{C} \tag{2.4.38}$$

$$(r_3\phi_3'' - r_2\phi_2'')\cos\alpha = \frac{p_{23}''}{C} \tag{2.4.39}$$

式(2.4.33)乘以 $r_1\cos\alpha$，式(2.4.35)乘以 $r_2\cos\alpha$，再相加，考虑式(2.4.38)，有：

$$p_{12}'' = \beta_1^2 p_{12} + \beta_2^2(p_{12} - p_{23}) \tag{2.4.40}$$

式 (2.4.34) 乘以 $r_3\cos\alpha$，式 (2.4.35) 乘以 $r_2\cos\alpha$，再相加，考虑式(2.4.39)有：

$$p_{23}'' = \beta_3^2 p_{23} + \beta_2^2 p_{23} - \beta_2^2 p_{12} \tag{2.4.41}$$

引入算式符号 $\frac{\mathrm{d}}{\mathrm{d}x} = D$，将式 (2.4.40) 和式 (2.4.41)写成矩阵形式，可得：

$$\begin{bmatrix} D^2-\left(\beta_1^2+\beta_2^2\right) & \beta_2^2 \\ \beta_2^2 & D^2-\left(\beta_2^2+\beta_3^2\right) \end{bmatrix}\begin{bmatrix} p_{12} \\ p_{23} \end{bmatrix}=0 \tag{2.4.42}$$

特征方程为：

$$\left[D^2-\left(\beta_1^2+\beta_2^2\right)\right]\left[D^2-\left(\beta_2^2+\beta_3^2\right)\right]-\beta_2^4=0$$

特征方程与前面一样，但特征行列式不一样，因而特征向量不一样。例如，当$r_1=r_2=r_3=r$时，有：

$$\beta_1^2=\beta_2^2=\beta_3^2=\beta^2$$

对应的特征根$\gamma_1=3\beta^2$的特征向量满足：

$$\begin{bmatrix} 3\beta^2-2\beta^2 & \beta^2 \\ \beta^2 & 3\beta^2-2\beta^2 \end{bmatrix}\begin{bmatrix} e_1^{(1)} \\ e_2^{(1)} \end{bmatrix}=0 \tag{2.4.43}$$

解得特征向量 1：

$$\vec{e}^{(1)}=(1,-1)$$

同样可求得特征向量 2：

$$\vec{e}^{(2)}=(1,1) \tag{2.4.44}$$

微分方程组的通解可写成：

$$\begin{bmatrix} p_{12} \\ p_{23} \end{bmatrix}=\begin{bmatrix} 1 \\ -1 \end{bmatrix}\left(E\sinh(\sqrt{3}\beta x)+F\cosh(\sqrt{3}\beta x)\right)+\begin{bmatrix} 1 \\ 1 \end{bmatrix}\left(G\sinh(\beta x)+H\cosh(\beta x)\right) \tag{2.4.45}$$

式中：E, F, G, H为待定常数。

待定常数由边界条件决定。如M_1, M_3都作用于右侧，有：

$$x=0\,,\quad \frac{\mathrm{d}\phi_1}{\mathrm{d}x}=0\,,\quad \frac{\mathrm{d}\phi_2}{\mathrm{d}x}=0\,,\quad \frac{\mathrm{d}\phi_3}{\mathrm{d}x}=0$$

$$\frac{\mathrm{d}p_{12}}{\mathrm{d}x}=0\,,\quad \frac{\mathrm{d}p_{23}}{\mathrm{d}x}=0$$

$$x=B\,,\quad \frac{\mathrm{d}\phi_1}{\mathrm{d}x}=\frac{M_1}{G_1J_1}\,,\quad \frac{\mathrm{d}\phi_2}{\mathrm{d}x}=0\,,\quad \frac{\mathrm{d}\phi_3}{\mathrm{d}x}=\frac{M_3}{G_3J_3} \tag{2.4.46}$$

$$\frac{\mathrm{d}p_{12}}{\mathrm{d}x}\bigg|_{x=B}=C\frac{r_1M_1}{G_1J_1}\cos\alpha=p_{12}^{\mathrm{m}}B\beta_1^2$$

$$\frac{\mathrm{d}P_{23}}{\mathrm{d}x}\bigg|_{x=B}=C\frac{r_3M_3}{G_3J_3}\cos\alpha=Bp_{23}^{\mathrm{m}}\beta_3^2$$

对于 $\beta_1^2=\beta_2^2=\beta_3^2=\beta^2$ 的情形，有：

$$\begin{bmatrix} \sqrt{3}\beta & 0 & \beta & 0 \\ -\sqrt{3}\beta & 0 & \beta & 0 \\ \sqrt{3}\beta\cosh(\sqrt{3}\beta B) & \sqrt{3}\beta\sinh(\sqrt{3}\beta B) & \beta\cosh(\beta B) & \beta\sinh(\beta B) \\ -\sqrt{3}\beta\cosh(\sqrt{3}\beta B) & -\sqrt{3}\beta\sinh(\sqrt{3}\beta B) & \beta\cosh(\beta B) & \beta\sinh(\beta B) \end{bmatrix}\begin{bmatrix} E \\ F \\ G \\ H \end{bmatrix}=\begin{bmatrix} 0 \\ 0 \\ p_{12}^{\mathrm{m}}\beta_1^2 B \\ p_{23}^{\mathrm{m}}\beta_3^2 B \end{bmatrix}$$

2.4.5　第五种复合啮合

第五种啮合情形如图 2.4.10 所示，轮 2 为惰轮，扭矩 M_1, M_3 作用于不同侧，边界条件为：

$$x=0\text{，}\quad \frac{\mathrm{d}\phi_1}{\mathrm{d}x}=-\frac{M_1}{G_1J_1}\text{，}\quad \frac{\mathrm{d}\phi_2}{\mathrm{d}x}=0\text{，}\quad \frac{\mathrm{d}\phi_3}{\mathrm{d}x}=0$$

$$\frac{\mathrm{d}p_{12}}{\mathrm{d}x}\bigg|_{x=0}=-C\cos\alpha\frac{r_1M_1}{G_1J_1}=-p_{12}^{\mathrm{m}}B\beta_1^2 \tag{2.4.47}$$

$$\frac{\mathrm{d}p_{23}}{\mathrm{d}x}=0 \tag{2.4.48}$$

$$x=B\text{，}\quad \frac{\mathrm{d}\phi_1}{\mathrm{d}x}=0\text{，}\quad \frac{\mathrm{d}\phi_2}{\mathrm{d}x}=0\text{，}\quad \frac{\mathrm{d}\phi_3}{\mathrm{d}x}=\frac{M_3}{G_3J_3}$$

$$\frac{\mathrm{d}p_{12}}{\mathrm{d}x}=0 \tag{2.4.49}$$

$$\frac{\mathrm{d}p_{23}}{\mathrm{d}x}\bigg|_{x=B}=C\frac{r_3M_3}{G_3J_3}\cos\alpha=Bp_{23}^{\mathrm{m}}\beta_3^2 \tag{2.4.50}$$

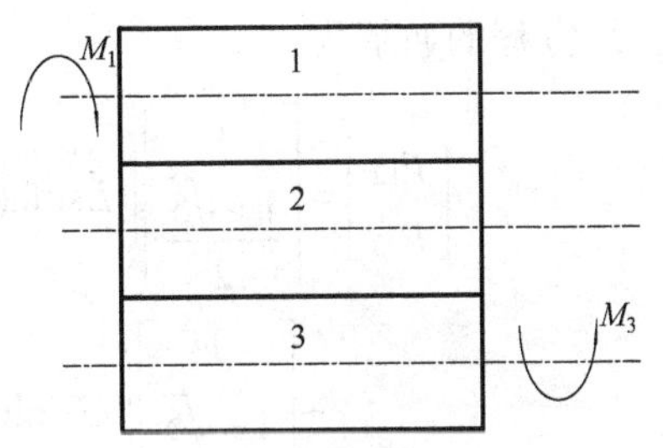

图 2.4.10　复合啮合的第五种情形

对于包括内啮合的复合啮合，如图 2.4.11 所示，由于内齿轮 1 的扭转惯量 $r_1=60\text{mm}$ 相对于其他两轮扭转惯量大得多，$J_1\to 0$，$\beta_1^2\to 0$，故式(2.4.10)可以写成：

$$\begin{bmatrix} D^2-\beta_2^2 & -\beta_2^2 \\ -\beta_2^2 & D^2-\left(\beta_2^2+\beta_3^2\right) \end{bmatrix}\begin{bmatrix} p_{12} \\ p_{23} \end{bmatrix}=0 \tag{2.4.51}$$

特征方程为：

$$\left(D^2-\beta_2^2\right)\left[D^2-\left(\beta_2^2+\beta_3^2\right)\right]-\beta_2^4=0 \tag{2.4.52}$$

边界条件可由式(2.4.21)～式(2.4.32)里令 $\beta_1^2=0$ 而得到。

特殊地，如 $\beta_2=\beta_3=\beta$，特征方程成为：

$$\left(D^2-\beta^2\right)\left(D^2-2\beta^2\right)-\beta^4=0 \tag{2.4.53}$$

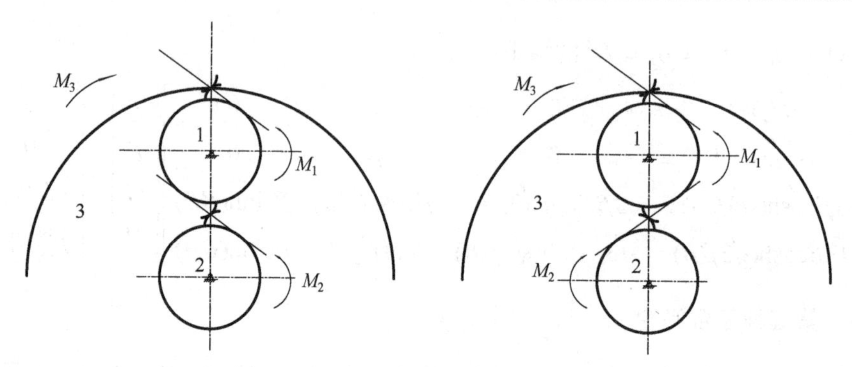

图 2.4.11　复合内啮合的变形协调条件

特征根为：

$$D_{1,2}^2 = \left(\frac{3 \pm \sqrt{5}}{2}\right)\beta^2$$

对应特征向量分别为：

$$\vec{e}^{(1)} = \left(1, \frac{1+\sqrt{5}}{2}\right), \quad \vec{e}^{(2)} = \left(1, \frac{1-\sqrt{5}}{2}\right) \tag{2.4.54}$$

方程的通解为：

$$\begin{aligned} \begin{bmatrix} p_{12} \\ p_{23} \end{bmatrix} &= \begin{bmatrix} 1 \\ \dfrac{1+\sqrt{5}}{2} \end{bmatrix} \left(E\sinh\left(\frac{\sqrt{3+\sqrt{5}}}{2}\beta x\right) + F\cosh\left(\frac{\sqrt{3+\sqrt{5}}}{2}\beta x\right) \right) \\ &+ \begin{bmatrix} 1 \\ \dfrac{1-\sqrt{5}}{2} \end{bmatrix} \left(G\sinh\left(\frac{\sqrt{3-\sqrt{5}}}{2}\beta x\right) + H\cosh\left(\frac{\sqrt{3-\sqrt{5}}}{2}\beta x\right) \right) \end{aligned} \tag{2.4.55}$$

如轮 2 不承受扭矩，只相当于一个惰轮。例如周转轮系中的行星轮，由轮 1 驱动轮 3。式(2.4.42)应为：

$$\begin{bmatrix} D^2 - \beta_2^2 & \beta_2^2 \\ \beta_2^2 & D^2 - \left(\beta_2^2 + \beta_3^2\right) \end{bmatrix} \begin{bmatrix} p_{12} \\ p_{23} \end{bmatrix} = 0 \tag{2.4.56}$$

特征方程和特征根与前面式(2.4.51)都一样，但特征向量不一样，例如当：

$$\beta_2 = \beta_3 = \beta$$

对应于特征根 $\dfrac{3+\sqrt{5}}{2}$ 的特征向量为：

$$\left(1, -\frac{1+\sqrt{5}}{2}\right)$$

对应于特征根 $\dfrac{3-\sqrt{5}}{2}$ 的特征向量为：

$$\left(1,\frac{\sqrt{5}-1}{2}\right)$$

方程的通解为：

$$\begin{aligned}\begin{bmatrix}p_{12}\\p_{23}\end{bmatrix}=&\begin{bmatrix}1\\-\dfrac{1+\sqrt{5}}{2}\end{bmatrix}\left(E\sinh\left(\frac{\sqrt{3+\sqrt{5}}}{2}\beta x\right)+F\cosh\left(\frac{\sqrt{3+\sqrt{5}}}{2}\beta x\right)\right)\\&+\begin{bmatrix}1\\\dfrac{\sqrt{5}-1}{2}\end{bmatrix}\left(G\sinh\left(\frac{\sqrt{3-\sqrt{5}}}{2}\beta x\right)+H\cosh\left(\frac{\sqrt{3-\sqrt{5}}}{2}\beta x\right)\right)\end{aligned}\tag{2.4.57}$$

边界条件由式(2.4.46)～式(2.4.50)里令 $\beta_1=0$ 而得，同样分为扭矩作用于轮 1 和轮 3 的同侧和异侧两种情形，如图 2.4.12 和图 2.4.13 所示。

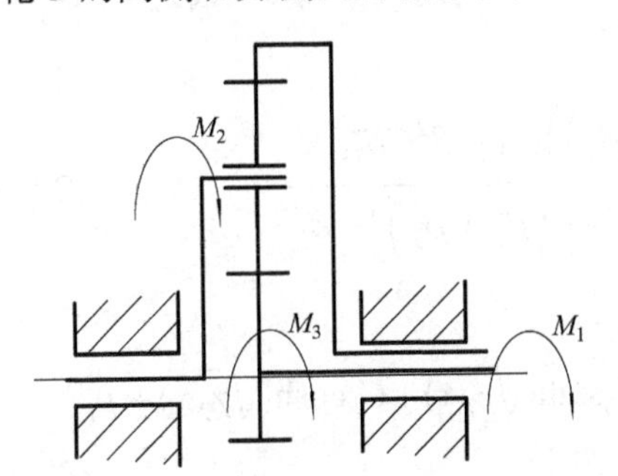

图 2.4.12　复合啮合的力矩作用于同侧

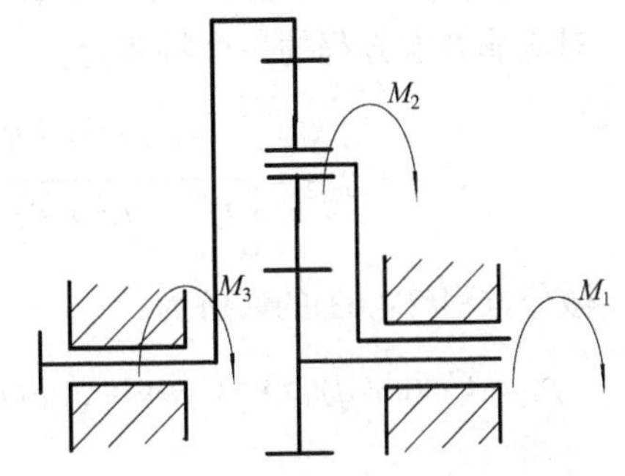

图 2.4.13　复合啮合的力矩作用于异侧

2.4.6　考虑齿面误差的复合啮合

如果齿轮在加载前便存在齿向误差，那么两两齿面加载前就有微小分离，分离量分别为 $\delta_{12}(x),\delta_{23}(x)$。假定 $\delta_{12}(x),\delta_{23}(x)$ 四阶导数存在，如不可用连续函数表示，可以先用四阶可导函数拟合，则变形协调方程(2.4.4)和(2.4.5)成为：

$$(r_1\phi_1+r_2\phi_2)\cos\alpha=\frac{p_{12}}{C}+\delta_{12}\tag{2.4.58}$$

$$(r_3\phi_3+r_2\phi_2)\cos\alpha=\frac{p_{23}}{C}+\delta_{23}\tag{2.4.59}$$

特征方程组(2.4.10)成为：

$$\begin{bmatrix}D^2-\left(\beta_1^2+\beta_2^2\right)&-\beta_2^2\\-\beta_2^2&D^2-\left(\beta_2^2+\beta_3^2\right)\end{bmatrix}\begin{bmatrix}p_{12}\\p_{23}\end{bmatrix}=-C\begin{bmatrix}\delta_{12}''\\\delta_{23}''\end{bmatrix}\tag{2.4.60}$$

利用算式法解该非齐次微分方程组，把这个方程组看成两个未知数 p_{12}, p_{23} 的代数方程组，利用消去法依次解出：

$$\begin{vmatrix} D^2-\left(\beta_1^2+\beta_2^2\right) & -\beta_2^2 \\ -\beta_2^2 & D^2-\left(\beta_2^2+\beta_3^2\right) \end{vmatrix} p_{12}=\begin{vmatrix} -C\delta_{12}'' & -\beta_2^2 \\ -C\delta_{23}'' & D^2-\left(\beta_2^2+\beta_3^2\right) \end{vmatrix} \tag{2.4.61}$$

$$\begin{vmatrix} D^2-\left(\beta_1^2+\beta_2^2\right) & -\beta_2^2 \\ -\beta_2^2 & D^2-\left(\beta_2^2+\beta_3^2\right) \end{vmatrix} p_{23}=\begin{vmatrix} D^2-\left(\beta_1^2+\beta_2^2\right) & -C\delta_{12}'' \\ -\beta_2^2 & -C\delta_{23}'' \end{vmatrix} \tag{2.4.62}$$

$$\left\{\left[D^2-\left(\beta_1^2+\beta_2^2\right)\right]\left[D^2-\left(\beta_2^2+\beta_3^2\right)\right]-\beta_2^4\right\} p_{12}=-C\left[D^2-\left(\beta_2^2+\beta_3^2\right)\right]\delta_{12}''-\beta_2^2 C\delta_{23}'' \tag{2.4.63}$$

对应齐次方程的特征值仍为 $\pm\sqrt{\gamma_1}, \pm\sqrt{\gamma_2}$ ，齐次方程的通解为：

$$\tilde{p}_{12}=C_1\sinh(\sqrt{\gamma_1}x)+C_2\cosh(\sqrt{\gamma_2}x)+C_3 s\mathrm{inh}(\sqrt{\gamma_2}x)+C_4\cosh(\sqrt{\gamma_2}x) \tag{2.4.64}$$

对应非齐次方程的一个特解为：

$$p_{12}^*=\frac{-C\left[D^2-\left(\beta_2^2+\beta_3^2\right)\right]\delta_{12}''-\beta_2^2 C\delta_{23}''}{\left[D^2-\left(\beta_1^2+\beta_2^2\right)\right]\left[D^2-\left(\beta_2^2+\beta_3^2\right)\right]-\beta_2^4} \tag{2.4.65}$$

微分方程(2.4.63)的通解为：

$$p_{12}=C_1\sinh(\sqrt{\gamma_1}x)+C_2\cosh(\sqrt{\gamma_1}x)+C_3\sinh(\sqrt{\gamma_2}x)+C_4\cosh(\sqrt{\gamma_2}x)+p_{12}^* \tag{2.4.66}$$

对方程组(2.4.60)的前一式微分两次，得：

$$D^2\left[D^2-\left(\beta_1^2+\beta_2^2\right)\right]p_{12}-\beta_2^2 Dp_{23}=-C\delta_{12}^{(4)} \tag{2.4.67}$$

对方程组(2.4.60)的后一式乘以 β_2^2 ，得：

$$-\beta_2^4 p_{12}+\beta_2^2\left[D^2-\left(\beta_2^2+\beta_3^2\right)\right]p_{23}=-C\delta_{23}''\beta_2^2 \tag{2.4.68}$$

将式(2.4.67)和式(2.4.68)相加，经整理得：

$$p_{23}=\frac{1}{\beta_2^2\left(\beta_2^2+\beta_3^2\right)}\left\{D^2\left[D^2-\left(\beta_1^2+\beta_2^2\right)\right]p_{12}-\beta_2^4 p_{12}+C\left(\delta_{12}^{(4)}+\delta_{23}''\beta_2^2\right)\right\} \tag{2.4.69}$$

仍然由四个边界条件确定系数 C_1, C_2, C_3, C_4 。

同样考虑齿向误差，变形协调条件(2.4.36)和(2.4.37)成为：

$$(r_1\phi_1 + r_2\phi_2)\cos\alpha = \frac{p_{12}}{C} + \delta_{12} \tag{2.4.70}$$

$$(r_3\phi_3 - r_2\phi_2)\cos\alpha = \frac{p_{23}}{C} + \delta_{23} \tag{2.4.71}$$

方程组(2.4.42)成为：

$$\begin{bmatrix} D^2 - \left(\beta_1^2 + \beta_2^2\right) & \beta_2^2 \\ \beta_2^2 & D^2 - \left(\beta_2^2 + \beta_3^2\right) \end{bmatrix} \begin{bmatrix} p_{12} \\ p_{23} \end{bmatrix} = -C \begin{bmatrix} \delta_{12}'' \\ \delta_{23}'' \end{bmatrix} \tag{2.4.72}$$

仍利用算子解法解该式，得到：

$$\left\{\left[D^2 - \left(\beta_1^2 + \beta_2^2\right)\right]\left[D^2 - \left(\beta_2^2 + \beta_3^2\right)\right] - \beta_2^4\right\} p_{12} = -C\left[D^2 - \left(\beta_2^2 + \beta_3^2\right)\right]\delta_{12}'' + \beta_2^2 C\delta_{23}'' \tag{2.4.73}$$

对应齐次方程的特征值仍为$\pm\sqrt{\gamma_1},\pm\sqrt{\gamma_2}$，齐次方程的通解为式(2.4.64)，对应齐次方程的一个特解为：

$$p_{12}^* = \frac{-C\left[D^2 - \left(\beta_2^2 + \beta_3^2\right)\right]\delta_{12}'' + \beta_2^2 C\delta_{23}''}{\left[D^2 - \left(\beta_1^2 + \beta_2^2\right)\right]\left[D^2 - \left(\beta_2^2 + \beta_3^2\right)\right]} \tag{2.4.74}$$

方程(2.4.73)的通解为：

$$p_{12} = C_1\sinh(\sqrt{\gamma_1}x) + C_2\cosh(\sqrt{\gamma_1}x) + C_3\sinh(\sqrt{\gamma_2}x) + C_4\cosh(\sqrt{\gamma_2}x) + p_{12} \tag{2.4.75}$$

对方程组(2.4.72)的前一式微分一次，得：

$$D^2\left[D^2 - \left(\beta_1^2 + \beta_2^2\right)\right]p_{12} + \beta_2^2 Dp_{23} = -C\delta_{12}^{(4)} \tag{2.4.76}$$

对方程组(2.4.72)的后一式乘以β_2^2，得：

$$\beta_2^4 p_{12} + \beta_2^2\left[D^2 - \left(\beta_2^2 + \beta_3^2\right)\right]p_{23} = -C\delta_{23}''\beta_2^2 \tag{2.4.77}$$

式(2.4.76)减式(2.4.77)，再经整理，得：

$$p_{23} = \frac{1}{\beta_2^2\left(\beta_2^2 + \beta_3^2\right)}\left\{-D^2\left[D^2 - \left(\beta_1^2 + \beta_2^2\right)\right]p_{12} + \beta_2^4 p_{12} + C\left(-\delta_{12}^{(4)} + \delta_{23}''\beta_2^2\right)\right\} \tag{2.4.78}$$

齿面载荷分布还取决于齿面原始误差。

2.4.7　复合啮合的修形

由于齿面载荷分布还取决于齿面原始误差，因而很自然地产生这样的想法，可以人为地改变齿面原始廓形，抵消偏载影响，使载荷沿齿宽均匀分布，这两个恰当的函数 $\delta_{12}(x),\delta_{23}(x)$ 就是齿廓修形量。在式(2.4.58)和式(2.4.59)两边乘以 C，并令：

$$C\cdot(r_1\phi_1+r_2\phi_2)\cos\alpha=\Phi_{12} \tag{2.4.79}$$

则：

$$\Phi_{12}''=\beta_1^2 p_{12}+\beta_2^2\left(p_{12}+p_{23}\right) \tag{2.4.80}$$

式(2.4.58)成为：

$$\Phi_{12}=p_{12}+C\delta_{12} \tag{2.4.81}$$

对式(2.4.80)积分两次，因 p_{12},p_{23} 均为常数，$p_{12}=p_{12}^{\mathrm{m}},p_{23}=p_{23}^{\mathrm{m}}$，得：

$$\Phi_{12}=\left[\beta_1^2 p_{12}^{\mathrm{m}}+\beta_2^2\left(p_{12}^{\mathrm{m}}+p_{23}^{\mathrm{m}}\right)\right]\cdot\frac{x^2}{2}+C_1x+C_2 \tag{2.4.82}$$

类似地可以定义：

$$C\cdot(r_2\phi_2+r_3\phi_3)\cos\alpha=\Phi_{23} \tag{2.4.83}$$

则：

$$\Phi_{23}''=\beta_3^2 p_{23}^{\mathrm{m}}+\beta_2^2\left(p_{12}^{\mathrm{m}}+p_{23}^{\mathrm{m}}\right) \tag{2.4.84}$$

$$\Phi_{23}=p_{23}^{\mathrm{m}}+C\delta_{23}\text{，}\quad \Phi_{23}''=C\delta_{23}' \tag{2.4.85}$$

对式(2.4.84)积分两次，得：

$$\Phi_{23}=\left[\beta_3^2 p_{23}^{\mathrm{m}}+\beta_2^2\left(p_{12}^{\mathrm{m}}+p_{23}^{\mathrm{m}}\right)\right]\cdot\frac{x^2}{2}+C_3x+C_4 \tag{2.4.86}$$

最后得到：

$$C\delta_{12}=\left[\beta_1^2 p_{12}^{\mathrm{m}}+\beta_2^2\left(p_{12}^{\mathrm{m}}+p_{23}^{\mathrm{m}}\right)\right]\cdot\frac{x^2}{2}+C_1x+C_2-p_{12}^{\mathrm{m}} \tag{2.4.87}$$

$$C\delta_{23}=\left[\beta_3^2 p_{23}^{\mathrm{m}}+\beta_2^2\left(p_{12}^{\mathrm{m}}+p_{23}^{\mathrm{m}}\right)\right]\cdot\frac{x^2}{2}+C_3x+C_4-p_{23}^{\mathrm{m}} \tag{2.4.88}$$

仍然分别讨论不同的啮合情形，对第一种啮合情形，扭矩作用在各轮右侧，边界条件为：

$$x=0\text{，}\quad \frac{\mathrm{d}\phi_1}{\mathrm{d}x}=0\text{，}\quad \frac{\mathrm{d}\phi_2}{\mathrm{d}x}=0\text{，}\quad \frac{\mathrm{d}\phi_3}{\mathrm{d}x}=0$$

即：

$$\frac{\mathrm{d}}{\mathrm{d}x}\Phi_{12}\big|_{x=0}=0\text{，}\quad \frac{\mathrm{d}}{\mathrm{d}x}\Phi_{23}\big|_{x=0}=0$$

得:

$$C_1=0\text{，}\quad C_3=0$$

$$x=B\text{，}\quad \frac{\mathrm{d}\phi_1}{\mathrm{d}x}=\frac{M_1}{G_1J_1}\text{，}\quad \frac{\mathrm{d}\phi_2}{\mathrm{d}x}=\frac{M_2}{G_2J_2}\text{，}\quad \frac{\mathrm{d}\phi_3}{\mathrm{d}x}=\frac{M_3}{G_3J_3}$$

$$\varPhi'_{12}\,|_{x=B}=C\left(\frac{r_1M_1}{G_1J_1}+\frac{r_2M_2}{G_2J_2}\right)\cos\alpha$$

$$\beta_1^2p_{12}^{\mathrm{m}}+\beta_2^2\left(p_{12}^{\mathrm{m}}+p_{23}^{\mathrm{m}}\right)B+C_1=\left[p_{12}^{\mathrm{m}}\left(\beta_1^2+\beta_2^2\right)+\beta_2^2p_{23}^{\mathrm{m}}\right]B$$

$$C_1=0$$

$$\varPhi'_{23}\,|_{x=B}=C\left(\frac{r_2M_2}{G_2J_2}+\frac{r_3M_3}{G_3J_3}\right)\cos\alpha$$

$$\beta_3^2p_{23}^{\mathrm{m}}+\beta_2^2\left(p_{12}^{\mathrm{m}}+p_{23}^{\mathrm{m}}\right)B+C_3=\left[p_{23}^{\mathrm{m}}\left(\beta_2^2+\beta_3^2\right)+\beta_2^2p_{12}^{\mathrm{m}}\right]B$$

$$C_3=0$$

两个边界条件不独立，令远离扭矩加载端的左端面修形量为零，有:

$$x=0\text{，}\quad \delta_{12}=0\text{，}\quad \delta_{23}=0\text{，}\quad C_2-p_{12}^{\mathrm{m}}=0\text{，}\quad C_4-p_{23}^{m}=0$$

最后得:

$$C\delta_{12}=\left[\beta_1^2p_{12}^{\mathrm{m}}+\beta_2^2\left(p_{12}^{\mathrm{m}}+p_{23}^{\mathrm{m}}\right)\right]\cdot\frac{x^2}{2}\tag{2.4.89}$$

$$C\delta_{23}=\left[\beta_3^2p_{23}^{\mathrm{m}}+\beta_2^2\left(p_{12}^{\mathrm{m}}+p_{23}^{\mathrm{m}}\right)\right]\cdot\frac{x^2}{2}\tag{2.4.90}$$

第二种啮合情况:

$$x=0\text{，}\quad \frac{\mathrm{d}\phi_1}{\mathrm{d}x}=0\text{，}\quad \frac{\mathrm{d}\phi_2}{\mathrm{d}x}=-\frac{M_2}{G_2J_2}\text{，}\quad \frac{\mathrm{d}\phi_3}{\mathrm{d}x}=0$$

$$\frac{\mathrm{d}}{\mathrm{d}x}\varPhi_{12}\,|_{x=0}=C\left(-\frac{r_2M_2}{G_2J_2}\right)\cos\alpha=-\beta_2^2\left(p_{12}^{\mathrm{m}}+p_{23}^{\mathrm{m}}\right)B$$

$$\frac{\mathrm{d}}{\mathrm{d}x}\varPhi_{23}\,|_{x=0}=-\beta_2^2\left(p_{12}^{\mathrm{m}}+p_{23}^{\mathrm{m}}\right)B$$

$$C_1=C_3=-\beta_2^2\left(p_{12}^{\mathrm{m}}+p_{23}^{\mathrm{m}}\right)B$$

$$x=B\text{，}\quad \frac{\mathrm{d}\phi_1}{\mathrm{d}x}=\frac{M_1}{G_1J_1}\text{，}\quad \frac{\mathrm{d}\phi_2}{\mathrm{d}x}=0\text{，}\quad \frac{\mathrm{d}\phi_3}{\mathrm{d}x}=\frac{M_3}{G_3J_3}$$

$$\frac{\mathrm{d}}{\mathrm{d}x}\varPhi_{12}\,|_{x=B}=C\left(\frac{r_1M_1}{G_1J_1}\right)\cos\alpha$$

$$\beta_1^2 p_{12}^{\mathrm{m}} + \beta_2^2\left(p_{12}^{\mathrm{m}} + p_{23}^{\mathrm{m}}\right)B + C_1 = \beta_1^2 p_{12}^{\mathrm{m}} B$$

$$\frac{\mathrm{d}}{\mathrm{d}x}\varPhi_{23}\mid_{x=B} = C\cos\alpha\left(\frac{r_3 M_3}{G_3 J_3}\right)$$

$$\frac{\mathrm{d}}{\mathrm{d}x}\varPhi_{23}\mid_{x=B} = C\left(\frac{r_3 M_3}{G_3 J_3}\right)\cos\alpha$$

$$\beta_3^2 p_{23}^{\mathrm{m}} + \beta_2^2\left(p_{12}^{\mathrm{m}} + p_{23}^{\mathrm{m}}\right)B + C_3 = \beta_3^2 p_{23}^{\mathrm{m}} B$$

$$C_3 = -\beta_2^2\left(p_{12}^{\mathrm{m}} + p_{23}^{\mathrm{m}}\right)B$$

边界条件也不独立，为求修形曲线的极小值点，根据极值条件，令：

$$C\delta_{12}' = 0$$

$$\left[\beta_1^2 p_{12}^{\mathrm{m}} + \beta_2^2\left(p_{12}^{\mathrm{m}} + p_{23}^{\mathrm{m}}\right)\right]\cdot x^2 + C_1 = 0$$

极值点坐标：

$$x_{12}^{*} = \frac{\beta_2^2\left(p_{12}^{\mathrm{m}} + p_{23}^{\mathrm{m}}\right)B}{\beta_1^2 p_{12}^{\mathrm{m}} + \beta_2^2\left(p_{12}^{\mathrm{m}} + p_{23}^{\mathrm{m}}\right)} \tag{2.4.91}$$

再令：

$$C\delta_{23}' = 0$$

$$\left[\beta_3^2 p_{23}^{\mathrm{m}} + \beta_2^2\left(p_{12}^{\mathrm{m}} + p_{23}^{\mathrm{m}}\right)\right]\cdot x + C_3 = 0 \tag{2.4.92}$$

极值点坐标：

$$x_{23}^{*} = \frac{\beta_2^2\left(p_{12}^{\mathrm{m}} + p_{23}^{\mathrm{m}}\right)B}{\beta_3^2 p_{12}^{\mathrm{m}} + \beta_2^2\left(p_{12}^{\mathrm{m}} + p_{23}^{\mathrm{m}}\right)} \tag{2.4.93}$$

当 $\beta_1^2 = \beta_2^2 = \beta_3^2 = \beta^2$ 时：

$$x_{12}^{*} = x_{23}^{*} = \frac{2}{3}B \tag{2.4.94}$$

令修形曲线极小值点处修形量为零，有：

$$C\delta_{12}\left(x_{12}^{*}\right) = 0$$

$$C_2 - p_{12}^{\mathrm{m}} = \beta_2^2\left(p_{12}^{\mathrm{m}} + p_{23}^{\mathrm{m}}\right)Bx_{12}^{*} - \frac{1}{2}\left[\beta_1^2 p_{12}^{\mathrm{m}} + \beta_2^2\left(p_{12}^{\mathrm{m}} + p_{23}^{\mathrm{m}}\right)\right]x_{12}^{*\,2}$$

修形曲线方程为：

$$C\delta_{12} = \left[\beta_1^2 p_{12}^{\mathrm{m}} + \beta_2^2\left(p_{12}^{\mathrm{m}} + p_{23}^{\mathrm{m}}\right)\right]\cdot\frac{x^2}{2} - \beta_2^2\left(p_{12}^{\mathrm{m}} + p_{23}^{\mathrm{m}}\right)Bx + \frac{\frac{1}{2}\beta_2^4\left(p_{12}^{\mathrm{m}} + p_{23}^{\mathrm{m}}\right)B^2}{\beta_1^2 p_{12}^{\mathrm{m}} + \beta_2^2\left(p_{12}^{\mathrm{m}} + p_{23}^{\mathrm{m}}\right)}$$

同理，令：

$$C\delta_{23}\left(x_{23}^{*}\right)=0$$

极值点坐标满足：

$$C_2-p_{23}^{\mathrm{m}}=\beta_3^2\left(p_{12}^{\mathrm{m}}+p_{23}^{\mathrm{m}}\right)Bx_{23}^{*}-\frac{1}{2}\left[\beta_3^2p_{23}^{\mathrm{m}}+\beta_2^2\left(p_{12}^{\mathrm{m}}+p_{23}^{\mathrm{m}}\right)\right]x_{23}^{*\,2}$$

修形曲线方程为：

$$C\delta_{23}=\left[\beta_3^2p_{23}^{\mathrm{m}}+\beta_2^2\left(p_{12}^{\mathrm{m}}+p_{23}^{\mathrm{m}}\right)\right]\cdot\frac{x^2}{2}-\beta_2^2\left(p_{12}^{\mathrm{m}}+p_{23}^{\mathrm{m}}\right)Bx+\frac{\frac{1}{2}\beta_2^4\left(p_{12}^{\mathrm{m}}+p_{23}^{\mathrm{m}}\right)B^2}{\beta_3^2p_{23}^{\mathrm{m}}+\beta_2^2\left(p_{12}^{\mathrm{m}}+p_{23}^{\mathrm{m}}\right)}$$

第三种啮合情形是前两种啮合情形的结合，故修形曲线方程是前两种的结合，分别由以下两式表示：

$$C\delta_{12}=\left[\beta_1^2p_{12}^{\mathrm{m}}+\beta_2^2\left(p_{12}^{\mathrm{m}}+p_{23}^{\mathrm{m}}\right)\right]\cdot\frac{x^2}{2}\tag{2.4.95}$$

$$C\delta_{23}=\left[\beta_3^2p_{23}^{\mathrm{m}}+\beta_2^2\left(p_{12}^{\mathrm{m}}+p_{23}^{\mathrm{m}}\right)\right]\cdot\frac{x^2}{2}-\beta_2^2\left(p_{12}^{\mathrm{m}}+p_{23}^{\mathrm{m}}\right)Bx+\frac{\frac{1}{2}\beta_2^4\left(p_{12}^{\mathrm{m}}+p_{23}^{\mathrm{m}}\right)B^2}{\beta_3^2p_{23}^{\mathrm{m}}+\beta_2^2\left(p_{12}^{\mathrm{m}}+p_{23}^{\mathrm{m}}\right)}\tag{2.4.96}$$

第四种啮合情形，如图 2.4.8 所示，轮 2 是惰轮，由轮 1 驱动轮 3，在式(2.4.70)和式(2.4.71)两边乘以 C，并令：

$$C\cdot(r_1\phi_1+r_2\phi_2)\cos\alpha=\Phi_{12}\tag{2.4.97}$$

$$C\cdot(r_3\phi_3-r_2\phi_2)\cos\alpha=\Phi_{23}\tag{2.4.98}$$

则：

$$\Phi_{12}''=\beta_1^2p_{12}+\beta_2^2\left(p_{12}-p_{23}\right)\tag{2.4.99}$$

$$\Phi_{23}''=p_{23}^{\mathrm{m}}\left(\beta_2^2+\beta_3^2\right)-\beta_2^2p_{12}^{\mathrm{m}}\tag{2.4.100}$$

式(2.4.70)和式(2.4.71)成为：

$$\Phi_{12}=p_{12}+C\delta_{12}\tag{2.4.101}$$

$$\Phi_{23}=p_{23}+C\delta_{23}\tag{2.4.102}$$

对式(2.4.99)和式(2.4.100)积分两次，考虑到 $p_{12}=p_{12}^{\mathrm{m}},p_{23}=p_{23}^{\mathrm{m}}$ 为常数，有：

$$\Phi_{12}=\left[p_{12}^{\mathrm{m}}\left(\beta_1^2+\beta_2^2\right)-\beta_2^2p_{23}^{\mathrm{m}}\right]\cdot\frac{x^2}{2}+C_1x+C_2\tag{2.4.103}$$

$$\Phi_{23}=\left[p_{23}^{\mathrm{m}}\left(\beta_2^2+\beta_3^2\right)-\beta_2^2 p_{12}^{\mathrm{m}}\right]\cdot\frac{x^2}{2}+C_3x+C_4 \tag{2.4.104}$$

$$C\delta_{12}=\left[p_{12}^{\mathrm{m}}\left(\beta_1^2+\beta_2^2\right)-\beta_2^2 p_{23}^{\mathrm{m}}\right]\cdot\frac{x^2}{2}+C_1x+C_2-p_{12}^{\mathrm{m}} \tag{2.4.105}$$

$$C\delta_{23}=\left[p_{23}^{\mathrm{m}}\left(\beta_2^2+\beta_3^2\right)-\beta_2^2 p_{12}^{\mathrm{m}}\right]\cdot\frac{x^2}{2}+C_3x+C_4-p_{23}^{\mathrm{m}} \tag{2.4.106}$$

如 M_1,M_3 都作用于右侧，边界条件为：

$$x=0\ ,\quad \frac{\mathrm{d}\phi_1}{\mathrm{d}x}=0\ ,\quad \frac{\mathrm{d}\phi_2}{\mathrm{d}x}=0\ ,\quad \frac{\mathrm{d}\phi_3}{\mathrm{d}x}=0$$

$$\frac{\mathrm{d}}{\mathrm{d}x}\Phi_{12}=C\delta_{12}'\big|_{x=0}=0$$

$$C_1=0$$

$$\frac{\mathrm{d}}{\mathrm{d}x}\Phi_{23}=C\delta_{23}'\big|_{x=0}=0$$

$$C_3=0$$

$$x=B\ ,\quad \frac{\mathrm{d}\phi_1}{\mathrm{d}x}=\frac{M_1}{G_1J_1}\ ,\quad \frac{\mathrm{d}\phi_2}{\mathrm{d}x}=0\ ,\quad \frac{\mathrm{d}\phi_3}{\mathrm{d}x}=\frac{M_3}{G_3J_3}$$

$$\frac{\mathrm{d}}{\mathrm{d}x}\Phi_{12}\big|_{x=B}=C\delta_{12}'\big|_{x=0}=C(\frac{r_1M_1}{G_1J_1})\cos\alpha=\beta_1^2 p_{12}^{\mathrm{m}}B$$

$$\frac{\mathrm{d}}{\mathrm{d}x}\Phi_{23}\big|_{x=B}=C\delta_{23}'\big|_{x=0}=C(\frac{r_3M_3}{G_2J_2})\cos\alpha=\beta_3^2 p_{23}^{\mathrm{m}}B$$

$$\left[p_{12}^{\mathrm{m}}\left(\beta_1^2+\beta_2^2\right)-\beta_2^2 p_{23}^{\mathrm{m}}\right]\cdot B+C_1=\beta_1^2 p_{12}^{\mathrm{m}}B$$

当轮 2 不受扭矩时，有：

$$p_{12}^{\mathrm{m}}=p_{23}^{\mathrm{m}}$$

$$C_1=0$$

$$\left[p_{23}^{\mathrm{m}}\left(\beta_2^2+\beta_3^2\right)-\beta_2^2 p_{12}^{\mathrm{m}}\right]\cdot B+C_3=\beta_3^2 p_{23}^{\mathrm{m}}B$$

$$C_3=0$$

边界条件不独立，令远离扭矩加载端的左端面修形量为零，即：

$$x=0\ ,\quad \delta_{12}=0\ ,\quad \delta_{23}=0$$

$$C_2-p_{12}^{\mathrm{m}}=0\ ,\quad C_4-p_{23}^{\mathrm{m}}=0$$

$$C\delta_{12}=\left[p_{12}^{\mathrm{m}}\left(\beta_1^2+\beta_2^2\right)-\beta_2^2 p_{23}^{\mathrm{m}}\right]\cdot\frac{x^2}{2} \tag{2.4.107}$$

$$C\delta_{23}=\left[p_{23}^{\mathrm{m}}\left(\beta_2^2+\beta_3^2\right)-\beta_2^2 p_{12}^{\mathrm{m}}\right]\cdot\frac{x^2}{2} \tag{2.4.108}$$

如扭矩作用于两轮不同侧，则有：

$$x=0\ ,\quad \frac{\mathrm{d}\phi_1}{\mathrm{d}x}=-\frac{M_1}{G_1J_1}\ ,\quad \frac{\mathrm{d}\phi_2}{\mathrm{d}x}=0\ ,\quad \frac{\mathrm{d}\phi_3}{\mathrm{d}x}=0$$

$$\frac{\mathrm{d}}{\mathrm{d}x}\varPhi_{12}\left|_{x=0}=C\delta_{12}'\right|_{x=0}=-C\left(\frac{r_1M_1}{G_1J_1}\right)\cos\alpha=-\beta_1^2 p_{12}^{\mathrm{m}}B$$

$$\frac{\mathrm{d}}{\mathrm{d}x}\varPhi_{23}\left|_{x=0}=C\delta_{23}'\right|_{x=0}=0$$

$$C_1=-\beta_1^2 p_{12}^{\mathrm{m}}B\ ,\quad C_3=0$$

$$x=B\ ,\quad \frac{\mathrm{d}\phi_1}{\mathrm{d}x}=0\ ,\quad \frac{\mathrm{d}\phi_2}{\mathrm{d}x}=0\ ,\quad \frac{\mathrm{d}\phi_3}{\mathrm{d}x}=\frac{M_3}{G_3J_3}$$

$$\frac{\mathrm{d}}{\mathrm{d}x}\varPhi_{12}\left|_{x=B}=C\delta_{12}'\right|_{x=0}=0$$

$$\frac{\mathrm{d}}{\mathrm{d}x}\varPhi_{23}\left|_{x=B}=C\delta_{23}'\right|_{x=0}=C\left(\frac{r_3M_3}{G_2J_2}\right)\cos\alpha=\beta_3^2 p_{12}^{\mathrm{m}}B$$

$$\left[p_{12}^{m}\left(\beta_1^2+\beta_2^2\right)-\beta_2^2 p_{23}^{\mathrm{m}}\right]\cdot B+C_1=0$$

$$C_1=-\beta_1^2 p_{12}^{\mathrm{m}}B$$

$$\left[p_{23}^{\mathrm{m}}\left(\beta_2^2+\beta_3^2\right)-\beta_2^2 p_{12}^{\mathrm{m}}\right]\cdot B+C_3=\beta_3^2 B p_{12}^{\mathrm{m}}$$

$$C_3=0$$

边界条件不独立，考虑到：

$$p_{12}^{\mathrm{m}}=p_{23}^{\mathrm{m}}=p^{\mathrm{m}}$$

式(2.4.105)和式(2.4.106)成为：

$$C\delta_{12}=\beta_1^2 p^{\mathrm{m}}\frac{x^2}{2}-\beta_1^2 p^{\mathrm{m}}Bx+C_2-p^{\mathrm{m}}$$

$$C\delta_{23}=\beta_3^2 p^{\mathrm{m}}\frac{x^2}{2}+C_4-p^{\mathrm{m}}$$

令修形曲线极小值点处修形量为零，即：

$$C\delta_{12}\left(x_{12}^{*}\right)=C\delta_{12}\left(B\right)=0$$

$$\beta_1^2 p^{\mathrm{m}}\frac{B^2}{2}-\beta_1^2 p^{\mathrm{m}}B+C_2-p^{\mathrm{m}}=0$$

解得：

$$C_2 - p^{\mathrm{m}} = \frac{1}{2}\beta_1^2 B^2 p^{\mathrm{m}}$$

修形曲线方程为：

$$C\delta_{12} = \beta_1^2 p^{\mathrm{m}} \frac{x^2}{2} - \beta_1^2 p^{\mathrm{m}} Bx + \frac{1}{2}\beta_1^2 p^{\mathrm{m}} B = \frac{1}{2}\beta_1^2 p^{\mathrm{m}} \left(B - x\right)^2 \tag{2.4.109}$$

$$C\delta_{23}\left(x_{23}^*\right) = C\delta_{23}\left(0\right) = 0$$

解得：

$$C_4 - p^{\mathrm{m}} = 0$$

修形曲线方程为：

$$C\delta_{23} = \frac{1}{2}\beta_3^2 p^{\mathrm{m}} x^2 \tag{2.4.110}$$

推广到一般情况，如果主动轮 1 的驱动通过一系列惰轮传递给从动轮 n，如图 2.4.14 所示，有：

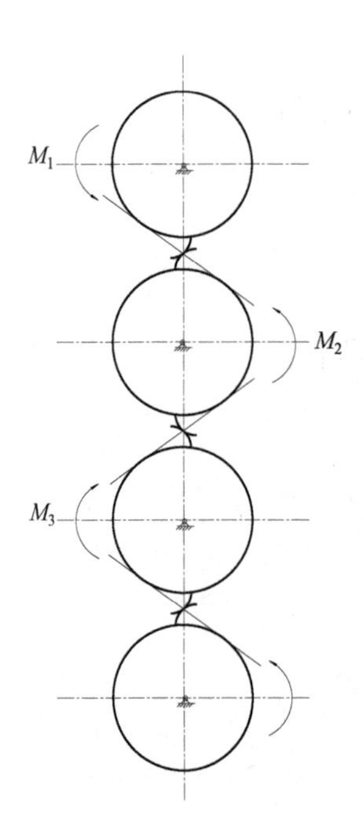

图 2.4.14　轮系的变形协调条件(主动轮在一端)

$$\frac{\mathrm{d}^2\phi_1}{\mathrm{d}x^2} = \frac{r_1 p_{12} \cos\alpha}{G_1 J_1}$$

$$\frac{\mathrm{d}^2\phi_i}{\mathrm{d}x^2} = \frac{r_i (p_{i-1,i} + p_{i,i+1})}{G_i J_i}\cos\alpha\text{，}\quad i = 2,\cdots,n-1$$

$$\frac{\mathrm{d}^2\phi_n}{\mathrm{d}x^2} = \frac{r_n p_{n-1,n} \cos\alpha}{G_n J_n}$$

变形协调条件为：

$$(r_1\phi_1 + r_2\phi_2)\cos\alpha = \frac{p_{12}}{C}\text{，}\ \ldots$$

$$(r_{i+1}\phi_{i+1} - r_i\phi_i)\cos\alpha = \frac{p_{i,i+1}}{C}\text{，}\quad i = 2,\cdots,n-1$$

类似于前面的推导，有：

$$p_{12}'' = p_{12}(\beta_1^2 + \beta_2^2) - p_{23}\beta_2^2$$

$$p_{i,i+1}'' = -\beta_i^2 p_{i-1,i} + (\beta_i^2 + \beta_{i+1}^2) p_{i,i+1} - p_{i+1,i+2}\beta_{i+1}^2\text{，}$$
$$i = 2,\cdots,n-2$$

$$p_{n-1,n}'' = (\beta_{n-1}^2 + \beta_n^2) p_{n-1,n} - p_{n-2,n-1}\beta_{n-1}^2$$

写成矩阵形式为：

$$\begin{bmatrix} D^2-(\beta_1^2+\beta_2^2) & \beta_2^2 & & & & \\ \beta_2^2 & D^2-(\beta_2^2+\beta_3^2) & \beta_3^2 & & & \\ & \beta_3^2 & D^2-(\beta_3^2+\beta_4^2) & \beta_4^2 & & \\ & & \ddots & \ddots & \ddots & \\ & & & \beta_{n-2}^2 & D^2-(\beta_{n-2}^2+\beta_{n-1}^2) & \beta_{n-1}^2 \\ & & & & \beta_{n-1}^2 & D^2-(\beta_{n-1}^2+\beta_n^2) \end{bmatrix} \begin{bmatrix} p_{12} \\ p_{23} \\ \vdots \\ p_{n-1,n} \end{bmatrix} = 0$$

如特征根为：

$$D_1^2=\gamma_1\text{，}\ D_2^2=\gamma_2\text{，}\ \cdots\text{，}\ D_{n-1}^2=\gamma_{n-1}$$

微分方程组的通解为：

$$\{p\}=\sum_{i=1}^{n-1}\left\{e^{(i)}\right\}\left(E_i\sinh(\sqrt{\gamma_i}x)+F_i\cosh(\sqrt{\gamma_i}x)\right)$$

式中：$\left\{e^{(i)}\right\}$ 为对应特征根的特征向量。

如 M_1,M_2 作用于同侧，则边界条件为：

$$x=0\text{，}\ \frac{\mathrm{d}\phi_1}{\mathrm{d}x}=0\text{，}\ \frac{\mathrm{d}\phi_2}{\mathrm{d}x}=0\text{，}\ \cdots\text{，}\ \frac{\mathrm{d}\phi_n}{\mathrm{d}x}=0$$

$$\frac{\mathrm{d}p_{12}}{\mathrm{d}x}=0\text{，}\ \frac{\mathrm{d}p_{23}}{\mathrm{d}x}=0\text{，}\ \cdots\text{，}\ \frac{\mathrm{d}p_{n-1,n}}{\mathrm{d}x}=0$$

$$x=B\text{，}\ \frac{\mathrm{d}\phi_1}{\mathrm{d}x}=\frac{M_1}{G_1J_1}\text{，}\ \frac{\mathrm{d}\phi_2}{\mathrm{d}x}=0\text{，}\ \cdots\text{，}\ \frac{\mathrm{d}\phi_{n-1}}{\mathrm{d}x}=0\text{，}\ \frac{\mathrm{d}\phi_n}{\mathrm{d}x}=\frac{M_n}{G_nJ_n}$$

$$\frac{\mathrm{d}p_{12}}{\mathrm{d}x}=C\left(\frac{r_1M_1}{G_1J_1}\right)\cos\alpha=\beta_1^2Bp_{12}^{\mathrm{m}}$$

$$\frac{\mathrm{d}p_{23}}{\mathrm{d}x}=0\text{，}\ \frac{\mathrm{d}p_{34}}{\mathrm{d}x}=0\text{，}\ \cdots\text{，}\ \frac{\mathrm{d}p_{n-2,n-1}}{\mathrm{d}x}=0$$

$$\frac{\mathrm{d}p_{n-1,n}}{\mathrm{d}x}=C\left(\frac{r_nM_n}{G_nJ_n}\right)\cos\alpha=\beta_n^2Bp_{n-1,n}^{\mathrm{m}}$$

如 M_1, M_2 作用于不同侧，则边界条件为：

$$x=0\,,\quad \frac{\mathrm{d}\phi_1}{\mathrm{d}x}=-\frac{M_1}{G_1J_1}\,,\quad \frac{\mathrm{d}\phi_2}{\mathrm{d}x}=0\,,\quad \cdots,\quad \frac{\mathrm{d}\phi_n}{\mathrm{d}x}=0$$

$$\frac{\mathrm{d}p_{12}}{\mathrm{d}x}=C\left(-\frac{r_1M_1}{G_1J_1}\right)\cos\alpha=-\beta_1^2Bp_{12}^{\mathrm{m}}$$

$$\frac{\mathrm{d}p_{23}}{\mathrm{d}x}=0\,,\quad \cdots,\quad \frac{\mathrm{d}p_{n-1,n}}{\mathrm{d}x}=0$$

$$x=B\,,\quad \frac{\mathrm{d}\phi_1}{\mathrm{d}x}=0\,,\quad \frac{\mathrm{d}\phi_2}{\mathrm{d}x}=0\,,\quad \cdots,\quad \frac{\mathrm{d}\phi_{n-1}}{\mathrm{d}x}=0\,,\quad \frac{\mathrm{d}\phi_n}{\mathrm{d}x}=\frac{M_n}{G_nJ_n}$$

$$\frac{\mathrm{d}p_{12}}{\mathrm{d}x}=0\,,\quad \frac{\mathrm{d}p_{23}}{\mathrm{d}x}=0\,,\quad \cdots,\quad \frac{\mathrm{d}p_{n-2,n-1}}{\mathrm{d}x}=0$$

$$\frac{\mathrm{d}p_{n-1,n}}{\mathrm{d}x}=C\left(\frac{r_nM_n}{G_nJ_n}\right)\cos\alpha=\beta_n^2Bp_{n-1,n}^{\mathrm{m}}$$

如主动轮在一系列相互啮合的齿轮中间，不妨设轮 j 为主动轮，如图 2.4.15 所示，有：

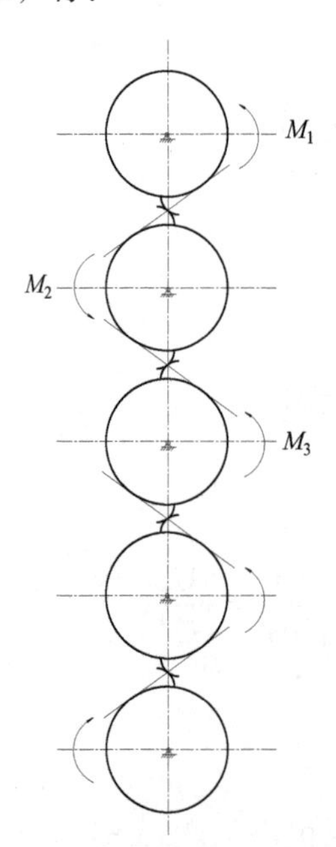

图 2.4.15　轮系的变形协调条件(主动轮在中间)

$$\frac{\mathrm{d}^2\phi_1}{\mathrm{d}x^2}=\frac{r_1p_{12}\cos\alpha}{G_1J_1}$$

$$\frac{\mathrm{d}^2\phi_j}{\mathrm{d}x^2}=\frac{r_j(p_{j-1,j}+p_{j,j+1})}{G_jJ_j}\cos\alpha$$

$$\frac{\mathrm{d}\phi_i}{\mathrm{d}x^2}=\frac{r_i(p_{i+1,i}-p_{i-1,i})}{G_iJ_i}\cos\alpha, i\leqslant j-1$$

$$\frac{\mathrm{d}^2\phi_i}{\mathrm{d}x^2}=\frac{r_i(p_{i-1,i}-p_{i,i+1})}{G_iJ_i}\cos\alpha, i\geqslant j+1$$

$$\frac{\mathrm{d}^2\phi_n}{\mathrm{d}x^2}=\frac{r_np_{n-1,n}\cos\alpha}{G_nJ_n}$$

变形协调条件为：

$$(r_{i-1}\phi_{i-1}-r_i\phi_i)\cos\alpha=\frac{p_{i-1,i}}{c}, i\leqslant j-1$$

$$(r_{j-1}\phi_{j-1}+r_j\phi_j)\cos\alpha=\frac{p_{j-1,j}}{c}$$

$$(r_j\phi_j+r_{j+1}\phi_{j+1})\cos\alpha=\frac{p_{j,j+1}}{c}$$

$$(r_{i+1}\phi_{i+1}-r_i\phi_i)\cos\alpha=\frac{p_{i,i+1}}{c},\quad i\geqslant j+1$$

类似于前面的推导，有：

$$p''_{12} = p_{12}(\beta_1^2 + \beta_2^2) - p_{23}\beta_2^2$$

$$p''_{i,i+1} = -\beta_i^2 p_{i-1,i} + (\beta_i^2 + \beta_{i+1}^2)p_{i,i+1} - p_{i+1,i+2}\beta_{i+1}^2 \text{，} \quad i = 2,\cdots,j-1,j+1,\cdots,n-2$$

$$p''_{j-1,j} = -\beta_{j-1}^2 p_{j-2,j-1} + (\beta_{j-1}^2 + \beta_j^2)p_{j-1,j} + p_{j,j+1}\beta_j^2$$

$$p''_{j,j+1} = \beta_j^2 p_{j-1,j} + (\beta_j^2 + \beta_{j+1}^2)p_{j,j+1} - p_{j+1,j+2}\beta_{j+1}^2$$

$$p''_{n-1,n} = (\beta_{n-1}^2 + \beta_n^2)p_{n-1,n} - p_{n-2,n-1}\beta_{n-1}^2$$

写成矩阵形式为：

$$\begin{bmatrix} D^2-(\beta_1^2+\beta_2^2) & \beta_2^2 & & & & & & & \\ \beta_2^2 & D^2-(\beta_2^2+\beta_3^2) & \beta_3^2 & & & & & & \\ & \ddots & \ddots & \ddots & & & & & \\ & & \beta_{j-1}^2 & D^2-(\beta_{j-1}^2+\beta_j^2) & -\beta_j^2 & & & & \\ & & & -\beta_j^2 & D^2-(\beta_j^2+\beta_{j+1}^2) & \beta_{j+1}^2 & & & \\ & & & & \ddots & \ddots & & & \\ & & & & & \beta_{m-2}^2 & & & \\ & & & & & & \ddots & & \\ & & & & & & D^2-(\beta_{n-2}^2+\beta_{n-1}^2) & \beta_{n-1}^2 \\ & & & & & & \beta_{n-1}^2 & D^2-(\beta_{n-1}^2+\beta_n^2) \end{bmatrix} \begin{bmatrix} p_{12} \\ p_{23} \\ \vdots \\ p_{j-1,j} \\ p_{j,j+1} \\ \vdots \\ p_{n-2,n-1} \\ p_{n-1,n} \end{bmatrix} = 0$$

特征根仍然同前一种情况一样，但特征向量不同。如 M_1, M_J, M_n 都作用于右侧，边界条件为：

$$x = 0 \text{，} \quad \frac{\mathrm{d}\phi_1}{\mathrm{d}x} = 0 \text{，} \quad \frac{\mathrm{d}\phi_2}{\mathrm{d}x} = 0 \text{，} \quad \cdots \text{，} \quad \frac{\mathrm{d}\phi_n}{\mathrm{d}x} = 0$$

$$\frac{\mathrm{d}p_{12}}{\mathrm{d}x} = 0 \text{，} \quad \frac{\mathrm{d}p_{23}}{\mathrm{d}x} = 0 \text{，} \quad \cdots \text{，} \quad \frac{\mathrm{d}p_{n-1,n}}{\mathrm{d}x} = 0$$

$$x = B \text{，} \quad \frac{\mathrm{d}\phi_1}{\mathrm{d}x} = \frac{M_1}{G_1 J_1} \text{，} \quad \frac{\mathrm{d}\phi_2}{\mathrm{d}x} = 0 \text{，} \quad \cdots \text{，} \quad \frac{\mathrm{d}\phi_{j-1}}{\mathrm{d}x} = 0 \text{，} \quad \frac{\mathrm{d}\phi_j}{\mathrm{d}x} = \frac{M_j}{G_j J_j}$$

$$\frac{\mathrm{d}\phi_{j+1}}{\mathrm{d}x} = 0 \text{，} \quad \cdots \text{，} \quad \frac{\mathrm{d}\phi_{n-1}}{\mathrm{d}x} = 0 \text{，} \quad \frac{\mathrm{d}\phi_n}{\mathrm{d}x} = \frac{M_n}{G_n J_n}$$

$$\frac{\mathrm{d}p_{12}}{\mathrm{d}x}=\beta_1^2Bp_{12}^{\mathrm{m}}\text{，}\quad\frac{\mathrm{d}p_{23}}{\mathrm{d}x}=0\text{，}\quad\cdots\text{，}\quad\frac{\mathrm{d}p_{j-2,j-1}}{\mathrm{d}x}=0$$

$$\frac{\mathrm{d}p_{j-1,j}}{\mathrm{d}x}=\beta_j^2(p_{j-1,j}^{\mathrm{m}}+p_{j,j+1}^{\mathrm{m}})B$$

$$\frac{\mathrm{d}p_{j,j+1}}{\mathrm{d}x}=\beta_j^2(p_{j-1,j}^{\mathrm{m}}+p_{j,j+1}^{\mathrm{m}})B$$

$$\frac{\mathrm{d}p_{j+1,j+2}}{\mathrm{d}x}=0\text{，}\quad\cdots\text{，}\quad\frac{\mathrm{d}p_{n-2,n-1}}{\mathrm{d}x}=0$$

$$\frac{\mathrm{d}p_{n-1,n}}{\mathrm{d}x}=\beta_n^2Bp_{n-1,n}^{\mathrm{m}}$$

如 M_1,M_n 作用于右侧，M_J 作用于左侧，边界条件为：

$$x=0\text{，}\quad\frac{\mathrm{d}\phi_1}{\mathrm{d}x}=0\text{，}\quad\frac{\mathrm{d}\phi_2}{\mathrm{d}x}=0\text{，}\quad\cdots\text{，}\quad\frac{\mathrm{d}\phi_j}{\mathrm{d}x}=-\frac{M_j}{G_jJ_j}\text{，}\quad\frac{\mathrm{d}\phi_{j+1}}{\mathrm{d}x}=0\text{，}\quad\cdots\text{，}\quad\frac{\mathrm{d}\phi_n}{\mathrm{d}x}=0$$

$$\frac{\mathrm{d}p_{12}}{\mathrm{d}x}=0\text{，}\quad\frac{\mathrm{d}p_{23}}{\mathrm{d}x}=0\text{，}\quad\cdots\text{，}\quad\frac{\mathrm{d}p_{j-2,j-1}}{\mathrm{d}x}=0$$

$$\frac{\mathrm{d}p_{j-1,j}}{\mathrm{d}x}=\frac{\mathrm{d}p_{j,j+1}}{\mathrm{d}x}=-\beta_j^2(p_{j-1,j}^{\mathrm{m}}+p_{j,j+1}^{\mathrm{m}})B$$

$$\frac{\mathrm{d}p_{j+1,j+2}}{\mathrm{d}x}=0\text{，}\quad\cdots\text{，}\quad\frac{\mathrm{d}p_{n-1,n}}{\mathrm{d}x}=0\text{，}\quad\frac{\mathrm{d}p_n}{\mathrm{d}x}=\beta_n^2Bp_{n-1,n}^{\mathrm{m}}$$

$$x=B\text{，}\quad\frac{\mathrm{d}\phi_1}{\mathrm{d}x}=\frac{M_1}{G_1J_1}\text{，}\quad\frac{\mathrm{d}\phi_0}{\mathrm{d}x}=0\text{，}\quad\cdots\text{，}\quad\frac{\mathrm{d}\phi_{n-1}}{\mathrm{d}x}=0\text{，}\quad\frac{\mathrm{d}\phi_n}{\mathrm{d}x}=\frac{M_n}{G_nJ_n}$$

$$\frac{\mathrm{d}p_{12}}{\mathrm{d}x}=\beta_1^2Bp_{12}^{\mathrm{m}}\text{，}\quad\frac{\mathrm{d}p_{23}}{\mathrm{d}x}=0\text{，}\quad\cdots\text{，}\quad\frac{\mathrm{d}p_{n-2,n-1}}{\mathrm{d}x}=0$$

$$\frac{\mathrm{d}p_{n-1,n}}{\mathrm{d}x}=\beta_n^2Bp_{n-1,n}^{\mathrm{m}}$$

如 M_1 作用于左侧，M_J,M_n 作用于右侧，边界条件为：

$$x=0\text{，}\quad\frac{\mathrm{d}\phi_1}{\mathrm{d}x}=-\frac{M_1}{G_1J_1}\text{，}\quad\frac{\mathrm{d}\phi_2}{\mathrm{d}x}=0\text{，}\quad\cdots\text{，}\quad\frac{\mathrm{d}\phi_n}{\mathrm{d}x}=0$$

$$\frac{\mathrm{d}p_{12}}{\mathrm{d}x}=-\beta_1^2Bp_{12}^{\mathrm{m}}\text{，}\quad\frac{\mathrm{d}p_{23}}{\mathrm{d}x}=0\text{，}\quad\cdots\text{，}\quad\frac{\mathrm{d}p_{n-1,n}}{\mathrm{d}x}=0$$

$$x=B\text{，}\quad\frac{\mathrm{d}\phi_1}{\mathrm{d}x}=0\text{，}\quad\cdots\text{，}\quad\frac{\mathrm{d}\phi_{j-1}}{\mathrm{d}x}=0\text{，}\quad\frac{\mathrm{d}\phi_j}{\mathrm{d}x}=\frac{M_j}{G_jJ_j}$$

$$\frac{\mathrm{d}\phi_{j+1}}{\mathrm{d}x}=0\text{，}\quad\cdots\text{，}\quad\frac{\mathrm{d}p_{n-1,n}}{\mathrm{d}x}=0\text{，}\quad\frac{\mathrm{d}\phi_n}{\mathrm{d}x}=\frac{M_n}{G_nJ_n}$$

$$\frac{\mathrm{d}p_{12}}{\mathrm{d}x}=0\text{ ，}\cdots\text{，}\frac{\mathrm{d}p_{j-2,j-1}}{\mathrm{d}x}=0$$

$$\frac{\mathrm{d}p_{j-1,j}}{\mathrm{d}x}=\frac{\mathrm{d}p_{j,j+1}}{\mathrm{d}x}=\beta_j^2(p_{j-1,j}^{\mathrm{m}}+p_{j,j+1}^{\mathrm{m}})B$$

$$\frac{\mathrm{d}p_{j+1,j+2}}{\mathrm{d}x}=0\text{ ，}\cdots\text{，}\frac{\mathrm{d}p_{n-2,n-1}}{\mathrm{d}x}=0\text{ ，}\frac{\mathrm{d}p_{n-1,n}}{\mathrm{d}x}=\beta_n^2Bp_{n-1,n}^{\mathrm{m}}$$

归纳起来，如有 n 个齿轮复合啮合，则有 $n-1$ 对啮合力，有满足 $n-1$ 个微分方程的二阶微分方程组，有 $2(n-1)$个特征根，由 $2(n-1)$个边界条件可确定 $2(n-1)$个未知常数。

还有一种复合啮合，如图 2.4.16 所示，中心轮 a 通过许多行星轮啮合，这些行星轮再和内齿轮 b 啮合，有：

$$\frac{\mathrm{d}^2\phi_a}{\mathrm{d}x^2}=\frac{r_a\left(\sum_{i=1}^{n}p_{ia}\right)}{G_aJ_a}\cos\alpha$$

$$\frac{\mathrm{d}^2\phi_b}{\mathrm{d}x^2}=\frac{r_b\left(\sum_{i=1}^{n}p_{ib}\right)}{G_bJ_b}\cos\alpha$$

$$\frac{\mathrm{d}^2\phi_i}{\mathrm{d}x^2}=\frac{r(p_{ia}-p_{ib})}{GJ}\cos\alpha$$

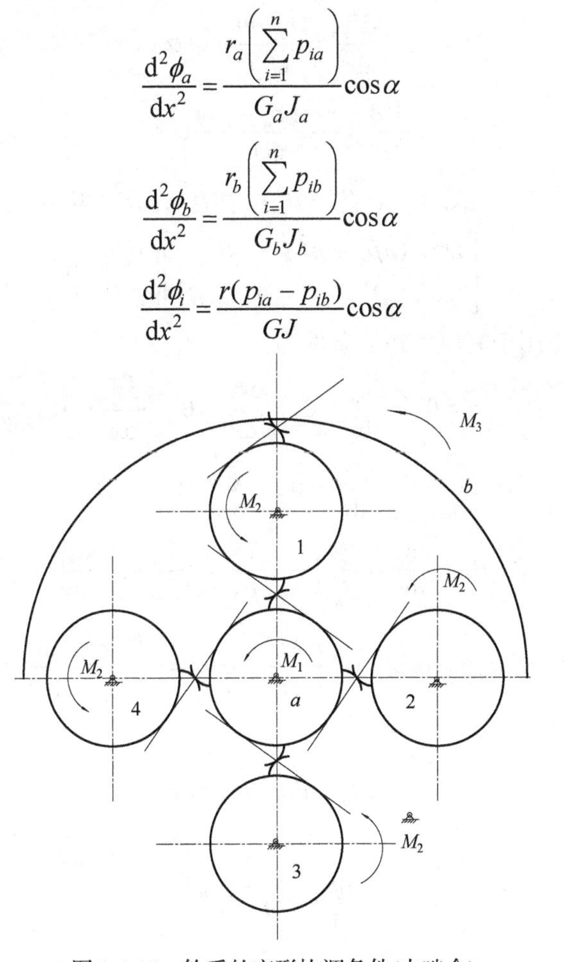

图 2.4.16　轮系的变形协调条件(内啮合)

变形协调条件为：

$$(r_a\phi_a + r_i\phi_i)\cos\alpha = \frac{p_{ia}}{c}, \quad i = 1, 2, \cdots, n$$

$$(r_b\phi_b - r_i\phi_i)\cos\alpha = \frac{p_{ib}}{c}, \quad i = 1, 2, \cdots, n$$

考虑几何对称性，有：

$$p_{1a} = p_{2a} = \cdots = p_{na} = p_a$$

$$p_{1b} = p_{2b} = \cdots = p_{nb} = p_b$$

$$\phi_1 = \phi_2 = \cdots = \phi_n = \phi$$

$$\frac{\mathrm{d}^2\phi_a}{\mathrm{d}x^2} = \frac{r_a \cdot np_a}{G_a J_a}\cos\alpha$$

$$\frac{\mathrm{d}^2\phi_b}{\mathrm{d}x^2} = \frac{r_b \cdot np_b}{G_b J_b}\cos\alpha$$

$$\frac{\mathrm{d}^2\phi}{\mathrm{d}x^2} = \frac{r \cdot n(p_a - p_b)}{GJ}\cos\alpha$$

$$p_a'' = p_a(n\beta_a^2 + \beta^2) - p_b\beta^2, \quad \beta_b^2 \approx 0$$

$$\begin{bmatrix} D^2 - (n\beta_a^2 + \beta^2) & \beta^2 \\ \beta^2 & D^2 - \beta^2 \end{bmatrix} \begin{bmatrix} p_a \\ p_b \end{bmatrix} = 0$$

如 M_a, M_b 作用于右侧，边界条件为：

$$x = 0, \quad \frac{\mathrm{d}\phi_a}{\mathrm{d}x} = 0, \quad \frac{\mathrm{d}\phi_b}{\mathrm{d}x} = 0, \quad \frac{\mathrm{d}\phi_i}{\mathrm{d}x} = 0$$

$$\frac{\mathrm{d}p_a}{\mathrm{d}x} = 0, \quad \frac{\mathrm{d}p_b}{\mathrm{d}x} = 0$$

$$x = B, \quad \frac{\mathrm{d}\phi_a}{\mathrm{d}x} = \frac{M_a}{G_a J_a}, \quad \frac{\mathrm{d}\phi_b}{\mathrm{d}x} = \frac{M_b}{G_b J_b}, \quad \frac{\mathrm{d}\phi_i}{\mathrm{d}x} = 0$$

$$\frac{\mathrm{d}p_a}{\mathrm{d}x} = C(r_a\phi_a')\cos\alpha = C\left(\frac{r_a M_a}{G_a J_a}\right)\cos\alpha = C\left(\frac{r_a^2}{G_a J_a}\right)\frac{M_a}{r_a}\cos\alpha$$

由平衡条件：

$$M_a = Bnp_a^{\mathrm{m}} r_a \cos\alpha$$

可得：

$$\frac{\mathrm{d}p_a}{\mathrm{d}x} = n\beta_a^2 Bp_a^{\mathrm{m}}$$

同理：

$$\frac{\mathrm{d}p_b}{\mathrm{d}x} = n\beta_b^2 Bp_b^{\mathrm{m}}$$

如 M_a, M_b 作用于不同侧，则边界条件为：

$$x = 0\,,\quad \frac{\mathrm{d}\phi_a}{\mathrm{d}x} = 0\,,\quad \frac{\mathrm{d}\phi_b}{\mathrm{d}x} = -\frac{M_b}{G_b J_b}\,,\quad \frac{\mathrm{d}\phi_i}{\mathrm{d}x} = 0$$

$$\frac{\mathrm{d}p_a}{\mathrm{d}x} = 0\,,\quad \frac{\mathrm{d}p_b}{\mathrm{d}x} = -n\beta_b^2 Bp_b^{\mathrm{m}}$$

$$x = B\,,\quad \frac{\mathrm{d}\phi_a}{\mathrm{d}x} = \frac{M_a}{G_a J_a}\,,\quad \frac{\mathrm{d}\phi_b}{\mathrm{d}x} = 0\,,\quad \frac{\mathrm{d}\phi_i}{\mathrm{d}x} = 0$$

$$\frac{\mathrm{d}p_a}{\mathrm{d}x} = n\beta_a^2 Bp_a^{\mathrm{m}}\,,\quad \frac{\mathrm{d}p_b}{\mathrm{d}x} = 0$$

如考虑 $\beta_b^2 \to 0$，两种转矩加载方式对偏载影响不大。

2.5　对称轮毂与非对称轮毂

本节从分析齿轮扭转变形出发，导出了齿轮齿面分布载荷所应满足的二阶微分方程，并讨论轮毂对称和不对称对偏载的影响。偏载量仅取决于轮齿的变形，还取决于轮缘变形和腹板布置方式及扭矩的传递方式。对称轮毂和非对称轮毂分别如图 2.5.1 和图 2.5.2、图 2.5.3 所示。

图 2.5.1　对称轮毂

如果齿轮轮缘和齿体都是绝对刚体，只要齿廓形状大约精确，载荷必然沿齿宽均匀分布，但实际齿轮材料在受载后有弹性变形，接触线上各点的弹性变形不

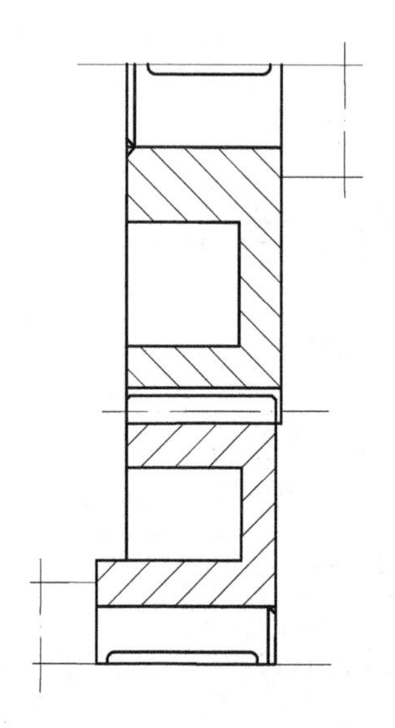

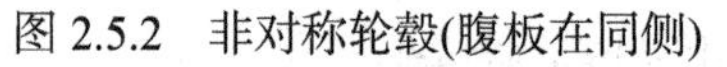

图 2.5.2　非对称轮毂(腹板在同侧)

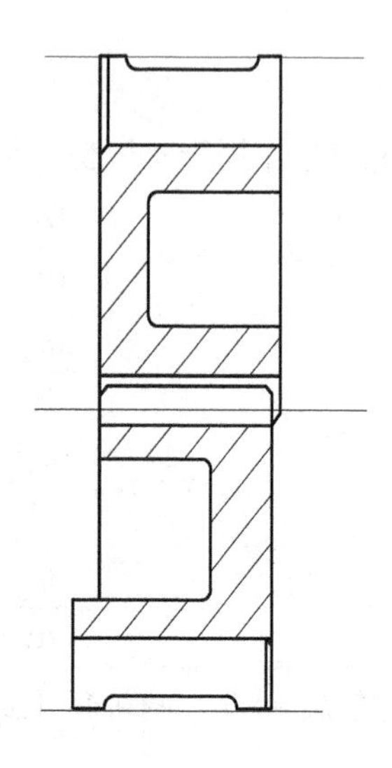

图 2.5.3　非对称轮毂(腹板在异侧)

同，就造成载荷沿接触线不均匀分布。类似于图 2.1.2，在未加载时两端面上的半径线是平行的，加载后扭转变形使半径线相对转过一个角而到了新的位置，母线也变到新的位置，左端的扭角大于右端，即垂直于轴的各断面内的扭角并不相等。在任意一个轴向位置截取一微段，如图 2.5.4 所示，设左截面内力扭矩为 T，右截面为 $T+\mathrm{d}T$，有物理方程：

$$\frac{\mathrm{d}\phi}{\mathrm{d}x}=\frac{T}{GJ}, \quad \frac{\mathrm{d}^2\phi}{\mathrm{d}x^2}=\frac{\mathrm{d}T}{\mathrm{d}x}\cdot\frac{1}{GJ}$$

取微段轮体的力矩平衡，有：

$$(T+\mathrm{d}T)-T=rp\cos\alpha\mathrm{d}x$$

$$\frac{\mathrm{d}T}{\mathrm{d}x}=rp\cos\alpha$$

$$\frac{\mathrm{d}^2\phi}{\mathrm{d}x^2}=\frac{rp\cos\alpha}{GJ}$$

式中：ϕ 为两齿轮的相对附加扭转角。

对轮 1 和轮 2 分别有：

$$\frac{\mathrm{d}^2\phi_1}{\mathrm{d}x^2}=\frac{r_1p\cos\alpha}{G_1J_1}, \quad \frac{\mathrm{d}^2\phi_2}{\mathrm{d}x^2}=\frac{r_2p\cos\alpha}{G_2J_2}$$

分别乘以 $r_1\cos\alpha, r_2\cos\alpha$，再相加：

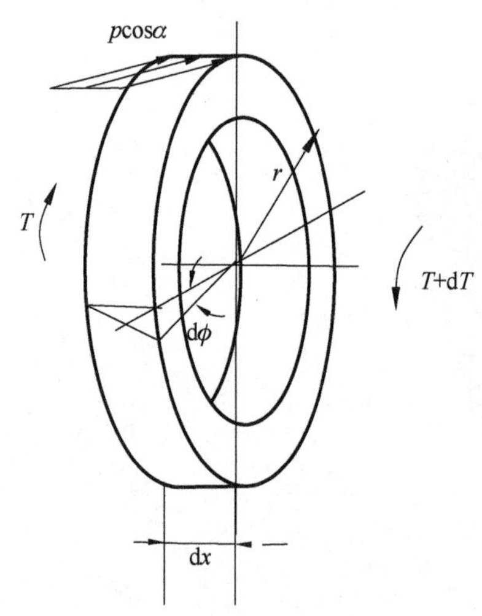

图 2.5.4　轮缘部分的微段受力

$$\left(r_1\frac{\mathrm{d}^2\phi_1}{\mathrm{d}x^2}+r_2\frac{\mathrm{d}^2\phi_2}{\mathrm{d}x^2}\right)\cos\alpha=\left(\frac{r_1^{\ 2}}{G_1J_1}+\frac{r_2^{\ 2}}{G_2J_2}\right)p\cos^2\alpha \tag{2.5.1}$$

设轮齿综合刚度为 C，则有：

$$\frac{1}{C}=\frac{1}{C_1}+\frac{1}{C_2}$$

式中：C_1,C_2 分别为轮 1 和轮 2 的轮齿刚度。

则齿向弹性变形为：

$$\frac{p}{C}=p(\frac{1}{C_1}+\frac{1}{C_2})$$

由于轮缘变形后，齿面仍然是保持接触的，齿面弹性变形应由两轴的相对附加转动弥补。故有变形协调条件：

$$(r_1\phi_1+r_2\phi_2)\cos\alpha=\frac{p}{C}$$

因此齿面载荷分布问题实际上是轮齿变形与轮缘扭转变形的超静定问题，对变形协调条件式微分两次，得到：

$$(r_1\phi_1''+r_2\phi_2'')\cos\alpha=\frac{p''}{C}$$

代入式(2.5.1)，得到：

$$\frac{p''}{C}=\left(\frac{r_1^{\ 2}}{G_1J_1}+\frac{r_2^{\ 2}}{G_2J_2}\right)p\cos^2\alpha$$

简写成：

$$p''-\beta^2p=0 \tag{2.5.2}$$

式中：

$$\beta^2=\beta_1^2+\beta_2^2\text{，}\quad\beta_1^2=\frac{Cr_1^2}{G_1J_1}\cos^2\alpha\text{，}\quad\beta_2^2=\frac{Cr_2^2}{G_2J_2}\cos^2\alpha$$

式(2.5.2)为齿轮轮毂偏载的基本微分方程，解此微分方程，得：

$$p=E\sinh(\beta x)+F\cosh(\beta x)$$

式中：E,F 为待定常数。

待定常数与腹板的布置位置有关。如腹板同时在轮 1 和轮 2 右端，有：

$$x=0\text{，}\quad\frac{\mathrm{d}\phi_1}{\mathrm{d}x}=\frac{\mathrm{d}\phi_2}{\mathrm{d}x}=0$$

$$x=B\text{，}\quad\frac{\mathrm{d}\phi_1}{\mathrm{d}x}=\frac{M_1}{G_1J_1}\text{，}\quad\frac{\mathrm{d}\phi_2}{\mathrm{d}x}=\frac{M_2}{G_2J_2}$$

对变形协调条件式微分一次，得：

$$\left(r_1\frac{\mathrm{d}\phi_1}{\mathrm{d}x}+r_2\frac{\mathrm{d}\phi_2}{\mathrm{d}x}\right)\cos\alpha=\frac{\mathrm{d}p}{\mathrm{d}x}\frac{1}{C}$$

故：

$$x=0\text{，}\quad\frac{\mathrm{d}p}{\mathrm{d}x}=0$$

$$x=B\text{，}\quad\frac{\mathrm{d}p}{\mathrm{d}x}=C\left(\frac{M_1r_1}{G_1J_1}+\frac{M_2r_2}{G_2J_2}\right)\cos\alpha$$

$$\frac{M_1}{r_1}=\frac{M_2}{r_2}=p_{\mathrm{m}}B\cos\alpha$$

p_{m} 为平均载荷，故又有：

$$x=B\text{，}\quad\frac{\mathrm{d}p}{\mathrm{d}x}=C\left(\frac{r_1^2}{G_1J_1}+\frac{r_2^2}{G_2J_2}\right)p_{\mathrm{m}}B\cos^2\alpha=\beta^2p_{\mathrm{m}}B$$

$$p(x)=p_{\mathrm{m}}\beta^2B\left[\frac{\cosh(\beta B)}{\sinh(\beta B)}\cosh(\beta x)-\sinh(\beta x)\right]\tag{2.5.3}$$

当轮 1 的腹板在左边，轮 2 的腹板在右边，则边界条件为：

$$x=0\text{，}\quad\frac{\mathrm{d}\phi_1}{\mathrm{d}x}=-\frac{M_1}{G_1J_1}\text{，}\quad\frac{\mathrm{d}\phi_2}{\mathrm{d}x}=0$$

$$x=B\text{，}\quad\frac{\mathrm{d}\phi_1}{\mathrm{d}x}=0\text{，}\quad\frac{\mathrm{d}\phi_2}{\mathrm{d}x}=\frac{M_2}{G_2J_2}$$

即：

$$x=0\text{，}\quad\frac{\mathrm{d}p}{\mathrm{d}x}=-C\frac{M_1r_1}{G_1J_1}\cos\alpha=-\beta_1^2p_{\mathrm{m}}B$$

$$x=B\text{，}\quad\frac{\mathrm{d}p}{\mathrm{d}x}=C\frac{M_2r_2}{G_2J_2}\cos\alpha=\beta_2^2p_{\mathrm{m}}B$$

$$p(x)=p_{\mathrm{m}}B\left(\frac{\beta_2^2+\beta_1^2\cosh(\beta B)}{\sinh(\beta B)}\cdot\cosh(\beta x)-\beta_1^2\sinh(\beta x)\right)\frac{1}{\beta}\tag{2.5.4}$$

2.6　人字齿轮的偏载与修形

2.6.1　单对人字齿轮的偏载与修形

如图 2.6.1 所示，人字齿轮包括两部分轮体，对称布置于轴的两侧，齿面载荷分布不连续，介于两段分轮体之间的轴毂也会发生扭转变形，且轴的扭转截面惯矩不等于轮体的截面惯矩，因而将影响载荷沿啮合线上的分布。

图 2.6.1　人字齿轮模型

如图 2.6.2 所示，两人字齿轮轮体间的轴毂长为 l_0，扭转截面惯矩分别为 J_{10},J_{20}，设两人字齿轮轮体的齿面载荷分别为 p,q，类似于前面的推导，有：

$$p = E\sinh(\beta x) + F\cosh(\beta x) \tag{2.6.1}$$

$$q = G\sinh(\beta x) + H\cosh(\beta x) \tag{2.6.2}$$

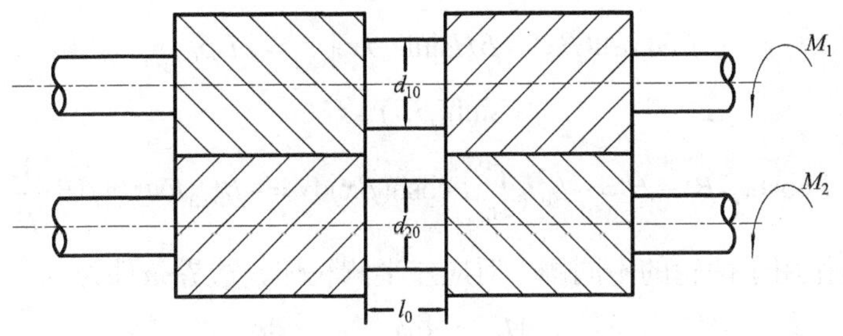

图 2.6.2　人字齿轮模型

边界条件为：

$$x = 0\text{，}\ \frac{\mathrm{d}\phi_1}{\mathrm{d}x} = 0\text{，}\ \frac{\mathrm{d}\phi_2}{\mathrm{d}x} = 0\text{，}\ \frac{\mathrm{d}p}{\mathrm{d}x} = 0 \tag{2.6.3}$$

$$x = B\text{，}\ \frac{\mathrm{d}\phi_1}{\mathrm{d}x} = \frac{M_1}{G_1 J_1}\text{，}\ \frac{\mathrm{d}\phi_2}{\mathrm{d}x} = \frac{M_2}{G_2 J_2}\text{，}\ \frac{\mathrm{d}q}{\mathrm{d}x} = \beta^2 p_{\mathrm{m}} \cdot 2B \tag{2.6.4}$$

由于中间轴毂上不受外载荷，内力扭矩应相同，故有：

$$\frac{\mathrm{d}p}{\mathrm{d}x}\Big|_{x=B} = \frac{\mathrm{d}q}{\mathrm{d}x}\Big|_{x=0} \tag{2.6.5}$$

设中间轴毂与两边轮体的接合面分别为截面 I 和截面 II，这两截面的相对扭角应为：

$$\phi_1^{(2)} - \varphi_1^{(2)} = \frac{-\int_0^B p(x)\cdot r_1 l_0 \cos\alpha}{G_1 J_{10}} \mathrm{d}x \tag{2.6.6}$$

$$\phi_2^{(2)} - \varphi_2^{(2)} = \frac{-\int_0^B p(x)\cdot r_2 l_0 \cos\alpha}{G_2 J_{20}} \mathrm{d}x \tag{2.6.7}$$

式(2.6.6)和式(2.6.7)两边分别乘以 $\cos\alpha r_1$ 和 $\cos\alpha r_2$，再相加，考虑变形协调条件，有：

$$p\big|_{x=B} - q\big|_{x=0} = -\int_0^B p(x)\mathrm{d}x \cdot Cl_0\left(\frac{r_1^2}{G_1 J_{10}} + \frac{r_2^2}{G_2 J_{20}}\right)\cos^2\alpha = -\int_0^B p(x)\mathrm{d}x \cdot l_0(\beta_{10}^2 + \beta_{20}^2) \tag{2.6.8}$$

由式(2.6.3)、式(2.6.4)、式(2.6.5)、式(2.6.8)可以确定 4 个常数 E，F，G，H。具体计算：

$$\beta E\cosh(\beta x) + \beta F\sinh(\beta x)\big|_{x=0} = 0 \tag{2.6.9}$$

得到：

$$E=0$$

$$\beta G\cosh(\beta x) + \beta H\sinh(\beta x)\big|_{x=0} = 2B\beta_0^2 p_{\mathrm{m}} \tag{2.6.10}$$

$$F\sinh(\beta B) = G \tag{2.6.11}$$

$$F\cosh(\beta B) - H = -\beta_0^2 l_0 \int_0^B F\cosh(\beta x)\mathrm{d}x = -\beta_0^2 l_0 F\sinh(\beta B)\frac{1}{\beta} \tag{2.6.12}$$

如扭矩作用于两轮的不同侧，对应左半侧轮体，边界条件为：

$$x=0\,,\quad \frac{\mathrm{d}\phi_1}{\mathrm{d}x} = -\frac{M_1}{G_1 J_1}\,,\quad \frac{\mathrm{d}\phi_2}{\mathrm{d}x} = 0\,,\quad \frac{\mathrm{d}p}{\mathrm{d}x} = -2B\beta_1^2 p_{\mathrm{m}} \tag{2.6.13}$$

对应左半侧轮体，边界条件为：

$$x=B\,,\quad \frac{\mathrm{d}\psi_1}{\mathrm{d}x} = 0\,,\quad \frac{\mathrm{d}\psi_2}{\mathrm{d}x} = \frac{M_2}{G_2 J_2}\,,\quad \frac{\mathrm{d}p}{\mathrm{d}x} = -\beta_2^2 p_{\mathrm{m}} \times 2B \tag{2.6.14}$$

$$\left.\frac{\mathrm{d}p}{\mathrm{d}x}\right|_{x=B} = \left.\frac{\mathrm{d}q}{\mathrm{d}x}\right|_{x=0} \tag{2.6.15}$$

$$\phi_1^{(2)} - \psi_1^{(2)} = \int_0^B q(x)\mathrm{d}x\left(\frac{r_1 l_0 \cos\alpha}{G_1 J_{10}}\right) \tag{2.6.16}$$

$$\phi_2^{(2)} - \psi_2^{(2)} = -\int_0^B p(x)\mathrm{d}x\left(\frac{r_2 l_0 \cos\alpha}{G_2 J_{20}}\right) \tag{2.6.17}$$

在式(2.6.16)和式(2.6.17)两边分别乘以 $Cr_1\cos\alpha$ 和 $Cr_2\cos\alpha$，再相加，考虑变形协调条件，有：

$$\begin{aligned} p\big|_{x=B} - q\big|_{x=0} &= -\int_0^B q(x)\mathrm{d}x \cdot Cl_0\left(\frac{r_1^2}{G_1 J_{10}}\right) - \int_0^B p(x)\mathrm{d}x \cdot Cl_0\left(\frac{r_2^2}{G_2 J_{20}}\right)\cos^2\alpha \\ &= \int_0^B q(x)\mathrm{d}x \cdot Cl_0\beta_{10}^2 - \int_0^B p(x)\mathrm{d}x \cdot Cl_0\beta_{20}^2 \end{aligned} \tag{2.6.18}$$

式中：

$$\beta_{10}^2 = Cr_1^2 l_0 \cos^2\alpha / G_1 J_{10}，\quad \beta_{20}^2 = Cr_2^2 l_0 \cos^2\alpha / G_2 J_{20}，\quad \beta_0^2 = \beta_{10}^2 + \beta_{20}^2 \tag{2.6.19}$$

2.6.2　考虑齿面误差和修形量

设左半侧齿体修形量为 $\delta_p(x)$，右半侧齿体修形量为 $\delta_q(x)$，变形协调条件为：

$$(r_1\phi_1 + r_2\phi_2)\cos\alpha = \frac{p}{C} + \delta_p(x) \tag{2.6.20}$$

$$(r_1\psi_1 + r_2\psi_2)\cos\alpha = \frac{q}{C} + \delta_p(x) \tag{2.6.21}$$

在左半侧，令：

$$\varPhi = C(r_1\phi_1 + r_2\phi_2)\cos\alpha \tag{2.6.22}$$

则有：

$$\varPhi'' = \beta^2 p \tag{2.6.23}$$

$$\varPhi = p + C\delta_q \tag{2.6.24}$$

在右半侧，令：

$$\varPhi = C(r_1\psi_1 + r_2\psi_2)\cos\alpha \tag{2.6.25}$$

则有：

$$\varPhi'' = \beta^2 q \tag{2.6.26}$$

$$\varPhi = q + C\delta_q \tag{2.6.27}$$

因 p,q 均为常数，$p = q = p_{\mathrm{m}}$，对式(2.6.23)和式(2.6.26)积分，得：

$$\varPhi = \frac{\beta^2 p_{\mathrm{m}} x^2}{2} + C_1 x + C_2 \tag{2.6.28}$$

$$\varPhi = \frac{\beta^2 p_{\mathrm{m}} x^2}{2} + C_3 x + C_4 \tag{2.6.29}$$

$$C\delta_p = \frac{\beta^2 p_{\mathrm{m}} x^2}{2} + C_1 x + C_2 - p_{\mathrm{m}} \tag{2.6.30}$$

$$C\delta_q = \frac{\beta^2 p_{\mathrm{m}} x^2}{2} + C_3 x + C_4 - p_{\mathrm{m}} \tag{2.6.31}$$

仍然分两种情况讨论，先假定扭矩在两轮右端，对左半侧轮体，边界条件为：

$$x = 0\ ,\quad \frac{\mathrm{d}\phi_1}{\mathrm{d}x} = 0\ ,\quad \frac{\mathrm{d}\phi_2}{\mathrm{d}x} = 0$$

$$C\delta_p{}' = \varPhi'|_{x=0} = 0$$

$$C_1 = 0 \tag{2.6.32}$$

对右半侧轮体，边界条件为：

$$x = B\ ,\quad \frac{\mathrm{d}\phi_1}{\mathrm{d}x} = \frac{M_1}{G_1 J_1}\ ,\quad \frac{\mathrm{d}\phi_2}{\mathrm{d}x} = \frac{M_2}{G_2 J_2}$$

$$C\delta_q{}' = \varPhi'|_{x=0} = 2 p_{\mathrm{m}} B \beta^2$$

$$p_{\mathrm{m}} B \beta^2 + C_3 = 2 p_{\mathrm{m}} B \beta^2$$

$$C_3 = p_{\mathrm{m}} B \beta^2 \tag{2.6.33}$$

由：

$$\phi_1'(B) = \psi_1'(0)\ ,\quad \phi_2'(B) = \psi_2'(0)$$

$$r_1 \phi_1'(B) + r_2 \phi_2'(B) = r_1 \psi_1'(0) + r_2 \psi_2'(0)$$

$$C\delta_p{}'|_{x=B} = C\delta_q{}'|_{x=0}$$

$$C_3 = p_{\mathrm{m}} B \beta^2 \tag{2.6.34}$$

得不到独立的结果。

$$\phi_1(B) - \psi_1(0) = -\int_0^B p_{\mathrm{m}} \cdot \left(\frac{r_1 l_0 \cos\alpha}{G_1 J_{10}} \right) \mathrm{d}x$$

$$\phi_2(B) - \psi_2(0) = -\int_0^B p_{\mathrm{m}} \cdot \left(\frac{r_2 l_0 \cos\alpha}{G_2 J_{20}} \right) \mathrm{d}x$$

$$\varPhi|_{x=B} - \varPhi|_{x=0} = -p_{\mathrm{m}} B \left(\beta_{10}^2 + \beta_{20}^2 \right) l_0$$

$$p_{\mathrm{m}} B \cdot \frac{\beta^2}{2} + C_2 - p_{\mathrm{m}} - (C_4 - p_{\mathrm{m}}) = -p_{\mathrm{m}} B \left(\beta_{10}^2 + \beta_{20}^2 \right) l_0 \tag{2.6.35}$$

令齿轮左端修形量为 0，即：

$$\delta_p(0) = 0$$

得：

$$C_2 - p_{\mathrm{m}} = 0$$

$$C_4 - p_{\mathrm{m}} = p_{\mathrm{m}} B \cdot \frac{\beta^2}{2} + p_{\mathrm{m}} B \left(\beta_{10}^2 + \beta_{20}^2\right) l_0$$

$$C\delta_p = p_{\mathrm{m}} B \cdot \frac{x^2}{2} \tag{2.6.36}$$

$$\begin{aligned} C\delta_p &= \frac{p_{\mathrm{m}}\beta^2 x^2}{2} + p_{\mathrm{m}}\beta^2 Bx + \frac{p_{\mathrm{m}}\beta^2 B^2}{2} + p_{\mathrm{m}} B\left(\beta_{10}^2 + \beta_{20}^2\right) l_0 \\ &= \frac{p_{\mathrm{m}}\beta^2 (B+x)^2}{2} + p_{\mathrm{m}} B\left(\beta_{10}^2 + \beta_{20}^2\right) l_0 \end{aligned} \tag{2.6.37}$$

修形量如图 2.6.3(a)所示。

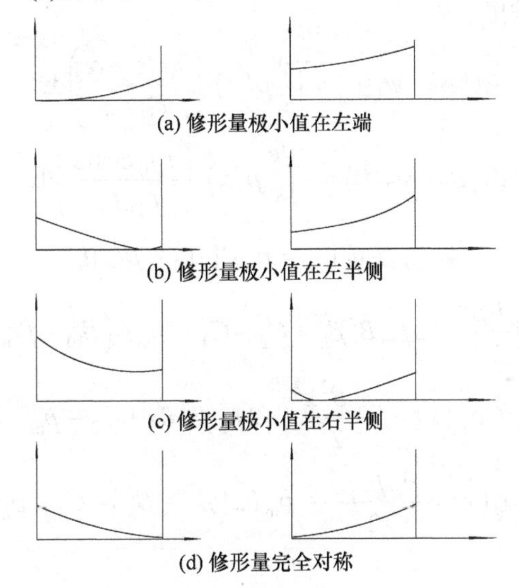

图 2.6.3　修形量曲线

如扭矩作用于两轮不同侧，对左半侧轮体，边界条件为：

$$x = 0\text{，}\quad \frac{\mathrm{d}\phi_1}{\mathrm{d}x} = -\frac{M_1}{G_1 J_1}\text{，}\quad \frac{\mathrm{d}\phi_2}{\mathrm{d}x} = 0$$

$$C\delta_p'|_{x=0} = \varPhi'|_{x=0} = C\left(-\frac{r_1 M_1}{G_1 J_1}\right)\cos\alpha$$

$$C_1 = -2 p_{\mathrm{m}} B \beta_1^2 \tag{2.6.38}$$

对右半侧轮体，边界条件为：

$$x = B\text{ ,}\quad \frac{\mathrm{d}\phi_1}{\mathrm{d}x} = 0\text{ ,}\quad \frac{\mathrm{d}\phi_2}{\mathrm{d}x} = \frac{M_2}{G_2 J_2}$$

$$C\delta_q'|_{x=B} = \Phi'|_{x=B} = C\left(\frac{r_2 M_2}{G_2 J_2}\right)\cos\alpha$$

$$\beta^2 p_{\mathrm{m}} B + C_3 = 2 p_{\mathrm{m}} B \beta_2^2$$

$$C_3 = p_{\mathrm{m}} B\left(\beta_2^2 - \beta_1^2\right) \tag{2.6.39}$$

由：

$$C\delta_p{}'|_{x=B} = C\delta_q{}'|_{x=0}$$

$$\beta^2 p_{\mathrm{m}} B - 2 p_{\mathrm{m}} B \beta_1^2 = p_{\mathrm{m}} B\left(\beta_2^2 - \beta_1^2\right) \tag{2.6.40}$$

得不到独立的结果。

$$\phi_1(B) - \psi_1(0) = \int_0^B p(x)\cdot\left(\frac{r_1 l_0 \cos\alpha}{G_1 J_{10}}\right)\mathrm{d}x$$

$$\phi_2(B) - \psi_2(0) = -\int_0^B p(x)\cdot\left(\frac{r_2 l_0 \cos\alpha}{G_2 J_{20}}\right)\mathrm{d}x$$

$$\Phi|_{x=B} - \Phi|_{x=0} = p_{\mathrm{m}} B\left(\beta_{10}^2 - \beta_{20}^2\right) l_0 \tag{2.6.41}$$

$$\frac{p_{\mathrm{m}} B \beta^2}{2} - 2 p_{\mathrm{m}} B^2 \beta_1^2 + C_2 - C_4 = p_{\mathrm{m}} B\left(\beta_{10}^2 - \beta_{20}^2\right) \tag{2.6.42}$$

$$C\delta_p(x) = \frac{p_{\mathrm{m}} \beta^2 x^2}{2} - 2 p_{\mathrm{m}} \beta_1^2 B x + C_2 - p_{\mathrm{m}}$$

$$C\delta_q(x) = \frac{p_{\mathrm{m}} \beta^2 x^2}{2} + p_{\mathrm{m}} B x\left(\beta_2^2 - \beta_1^2\right) + C_4 - p_{\mathrm{m}}$$

如：

$$\beta_2^2 > \beta_1^2$$

$$C\delta_p{}'(x)|_{x=B} = C\delta_q{}'(x)|_{x=0} = p_{\mathrm{m}} B(\beta_2^2 - \beta_1^2) > 0$$

$C\delta_p(x), C\delta_q(x)$如图 2.6.3(b)所示，修形量曲线的极小值在左半侧，求极小值点坐标。令：

$$C\delta_p{}'(x) = 0$$

$$p_{\mathrm{m}} B \beta^2 - 2 p_{\mathrm{m}} B \beta_1^2 = 0$$

$$x_p^* = \frac{2 B \beta_1^2}{\beta^2}$$

当：

$$\beta_1^2 = \beta_2^2 = \frac{\beta^2}{2}$$

$$x_p^* = B$$

令修形量曲线极小值点处修形量为 0，有：

$$C\delta_p\left(x^*\right) = \frac{1}{2}p_{\mathrm{m}}\beta^2\left(\frac{2\beta_1^2 B}{\beta^2}\right) - 2p_{\mathrm{m}}\beta_1^2 B\left(\frac{2\beta_1^2 B}{\beta^2}\right) + C_2 - p_{\mathrm{m}} = 0$$

$$C_2 - p_{\mathrm{m}} = \frac{2p_{\mathrm{m}}\beta_1^4 B^2}{\beta^2}$$

$$C\delta_p = \frac{p_{\mathrm{m}}\beta^2 x^2}{2} - 2p_{\mathrm{m}}Bx\beta_1^2 + \frac{2p_{\mathrm{m}}B^2\beta_1^4}{\beta^2}$$

再由式(2.6.42)得：

$$C_4 - p_{\mathrm{m}} = \frac{2p_{\mathrm{m}}B^2\beta_1^4}{\beta^2} + \frac{p_{\mathrm{m}}\beta^2 B^2}{2} - 2p_{\mathrm{m}}B^2\beta_1^2 + p_{\mathrm{m}}B\left(\beta_{10}^2 - \beta_{20}^2\right)l_0$$

当：

$$\beta_1^2 = \beta_2^2，\quad \beta_{10}^2 = \beta_{20}^2$$

$$C_4 - p_{\mathrm{m}} = 0，\quad C\delta_q(0) = 0$$

两侧修形量曲线完全对称，如图 2.6.3(d)所示。如：

$$\beta_2^2 < \beta_1^2$$

$$C\delta_p'(x)|_{x=B} = C\delta_q'(x)|_{x=0} = p_{\mathrm{m}}B(\beta_2^2 - \beta_1^2) < 0$$

$C\delta_p,C\delta_q$ 的曲线如图 2.6.3(c)所示，修形量曲线的极小值在右半侧，求极小值点坐标，令：

$$C\delta_q'(x) = 0$$

$$\beta^2 p_{\mathrm{m}}x - p_{\mathrm{m}}B(\beta_1^2 - \beta_2^2) = 0$$

$$x_q^* = \frac{B\left(\beta_1^2 - \beta_2^2\right)\beta_1^2}{\beta^2}$$

当：

$$\beta_1^2 = \beta_2^2$$

$$x_q^* = 0$$

令修形量曲线极小值点处修形量为 0，有：

$$C\delta_q\left(x_q^*\right) = \frac{1}{2}p_{\mathrm{m}}\beta^2\left[\frac{B\left(\beta_1^2 - \beta_2^2\right)}{\beta^2}\right]^2 - \frac{p_{\mathrm{m}}B\left(\beta_1^2 - \beta_2^2\right)\cdot B\left(\beta_1^2 - \beta_2^2\right)}{\beta^2} + C_4 - p_{\mathrm{m}} = 0$$

$$C_4 - p_{\mathrm{m}} = \frac{p_{\mathrm{m}} B^2 \left(\beta_1^2 - \beta_2^2\right)^2}{2\beta^2}$$

$$C\delta_q = \frac{p_{\mathrm{m}} \beta^2 x^2}{2} - p_{\mathrm{m}} Bx\left(\beta_1^2 - \beta_2^2\right) + \frac{p_{\mathrm{m}} B^2 \left(\beta_1^2 - \beta_2^2\right)}{2\beta^2}$$

再由式(2.6.42)得：

$$\begin{aligned} C_2 - p_{\mathrm{m}} &= \left[\frac{B^2\left(\beta_1^2 - \beta_2^2\right)^2}{2\beta^2} + B\left(\beta_{10}^2 - \beta_{20}^2\right) l_0 + 2B^2\beta_1^2 - \frac{\beta^2 B^2}{2}\right] p_{\mathrm{m}} \\ &= \left[\frac{B^2\left(\beta_1^2 - \beta_2^2\right)}{2\beta^2} + B\left(\beta_{10}^2 - \beta_{20}^2\right) l_0 + \frac{B^2\left(\beta_1^2 - \beta_2^2\right)}{2} + B^2\beta_1^2\right] p_{\mathrm{m}} \end{aligned}$$

当：

$$\beta_1^2 = \beta_2^2,\quad \beta_{10}^2 = \beta_{20}^2$$

$$C\delta_p(B) = \frac{1}{2} p_{\mathrm{m}} \beta^2 B^2 - 2 p_{\mathrm{m}} \beta_1^2 B^2 + C_2 - p_{\mathrm{m}} = 0$$

两侧修形量曲线完全对称，如图 2.6.3(d)所示。

2.6.3 人字齿轮复合啮合下的偏载

人字齿轮与普通齿轮一样，也用作复合啮合，第一种复合啮合如图 2.6.4(a)所示，将左半侧轮齿间作用力以 p_{12}，p_{23} 表示，右半侧轮齿间作用力以 q_{12}，q_{23} 表示，故分别有：

$$\begin{bmatrix} D^2 - \left(\beta_1^2 + \beta_2^2\right) & -\beta_2^2 \\ -\beta_2^2 & D^2 - \left(\beta_2^2 + \beta_3^2\right) \end{bmatrix} \begin{bmatrix} p_{12} \\ p_{23} \end{bmatrix} = 0 \tag{2.6.43}$$

$$\begin{bmatrix} D^2 - \left(\beta_1^2 + \beta_2^2\right) & -\beta_2^2 \\ -\beta_2^2 & D^2 - \left(\beta_2^2 + \beta_3^2\right) \end{bmatrix} \begin{bmatrix} q_{12} \\ q_{23} \end{bmatrix} = 0 \tag{2.6.44}$$

两微分方程组的解分别为：

$$\begin{bmatrix} p_{12} \\ p_{23} \end{bmatrix} = \begin{bmatrix} e_1^{(1)} \\ e_2^{(1)} \end{bmatrix} \left(E_1 \sinh(\sqrt{\gamma_1} x) + F_1 \cosh(\sqrt{\gamma_1} x)\right) + \begin{bmatrix} e_1^{(2)} \\ e_2^{(2)} \end{bmatrix} \left(E_2 \sinh(\sqrt{\gamma_2} x) + F_2 \cosh(\sqrt{\gamma_2} x)\right) \tag{2.6.45}$$

$$\begin{bmatrix} q_{12} \\ q_{23} \end{bmatrix} = \begin{bmatrix} e_1^{(1)} \\ e_2^{(1)} \end{bmatrix} \left(G_1 \sinh(\sqrt{\gamma_1}x) + H_1 \cosh(\sqrt{\gamma_1}x) \right) + \begin{bmatrix} e_1^{(2)} \\ e_2^{(2)} \end{bmatrix} \left(G_2 \sinh(\sqrt{\gamma_2}x) + H_2 \cosh(\sqrt{\gamma_2}x) \right) \tag{2.6.46}$$

M_1, M_2, M_3 都作用于右侧，对左侧轮体，边界条件为：

$$x = 0\,,\quad \frac{\mathrm{d}\phi_1}{\mathrm{d}x} = 0\,,\quad \frac{\mathrm{d}\phi_2}{\mathrm{d}x} = 0\,,\quad \frac{\mathrm{d}\phi_3}{\mathrm{d}x} = 0$$

$$\frac{\mathrm{d}p_{12}}{\mathrm{d}x} = 0\,,\quad \frac{\mathrm{d}p_{23}}{\mathrm{d}x} = 0 \tag{2.6.47}$$

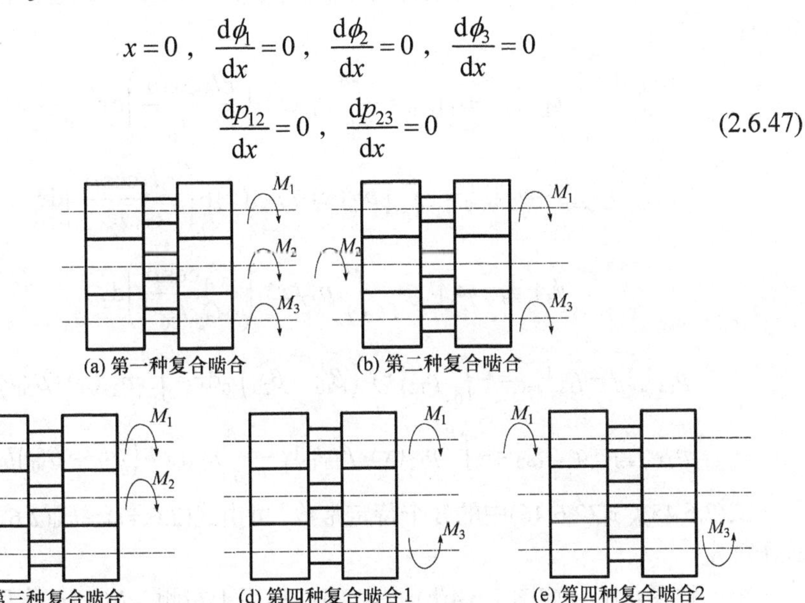

图 2.6.4　人字齿轮复合啮合

对右侧轮体，边界条件为：

$$x = B\,,\quad \frac{\mathrm{d}\psi_1}{\mathrm{d}x} = \frac{M_1}{G_1 J_1}\,,\quad \frac{\mathrm{d}\psi_2}{\mathrm{d}x} = \frac{M_2}{G_2 J_2}\,,\quad \frac{\mathrm{d}\psi_3}{\mathrm{d}x} = \frac{M_3}{G_3 J_3}$$

$$\frac{\mathrm{d}q_{12}}{\mathrm{d}x}\Big|_{x=B} = C\left(\frac{r_1 M_1}{G_1 J_1} + \frac{r_2 M_2}{G_2 J_2}\right)\cos\alpha = 2Bp_{12}^{\mathrm{m}}\left(\beta_1^2 + \beta_2^2\right) + 2Bp_{23}^{\mathrm{m}}\beta_2^2 \tag{2.6.48}$$

$$\frac{\mathrm{d}q_{23}}{\mathrm{d}x}\Big|_{x=B} = 2Bp_{12}^{\mathrm{m}}\beta_2^2 + 2Bp_{23}^{\mathrm{m}}\left(\beta_1^2 + \beta_2^2\right) \tag{2.6.49}$$

由于中间轴毂外载荷不变，内力扭矩相同，故有：

$$\frac{\mathrm{d}\phi_1}{\mathrm{d}x}\Big|_{x=B} = \frac{\mathrm{d}\psi_1}{\mathrm{d}x}\Big|_{x=0}$$

$$\frac{\mathrm{d}\phi_2}{\mathrm{d}x}\Big|_{x=B} = \frac{\mathrm{d}\psi_2}{\mathrm{d}x}\Big|_{x=0}$$

$$\frac{\mathrm{d}\phi_3}{\mathrm{d}x}\Big|_{x=B} = \frac{\mathrm{d}\psi_3}{\mathrm{d}x}\Big|_{x=0}$$

$$\frac{\mathrm{d}p_{12}}{\mathrm{d}x}\bigg|_{x=B}=\frac{\mathrm{d}q_{12}}{\mathrm{d}x}\bigg|_{x=0}$$

$$\frac{\mathrm{d}p_{23}}{\mathrm{d}x}\bigg|_{x=B}=\frac{\mathrm{d}q_{23}}{\mathrm{d}x}\bigg|_{x=0} \tag{2.6.50}$$

设中间轴毂与两边轮体的接合面分别为截面Ⅰ和截面Ⅱ，这两截面的相对扭角为：

$$\phi_1|_{x=B}-\psi_1|_{x=0}=-\int_0^B p_{12}(x)\cdot\left(\frac{r_1 l_0\cos\alpha}{G_1 J_{10}}\right)\mathrm{d}x$$

$$\phi_2|_{x=B}-\psi_2|_{x=0}=-\int_0^B\left[p_{12}(x)+p_{23}(x)\right]\cdot\left(\frac{r_2 l_0\cos\alpha}{G_2 J_{20}}\right)\mathrm{d}x$$

$$\phi_3|_{x=B}-\psi_3|_{x=0}=-\int_0^B p_{23}(x)\cdot\left(\frac{r_3 l_0\cos\alpha}{G_3 J_{30}}\right)\mathrm{d}x$$

$$p_{12}|_{x=B}-q_{12}|_{x=0}=-\int_0^B p_{12}(x)\cdot\left(\beta_{10}^2+\beta_{20}^2\right)l_0\mathrm{d}x-\int_0^B p_{23}(x)\cdot\beta_{20}^2 l_0\mathrm{d}x \tag{2.6.51}$$

$$p_{23}|_{x=B}-q_{23}|_{x=0}=-\int_0^B p_{12}(x)\cdot\beta_{10}^2 l_0\mathrm{d}x-\int_0^B p_{23}(x)\cdot\left(\beta_{20}^2+\beta_{30}^2\right)l_0\mathrm{d}x \tag{2.6.52}$$

式(2.6.45)、式(2.6.46)中的 8 个待定常数，可由式(2.6.47)～式(2.6.52)中的 8 个式子确定。

第二种复合啮合如图 2.6.4(b)所示，M_2 作用于左侧，M_1,M_3 作用于右侧，边界条件为：

$$x=0\,,\quad \frac{\mathrm{d}\phi_1}{\mathrm{d}x}=0\,,\quad \frac{\mathrm{d}\phi_2}{\mathrm{d}x}=-\frac{M_2}{G_2 J_2}\,,\quad \frac{\mathrm{d}\phi_3}{\mathrm{d}x}=0$$

$$\frac{\mathrm{d}p_{12}}{\mathrm{d}x}=-\beta_2^2\left(p_{12}^{\mathrm{m}}+p_{23}^{\mathrm{m}}\right)B \tag{2.6.53}$$

$$\frac{\mathrm{d}p_{23}}{\mathrm{d}x}=-\beta_2^2\left(p_{12}^{\mathrm{m}}+p_{23}^{\mathrm{m}}\right)B \tag{2.6.54}$$

$$x=B\,,\quad \frac{\mathrm{d}\psi_1}{\mathrm{d}x}=\frac{M_1}{G_1 J_1}\,,\quad \frac{\mathrm{d}\psi_2}{\mathrm{d}x}=0\,,\quad \frac{\mathrm{d}\psi_3}{\mathrm{d}x}=\frac{M_3}{G_3 J_3}$$

$$\frac{\mathrm{d}q_{12}}{\mathrm{d}x}\bigg|_{x=B}=2\beta_1^2 p_{12}^{\mathrm{m}}B$$

$$\frac{\mathrm{d}q_{23}}{\mathrm{d}x}\bigg|_{x=B}=2\beta_3^2 p_{23}^{\mathrm{m}}B \tag{2.6.55}$$

仍然有：

$$\frac{\mathrm{d}p_{12}}{\mathrm{d}x}\Big|_{x=B}=\frac{\mathrm{d}q_{12}}{\mathrm{d}x}\Big|_{x=0}，\ \frac{\mathrm{d}p_{23}}{\mathrm{d}x}\Big|_{x=B}=\frac{\mathrm{d}q_{23}}{\mathrm{d}x}\Big|_{x=0} \tag{2.6.56}$$

$$\phi_1\big|_{x=B}-\psi_1\big|_{x=0}=-\int_0^B p_{12}(x)\cdot\left(\frac{r_1 l_0\cos\alpha}{G_1J_{10}}\right)\mathrm{d}x$$

$$\phi_2\big|_{x=B}-\psi_2\big|_{x=0}=\int_0^B[q_{12}(x)+q_{23}(x)]\cdot\left(\frac{r_2 l_0\cos\alpha}{G_2J_{20}}\right)\mathrm{d}x$$

$$\phi_3\big|_{x=B}-\psi_3\big|_{x=0}=-\int_0^B p_{23}(x)\cdot\left(\frac{r_3 l_0}{G_3J_{30}}\cos\alpha\right)\mathrm{d}x$$

$$p_{12}\big|_{x=B}-q_{12}\big|_{x=0}=-\int_0^B p_{12}\cdot\beta_{10}^2 l_0\mathrm{d}x+\int_0^B(q_{12}+q_{23})\cdot\left(\beta_{10}^2+\beta_{20}^2\right)l_0\mathrm{d}x \tag{2.6.57}$$

$$p_{23}\big|_{x=B}-q_{23}\big|_{x=0}=-\int_0^B p_{32}(x)\cdot\beta_{30}^2 l_0\mathrm{d}x+\int_0^B(q_{12}+q_{23})\cdot\left(\beta_{10}^2+\beta_{20}^2\right)l_0\mathrm{d}x \tag{2.6.58}$$

第三种复合啮合如图 2.6.4(c)所示，M_1,M_2 作用于右侧，M_3 作用于左侧，边界条件为：

$$x=0\,,\quad \frac{\mathrm{d}\phi_1}{\mathrm{d}x}=0\,,\quad \frac{\mathrm{d}\phi_2}{\mathrm{d}x}=0\,,\quad \frac{\mathrm{d}\phi_3}{\mathrm{d}x}=-\frac{M_3}{G_3J_3}$$

$$\frac{\mathrm{d}p_{12}}{\mathrm{d}x}=0$$

$$\frac{\mathrm{d}p_{23}}{\mathrm{d}x}=-2\beta_3^2Bp_{23}^{\mathrm{m}} \tag{2.6.59}$$

$$x=B\,,\quad \frac{\mathrm{d}\psi_1}{\mathrm{d}x}=\frac{M_1}{G_1J_1}\,,\quad \frac{\mathrm{d}\psi_2}{\mathrm{d}x}=\frac{M_2}{G_2J_2}\,,\quad \frac{\mathrm{d}\psi_3}{\mathrm{d}x}=0$$

$$\frac{\mathrm{d}q_{12}}{\mathrm{d}x}\Big|_{x=B}=2p_{12}^{\mathrm{m}}B\left(\beta_1^2+\beta_2^2\right)+2p_{32}^{\mathrm{m}}B\beta_2^2 \tag{2.6.60}$$

$$\frac{\mathrm{d}q_{23}}{\mathrm{d}x}\Big|_{x=B}=2\beta_2^2B\left(p_{23}^{\mathrm{m}}+p_{12}^{\mathrm{m}}\right) \tag{2.6.61}$$

$$\phi_1\big|_{x=B}-\psi_1\big|_{x=0}=-\int_0^B p_{12}(x)\cdot\left(\frac{r_1\cos\alpha l_0}{G_1J_{10}}\right)\mathrm{d}x$$

$$\phi_2\big|_{x=B}-\psi_2\big|_{x=0}=-\int_0^B[p_{12}(x)+p_{23}(x)]\cdot\left(\frac{r_2\cos\alpha l_0}{G_2J_{20}}\right)\mathrm{d}x$$

$$\phi_3\big|_{x=B}-\psi_3\big|_{x=0}=\int_0^B q_{23}(x)\cdot\left(\frac{r_3\cos\alpha l_0}{G_3J_{30}}\right)\mathrm{d}x$$

$$p_{12}\big|_{x=B}-q_{12}\big|_{x=0}=-\left(\beta_{10}^2+\beta_{20}^2\right)l_0\int_0^B p_{12}\mathrm{d}x_{\ 0}-\beta_{20}^2 l_0\int_0^B p_{23}\mathrm{d}x \tag{2.6.62}$$

$$p_{23}\big|_{x=B}-q_{23}\big|_{x=0}=-\int_0^B(p_{12}+p_{23})\cdot\beta_{20}^2 l_0\mathrm{d}x+\int_0^B q_{32}(x)\cdot\beta_{30}^2 l_0\mathrm{d}x \tag{2.6.63}$$

第四种复合啮合，轮 2 只是作为惰轮，由轮 1 驱动轮 3。如图 2.6.4(d)所示，如 M_1, M_3 作用于两轮同侧，变形协调条件为：

$$(r_1\phi_1 + r_2\phi_2)\cos\alpha = \frac{p_{12}}{C}，\ (r_1\psi_1 + r_2\psi_2)\cos\alpha = \frac{q_{12}}{C}$$

$$(r_3\phi_3 - r_2\phi_2)\cos\alpha = \frac{p_{23}}{C}，\ (r_3\psi_3 - r_2\psi_2)\cos\alpha = \frac{q_{23}}{C} \tag{2.6.64}$$

仍设左侧齿面载荷为 p_{12}, p_{23}，右侧为 q_{12}, q_{23}，有：

$$\begin{bmatrix} D^2 - \left(\beta_1^2 + \beta_2^2\right) & \beta_2^2 \\ \beta_2^2 & D^2 - \left(\beta_2^2 + \beta_3^2\right) \end{bmatrix} \begin{bmatrix} p_{12} \\ p_{23} \end{bmatrix} = 0 \tag{2.6.65}$$

$$\begin{bmatrix} D^2 - \left(\beta_1^2 + \beta_2^2\right) & \beta_2^2 \\ \beta_2^2 & D^2 - \left(\beta_2^2 + \beta_3^2\right) \end{bmatrix} \begin{bmatrix} q_{12} \\ q_{23} \end{bmatrix} = 0 \tag{2.6.66}$$

两微分方程组的形式仍如式(2.6.3)和式(2.6.4)，但特征向量不一样。边界条件为：

$$x = 0，\ \frac{\mathrm{d}\phi_1}{\mathrm{d}x} = 0，\ \frac{\mathrm{d}\phi_2}{\mathrm{d}x} = 0，\ \frac{\mathrm{d}\phi_3}{\mathrm{d}x} = 0$$

$$\frac{\mathrm{d}p_{12}}{\mathrm{d}x} = 0$$

$$\frac{\mathrm{d}p_{23}}{\mathrm{d}x} = 0 \tag{2.6.67}$$

$$x = B，\ \frac{\mathrm{d}\psi_1}{\mathrm{d}x} = \frac{M_1}{G_1 J_1}，\ \frac{\mathrm{d}\psi_2}{\mathrm{d}x} = 0，\ \frac{\mathrm{d}\psi_3}{\mathrm{d}x} = \frac{M_3}{G_3 J_3}$$

$$\frac{\mathrm{d}p_{12}}{\mathrm{d}x} = 2 p_{12}^{\mathrm{m}} B \beta_1^2$$

$$\frac{\mathrm{d}p_{23}}{\mathrm{d}x} = 2 \beta_3^2 B p_{23}^{\mathrm{m}} \tag{2.6.68}$$

$$\phi_1|_{x=B} - \psi_1|_{x=0} = -\int_0^B p_{12}(x) \cdot \left(\frac{r_1 l_0 \cos\alpha}{G_1 J_{10}}\right) \mathrm{d}x$$

$$\phi_2|_{x=B} - \psi_2|_{x=0} = -\int_0^B \left[p_{12}(x) - p_{23}(x)\right] \cdot \left(\frac{r_2 l_0}{G_2 J_{20}} \cos\alpha\right) \mathrm{d}x$$

$$\phi_3|_{x=B} - \psi_3|_{x=0} = -\int_0^B p_{23}(x) \cdot \left(\frac{r_3 l_0}{G_3 J_{30}} \cos\alpha\right) \mathrm{d}x$$

$$p_{12}|_{x=B} - q_{12}|_{x=0} = -\left(\beta_{10}^2 + \beta_{20}^2\right) l_0 \int_0^B p_{12} \mathrm{d}x_{\ 0} + \beta_{20}^2 l_0 \int_0^B p_{23} \mathrm{d}x \tag{2.6.69}$$

$$p_{23}\big|_{x=B}-q_{23}\big|_{x=0}=-\int_0^B p_{23}\cdot\left(\beta_{20}^2+\beta_{30}^2\right)l_0\mathrm{d}x+\int_0^B q_{12}(x)\cdot\beta_{20}^2 l_0\mathrm{d}x \tag{2.6.70}$$

如图 2.6.4(e)所示，如 M_1,M_3 作用于两轮不同侧，边界条件为：

$$x=0\,,\quad \frac{\mathrm{d}\phi_1}{\mathrm{d}x}=-\frac{M_1}{G_1J_1}\,,\quad \frac{\mathrm{d}\phi_2}{\mathrm{d}x}=0\,,\quad \frac{\mathrm{d}\phi_3}{\mathrm{d}x}=0$$

$$\frac{\mathrm{d}p_{12}}{\mathrm{d}x}=-2p_{12}^m B\beta_1^2\,,\quad \frac{\mathrm{d}p_{23}}{\mathrm{d}x}=0 \tag{2.6.71}$$

$$x=B\,,\quad \frac{\mathrm{d}\psi_1}{\mathrm{d}x}=0\,,\quad \frac{\mathrm{d}\psi_2}{\mathrm{d}x}=0\,,\quad \frac{\mathrm{d}\psi_3}{\mathrm{d}x}=\frac{M_3}{G_3J_3}$$

$$\frac{\mathrm{d}q_{12}}{\mathrm{d}x}=0\,,\quad \frac{\mathrm{d}q_{23}}{\mathrm{d}x}=2\beta_3^2 Bp_{23}^{\mathrm{m}} \tag{2.6.72}$$

$$\phi_1\big|_{x=B}-\psi_1\big|_{x=0}=\int_0^B q_{12}(x)\cdot\left(\frac{r_1l_0}{G_1J_{10}}\cos\alpha\right)\mathrm{d}x \tag{2.6.73}$$

2.7　圆柱齿轮弯扭变形下的偏载与修形

2.7.1　圆柱齿轮弯扭变形下的偏载

综合考虑弯扭组合变形，如图 2.7.1 所示，现取两个切片，除齿面变形 f_n/C 外，还有轮 1 与轮 2 轴心的挠度 z_1,z_2，这些变形同样必须由轴的相对无载荷时的理想偏载位置作附加转动来弥补。故有变形协调方程：

$$z_1+z_2+f_n\left(\frac{1}{C_1}+\frac{1}{C_2}\right)=(r_1\varphi_1+r_2\varphi_2)\cos\alpha \tag{2.7.1}$$

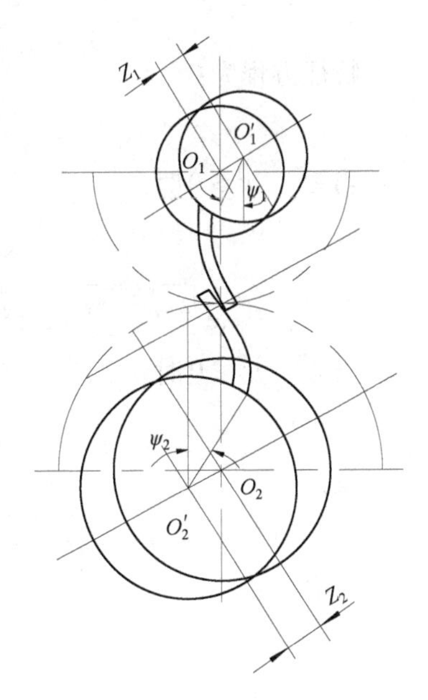

图 2.7.1　齿轮弯扭组合变形

对于扭转变形，前面的各式依然成立，将轮体视为弯曲变形的梁，挠度曲线方程分别为：

$$z_1''''=\frac{f_n}{E_1I_1}\,,\quad z_2''''=\frac{f_n}{E_2I_2} \tag{2.7.2}$$

对式(2.1.7)微分 2 次，得：

$$\left(r_1\frac{\mathrm{d}^4\phi_1}{\mathrm{d}x^4}+r_2\frac{\mathrm{d}^4\phi_2}{\mathrm{d}x^4}\right)\cos\alpha=\left(\frac{r_1^{\ 2}}{G_1J_1}+\frac{r_2^{\ 2}}{G_2J_2}\right)f_n''\cos^2\alpha \tag{2.7.3}$$

对式(2.7.1)微分 4 次，得：

$$z_1''''+z_2''''+f_n''''\left(\frac{1}{C_1}+\frac{1}{C_2}\right)=(r_1\varphi_1''''+r_2\varphi_2'''')\cos\alpha \tag{2.7.4}$$

$$z_1''''+z_2''''+f_n''''\frac{1}{C}=(r_1\varphi_1''''+r_2\varphi_2'''')\cos\alpha \tag{2.7.5}$$

式中：

$$\frac{1}{C_1}+\frac{1}{C_2}=\frac{1}{C}$$

将式(2.7.2)和式(2.7.3)代入式(2.7.4)，得：

$$f_n^{(4)}-f_n''C\left(\frac{r_1^2}{G_1J_1}+\frac{r_2^2}{G_2J_2}\right)\cos^2\alpha+f_nC\left(\frac{1}{E_1I_1}+\frac{1}{E_2I_2}\right)=0 \tag{2.7.6}$$

又可写成：

$$f_n^{(4)}-2\lambda f_n''+\mu^2 f_n=0 \tag{2.7.7}$$

式中：

$$2\lambda=C\left(\frac{r_1^2}{G_1J_1}+\frac{r_2^2}{G_2J_2}\right)\cos^2\alpha$$

$$\mu^2=C\left(\frac{1}{E_1I_1}+\frac{1}{E_2I_2}\right)$$

特征方程为：

$$s^2-2\lambda s+\mu^2=0$$

当$\lambda^2-\mu^2>0$时：

$$s=\pm\sqrt{\lambda\pm\sqrt{\lambda^2-\mu^2}}$$

$$f_n=c_1\mathrm{e}^{\sqrt{\lambda+\sqrt{\lambda^2-\mu^2}x}}+c_2\mathrm{e}^{\sqrt{\lambda-\sqrt{\lambda^2-\mu^2}}x}+c_3\mathrm{e}^{-\sqrt{\lambda+\sqrt{\lambda^2-\mu^2}}x}+c_4\mathrm{e}^{-\sqrt{\lambda-\sqrt{\lambda^2-\mu^2}}x} \tag{2.7.8}$$

当$\lambda^2-\mu^2<0$时：

$$s^2=\lambda\pm\mathrm{i}\sqrt{\mu^2-\lambda^2}$$

设：

$$\lambda\pm\mathrm{i}\sqrt{\mu^2-\lambda^2}=(p\pm q\mathrm{i})^2=(p^2-q^2)\pm 2pq\mathrm{i}$$

式中：

$$\lambda=p^2-q^2$$

$$\sqrt{\mu^2-\lambda^2}=2pq$$

复数根为：

$$s = \pm(p \pm q\mathrm{i})$$

则微分方程的解为：

$$f_n = c_1 \mathrm{e}^{px}\cos(qx) + c_2 \mathrm{e}^{px}\sin(qx) + c_3 \mathrm{e}^{-px}\cos(qx) + c_4 \mathrm{e}^{-px}\sin(qx) \tag{2.7.9}$$

由实际计算可知，解式(2.7.8)应舍去。分布如图 2.7.2 所示。

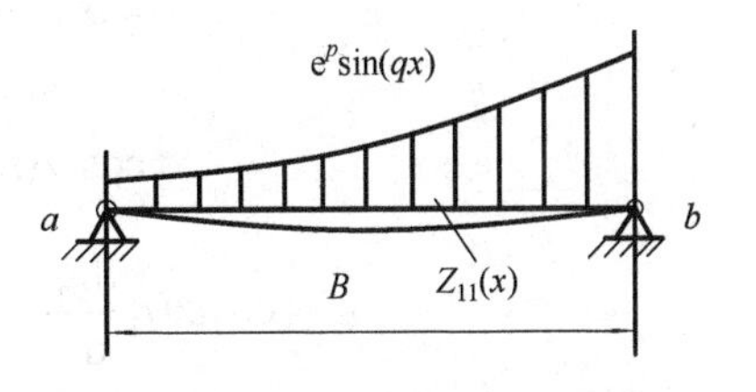

图 2.7.2　弯扭变形引起的偏载

为确定常数 c_1, c_2, c_3, c_4，要利用边界条件。将分布力 $\mathrm{e}^{\sqrt{\lambda+\sqrt{\lambda^2-\mu^2}}x}$, $\mathrm{e}^{\sqrt{\lambda-\sqrt{\lambda^2-\mu^2}}x}$, $\mathrm{e}^{-\sqrt{\lambda+\sqrt{\lambda^2-\mu^2}}x}$, $\mathrm{e}^{-\sqrt{\lambda-\sqrt{\lambda^2-\mu^2}}x}$ 分别作用于实验与支撑轴组成的梁上，如图 2.7.3 所示。所引起的轮 1 的挠度分别为：

$$Z_{11}(x),\ Z_{12}(x),\ Z_{13}(x),\ Z_{14}(x)$$

所引起的轮 2 的挠度为分别为：

$$Z_{21}(x),\ Z_{22}(x),\ Z_{23}(x),\ Z_{24}(x)$$

则由叠加原理：

$$\begin{aligned} z_1 &= c_1 Z_{11}(x) + c_2 Z_{12}(x) + c_3 Z_{13}(x) + c_4 Z_{14}(x) \\ z_2 &= c_1 Z_{21}(x) + c_2 Z_{22}(x) + c_3 Z_{23}(x) + c_4 Z_{24}(x) \end{aligned} \tag{2.7.10}$$

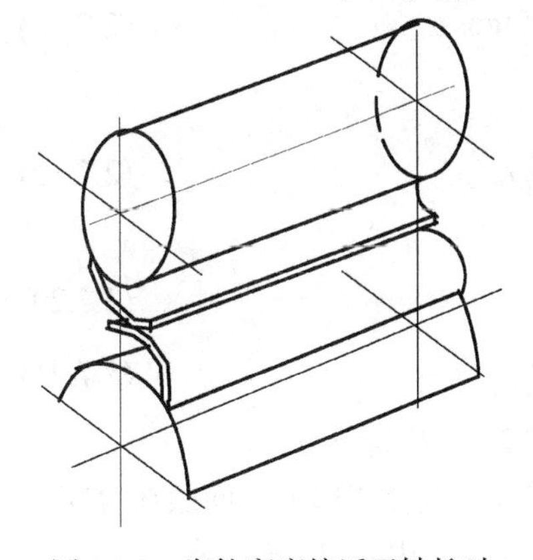

图 2.7.3　齿轮宽度接近于轴长时的挠度分析模型

如扭矩由轮 1 左端传入，由轮 2 右端传出，则边界条件为：

$$x = 0,\ \frac{\mathrm{d}\phi_1}{\mathrm{d}x} = -\frac{T_1}{G_1 J_1},\ \frac{\mathrm{d}\phi_2}{\mathrm{d}x} = 0$$

$$x = B,\ \frac{\mathrm{d}\phi_1}{\mathrm{d}x} = 0,\ \frac{\mathrm{d}\phi_2}{\mathrm{d}x} = \frac{T_2}{G_2 J_2} \tag{2.7.11}$$

$$\cos\alpha\left(r_1\frac{\mathrm{d}\phi_1}{\mathrm{d}x} + r_2\frac{\mathrm{d}\phi_2}{\mathrm{d}x}\right)_{x=0} = -\frac{r_1 T_1}{G_1 J_1} \tag{2.7.12}$$

$$\cos\alpha\left(r_1\frac{\mathrm{d}\phi_1}{\mathrm{d}x} + r_2\frac{\mathrm{d}\phi_2}{\mathrm{d}x}\right)_{x=0} = -\frac{r_2 T_2}{G_2 J_2} \tag{2.7.13}$$

对变形协调条件式(2.7.1)微分一次，得：

$$z_1' + z_2' + \frac{f_n}{C} = (r_1\varphi' + r_2\varphi_2')\cos\alpha \tag{2.7.14}$$

$$z_1' + z_2' + \left.\frac{f_n}{C}\right|_{x=0} = -\frac{r_1 T_1}{G_1 J_1}\cos\alpha \tag{2.7.15}$$

$$z_1' + z_2' + \left.\frac{f_n}{C}\right|_{x=B} = \frac{r_2 T_2}{G_2 J_2}\cos\alpha \tag{2.7.16}$$

如扭矩由轮 1 右端传入，由轮 2 左端传出，则边界条件为：

$$x=0\ ,\quad \frac{\mathrm{d}\phi_1}{\mathrm{d}x}=0\ ,\quad \frac{\mathrm{d}\phi_2}{\mathrm{d}x}=-\frac{T_1}{G_1J_1}$$

$$x=B\ ,\quad \frac{\mathrm{d}\phi_1}{\mathrm{d}x}=0\ ,\quad \frac{\mathrm{d}\phi_2}{\mathrm{d}x}=\frac{T_2}{G_2J_2}$$

$$\cos\alpha\left(r_1\frac{\mathrm{d}\phi_1}{\mathrm{d}x}+r_2\frac{\mathrm{d}\phi_2}{\mathrm{d}x}\right)_{x=0}=0$$

$$\cos\alpha\left(r_1\frac{\mathrm{d}\phi_1}{\mathrm{d}x}+r_2\frac{\mathrm{d}\phi_2}{\mathrm{d}x}\right)_{x=B}=-\frac{r_1T_1}{G_1J_1}-\frac{r_2T_2}{G_2J_2}$$

将条件式(2.7.12)、式(2.7.13)代入式(2.7.14)，得：

$$z_1'+z_2'+\frac{f_n}{C}\ \Big|_{x=0}=0$$

$$z_1'+z_2'+\frac{f_n}{C}\ \Big|_{x=B}=\frac{r_2T_2}{G_2J_2}\cos\alpha+\frac{r_1T_1}{G_1J_1}\cos\alpha$$

因齿轮两端为简支，故有：

$$z_1''(0)=0,\ z_1''(B)=0\ ,\quad z_2''(0)=0,\ z_2''(B)=0 \tag{2.7.17}$$

对变形协调条件式(2.7.1)微分两次，得：

$$z_1''+z_2''+\frac{f_n''}{C}=(r_1\varphi''+r_2\varphi_2'')\cos\alpha \tag{2.7.18}$$

将式(2.1.7)代入式(2.7.18)，有：

$$C(z_1''+z_2'')+f_n''=2\lambda f_n \tag{2.7.19}$$

利用边界条件可得：

$$f_n''-2\lambda f_n\big|_{x=B}=0 \tag{2.7.20}$$

$$f_n''-2\lambda f_n\big|_{x=0}=0 \tag{2.7.21}$$

由式(2.7.15)、式(2.7.16)、式(2.7.20)、式(2.7.21)可确定 $c_1\sim c_4$。

为了比较仅考虑扭转变形时齿面载荷分布与弯扭组合变形下齿面载荷分布，假定轴的弯曲刚度很大，即 $E_1,I_1\to\infty$ ， $E_2\ ,I_2\to\infty$ ，由式(2.7.6)，有：

$$\mu^2=0$$

通解式(2.7.8)成为：

$$f_n=c_1\mathrm{e}^{\sqrt{2\lambda}x}+c_3\mathrm{e}^{-\sqrt{2\lambda}x}$$

而前一种情形微分方程的解为：

$$f_n=E\mathrm{e}^{\beta x}+F\mathrm{e}^{-\beta x}$$

比较 β^2 与 2λ 的表达式易知解是一致的。

对于齿轮端面与支承有较大距离的情形，如图 2.7.1 所示，设齿轮端面与轴承支承点的距离为 l，对左支承点取矩，有：

$$\int_0^B f_n(x)(x+l)\mathrm{d}x = R_R(2l+B)$$

$$\int_0^B f_n(x)(x+l)\mathrm{d}x/(2l+B) = R_R \tag{2.7.22}$$

对右支承点取矩，有：

$$\int_0^B f_n(x)(B-x+l)\mathrm{d}x = R_L(2l+B)$$

$$\int_0^B f_n(x)(B-x+l)\mathrm{d}x/(2l+B) = R_L \tag{2.7.23}$$

齿轮左端面弯矩为：

$$M_{x=0} = R_L l$$

$$z_1''(0) = \frac{R_L l}{E_1 I_1}, \quad z_2''(0) = \frac{R_L l}{E_2 I_2} \tag{2.7.24}$$

将式(2.7.24)代入式(2.7.19)，得：

$$CR_L l\left(\frac{1}{E_1 I_1} + \frac{1}{E_2 I_2}\right) + f_n''\big|_{x=0} = 2\lambda f_n\big|_{x=0} \tag{2.7.25}$$

齿轮右端面弯矩为：

$$M_{x=0} = R_R l$$

$$z_1''(B) = \frac{R_R l}{E_1 I_1}, \quad z_2''(B) = \frac{R_R l}{E_2 I_2} \tag{2.7.26}$$

将式(2.7.26)代入式(2.7.19)，得：

$$CR_R l\left(\frac{1}{E_1 I_1} + \frac{1}{E_2 I_2}\right) + f_n''\big|_{x=B} = 2\lambda f_n\big|_{x=B} \tag{2.7.27}$$

由式(2.7.15)、式(2.7.16)、式(2.7.25)和式(2.7.27)联立可确定四个待定常数 c_1～c_4，当转矩同时由右端输入时，载荷分布如图 2.7.2 所示。

2.7.2　圆柱齿轮弯扭变形下的修形

单纯扭转的方程为：

$$\cos\alpha(r_1\phi_1'' + r_2\phi_2'') = \frac{p''}{C} = \left(\frac{r_1^2}{G_1 J_1} + \frac{r_2^2}{G_2 J_2}\right) f_n \cos^2\alpha \tag{2.7.28}$$

$$z_1'''' = \frac{f_n}{E_1 I_1}，\quad z_2'''' = \frac{f_n}{E_2 I_2} \tag{2.7.29}$$

设式(2.7.28)的特征根为：

$$s = \pm(p \pm q\mathrm{i})$$

方程的通解为：

$$f_n = c_1 \mathrm{e}^{px}\cos(qx) + c_2 \mathrm{e}^{px}\sin(qx) + c_3 \mathrm{e}^{-px}\cos(qx) + c_4 \mathrm{e}^{-px}\sin(qx)$$

如果齿轮在加载前便存在齿向误差，这种误差可能由加工过程中机床传动系统或其他因素引起，那么两齿面加载前就有微小分离，分离量为$\delta(x)$，以齿面分离为正。假定$\delta(x)$的四阶导数存在，如$\delta(x)$不可用连续函数表示，可以先用四阶可导函数拟合，则变形协调条件式可转化为：

$$\delta(x) + z_1 + z_2 + f_n\left(\frac{1}{C_1} + \frac{1}{C_2}\right) = (r_1\varphi_1 + r_2\varphi_2)\cos\alpha \tag{2.7.30}$$

对式(2.7.28)微分两次，对式(2.7.30)微分四次，再将式(2.7.29)代入，得：

$$f_n^{(4)} - f_n'' C\left(\frac{r_1^{\ 2}}{G_1 J_1} + \frac{r_2^{\ 2}}{G_2 J_2}\right)\cos^2\alpha + f_n C\left(\frac{1}{E_1 I_1} + \frac{1}{E_2 I_2}\right) = -C\delta^{(4)}(x) \tag{2.7.31}$$

由于齿面载荷分布还取决于齿面原始误差，因而很自然地产生这样的想法，可以人为地改变齿面原始廓形，抵消偏载的影响，使偏载沿齿宽均匀分布，这个恰当的函数$\delta(x)$就是齿廓修形量。令$f_n = f_{nm}$等于常数。

在式(2.7.30)两边乘以C，对式(2.7.31)微分两次，对式(2.7.28)微分四次，再将式(2.7.30)代入，得：

$$f_{nm}\left(\frac{1}{E_1 I_1} + \frac{1}{E_2 I_2}\right) + \delta^{(4)}(x) = 0 \tag{2.7.32}$$

$$\delta(x) = -f_{nm}\left(\frac{1}{E_1 I_1} + \frac{1}{E_2 I_2}\right)\frac{x^4}{4!} + c_3\frac{x^3}{3!} + c_2\frac{x^2}{2!} + c_1 x + c_0 \tag{2.7.33}$$

为确定待定常数 $c_3 \sim c_0$，要利用边界条件，对式(2.7.33)微分两次，再将式(2.7.31)代入，得：

$$\delta'' + z_1'' + z_2'' = (r_1\varphi_1 + r_2\varphi_2)\cos\alpha = C\left(\frac{r_1^{\ 2}}{G_1 J_1} + \frac{r_2^{\ 2}}{G_2 J_2}\right) f_{nm}\cos^2\alpha \tag{2.7.34}$$

对式(2.7.33)微分一次和两次，得：

$$\delta'(x) = -f_{nm}\left(\frac{1}{E_1 I_1} + \frac{1}{E_2 I_2}\right)\frac{x^3}{3!} + c_3\frac{x^2}{2!} + c_2\frac{x^1}{1!} + c_1 \tag{2.7.35}$$

$$\delta''(x) = -f_{nm}\left(\frac{1}{E_1I_1}+\frac{1}{E_2I_2}\right)\frac{x^2}{2!}+c_3\frac{x^1}{1!}+c_2 \tag{2.7.36}$$

由图 2.7.1 和图 2.7.3，为确定梁上任一截面的弯矩，根据材料力学，得：

$$M(\xi) = f_{nm}\frac{B}{2}\xi + f_{nm}\frac{(\xi-l)^2}{2} = \frac{f_{nm}}{2}[-B(x+l)+x^2]$$

设：

$$\xi = x + l$$

$$z_1'' = \frac{M}{E_1I_1} = \frac{f_{nm}}{2E_1I_1}[-B(x+l)+x^2]$$

$$z_2'' = \frac{M}{E_2I_2} = \frac{f_{nm}}{2E_2I_2}[-B(x+l)+x^2] \tag{2.7.37}$$

将式(2.7.36)和式(2.7.37)代入式(2.7.34)，得：

$$-f_{nm}\left(\frac{1}{E_1I_1}+\frac{1}{E_2I_2}\right)\frac{x^2}{2!}+c_3\frac{x^1}{1!}+c_2+\left(\frac{f_{nm}}{2E_1I_1}+\frac{f_{nm}}{2E_2I_2}\right)[-B(x+l)+x^2] = \left(\frac{r_1^2}{G_1J_1}+\frac{r_2^2}{G_2J_2}\right)f_{nm}\cos^2\alpha \tag{2.7.38}$$

比较方程两边同次项系数，得：

$$c_3 = f_{nm}\left(\frac{1}{E_1I_1}+\frac{1}{E_2I_2}\right)\frac{B}{2} \tag{2.7.39}$$

$$c_2 = f_{nm}\left(\frac{1}{E_1I_1}+\frac{1}{E_2I_2}\right)\frac{Bl}{2}+\left(\frac{r_1^2}{G_1J_1}+\frac{r_2^2}{G_2J_2}\right)f_{nm}\cos^2\alpha \tag{2.7.40}$$

为求 c_1，对式(2.7.30)微分一次，得：

$$\delta'(x)+z_1'+z_2' = (r_1\varphi_1'+r_2\varphi_2')\cos\alpha \tag{2.7.41}$$

当转矩都是从轮 1 和轮 2 的同一端输入输出，比如都是从轮 1 和轮 2 的右端输入输出时，边界条件为：

$$x=0, \quad \frac{\mathrm{d}\phi_1}{\mathrm{d}x} = \frac{\mathrm{d}\phi_2}{\mathrm{d}x} = 0 \tag{2.7.42}$$

$$x=B, \quad \frac{\mathrm{d}\phi_1}{\mathrm{d}x} = \frac{M_1}{G_1J_1}, \quad \frac{\mathrm{d}\phi_2}{\mathrm{d}x} = \frac{M_2}{G_2J_2} \tag{2.7.43}$$

如图 2.7.2 所示，根据材料力学可知，齿轮左右两端的斜率为：

$$E_1I_1z_1'\big|_{x=0} = \frac{f_{nm}B^2(6l+B)}{24} \tag{2.7.44}$$

$$E_2 I_2 z_2'\big|_{x=0} = \frac{f_{nm} B^2 (6l + B)}{24}$$

$$E_1 I_1 z_1'\big|_{x=B} = \frac{f_{nm} B^2 (6l + B)}{24}$$

$$E_2 I_2 z_2'\big|_{x=B} = \frac{f_{nm} B^2 (6l + B)}{24} \tag{2.7.45}$$

齿轮左侧应满足式(2.7.41)，将式(2.7.40)、式(2.7.42)、式(2.7.43)代入式(2.7.34)，得：

$$\delta'(x) + z_1' + z_2'\big|_{x=0} = 0$$

$$c_1 = -(z_1' + z_2')\big|_{x=0} = -\frac{f_{nm} B^2 (6l + B)}{24}\left(\frac{1}{E_1 I_1} + \frac{1}{E_2 I_2}\right) \tag{2.7.46}$$

齿轮右侧应满足式(2.7.41)，将式(2.7.43)、式(2.7.44)、式(2.7.45)代入式(2.7.34)，得：

$$\delta'(x) + z_1' + z_2'\big|_{x=B} = \left(\frac{T_1 r_1}{G_1 J_1} + \frac{T_2 r_2}{G_2 J_2}\right)\cos^2\alpha \tag{2.7.47}$$

将式(2.7.43)、式(2.7.44)、式(2.7.45)代入上式，得：

$$f_{nm}\left(\frac{1}{E_1 I_1} + \frac{1}{E_2 I_2}\right)\frac{B^3}{3!} + \frac{1}{2} f_{nm}\left(\frac{1}{E_1 I_1} + \frac{1}{E_2 I_2}\right) B \frac{B^2}{2} + \frac{1}{2} f_{nm}\left(\frac{1}{E_1 I_1} + \frac{1}{E_2 I_2}\right) B l +$$
$$\left(\frac{r_1^2}{G_1 J_1} + \frac{r_2^2}{G_2 J_2}\right) f_{nm} B \cos^2\alpha + c_1 + z_1' + z_2'\big|_{x=B} = \left(\frac{r_1^2}{G_1 J_1} + \frac{r_2^2}{G_2 J_2}\right) f_{nm} B \cos^2\alpha \tag{2.7.48}$$

经整理得：

$$c_1 = -(z_1' + z_2'\big|_{x=B}) - f_{nm}\left(\frac{1}{E_1 I_1} + \frac{1}{E_2 I_2}\right)\frac{B}{12}(B + 6l)$$
$$= -\frac{f_{nm} B^2 (6l + B)}{24}\left(\frac{1}{E_1 I_1} + \frac{1}{E_2 I_2}\right) \tag{2.7.49}$$

两个边界条件不独立，两个边界条件只能确定一个待定系数，还有一个待定常数 c_0 无法确定。由于所谓修形量是指齿廓相对于理想齿廓的减少量，在整个齿面上统统刨去一层等于没修形，因此至少应使齿面一边修形量为零。通常应使载荷最小的边修形量为零，否则势必出现负修形量，故令远离扭矩加载端的左端面的修形量为零，即：

$$x = 0,\quad \delta = 0,\quad c_0 = 0$$

$$\delta(x)=f_{nm}\left(\frac{1}{E_1I_1}+\frac{1}{E_2I_2}\right)\cdot\frac{x^4}{4!}+f_{nm}\left(\frac{1}{E_1I_1}+\frac{1}{E_2I_2}\right)\frac{B}{2}\frac{x^3}{3!}$$
$$+\left\{f_{nm}\left(\frac{1}{E_1I_1}+\frac{1}{E_2I_2}\right)\frac{Bl}{2}+\left(\frac{r_1^2}{G_1J_1}+\frac{r_2^2}{G_2J_2}\right)f_{nm}\cos^2\alpha\right\}\frac{x^2}{2!}\tag{2.7.50}$$
$$-\frac{f_{nm}B^2(6l+B)}{24}\left(\frac{1}{E_1I_1}+\frac{1}{E_2I_2}\right)x$$

前面的叙述中转矩都是从轮 1 和轮 2 的同一端输入输出。当转矩从轮 1 和轮 2 的不同端输入输出，比如转矩从轮 1 的右端输入，从轮 2 的左端输出时，边界条件应改写成：

$$x=0\,,\quad \frac{\mathrm{d}\phi_1}{\mathrm{d}x}=-\frac{T_1}{G_1J_1}\,,\quad \frac{\mathrm{d}\phi_2}{\mathrm{d}x}=0$$
$$x=B\,,\quad \frac{\mathrm{d}\phi_1}{\mathrm{d}x}=0\,,\quad \frac{\mathrm{d}\phi_2}{\mathrm{d}x}=\frac{T_2}{G_2J_2}$$

将式(2.7.34)代入式(2.7.22)，得：

$$\delta'(x)+z_1'+z_2'\Big|_{x=0}=-\frac{T_1}{G_1J_1}=-\left(\frac{T_1r_1}{G_1J_1}\right)\cos^2\alpha$$

$$c_1=-(z_1'+z_2')\Big|_{x=0}-\left(\frac{r_1^2}{G_1J_1}\right)f_{nm}B\cos^2\alpha$$
$$=-\frac{f_{nm}B^2(6l+B)}{24}\left(\frac{1}{E_1I_1}+\frac{1}{E_2I_2}\right)-\left(\frac{r_1^2}{G_1J_1}\right)f_{nm}B\cos^2\alpha\tag{2.7.51}$$

将式(2.7.35)代入式(2.7.51)，得：

$$\delta'(x)+z_1'+z_2'\Big|_{x=B}$$
$$=\left(\frac{T_2r_2}{G_2J_2}\right)\cos\alpha$$
$$=\left(\frac{r_2^2}{G_2J_2}\right)f_{nm}B\cos^2\alpha-f_{nm}\left(\frac{1}{E_1I_1}+\frac{1}{E_2I_2}\right)\frac{B^3}{3!}+\frac{1}{2}f_{nm}\left(\frac{1}{E_1I_1}+\frac{1}{E_2I_2}\right)B\frac{B^2}{2}+$$
$$f_{nm}\left(\frac{1}{E_1I_1}+\frac{1}{E_2I_2}\right)B^2l+\left(\frac{r_1^2}{G_1J_1}+\frac{r_2^2}{G_2J_2}\right)f_{nm}B\cos^2\alpha+c_1$$
$$+z_1'+z_2'\Big|_{x=B}$$
$$=\left(\frac{r_2^2}{G_2J_2}\right)f_{nm}B\cos^2\alpha$$

经整理得：

$$c_1 = -f_{nm}\left(\frac{1}{E_1I_1}+\frac{1}{E_2I_2}\right)\frac{B}{24}(B+6l) - \left(\frac{r_1^{\ 2}}{G_1J_1}\right)f_{nm}B\cos^2\alpha$$

该与式(2.7.51)相同。两个边界条件不独立，两个边界条件只能确定一个待定系数，还有一个待定常数 c_0 无法确定。由于所谓修形量是指齿廓相对于理想齿廓的减少量，在整个齿面上统统刨去一层等于没修形，因此至少应使齿面修形量最少的一点修形量为零。通常应使载荷最小的边修形量为零，否则势必出现负修形量。为求出齿面修形量最少的一点，令：

$$\delta'(x)=0$$

$$\delta'(x)=f_{nm}\left(\frac{1}{E_1I_1}+\frac{1}{E_2I_2}\right)\frac{x^3}{3!}+f_{nm}\left(\frac{1}{E_1I_1}+\frac{1}{E_2I_2}\right)\frac{B}{2}\frac{x^2}{2!}+\left\{f_{nm}\left(\frac{1}{E_1I_1}+\frac{1}{E_2I_2}\right)\frac{Blx}{2}\right.$$
$$\left.+\left(\frac{r_1^{\ 2}}{G_1J_1}+\frac{r_2^{\ 2}}{G_2J_2}\right)f_{nm}\cos^2\alpha\right\}\frac{x}{1!}+c_1$$

设该式的解为 $x=x^*$，代入式(2.7.33)，并令：

$$\delta'(x^*)=0$$

便可解出 c_0，再代回式(2.7.33)便可得到修形量的表达式：

$$\delta(x)=f_{nm}\left(\frac{1}{E_1I_1}+\frac{1}{E_2I_2}\right)\frac{(x-x^*)^4}{4!}+f_{nm}\left(\frac{1}{E_1I_1}+\frac{1}{E_2I_2}\right)\frac{B}{2}\frac{(x-x^*)^3}{3!}$$
$$+\left\{f_{nm}\left(\frac{1}{E_1I_1}+\frac{1}{E_2I_2}\right)\frac{Bl}{2}+\left(\frac{r_1^{\ 2}}{G_1J_1}+\frac{r_2^{\ 2}}{G_2J_2}\right)f_{nm}\cos^2\alpha\right\}\frac{(x-x^*)^2}{2!}$$
$$+\frac{f_{nm}B^2(6l+B)}{24}\left(\frac{1}{E_1I_1}+\frac{1}{E_2I_2}\right)(x-x^*) \tag{2.7.52}$$

2.7.3　计算实例

现有一对渐开线直齿圆柱齿轮，$z_1=30$, $z_2=100$，模数 $m=4\text{mm}$，$h=2.25m$，$\alpha=20^\circ$，$B=105\text{mm}$，$f_{nm}=320\text{N/mm}$，求修形曲线。

分度圆直径为 $d_1=30\times4=120\text{mm}$，$d_2=100\times4=400\text{mm}$；对应半径为 $r_1=60\text{mm}$，$r_2=200\text{mm}$。齿根圆直径为 $d_{f1}=(30-2.5)\times4=110\text{mm}$，$d_{f2}=(100-2.5)\times4=390\text{mm}$。则：

$$J_1=\frac{\pi d_{f1}^4}{32},\quad J_2=\frac{\pi d_{f2}^4}{32}$$

$$I_1 = J_1/2\text{，}\quad I_2 = J_2/2$$

$$G_1 = G_2 = 80\times 10^3\ \text{N/mm}^2$$

$$\delta = \frac{32 f_{nm}}{\pi G}\left\{\left(\frac{1}{d_{1f}^4}+\frac{1}{d_{2f}^4}\right)(1+\mu)\left[-\frac{x^4}{24}+\frac{Bl}{12}x^3+\frac{BL}{4}x^2-\frac{B^2(6l+B)}{24}x\right]\right.$$
$$\left.+\left(\frac{r_1^2}{d_{f1}^4}+\frac{r_2^2}{d_{f2}^4}\right)\cos\alpha\frac{x^2}{2}\right\}$$

最大修形量在加载端，即：

$$\delta_{\max} = \delta_{x=B} = 0.128\text{mm}$$

第 3 章　圆弧齿轮的偏载与修形

本章内容：研究圆柱点啮合齿轮的偏载问题，这是齿轮偏载微分方程的离散化的形态。

本章目的：分析圆柱点啮合齿轮偏载的形态，让读者了解点啮合下的数学形式，因为对应的推导最简单易懂。

本章特色：相比于线啮合齿轮需要把轮体与轮齿变形在轴向无限可分，点啮合齿轮只要考虑任意两啮合点之间的轴的变形，故采用矩阵的形式更方便。

3.1　单圆弧齿轮的偏载与修形

3.1.1　单圆弧齿轮轮齿的力学模型

圆弧齿轮轮齿的力学模型如图 3.1.1 所示。两圆柱形扭杆，沿圆柱母线按一定间隔分布一系列弹簧片，两圆柱体通过这些弹簧片接触。为推导简洁起见，采用有限元刚度矩阵的形式，取接触点所在截面中心为节点，将两个接触点之间的轮体简化为等截面扭转单元，单元刚度矩阵为：

$$\frac{l}{GJ}\begin{bmatrix} T^{(i)} \\ T^{(i+1)} \end{bmatrix} = \begin{bmatrix} 1 & -1 \\ -1 & 1 \end{bmatrix} \begin{bmatrix} \phi^{(i)} \\ \phi^{(i+1)} \end{bmatrix}$$

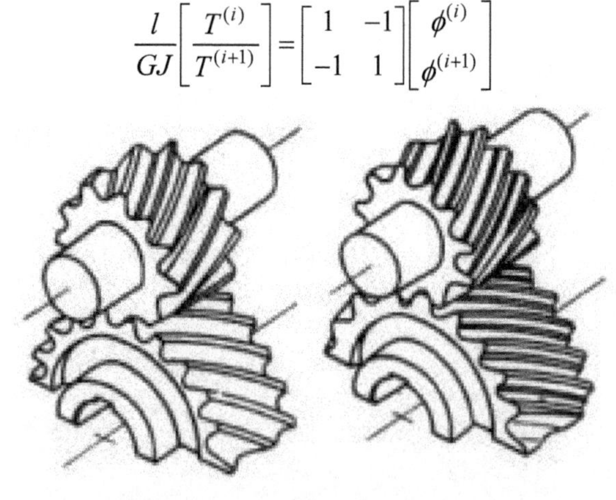

图 3.1.1　单圆弧点啮合齿轮

根据有限元节点力矩和节点位移之间的关系，对轮 1 和轮 2 分别有：

$$\frac{l}{G_1J_1}\{T_1\}=[k]\{\phi_1\}\text{，}\quad \frac{l}{G_2J_2}\{T_2\}=[k]\{\phi_2\} \tag{3.1.1}$$

式中：$[k]$为总体刚度矩阵。

齿面始终是保持接触的，齿面弹性变形必须由齿轮的附加转动来弥补，如图 3.1.2 所示，故有变形协调方程：

$$(r_1\{\phi_1\}+r_2\{\phi_2\})\cos\alpha=\frac{\{p\}}{C} \tag{3.1.2}$$

式中：C 为齿面综合刚度。

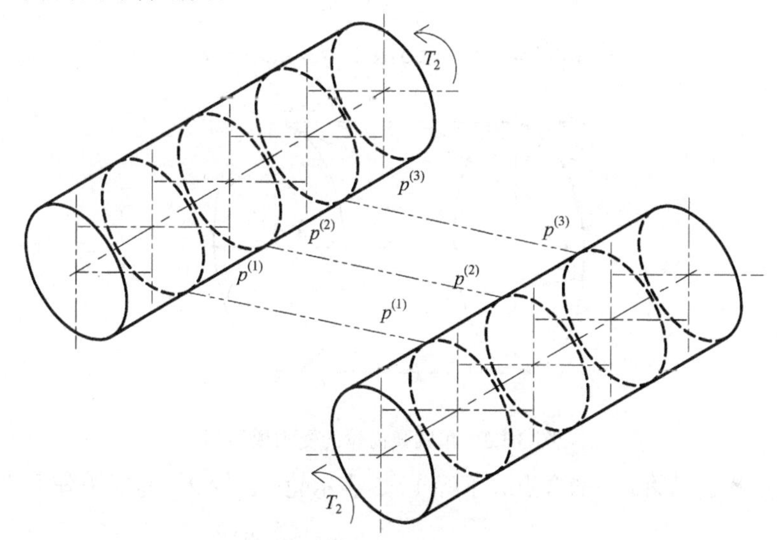

图 3.1.2　单圆弧点啮合齿轮作用力与反作用力

齿面综合刚度满足关系：

$$\frac{1}{C}=\frac{1}{C_1}+\frac{1}{C_2}$$

式中：C_1,C_2 分别为轮 1 和轮 2 的齿面刚度。

齿面各点弹性变形为：

$$\frac{p^{(i)}}{C}$$

因此圆弧齿轮的偏载问题其实是齿面弹性变形和轮体变形的超静定问题。

在式(3.1.1)两边分别乘以 $r_1\cos\alpha, r_2\cos\alpha$ 再相加，考虑式(3.1.2)，有：

$$\frac{r_1\cos\alpha}{G_1J_1}\{T_1\}+\frac{r_2\cos\alpha}{G_2J_2}\{T_2\}=[k](\{\phi_1\}r_1+\{\phi_2\}r_2)\cos\alpha=[k]\frac{\{p\}}{C} \tag{3.1.3}$$

设有 n 个点啮合，平衡条件为：

$$T_1=(\sum_{i=1}^{n}p^{(i)})r_1\cos\alpha\ ,\quad T_2=(\sum_{i=1}^{n}p^{(i)})r_2\cos\alpha$$

如图 3.1.3 所示，如果扭矩作用在两轮的同一侧，节点力矩为：

$$T_1^{(i)}=T_1-p^{(i)}r_1\cos\alpha=\sum_{i=2}^{n}p^{(i)}r_1\cos\alpha$$

$$T_1^{(j)}=-p^{(j)}r_1\cos\alpha\ ,\quad j=2,3,\cdots,n$$

$$T_2^{(i)}=T_2-p^{(i)}r_2\cos\alpha=\sum_{i=2}^{n}p^{(i)}r_2\cos\alpha$$

$$T_2^{(j)}=-p^{(j)}r_2\cos\alpha\ ,\quad j=2,3,\cdots,n$$

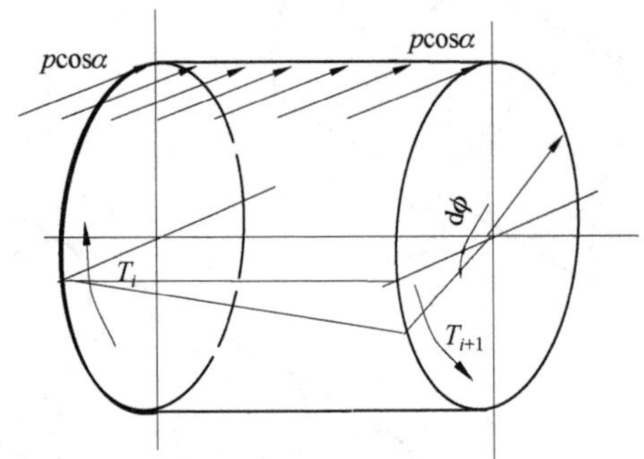

图 3.1.3　单圆弧齿轮的受力模型

上标 (i) 表示第 i 个啮合点，下标 1、2 表示轮 1、轮 2，写成矩阵形式为：

$$\{T_1\}=\begin{bmatrix}0 & 1 & 1 & 1 & \cdots & 1\\ 0 & -1 & 0 & 0 & \cdots & 0\\ 0 & 0 & -1 & 0 & \cdots & 0\\ 0 & & & \ddots & 0 & 0\\ \vdots & & & & -1 & 0\\ 0 & & & & & -1\end{bmatrix}\begin{bmatrix}p^{(1)}\\ p^{(2)}\\ p^{(3)}\\ p^{(4)}\\ \vdots\\ p^{(n)}\end{bmatrix}r_1\cos\alpha$$

$$\{T_2\}=\begin{bmatrix}0 & 1 & 1 & 1 & \cdots & 1\\ 0 & -1 & 0 & 0 & \cdots & 0\\ 0 & 0 & -1 & 0 & \cdots & 0\\ 0 & & & \ddots & 0 & 0\\ \vdots & & & & -1 & 0\\ 0 & & & & & -1\end{bmatrix}\begin{bmatrix}p^{(1)}\\ p^{(2)}\\ p^{(3)}\\ p^{(4)}\\ \vdots\\ p^{(n)}\end{bmatrix}r_2\cos\alpha$$

$$[k]=\begin{bmatrix} 1 & -1 & 0 & 0 & 0 & \cdots & 0 \\ -1 & 2 & -1 & 0 & 0 & \cdots & 0 \\ 0 & -1 & 2 & -1 & 0 & \cdots & 0 \\ 0 & 0 & \ddots & \ddots & \ddots & \cdots & \vdots \\ \vdots & 0 & 0 & -1 & 2 & -1 & 0 \\ 0 & \vdots & \vdots & \vdots & -1 & 2 & -1 \\ 0 & 0 & 0 & 0 & 0 & -1 & 1 \end{bmatrix}$$

令：

$$\beta_1^{\,2}=\frac{CLr_1^{\,2}}{G_1J_1}\cos^2\alpha\text{，}\quad \beta_2^{\,2}=\frac{CLr_2^{\,2}}{G_2J_2}\cos^2\alpha$$

将以上等式代入式(3.1.3)并经整理可得：

$$\begin{bmatrix} 1 & -1-\beta_1^{\,2}-\beta_2^{\,2} & -\beta_1^{\,2}-\beta_2^{\,2} & -\beta_1^{\,2}-\beta_2^{\,2} & \cdots & -\beta_1^{\,2}-\beta_2^{\,2} \\ -1 & 2+\beta_1^{\,2}+\beta_2^{\,2} & -1 & 0 & \cdots & 0 \\ 0 & -1 & 2+\beta_1^{\,2}+\beta_2^{\,2} & -1 & \cdots & \vdots \\ 0 & 0 & -1 & \ddots & \ddots & 0 \\ \vdots & \vdots & 0 & \ddots & 2+\beta_1^{\,2}+\beta_2^{\,2} & -1 \\ 0 & 0 & 0 & 0 & -1 & 1+\beta_1^{\,2}+\beta_2^{\,2} \end{bmatrix}\begin{bmatrix} p^{(1)} \\ p^{(2)} \\ p^{(3)} \\ p^{(4)} \\ \vdots \\ p^{(n)} \end{bmatrix}=0 \tag{3.1.4}$$

该式系数矩阵各行之和为 0，故为降秩矩阵，易证明方程组的秩为$n-1$，任取$n-1$个方程和平衡方程中的任一方程(两平衡方程不独立)便可解出：

$$p^{(1)},p^{(2)},\cdots,p^{(n)}$$

如果扭矩作用在两轮不同侧，节点力矩为：

$$T_1^{(i)}=\sum_{i=2}^{n}p^{(i)}r_1\cos\alpha$$

$$T_1^{(j)}=-p^{(j)}r_1\cos\alpha\text{，}\quad j=2,3,\cdots,n$$

$$T_2^{(j)}=-p^{(j)}r_2\cos\alpha\text{，}\quad j=1,2,\cdots,n-1$$

$$T_2^{(n)}=T_2-\sum_{i=1}^{n}p^{(i)}r_2\cos\alpha=\sum_{i=1}^{n-1}p^{(i)}r_2\cos\alpha$$

写成矩阵形式：

$$\{T_1\}=\begin{bmatrix}0 & 1 & 1 & 1 & \cdots & 1\\ 0 & -1 & 0 & 0 & \cdots & 0\\ 0 & 0 & -1 & 0 & \cdots & 0\\ 0 & & & \ddots & 0 & 0\\ \vdots & & & & -1 & 0\\ 0 & & & & & -1\end{bmatrix}\begin{bmatrix}p^{(1)}\\ p^{(2)}\\ p^{(3)}\\ p^{(4)}\\ \vdots\\ p^{(n)}\end{bmatrix}r_1\cos\alpha$$

$$\{T_2\}=\begin{bmatrix}-1 & 0 & 0 & 0 & \cdots & 0\\ 0 & -1 & 0 & 0 & \cdots & 0\\ 0 & 0 & -1 & 0 & \cdots & 0\\ 0 & & & \ddots & 0 & \vdots\\ \vdots & & & & -1 & 0\\ 1 & 1 & \cdots & 1 & 1 & 0\end{bmatrix}\begin{bmatrix}p^{(1)}\\ p^{(2)}\\ p^{(3)}\\ p^{(4)}\\ \vdots\\ p^{(n)}\end{bmatrix}r_2\cos\alpha$$

$p^{(1)},p^{(2)},\cdots,p^{(n)}$满足方程组：

$$\begin{bmatrix}1+\beta^2 & -1-\beta_1^{\ 2} & -\beta_1^{\ 2} & -\beta_1^{\ 2} & \cdots & -\beta_1^{\ 2}\\ -1 & 2+\beta_1^{\ 2}+\beta_2^{\ 2} & -1 & 0 & \cdots & 0\\ 0 & -1 & 2+\beta_1^{\ 2}+\beta_2^{\ 2} & -1 & \cdots & \vdots\\ \vdots & 0 & \ddots & \ddots & \ddots & 0\\ 0 & \vdots & 0 & -1 & 2+\beta_1^{\ 2}+\beta_2^{\ 2} & -1\\ -\beta_2^{\ 2} & -\beta_2^{\ 2} & \cdots & -\beta_2^{\ 2} & -1-\beta_2^{\ 2} & 1+\beta_1^{\ 2}\end{bmatrix}\begin{bmatrix}p^{(1)}\\ p^{(2)}\\ p^{(3)}\\ p^{(4)}\\ \vdots\\ p^{(n)}\end{bmatrix}=0 \tag{3.1.5}$$

为方便理解，在此提供一个演算实例。设一对圆弧齿轮传动，主要参数为：

法向模数：$m_n=27$

压力角：$\alpha_n=30^\circ$

齿数：$Z_1=Z_2=21$

螺旋角：$\beta=29^\circ16'30''$

齿宽：$b=700\text{mm}$

重合度：$\varepsilon=4.03$，$\Delta b=5.84\text{mm}$

轴向周节：$l=p_x=\dfrac{\pi m_n}{\sin\beta}=173.54\text{mm}$

节圆直径：$d_1'=d_2'=\dfrac{m_n z}{\cos\beta}=650\text{mm}$

节圆半径：$r_1' = r_2' = 325\text{mm}$

齿根高：$h_f = 0.3\text{mm}$

齿根圆直径：$d_f = d_2' - 2h_f = 650 - 2\times 0.3\times 27 = 633.8\text{mm}$

端面压力角：$\alpha_\tau = \arctan\dfrac{\tan\alpha_n}{\cos\beta} = 33.49^\circ$

扭矩：$T = 1743\times 10^5\,\text{N}\cdot\text{mm}$

扭转极惯矩：$J = \dfrac{\pi d_f{}^4}{32}$

对于圆弧齿轮齿面刚度，目前无成熟公式，要用有限元等计算，在此暂用下述近似方法。两齿廓沿齿宽方向接触，接触迹宽为 b，由弹性力学：

$$b = 1.52\sqrt{\frac{q}{E\left(\dfrac{1}{\rho_1}+\dfrac{1}{\rho_2}\right)}}$$

$$\delta_{n1} = \frac{b^2}{2\rho_1}，\quad \delta_{n2} = \frac{b^2}{2\rho_2}$$

$$\begin{aligned}\delta &= \delta_{n1} + \delta_{n2}\\ &= \frac{b^2}{2}\left(\frac{1}{\rho_1}+\frac{1}{\rho_2}\right)\\ &= \frac{1}{2}\left(\frac{1}{\rho_1}+\frac{1}{\rho_2}\right)\times(1.52)^2\frac{q}{E\left(\dfrac{1}{\rho_1}+\dfrac{1}{\rho_2}\right)}\\ &= (1.52)^2\frac{q}{2E} = (1.52)^2\frac{p}{2EL}\end{aligned}$$

式中：L 为接触弧长，参考图 3.1.4 确定。

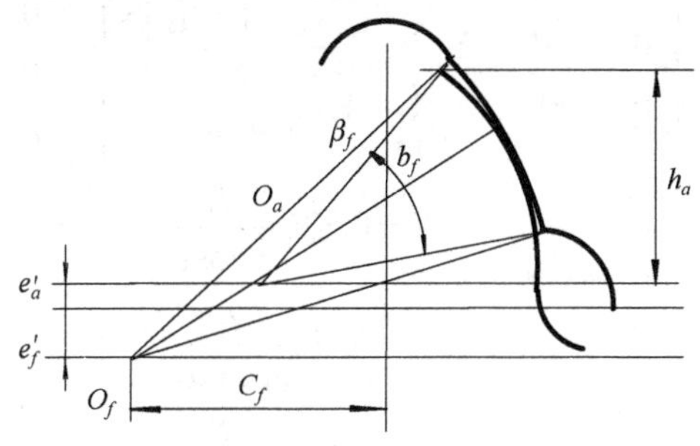

图 3.1.4　圆弧齿轮的接触弧

刚度系数为：

$$C = \frac{p}{\delta} = \frac{2EL}{(1.52)^2}$$

$$\beta_1^2 = \beta_2^2 = \frac{Cr^2 l \cos^2 \alpha_t}{GJ} = \frac{r^2 l \cos^2 \alpha_t}{GJ} \frac{2EL}{G(1.52)^2} = \beta^2$$

$$G = \frac{E}{2(1+\mu)}$$

$$\beta^2 = \frac{r^2 l \cos^2 \alpha_t \cdot 4L(1+\mu)}{J(1.52)^2}$$

$$L = \frac{2\pi\theta'\rho_a}{360}$$

见图 3.1.4，有：

$$\theta' = \alpha_a - \phi_f$$

其中 α_a 为齿顶压力角，且有：

$$\alpha_a = \arcsin\frac{h_a}{\rho_a} = \arcsin\frac{1.2m}{1.5m} = 53^\circ$$

其中 ϕ_f 为工艺角，且有：

$$\phi_f = 8^\circ 47'$$

$$\theta' = \alpha_a - \phi_f = 44^\circ 13'$$

$$L = \frac{2\pi\theta'\rho_a}{360} = \frac{2\pi 44^\circ 13'}{360} \times 1.5 \times 27 = 31.1\text{mm}$$

$$\beta^2 = 0.057$$

由式(3.1.4)，可得：

$$\begin{bmatrix} 1 & 1 & 1 & 1 \\ -1 & 2.114 & -1 & 0 \\ 0 & -1 & 2.114 & -1 \\ 0 & 0 & -1 & 1.114 \end{bmatrix} \begin{bmatrix} p^{(1)} \\ p^{(2)} \\ p^{(3)} \\ p^{(4)} \end{bmatrix} = \begin{bmatrix} \dfrac{T_1}{r_1 \cos\alpha} \\ 0 \\ 0 \\ 0 \end{bmatrix}$$

$$p^{(1)} = 0.336\frac{T_1}{r_1 \cos\alpha}$$

$$p^{(2)} = 0.26\frac{T_1}{r_1 \cos\alpha}$$

$$p^{(3)} = 0.213\frac{T_1}{r_1 \cos\alpha}$$

$$p^{(4)}=0.191\frac{T_1}{r_1\cos\alpha}$$

而如果无偏载时，则有：

$$p^{(1)}=p^{(2)}=p^{(3)}=p^{(4)}=0.25\frac{T_1}{r_1\cos\alpha}$$

3.1.2　考虑齿面误差

如果齿轮在加载之前便存在误差，这种误差可能由加工过程中机床传动系统或其他因素引起，那么两齿面各自啮合点加载前就有微小分离，分离量为 $\delta^{(i)}$，则有变形协调条件：

$$(r_1\{\phi_1\}+r_2\{\phi_2\})\cos\alpha=\frac{\{p\}}{C}+\{\delta\}$$

方程(3.1.4)和(3.1.5)分别成为：

$$\begin{bmatrix} 1 & -1-\beta_1^{\ 2}-\beta_2^{\ 2} & -\beta_1^{\ 2}-\beta_2^{\ 2} & -\beta_1^{\ 2}-\beta_2^{\ 2} & \cdots & -\beta_1^{\ 2}-\beta_2^{\ 2} \\ -1 & 2+\beta_1^{\ 2}+\beta_2^{\ 2} & -1 & 0 & \cdots & 0 \\ 0 & -1 & 2+\beta_1^{\ 2}+\beta_2^{\ 2} & -1 & \cdots & \vdots \\ 0 & 0 & -1 & \ddots & \ddots & 0 \\ \vdots & \vdots & 0 & \ddots & 2+\beta_1^{\ 2}+\beta_2^{\ 2} & -1 \\ 0 & 0 & 0 & 0 & -1 & 1+\beta_1^{\ 2}+\beta_2^{\ 2} \end{bmatrix}\begin{bmatrix} p^{(1)} \\ p^{(2)} \\ p^{(3)} \\ p^{(4)} \\ \vdots \\ p^{(n)} \end{bmatrix}$$

$$=-kc\begin{bmatrix} \delta^{(1)} \\ \delta^{(2)} \\ \delta^{(3)} \\ \delta^{(4)} \\ \vdots \\ \delta^{(n)} \end{bmatrix}$$

$$\begin{bmatrix} 1+\beta^2 & -1-\beta_1^{\ 2} & -\beta_1^{\ 2} & -\beta_1^{\ 2} & \cdots & -\beta_1^{\ 2} \\ -1 & 2+\beta_1^{\ 2}+\beta_2^{\ 2} & -1 & 0 & \cdots & 0 \\ 0 & -1 & 2+\beta_1^{\ 2}+\beta_2^{\ 2} & -1 & \cdots & \vdots \\ \vdots & 0 & \ddots & \ddots & \ddots & 0 \\ 0 & \vdots & 0 & -1 & 2+\beta_1^{\ 2}+\beta_2^{\ 2} & -1 \\ -\beta_2^{\ 2} & -\beta_2^{\ 2} & \cdots & -\beta_2^{\ 2} & -1-\beta_2^{\ 2} & 1+\beta_1^{\ 2} \end{bmatrix}\begin{bmatrix} p^{(1)} \\ p^{(2)} \\ p^{(3)} \\ p^{(4)} \\ \vdots \\ p^{(n)} \end{bmatrix}=-kc\begin{bmatrix} \delta^{(1)} \\ \delta^{(2)} \\ \delta^{(3)} \\ \delta^{(4)} \\ \vdots \\ \delta^{(n)} \end{bmatrix}$$

各啮合点的载荷分布取决于原始齿廓误差。

3.1.3 单圆弧齿轮轮齿的修形

由于各啮合点的载荷分布取决于原始齿廓误差，因而很自然地产生这样的想法，可以适当改变齿面原始廓形，抵消偏载的影响，使载荷在各啮合点均匀分布，这个恰当的向量 $\{\delta\}$ 就是齿廓修形量。在式(3.1.4)中令 $p^{(1)}=p^{(2)}=\cdots=p^{(n)}=p_{\mathrm{m}}$，$p_{\mathrm{m}}$ 为平均载荷，则式(3.1.4)成为：

$$\begin{bmatrix} n-1 \\ -1 \\ -1 \\ -1 \\ \vdots \\ -1 \end{bmatrix}\frac{p_{\mathrm{m}}(\beta_1^2+\beta_2^2)}{C}=\begin{bmatrix} 1 & -1 & 0 & 0 & \cdots & 0 \\ -1 & 2 & -1 & 0 & \cdots & 0 \\ 0 & -1 & 2 & 0 & \cdots & 0 \\ 0 & 0 & -1 & 2 & 0 & 0 \\ \vdots & \vdots & \vdots & \ddots & \ddots & 0 \\ 0 & \cdots & 0 & 0 & -1 & 1 \end{bmatrix}\begin{bmatrix} \delta^{(1)} \\ \delta^{(2)} \\ \delta^{(3)} \\ \delta^{(4)} \\ \vdots \\ \delta^{(n)} \end{bmatrix} \tag{3.1.6}$$

由于刚度矩阵 $[k]$ 是奇异矩阵，n 个方程中只有 n–1 个是独立的。可从方程组中划出任一行，不妨划出第一行。由于所谓修形量是指齿廓相对于理想齿廓的减少量，在整个齿面均匀刨一层等于没有修形，因此至少应使齿面一点修形量为零。通常总是使载荷量最小的点修形量为零(在系数矩阵里划出对应列)，否则势必出现负修形量，故令远离扭矩加载端的修形量为零，即：

$$\delta^{(n)}=0$$

再设单位修形量为：

$$\varepsilon=\frac{p_{\mathrm{m}}(\beta_1^2+\beta_2^2)}{C}$$

则式(3.1.6)成为：

$$-\begin{bmatrix} 1 \\ 1 \\ 1 \\ 1 \\ 1 \\ \vdots \\ 1 \end{bmatrix}\varepsilon=\begin{bmatrix} 1 & -1 & 0 & 0 & 0 & \cdots & 0 \\ -1 & 2 & -1 & 0 & 0 & \cdots & 0 \\ 0 & -1 & 2 & -1 & 0 & \ddots & \vdots \\ 0 & 0 & -1 & 2 & \ddots & 0 & 0 \\ 0 & 0 & 0 & \ddots & \ddots & -1 & 0 \\ \vdots & \vdots & \vdots & \ddots & -1 & 2 & -1 \\ 0 & 0 & 0 & \cdots & 0 & -1 & 1 \end{bmatrix}\begin{bmatrix} \delta^{(1)} \\ \delta^{(2)} \\ \delta^{(3)} \\ \delta^{(4)} \\ \vdots \\ \delta^{(n-1)} \\ \delta^{(n)} \end{bmatrix}$$

$$\delta^{(n)}=0\,,\quad \delta^{(n-1)}=\varepsilon\,,\quad \delta^{(n-2)}=2\delta^{(n-1)}+\varepsilon=3\varepsilon$$

$$\delta^{(n-i)} = 2\delta^{(n-i+1)} - 2\delta^{(n-i+2)} + \varepsilon \text{，} \quad i = 3,4,\cdots,n-1$$

修形量可用通式表示为：

$$\delta^{(n-i)} = \varepsilon \sum_{j=1}^{i} j \text{，} \quad \sum_{j=1}^{i} j = \frac{i(i+1)}{2}$$

$$C\delta^{(n-i)} = \varepsilon \frac{i(i+1)}{2} = \frac{p_{\mathrm{m}} \beta^2 i(i+1)}{2}$$

圆弧齿轮各点修形量和渐开线齿轮修形曲线计算公式之间有一定的相似性。如果圆弧齿轮啮合点无限增多，啮合点的轴向距离无限减小，其力学模型便退化为渐开线齿轮啮合的力学模型。渐开线齿轮修形量公式为：

$$C\delta = \beta_2 p_{\mathrm{m}} \frac{x^2}{2}$$

这里两个 β 的定义不一样，对渐开线齿轮，有：

$$\beta^2 = \frac{Cr^2 \cos^2 \alpha}{GJ}$$

对圆弧齿轮，有：

$$\beta^2 = \frac{Clr^2 \cos^2 \alpha}{GJ}$$

对渐开线齿轮，平均载荷为：

$$p_{\mathrm{m}} = \frac{P}{B}$$

式中：P 为总载荷。

对圆弧齿轮，平均载荷为：

$$p_{\mathrm{m}} = \frac{P}{N}$$

$$C\delta(x) = \frac{Cr^2 \cos^2 \alpha}{GJ} \frac{P}{B} \frac{x^2}{2}$$

$$C\delta^{(n-i)} = \frac{Cr^2 \cos^2 \alpha}{GJ} \frac{p}{n} \frac{i(i+1)}{2}$$

当 $n \to \infty, l \to 0, nl = B, il = x$ ，则：

$$C\delta^{(n-i)} = \lim_{i \to \infty} \frac{Cr^2 \cos^2 \alpha}{GJ} \frac{pl^2 (i^2 + i)}{nli}$$

$$
\begin{aligned}
&= \lim_{\substack{i\to\infty \\ l\to 0}} \frac{Cr^2\cos^2\alpha}{GJ}\frac{[(li)^2+(li)l]}{Bl} \\
&= \frac{CrP\cos^2\alpha}{GJB}\frac{x^2}{2} \\
&= c\delta(x)
\end{aligned}
$$

各啮合点的修形量为单位修形量的整数倍，构成序列(由第 n 点到第 1 点)：

$$(0，1，2，3，6，10，15，21，28，36|\cdots)\varepsilon$$

当扭矩作用于两轮的不同端，在式(3.1.5)中令：

$$p^{(1)} = p^{(2)} = \cdots = p^{(n)} = p_{\mathrm{m}}$$

得到：

$$
\begin{bmatrix}
{\beta_2}^2-(n-1){\beta_1}^2 \\
{\beta_2}^2+{\beta_1}^2 \\
{\beta_2}^2+{\beta_1}^2 \\
{\beta_2}^2+{\beta_1}^2 \\
\vdots \\
{\beta_2}^2+{\beta_1}^2 \\
{\beta_1}^2-(n-1){\beta_2}^2
\end{bmatrix}
\frac{p_{\mathrm{m}}}{C} = -
\begin{bmatrix}
1 & -1 & 0 & 0 & 0 & \cdots & 0 \\
-1 & 2 & -1 & 0 & 0 & \cdots & 0 \\
0 & -1 & 2 & -1 & 0 & \ddots & \vdots \\
0 & 0 & -1 & 2 & \ddots & 0 & 0 \\
0 & 0 & 0 & \ddots & \ddots & -1 & 0 \\
\vdots & \vdots & \vdots & \ddots & -1 & 2 & -1 \\
0 & 0 & 0 & \cdots & 0 & -1 & 1
\end{bmatrix}
\begin{bmatrix}
\delta^{(1)} \\ \delta^{(2)} \\ \delta^{(3)} \\ \delta^{(4)} \\ \vdots \\ \delta^{(n-1)} \\ \delta^{(n)}
\end{bmatrix}
\tag{3.1.7}
$$

先要根据齐次方程组(3.1.5)求出 $p^{(1)},p^{(2)},\cdots,p^{(n)}$ 的比值，由线性代数 $p^{(1)},p^{(2)},\cdots,p^{(n)}$ 之比等于对应线性方程组系数矩阵代数余子式之比，求出载荷最小点 i，再在方程(3.1.7)里划去对应行与列，求解 $\delta^{(1)},\delta^{(2)},\cdots,\delta^{(i-1)},\delta^{(i+1)},\cdots,\delta^{(n)}$。特殊地，如 $r_1=r_2,{\beta_1}^2={\beta_2}^2=\beta^2$，则式(3.1.7)成为：

$$
\begin{bmatrix}
n-2 \\ 2 \\ 2 \\ 2 \\ \vdots \\ 2 \\ n-2
\end{bmatrix}
\frac{p_{\mathrm{m}}}{C} = -
\begin{bmatrix}
1 & -1 & 0 & 0 & 0 & \cdots & 0 \\
-1 & 2 & -1 & 0 & 0 & \cdots & 0 \\
0 & -1 & 2 & -1 & 0 & \ddots & \vdots \\
0 & 0 & -1 & 2 & \ddots & 0 & 0 \\
0 & 0 & 0 & \ddots & \ddots & -1 & 0 \\
\vdots & \vdots & \vdots & \ddots & -1 & 2 & -1 \\
0 & 0 & 0 & \cdots & 0 & -1 & 1
\end{bmatrix}
\begin{bmatrix}
\delta^{(1)} \\ \delta^{(2)} \\ \delta^{(3)} \\ \delta^{(4)} \\ \vdots \\ \delta^{(n-1)} \\ \delta^{(n)}
\end{bmatrix}
$$

由问题的对称性，易知正中间啮合点载荷最小，应取这点修形量为零，划出对应列。同样由于刚度矩阵为奇异矩阵，只有 $n-1$ 个方程是独立的，可从方程组里划出任一列，为保持方程组的对称性，不妨划去正中间一行，式(3.1.7)成为(因为$\delta^{(\frac{n+1}{2})}=0$)：

$$\begin{bmatrix}-(n-2)\\2\\2\\2\\\vdots\\2\\2\end{bmatrix}\frac{\varepsilon}{2}=-\begin{bmatrix}1&-1&0&0&0&\cdots&0\\-1&2&-1&0&0&\cdots&0\\0&-1&2&-1&0&\ddots&\vdots\\0&0&-1&2&-1&0&0\\0&0&0&\ddots&\ddots&\ddots&0\\\vdots&\vdots&\vdots&\ddots&-1&2&-1\\0&0&0&\cdots&0&-1&2\end{bmatrix}\begin{bmatrix}\delta^{(1)}\\\delta^{(2)}\\\delta^{(3)}\\\delta^{(4)}\\\delta^{(5)}\\\vdots\\\delta^{(\frac{n}{2}-1)}\end{bmatrix}\tag{3.1.8}$$

将系数矩阵消元成上三角矩阵得：

$$\begin{bmatrix}n-2\\n-4\\\vdots\\n-2i\\\vdots\\3\\1\end{bmatrix}\frac{\varepsilon}{2}=\begin{bmatrix}1&-1&0&0&0&\cdots&0\\0&1&-1&0&0&\cdots&0\\0&0&1&-1&0&\ddots&\vdots\\0&0&0&1&\ddots&0&0\\0&0&0&\ddots&\ddots&-1&0\\\vdots&\vdots&\vdots&\ddots&0&1&-1\\0&0&0&\cdots&0&0&1\end{bmatrix}\begin{bmatrix}\delta^{(1)}\\\delta^{(2)}\\\delta^{(3)}\\\delta^{(4)}\\\delta^{(5)}\\\vdots\\\delta^{\left(\frac{n-1}{2}\right)}\end{bmatrix}\tag{3.1.9}$$

解得：

$$\delta^{(\frac{n+1}{2})}=0\,,\quad \delta^{(\frac{n-1}{2})}=\frac{\varepsilon}{2}\,,\quad \delta^{(\frac{n-3}{2})}=3\times\frac{\varepsilon}{2}+\delta^{(\frac{n-1}{2})}$$

$$\delta^{(i)}=(n-i)\frac{\varepsilon}{2}+\delta^{(i+1)}\,,\quad i=1,\cdots,\frac{n-1}{2}$$

各啮合点的修形量为单位修形量的倍数，构成序列：

$$(\cdots,16,9,4,1,0,1,4,9,16,\cdots)\frac{\varepsilon}{2}$$

当啮合点数为偶数，根据问题的对称性，正中间的两个啮合点的载荷最小，应取这两点修形量为零，划出对应的两列，再根据系数矩阵的奇异性和对称性，划出中间两行，式(3.1.8)应为：

$$\begin{bmatrix} n-2 \\ 2 \\ 2 \\ 2 \\ \vdots \\ 2 \\ 2 \end{bmatrix} \frac{\varepsilon}{2} = -\begin{bmatrix} 1 & -1 & 0 & 0 & 0 & \cdots & 0 \\ -1 & 2 & -1 & 0 & 0 & \cdots & 0 \\ 0 & -1 & 2 & -1 & 0 & \ddots & \vdots \\ 0 & 0 & -1 & 2 & -1 & 0 & 0 \\ 0 & 0 & 0 & \ddots & \ddots & \ddots & 0 \\ \vdots & \vdots & \vdots & \ddots & -1 & 2 & -1 \\ 0 & 0 & 0 & \cdots & 0 & -1 & 2 \end{bmatrix} \begin{bmatrix} \delta^{(1)} \\ \delta^{(2)} \\ \delta^{(3)} \\ \delta^{(4)} \\ \delta^{(5)} \\ \vdots \\ \delta^{(\frac{n}{2}-1)} \end{bmatrix}$$

再对系数矩阵消元得：

$$\begin{bmatrix} n-2 \\ n-4 \\ \vdots \\ n-2i \\ \vdots \\ 4 \\ 2 \end{bmatrix} \frac{\varepsilon}{2} = -\begin{bmatrix} 1 & -1 & 0 & 0 & 0 & \cdots & 0 \\ 0 & 1 & -1 & 0 & 0 & \cdots & 0 \\ 0 & 0 & 1 & -1 & 0 & \ddots & \vdots \\ 0 & 0 & 0 & 1 & \ddots & 0 & 0 \\ 0 & 0 & 0 & \ddots & \ddots & -1 & 0 \\ \vdots & \vdots & \vdots & \ddots & 0 & 1 & -1 \\ 0 & 0 & 0 & \cdots & 0 & 0 & 1 \end{bmatrix} \begin{bmatrix} \delta^{(1)} \\ \delta^{(2)} \\ \delta^{(3)} \\ \delta^{(4)} \\ \delta^{(5)} \\ \vdots \\ \delta^{(\frac{n}{2}-1)} \end{bmatrix}$$

解得：

$$\delta^{(\frac{n}{2})} = 0 \text{ ，} \quad \delta^{(\frac{n}{2}-1)} = \frac{\varepsilon}{2} \text{，} \quad \delta^{(\frac{n}{2}-2)} = 4 \times \frac{\varepsilon}{2} + \delta^{(\frac{n}{2}-1)}$$

$$\delta^{(i)} = (n-2i)\frac{\varepsilon}{2} + \delta^{(i+1)} \text{ ，} \quad i = 1, \cdots, \frac{n}{2} - 1$$

各啮合点的修形量为单位修形量的倍数，构成序列：

$$(\cdots, 20, 12, 6, 2, 0, 2, 6, 12, 20, \cdots)\frac{\varepsilon}{2}$$

此外，考虑到圆弧齿轮如果重叠系数不是整数，啮合点数是变化的，每个啮合点作为第 i 个点移动的范围为 p_x ，在 p_x 的前一段 Δb 范围内作为 n 个点的第 i 个点移动，在 p_x 的后一段 $p_x - \Delta b$ 范围内作为 n–1 个点的第 i 个点移动，相应的平均载荷分别为 $\frac{T}{nr\cos\alpha}$ 和 $\frac{T}{(n-1)r\cos\alpha}$ ，以 $n=10$ 为例，每个轴向周节前 Δb 段修形量为：

$$(20, 12, 6, 2, 0, 0, 2, 6, 12, 20)\frac{T\beta^2}{10Cr\cos\alpha} \times \frac{1}{2}$$

即：

$$(2,1.2,0.6,0.2,0,0,0.2,0.6,1.2,2)\frac{T\beta^2}{Cr\cos\alpha}\times\frac{1}{2}$$

每个周节在 $p_x-\Delta b$ 可得修形量为：

$$(16,9,4,1,0,1,4,9,16)\frac{T\beta^2}{9rC\cos\alpha}\times\frac{1}{2}$$

即：

$$(1.78,1,0.44,0.11,0,0.11,0.44,1,1.78)\frac{T\beta^2}{rC\cos\alpha}\times\frac{1}{2}$$

整个齿轮各段修形量序列为：

$$(2,1.78,1.2,1,0.6,0.44,0.2,0.11,0,0.11,0.2,0.44,0.6,1,1.2,1.78,2)\frac{T\beta^2}{rC\cos\alpha}\times\frac{1}{2}$$

将这些点连为光滑曲线即为修形曲线。

为方便理解，在此提供一个计算实例。仍以上述齿轮传动为例，啮合点取为 5 和 4。单位修形量：

$$\varepsilon=\frac{p_{\mathrm{m}}(\beta_1^2+\beta_2^2)}{C}=\frac{2p_{\mathrm{m}}\beta^2}{C}=\frac{2TClr^2\cos^2\alpha}{nr\cos\alpha CGJ}=\frac{2Tlr\cos\alpha}{nGJ}$$

$$=\frac{2\times1743\times10^5\times32\times15.54\times325\times\cos33.49^\circ}{n\times80\times10^3\times\pi\times(633.8)^4}=\frac{0.0128}{n}$$

n=5 时，每周节前 Δb 段修形量为：

$$(0,1,3,6,10)\times\frac{0.0128}{5}$$

即：

$$(0,0.2,0.6,1.2,2)\frac{T\beta^2}{rc\cos\alpha}$$

又等于：

$$(0,0.0026,0.0077,0.01536,0.0256)\mathrm{mm}$$

每周节在 $p_x-\Delta b$ 段修形量为(n=4)：

$$(0,1,3,6)\times\frac{0.0128}{4}$$

$$(0,0.25,0.75,1.5)\frac{T\beta^2}{rc\cos\alpha}$$

即：

$$(0,0.0032,0.0096,0.0192)\mathrm{mm}$$

各段的修形量序列为：

$$(0,0.0026,0.0032,0.0077,0.0096,0.01536,0.0192,0.0256)\text{mm}$$

3.1.4　另一种推导方法

上述方程和有关结果，还可以从另外途径导出。直接对轮体的扭矩和扭矩变形加以分析，$i+1$ 截面相对于 i 截面的转角与 $i+1$ 及以后截面全部外力的扭矩成正比，即：

$$\phi^{(i+1)}-\phi^{(i)}=-\frac{l}{GJ}\sum_{j=i+1}^{n}p^{(j)}r\cos\alpha\ ,\quad i=1,2,\cdots,n-1$$

此处负号表示相对扭转角总是与齿面载荷所引起的扭转趋势相反。

$$\phi^{(i)}-\phi^{(i+1)}=\frac{lr\cos\alpha}{GJ}\sum_{j=i+1}^{n}p^{(j)}\ ,\quad i=1,2,\cdots,n-1$$

对轮 1 和轮 2 分别有：

$$\phi_1^{(i)}-\phi_1^{(i+1)}=\frac{lr_1\cos\alpha}{G_1J_1}\sum_{j=i+1}^{n}p^{(j)}\ ,\quad i=1,2,\cdots,n-1$$

$$\phi_2^{(i)}-\phi_2^{(i+1)}=\frac{lr_2\cos\alpha}{G_2J_2}\sum_{j=i+1}^{n}p^{(j)}\ ,\quad i=1,2,\cdots,n-1 \tag{3.1.10}$$

分别乘以 $Cr_1\cos\alpha, Cr_2\cos\alpha$ 再相加，考虑到变形协调条件，得：

$$Cr_1\cos\alpha(\phi_1^{(i)}-\phi_1^{(i+1)})=\frac{Clr_1^2\cos^2\alpha}{G_1J_1}\sum_{j=i+1}^{n}p^{(j)}$$

$$Cr_2\cos\alpha(\phi_2^{(i)}-\phi_2^{(i+1)})=\frac{Clr_2^2\cos^2\alpha}{G_2J_2}\sum_{j=i+1}^{n}p^{(j)}\ ,\quad i=1,2,\cdots,n-1$$

$$p^{(i)}-p^{(i+1)}=\beta_1^2\sum_{j=i+1}^{n}p^{(j)}+\beta_2^2\sum_{j=i+1}^{n}p^{(j)}$$

写成矩阵形式为：

$$\begin{bmatrix}1&-1&0&0&\dots&0\\0&1&-1&0&\cdots&0\\0&0&1&-1&0&\vdots\\0&0&0&1&\ddots&0\\\vdots&\vdots&\vdots&\ddots&\ddots&-1\\0&0&0&\dots&0&1\end{bmatrix}\begin{bmatrix}p^{(1)}\\p^{(2)}\\p^{(3)}\\p^{(4)}\\\vdots\\p^{(n)}\end{bmatrix}=\left\{\beta_1^2\begin{bmatrix}0&1&1&1&\cdots&1\\0&0&1&1&\cdots&1\\0&\vdots&0&1&\cdots&1\\0&0&0&0&\ddots&\vdots\\\vdots&0&0&\ddots&0&1\\0&0&0&0&0&0\end{bmatrix}_{(n-1)\times n}\right.$$

$$+\beta_2^{\,2}\begin{bmatrix}0&1&1&1&\cdots&1\\0&0&1&1&\cdots&1\\0&\vdots&0&1&\cdots&1\\0&0&0&0&\ddots&\vdots\\\vdots&0&0&\ddots&0&1\\0&0&0&0&0&0\end{bmatrix}\Bigg\}\begin{bmatrix}p^{(1)}\\p^{(2)}\\p^{(3)}\\p^{(4)}\\\vdots\\p^{(n)}\end{bmatrix}=0$$

合并成：

$$\begin{bmatrix}-1&1+\beta_1^{\,2}+\beta_2^{\,2}&\beta_1^{\,2}+\beta_2^{\,2}&\beta_1^{\,2}+\beta_2^{\,2}&\cdots&\beta_1^{\,2}+\beta_2^{\,2}\\0&1+\beta_1^{\,2}+\beta_2^{\,2}&\beta_1^{\,2}+\beta_2^{\,2}&\beta_1^{\,2}+\beta_2^{\,2}&\cdots&\beta_1^{\,2}+\beta_2^{\,2}\\0&-1&1+\beta_1^{\,2}+\beta_2^{\,2}&\beta_1^{\,2}+\beta_2^{\,2}&\cdots&\vdots\\0&0&-1&\ddots&\ddots&\beta_1^{\,2}+\beta_2^{\,2}\\\vdots&\vdots&0&\ddots&1+\beta_1^{\,2}+\beta_2^{\,2}&\beta_1^{\,2}+\beta_2^{\,2}\\0&0&0&0&-1&1+\beta_1^{\,2}+\beta_2^{\,2}\end{bmatrix}_{(n-1)\times n}$$

$$\cdot\begin{bmatrix}p^{(1)}\\p^{(2)}\\p^{(3)}\\p^{(4)}\\\vdots\\p^{(n)}\end{bmatrix}=0 \tag{3.1.11}$$

易看出式(3.1.11)与式(3.1.4)是相通的，式(3.1.11)的首末两行与式(3.1.4)的首末两行分别相同。将式(3.1.4)倒数第一行与倒数第二行相加等于式(3.1.11)的倒数第二行。将式(3.1.4)从末行一直加到某一行，即为式(3.1.11)的对应行。

如果扭矩作用于两轮的不同侧，如图 3.1.5 所示，对轮 1 仍然有：

$$\phi_1^{(i)}-\phi_1^{(i+1)}=\frac{lr_1\cos\alpha}{G_1J_1}\sum_{j=i+1}^{n}p^{(j)}\ ,\quad i=1,2,\cdots,n-1$$

对轮 2，i 截面相对于 $i+1$ 截面的扭角与 i 及以前截面全部外力对轴线的扭矩成正比，即：

$$\phi_2^{(i)}-\phi_2^{(i+1)}=-\frac{lr_2\cos\alpha}{G_2J_2}\sum_{j=i+1}^{n}p^{(j)}\ ,\quad i=1,2,\cdots,n-1$$

分别乘以 $Cr_1\cos\alpha, Cr_2\cos\alpha$ 再相加，考虑到变形协调条件：

$$Cr_1 \cos\alpha(\phi_1^{(i)} - \phi_1^{(i+1)}) = \frac{Clr_1^2 \cos^2\alpha}{G_1 J_1} \sum_{j=i+1}^{n} p^{(j)}$$

$$Cr_2 \cos\alpha(\phi_2^{(i)} - \phi_2^{(i+1)}) = \frac{-Clr_2^2 \cos^2\alpha}{G_2 J_2} \sum_{j=i+1}^{n} p^{(j)} \ , \quad i = 1, 2, \cdots, n-1$$

$$p^{(i)} - p^{(i+1)} = \beta_1^2 \sum_{j=i+1}^{n} p^{(j)} + \beta_2^2 \sum_{j=i+1}^{n} p^{(j)}$$

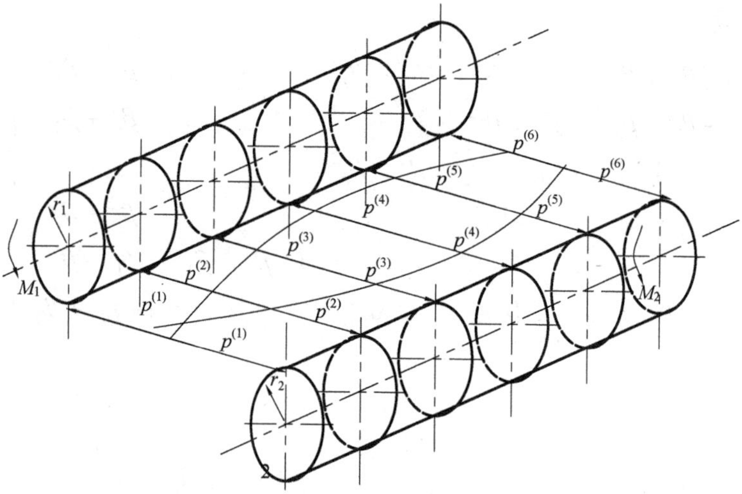

图 3.1.5　单圆弧齿轮的受力模型(力作用在异侧)

写成矩阵形式为：

$$\begin{bmatrix} 1 & -1 & 0 & 0 & \cdots & 0 \\ 0 & 1 & -1 & 0 & \cdots & 0 \\ 0 & 0 & 1 & -1 & 0 & \vdots \\ 0 & 0 & 0 & 1 & \ddots & 0 \\ \vdots & \vdots & \vdots & 1 & -1 & 0 \\ 0 & 0 & 0 & \cdots & 1 & -1 \end{bmatrix} \begin{bmatrix} p^{(1)} \\ p^{(2)} \\ p^{(3)} \\ p^{(4)} \\ \vdots \\ p^{(n)} \end{bmatrix} = \left\{ \beta_1^2 \begin{bmatrix} 0 & 1 & 1 & 1 & \cdots & 1 \\ 0 & 0 & 1 & 1 & \cdots & 1 \\ 0 & \vdots & 0 & 1 & \cdots & 1 \\ 0 & 0 & 0 & 0 & \ddots & \vdots \\ \vdots & 0 & 0 & \ddots & 0 & 1 \\ 0 & 0 & 0 & 0 & 0 & 0 \end{bmatrix} \right.$$

$$\left. + \beta_2^2 \begin{bmatrix} 0 & 1 & 1 & 1 & \cdots & 1 \\ 0 & 0 & 1 & 1 & \cdots & 1 \\ 0 & \vdots & 0 & 1 & \cdots & 1 \\ 0 & 0 & 0 & 0 & \ddots & \vdots \\ \vdots & 0 & 0 & \ddots & 0 & 1 \\ 0 & 0 & 0 & 0 & 0 & 0 \end{bmatrix} \right\} \begin{bmatrix} p^{(1)} \\ p^{(2)} \\ p^{(3)} \\ p^{(4)} \\ \vdots \\ p^{(n)} \end{bmatrix}$$

合并成：

$$\begin{bmatrix} 1+\beta_2^{\ 2} & -1-\beta_1^{\ 2} & -\beta_1^{\ 2} & -\beta_1^{\ 2} & \cdots & -\beta_1^{\ 2} \\ \beta_2^{\ 2} & 1+\beta_2^{\ 2} & -1-\beta_1^{\ 2} & -\beta_1^{\ 2} & \cdots & -\beta_1^{\ 2} \\ \beta_2^{\ 2} & \beta_2^{\ 2} & 1+\beta_2^{\ 2} & -1-\beta_1^{\ 2} & \cdots & \vdots \\ \beta_2^{\ 2} & \beta_2^{\ 2} & \beta_2^{\ 2} & \ddots & \ddots & -\beta_1^{\ 2} \\ \vdots & \vdots & \beta_2^{\ 2} & \ddots & -\beta_1^{\ 2} & -\beta_1^{\ 2} \\ \beta_2^{\ 2} & \beta_2^{\ 2} & \cdots & \beta_2^{\ 2} & 1+\beta_2^{\ 2} & -1-\beta_1^{\ 2} \end{bmatrix}_{(n-1)\times n} \begin{bmatrix} p^{(1)} \\ p^{(2)} \\ p^{(3)} \\ p^{(4)} \\ \vdots \\ p^{(n)} \end{bmatrix} = 0 \tag{3.1.12}$$

易看出式(3.1.12)与式(3.1.5)是相通的，式(3.1.12)的首末两行与式(3.1.5)的首末两行分别相同。将式(3.1.12)倒数第一行与倒数第二行相加等于式(3.1.5)的倒数第二行。将式(3.1.5)从末行一直加到某一行，即为式(3.1.12)的对应行。所以求 $p^{(1)}, p^{(2)}, \cdots, p^{(n)}$ 也可以由式(3.1.11)和式(3.1.12)里 $n-1$ 个方程和平衡条件中任一方程组成 n 个方程解出。

同样考虑齿向误差 δ 和修形量计算公式，也可以通过对轮体扭转变形和扭矩加以分析而得，有：

$$p^{(i)} + C\delta^{(i)} - p^{(i+1)} - C\delta^{(i+1)} = \beta_1^{\ 2} \sum_{j=i+1}^{n} p^{(j)} + \beta_2^{\ 2} \sum_{j=i+1}^{n} p^{(j)} \ , \quad i = 1, 2, \cdots, n-1$$

写成矩阵形式：

$$\begin{bmatrix} 1 & -1 & 0 & 0 & \cdots & 0 \\ 0 & 1 & -1 & 0 & \cdots & 0 \\ 0 & 0 & 1 & -1 & 0 & \vdots \\ 0 & 0 & 0 & 1 & \ddots & 0 \\ \vdots & \vdots & \vdots & \ddots & \ddots & -1 \\ 0 & 0 & 0 & \cdots & 0 & 1 \end{bmatrix} \begin{bmatrix} p^{(1)} \\ p^{(2)} \\ p^{(3)} \\ p^{(4)} \\ \vdots \\ p^{(n)} \end{bmatrix} + C \begin{bmatrix} 1 & -1 & 0 & 0 & \cdots & 0 \\ 0 & 1 & -1 & 0 & \cdots & 0 \\ 0 & 0 & 1 & -1 & 0 & \vdots \\ 0 & 0 & 0 & 1 & \ddots & 0 \\ \vdots & \vdots & \vdots & \ddots & \ddots & -1 \\ 0 & 0 & 0 & \cdots & 0 & 1 \end{bmatrix} \begin{bmatrix} \delta^{(1)} \\ \delta^{(2)} \\ \delta^{(3)} \\ \delta^{(4)} \\ \vdots \\ \delta^{(n)} \end{bmatrix}$$

$$= \begin{bmatrix} 0 & \beta_1^{\ 2}+\beta_2^{\ 2} & \beta_1^{\ 2}+\beta_2^{\ 2} & \beta_1^{\ 2}+\beta_2^{\ 2} & \cdots & \beta_1^{\ 2}+\beta_2^{\ 2} \\ 0 & 0 & \beta_1^{\ 2}+\beta_2^{\ 2} & \beta_1^{\ 2}+\beta_2^{\ 2} & \cdots & \beta_1^{\ 2}+\beta_2^{\ 2} \\ 0 & 0 & \beta_1^{\ 2}+\beta_2^{\ 2} & \beta_1^{\ 2}+\beta_2^{\ 2} & \cdots & \vdots \\ 0 & 0 & 0 & \ddots & \ddots & \beta_1^{\ 2}+\beta_2^{\ 2} \\ \vdots & \vdots & 0 & \ddots & \beta_1^{\ 2}+\beta_2^{\ 2} & \beta_1^{\ 2}+\beta_2^{\ 2} \\ 0 & 0 & 0 & 0 & 0 & \beta_1^{\ 2}+\beta_2^{\ 2} \end{bmatrix} \begin{bmatrix} p^{(1)} \\ p^{(2)} \\ p^{(3)} \\ p^{(4)} \\ \vdots \\ p^{(n)} \end{bmatrix}$$

令：

$$p^{(1)} = p^{(2)} = \cdots = p^{(n)} = p_{\mathrm{m}}$$

$$\begin{bmatrix} 0 & -1 & 0 & 0 & \cdots & 0 \\ 0 & 1 & -1 & 0 & \cdots & 0 \\ 0 & 0 & 1 & -1 & 0 & \vdots \\ 0 & 0 & 0 & 1 & \ddots & 0 \\ \vdots & \vdots & \vdots & \ddots & \ddots & \\ 0 & 0 & 0 & \cdots & 1 & 1 \end{bmatrix} \begin{bmatrix} \delta^{(1)} \\ \delta^{(2)} \\ \delta^{(3)} \\ \delta^{(4)} \\ \vdots \\ \delta^{(n)} \end{bmatrix} = \begin{bmatrix} n-1 \\ n-2 \\ n-3 \\ \vdots \\ 2 \\ 1 \end{bmatrix} \frac{(\beta_1^2 + \beta_2^2) p_{\mathrm{m}}}{C} \tag{3.1.13}$$

取：

$$\delta^{(n)} = 0,\ \delta^{(n-1)} = \varepsilon,\ \delta^{(n-2)} - \delta^{(n-1)} = 2\varepsilon,\ \delta^{(n-2)} = 3\varepsilon$$

$$\delta^{(n-i)} = \delta^{(n-i+1)} + i\varepsilon = \varepsilon \sum_{j=1}^{i} j$$

与前面所得一致。当扭矩作用于两轮的不同侧，有：

$$p^{(i)} + C\delta^{(i)} - p^{(i+1)} - C\delta^{(i+1)} = \beta_1{}^2 \sum_{j=i+1}^{n} p^{(j)} - \beta_2{}^2 \sum_{j=1}^{\mathrm{i}} p^{(j)}$$

写成矩阵形式为：

$$\begin{bmatrix} 1 & -1 & 0 & 0 & \cdots & 0 \\ 0 & 1 & -1 & 0 & \cdots & 0 \\ 0 & 0 & 1 & -1 & 0 & \vdots \\ 0 & 0 & 0 & 1 & \ddots & 0 \\ \vdots & \vdots & \vdots & \ddots & \ddots & 0 \\ 0 & 0 & 0 & \cdots & -1 & 1 \end{bmatrix} \begin{bmatrix} p^{(1)} \\ p^{(2)} \\ p^{(3)} \\ p^{(4)} \\ \vdots \\ p^{(n)} \end{bmatrix} + C \begin{bmatrix} 1 & -1 & 0 & 0 & \cdots & 0 \\ 0 & 1 & -1 & 0 & \cdots & 0 \\ 0 & 0 & 1 & -1 & 0 & \vdots \\ 0 & 0 & 0 & 1 & \ddots & 0 \\ \vdots & \vdots & \vdots & \ddots & \ddots & 0 \\ 0 & 0 & 0 & \cdots & -1 & 1 \end{bmatrix} \begin{bmatrix} \delta^{(1)} \\ \delta^{(2)} \\ \delta^{(3)} \\ \delta^{(4)} \\ \vdots \\ \delta^{(1)} \end{bmatrix}$$

$$= \begin{bmatrix} -\beta_2{}^2 & \beta_1{}^2 & \beta_1{}^2 & \beta_1{}^2 & \cdots & \beta_1{}^2 \\ -\beta_2{}^2 & -\beta_2{}^2 & \beta_1{}^2 & \beta_1{}^2 & \cdots & \beta_1{}^2 \\ -\beta_2{}^2 & -\beta_2{}^2 & -\beta_2{}^2 & \beta_1{}^2 & \cdots & \vdots \\ 0 & 0 & 0 & \ddots & \ddots & \beta_1{}^2 \\ \vdots & \vdots & \vdots & \ddots & -\beta_2{}^2 & \beta_1{}^2 \\ -\beta_2{}^2 & 0 & 0 & \cdots & 0 & \beta_1{}^2 \end{bmatrix} \begin{bmatrix} p^{(1)} \\ p^{(2)} \\ p^{(3)} \\ p^{(4)} \\ \vdots \\ p^{(n)} \end{bmatrix}$$

令：

$$p^{(1)}=p^{(2)}=\cdots=p^{(n)}=p_{\mathrm{m}}$$

$$\begin{bmatrix}1 & -1 & 0 & 0 & \cdots & 0\\ 0 & 1 & -1 & 0 & \cdots & 0\\ 0 & 0 & 1 & -1 & 0 & \vdots\\ 0 & 0 & 0 & 1 & \ddots & 0\\ \vdots & \vdots & \vdots & \ddots & \ddots & -1\\ 0 & 0 & 0 & \cdots & 0 & 1\end{bmatrix}\begin{bmatrix}\delta^{(1)}\\ \delta^{(2)}\\ \delta^{(3)}\\ \delta^{(4)}\\ \vdots\\ \delta^{(n)}\end{bmatrix}=\begin{bmatrix}(n-1)\beta_1^{\ 2}-\beta_2^{\ 2}\\ (n-2)\beta_1^{\ 2}-2\beta_2^{\ 2}\\ (n-3)\beta_1^{\ 2}-3\beta_2^{\ 2}\\ \vdots\\ 2\beta_1^{\ 2}-(n-2)\beta_2^{\ 2}\\ \beta_1^{\ 2}-(n-1)\beta_2^{\ 2}\end{bmatrix}\frac{p_{\mathrm{m}}}{C} \tag{3.1.14}$$

易看出式(3.1.14)与式(3.1.7)也是相通的，如果 $\beta_1=\beta_2$，那么：

$$\begin{bmatrix}1 & -1 & 0 & 0 & \cdots & 0\\ 0 & 1 & -1 & 0 & \cdots & 0\\ 0 & 0 & 1 & -1 & 0 & \vdots\\ 0 & 0 & 0 & 1 & \ddots & 0\\ \vdots & \vdots & \vdots & \ddots & \ddots & -1\\ 0 & 0 & 0 & \cdots & 0 & 1\end{bmatrix}_{(n-1)\times n}\begin{bmatrix}\delta^{(1)}\\ \delta^{(2)}\\ \delta^{(3)}\\ \delta^{(4)}\\ \vdots\\ \delta^{(n)}\end{bmatrix}_{n\times 1}=\begin{bmatrix}n-2\\ n-4\\ \vdots\\ 3\\ 1\\ -1\\ -3\\ \vdots\\ -(n-4)\\ -(n-2)\end{bmatrix}_{(n-1)\times 1}\frac{p_{\mathrm{m}}\beta^2}{C} \tag{3.1.15}$$

令：

$$\delta^{(\frac{n+1}{2})}=0$$

相当于划去中间一列，易知式(3.1.15)和式(3.1.9)是一致的，当 n 为偶数时，有：

$$\begin{bmatrix}1 & -1 & 0 & 0 & \cdots & 0\\ 0 & 1 & -1 & 0 & \cdots & 0\\ 0 & 0 & 1 & -1 & 0 & \vdots\\ 0 & 0 & 0 & 1 & \ddots & 0\\ \vdots & \vdots & \vdots & \ddots & \ddots & -1\\ 0 & 0 & 0 & \cdots & 0 & 1\end{bmatrix}\begin{bmatrix}\delta^{(1)}\\ \delta^{(2)}\\ \delta^{(3)}\\ \delta^{(4)}\\ \vdots\\ \delta^{(n)}\end{bmatrix}=\begin{bmatrix}n-2\\ n-4\\ \vdots\\ 4\\ 2\\ 0\\ -2\\ -4\\ \vdots\\ -(n-2)\end{bmatrix}\frac{p_{\mathrm{m}}\beta^2}{C} \tag{3.1.16}$$

取：

$$\delta^{\frac{n}{2}} = \delta^{(\frac{n}{2}+1)} = 0$$

相当于划去中间两列，易知式(3.1.16)和式(3.1.9)是一致的。

3.2 圆弧齿人字齿的偏载与修形

3.2.1 圆弧齿人字齿的偏载

圆弧齿在很多场合用作人字齿轮，如图 3.2.1 所示，对称布置于轴的两侧，啮合点数恒为偶数，但中间两啮合点的距离不一定等于 $l = p_{\mathrm{m}}$ ，取决于齿轮和轴的结构。这两个啮合点之间的轴段的扭矩截面惯矩也不等于轮体的截面惯矩，因此将影响载荷在各点的分配，类似于前面的推导。

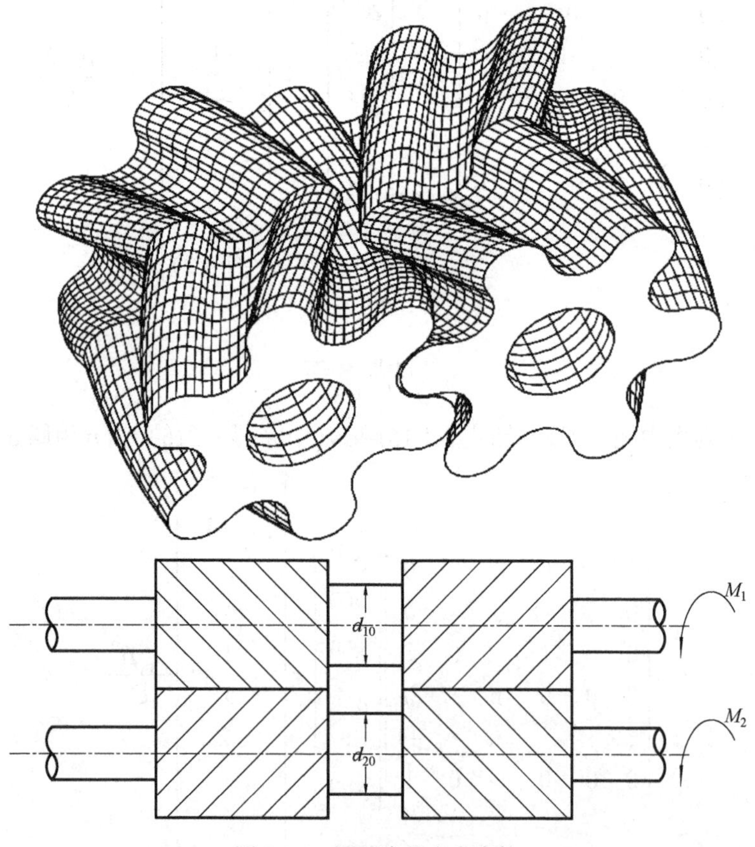

图 3.2.1　圆弧齿的人字齿轮

相关公式罗列如下：

$$\phi_1^{(i)}-\phi_1^{(i+1)}=\frac{lr_1\cos\alpha}{G_1J_1}\sum_{j=i+1}^{n}p^{(j)}\ ,\quad i=1,2,\cdots,\frac{n}{2}-1,\frac{n}{2}+1,\cdots,n$$

$$\phi_2^{(i)}-\phi_2^{(i+1)}=-\frac{lr_2\cos\alpha}{G_2J_2}\sum_{j=i+1}^{n}p^{(j)}\ ,\quad i=1,2,\cdots,\frac{n}{2}-1,\frac{n}{2}+1,\cdots,n$$

$$\phi_1^{(\frac{n}{2})}-\phi_1^{(\frac{n}{2}+1)}=\frac{r_1\cos\alpha}{G_1}\left(\frac{l_0}{J_{10}}+\frac{\Delta b}{J_1}\right)\sum_{j=\frac{n}{2}+1}^{n}p^{(j)}$$

$$\phi_2^{(\frac{n}{2})}-\phi_2^{(\frac{n}{2}+1)}=-\frac{r_2\cos\alpha}{G_2}\left(\frac{l_0}{J_{20}}+\frac{\Delta b}{J_2}\right)\sum_{j=\frac{n}{2}+1}^{n}p^{(j)}\tag{3.2.1}$$

从第$\frac{n}{2}$点到第$\frac{n}{2}+1$点的距离为$l_0+\Delta b$，l_0为两轮间隔段的长度，J_{10},J_{20}分别为这段上两轴的极惯矩。

在式(3.2.1)两端分别乘以$Cr_1\cos\alpha,Cr_2\cos\alpha$，再相加，得：

$$\begin{aligned}&Cr_1(\phi_1^{(i)}-\phi_1^{(i+1)})\cos\alpha+Cr_2(\phi_2^{(i)}-\phi_2^{(i+1)})\cos\alpha\\&=\frac{Clr_1^2\cos^2\alpha}{G_1J_1}\sum_{j=i+1}^{n}p^{(j)}+\frac{Clr_2^2\cos^2\alpha}{G_2J_2}\sum_{j=i+1}^{n}p^{(j)}\quad ,i\neq\frac{n}{2}\end{aligned}$$

$$\begin{aligned}&Cr_1(\phi_1^{(\frac{n}{2})}-\phi_1^{(\frac{n}{2}+1)})\cos\alpha+Cr_2(\phi_2^{(\frac{n}{2})}-\phi_2^{(\frac{n}{2}+1)})\cos\alpha\\&=\frac{Cr_1^2}{G_1}\left(\frac{l_0}{J_{10}}+\frac{\Delta b}{J_1}\right)\cos^2\alpha\sum_{j=\frac{n}{2}+1}^{n}p^{(j)}+\frac{Cr_2^2}{G_2}\left(\frac{l_0}{J_{20}}+\frac{\Delta b}{J_2}\right)\cos^2\alpha\sum_{j=\frac{n}{2}+1}^{n}p^{(j)}\end{aligned}$$

$$p^{(i)}-p^{(i+1)}=\beta_1\sum_{j=i+1}^{n}p^{(j)}+\beta_2\sum_{j=i+1}^{n}p^{(j)}\ ,\quad i\neq\frac{n}{2}$$

$$p^{(\frac{n}{2})}-p^{(\frac{n}{2}+1)}=\beta_1'\sum_{j=\frac{n}{2}+1}^{n}p^{(j)}+\beta_2'\sum_{j=\frac{n}{2}+1}^{n}p^{(j)}$$

式中：

$$\beta_1'=\frac{Cr_1^2}{G_1}\left(\frac{l_0}{J_{10}}+\frac{\Delta b}{J_1}\right)\cos^2\alpha\ ,\quad \beta_2'=\frac{Cr_2^2}{G_2}\left(\frac{l_0}{J_{20}}+\frac{\Delta b}{J_2}\right)\cos^2\alpha$$

写成矩阵形式为：

$$
\begin{bmatrix}
1 & -1 & & & & & & \\
 & 1 & -1 & & & & & \\
 & & \ddots & \ddots & & & & \\
 & & & 1 & -1 & & & \\
 & & & & 1 & -1 & & \\
 & & & & & \ddots & \ddots & \\
 & & & & & & 1 & -1
\end{bmatrix}
\begin{bmatrix}
p^{(1)} \\ p^{(2)} \\ \vdots \\ p^{\left(\frac{n}{2}\right)} \\ p^{\left(\frac{n}{2}+1\right)} \\ \vdots \\ p^{(n)}
\end{bmatrix}
$$

$$
=\begin{bmatrix}
0 & \beta_1 & \beta_1 & \cdots & & \cdots & \beta_1 \\
 & 1 & \beta_1 & \cdots & & \cdots & \beta_1 \\
 & & \ddots & \ddots & & & \\
 & & & 0 & \beta_1' & \cdots & \beta_1' \\
 & & & & 0 & \beta_1 \cdots & \beta_1 \\
 & & & & \ddots & \ddots & \beta_1 \\
 & & & & & 0 & \beta_1
\end{bmatrix}
\begin{bmatrix}
p^{(1)} \\ p^{(2)} \\ \vdots \\ p^{\left(\frac{n}{2}\right)} \\ p^{\left(\frac{n}{2}+1\right)} \\ \vdots \\ p^{(n)}
\end{bmatrix}
+\begin{bmatrix}
0 & \beta_2 & \beta_2 & \cdots & & \cdots & \beta_2 \\
 & 1 & \beta_2 & \cdots & & \cdots & \beta_2 \\
 & & \ddots & \ddots & & & \\
 & & & 0 & \beta_2' & \cdots & \beta_2' \\
 & & & & 0 & \beta_2 \cdots & \beta_2 \\
 & & & & \ddots & \ddots & \beta_2 \\
 & & & & & 0 & \beta_2
\end{bmatrix}
\begin{bmatrix}
p^{(1)} \\ p^{(2)} \\ \vdots \\ p^{\left(\frac{n}{2}\right)} \\ p^{\left(\frac{n}{2}+1\right)} \\ \vdots \\ p^{(n)}
\end{bmatrix}
$$

$$
=\begin{bmatrix}
-1 & 1+\beta_1+\beta_2 & \beta_1+\beta_2 & \beta_1+\beta_2 & \beta_1+\beta_2 & \cdots & \beta_1+\beta_2 \\
 & -1 & 1+\beta_1+\beta_2 & \beta_1+\beta_2 & \beta_1+\beta_2 & \cdots & \beta_1+\beta_2 \\
\vdots & \vdots & \ddots & \ddots & \ddots & \cdots & \vdots \\
0 & 0 & \cdots & -1 & 1+\beta_1'+\beta_2' & \cdots & \beta_1'+\beta_2' \\
\vdots & \vdots & \vdots & \vdots & \ddots & \ddots & \vdots \\
0 & 0 & 0 & \cdots & -1 & 1+\beta_1+\beta_2 & \beta_1+\beta_2 \\
0 & 0 & 0 & 0 & \cdots & -1 & 1+\beta_1+\beta_2
\end{bmatrix}
\begin{bmatrix}
p^{(1)} \\ p^{(2)} \\ \vdots \\ p^{\left(\frac{n}{2}\right)} \\ p^{\left(\frac{n}{2}+1\right)} \\ \vdots \\ p^{(n)}
\end{bmatrix}
=0
$$

3.2.2　扭矩从不同方向输入的偏载

如扭矩从不同方向输入，则：

$$
\phi_1^{(i)}-\phi_1^{(i+1)}=\frac{lr_1\cos\alpha}{G_1J_1}\sum_{j=i+1}^{n}p^{(j)}\,,\quad i\neq\frac{n}{2}
$$

$$
\phi_2^{(i)}-\phi_2^{(i+1)}=\frac{lr_2\cos\alpha}{G_2J_2}\sum_{j=1}^{i}p^{(j)}\,,\quad i\neq\frac{n}{2}
$$

$$\phi_1^{(\frac{n}{2})}-\phi_1^{(\frac{n}{2}+1)}=\frac{r_1}{G_1}\left(\frac{l_0}{J_{10}}+\frac{\Delta b}{J_1}\right)\cos\alpha\sum_{j=1}^{\frac{n}{2}}p^{(j)}$$

$$\phi_2^{(\frac{n}{2})}-\phi_2^{(\frac{n}{2}+1)}=\frac{r_2}{G_2}\left(\frac{l_0}{J_{20}}+\frac{\Delta b}{J_2}\right)\cos\alpha\sum_{j=1}^{\frac{n}{2}}p^{(j)} \tag{3.2.2}$$

在式(3.2.2)两端分别乘以 $Cr_1\cos\alpha, Cr_2\cos\alpha$，再相加，得：

$$Cr_1(\phi_1^{(i)}-\phi_1^{(i+1)})\cos\alpha+Cr_2(\phi_2^{(i)}-\phi_2^{(i+1)})\cos\alpha$$
$$=\frac{Clr_1^2\cos^2\alpha}{G_1J_1}\sum_{j=i+1}^{n}p^{(j)}+\frac{Clr_2^2\cos^2\alpha}{G_2J_2}\sum_{j=i+1}^{n}p^{(j)}\quad,\ i\neq\frac{n}{2}$$

$$Cr_1(\phi_1^{(\frac{n}{2})}-\phi_1^{(\frac{n}{2}+1)})\cos\alpha+Cr_2(\phi_2^{(\frac{n}{2})}-\phi_2^{(\frac{n}{2}+1)})\cos\alpha$$
$$=\frac{Cr_1^2}{G_1}\left(\frac{l_0}{J_{10}}+\frac{\Delta b}{J_1}\right)\cos^2\alpha\sum_{j=1}^{\frac{n}{2}}p^{(j)}+\frac{Cr_2^2}{G_2}\left(\frac{l_0}{J_{20}}+\frac{\Delta b}{J_2}\right)\cos^2\alpha\sum_{j=1}^{\frac{n}{2}}p^{(j)}$$

$$p^{(i)}-p^{(i+1)}=\beta_1\sum_{j=i+1}^{n}p^{(j)}+\beta_2\sum_{j=1}^{\frac{n}{2}}p^{(j)}\ ,\ \ i\neq\frac{n}{2}$$

$$p^{(\frac{n}{2})}-p^{(\frac{n}{2}+1)}=\beta_1'\sum_{j=i+1}^{n}p^{(j)}+\beta_2'\sum_{j=1}^{\frac{n}{2}}p^{(j)}$$

式中：

$$\beta_1'=\frac{Cr_1^2}{G_1}\left(\frac{l_0}{J_{10}}+\frac{\Delta b}{J_1}\right)\cos^2\alpha\ ,\quad \beta_2'=\frac{Cr_2^2}{G_2}\left(\frac{l_0}{J_{20}}+\frac{\Delta b}{J_2}\right)\cos^2\alpha$$

写成矩阵形式为：

$$\begin{bmatrix}1 & -1 & & & & & & \\ & 1 & -1 & & & & & \\ & & \ddots & \ddots & & & & \\ & & & 1 & -1 & & & \\ & & & & 1 & -1 & & \\ & & & & & \ddots & \ddots & \\ & & & & & & 1 & -1\end{bmatrix}\begin{bmatrix}p^{(1)}\\ p^{(2)}\\ \vdots\\ p^{(\frac{n}{2})}\\ p^{(\frac{n}{2}+1)}\\ \vdots\\ p^{(n)}\end{bmatrix}$$

$$
=\begin{bmatrix}0 & \beta_1 & \beta_1 & \cdots & & & \cdots & \beta_1\\ & 0 & \beta_1 & \cdots & & & \cdots & \beta_1\\ & & \ddots & \ddots & & & & \\ & & & 0 & \beta_1' & & \cdots & \beta_1'\\ & & & & 0 & \beta_1 & \cdots & \beta_1\\ & & & & & \ddots & \ddots & \beta_1\\ & & & & & & 0 & \beta_1\end{bmatrix}\begin{bmatrix}p^{(1)}\\ p^{(2)}\\ \vdots\\ p^{(\frac{n}{2})}\\ p^{(\frac{n}{2}+1)}\\ \vdots\\ p^{(n)}\end{bmatrix}+\begin{bmatrix}\beta_2 & 0 & \cdots & & & & \cdots & 0\\ \beta_2 & \beta_2 & 0 & \cdots & & & \cdots & \vdots\\ \vdots & & \ddots & \ddots & & & & \\ \beta_2' & \cdots & \beta_2' & \beta_2' & 0 & & \cdots & \\ \beta_2 & \cdots & & \beta_2 & \beta_2 & 0 & \cdots & \\ \vdots & & & & & \ddots & \ddots & \vdots\\ \beta_2 & \cdots & & & \cdots & \beta_2 & \beta_2 & 0\end{bmatrix}\begin{bmatrix}p^{(1)}\\ p^{(2)}\\ \vdots\\ p^{(\frac{n}{2})}\\ p^{(\frac{n}{2}+1)}\\ \vdots\\ p^{(n)}\end{bmatrix}
$$

$$
=\begin{bmatrix}1+\beta_2 & -1-\beta_1 & -\beta_1 & -\beta_1 & -\beta_1 & \cdots & -\beta_1\\ \beta_2 & 1+\beta_2 & -1-\beta_1 & -\beta_1 & -\beta_1 & \cdots & -\beta_1\\ \vdots & \vdots & \ddots & \ddots_1 & \ddots & \cdots & \vdots\\ \beta_2' & \beta_2' & \cdots & 1+\beta_2' & -1-\beta_1' & \cdots & -\beta_1'\\ \vdots & \vdots & \vdots & \cdots & \ddots & \ddots & \vdots\\ \vdots & \beta_2 & \beta_2 & \cdots & 1+\beta_2 & 1-\beta_1 & -\beta_1\\ \beta_2 & \beta_2 & \beta_2 & \beta_2 & \cdots & 1+\beta_2 & -1-\beta_1\end{bmatrix}\begin{bmatrix}p^{(1)}\\ p^{(2)}\\ p^{(3)}\\ p^{(4)}\\ \vdots\\ p^{(n)}\end{bmatrix}=0
$$

3.2.3　圆弧齿人字齿的修形

同样，考虑齿向误差 δ 和修形量的计算公式，也可以通过对轮体扭转变形和扭矩加以分析而得，故有：

$$
p^{(i)}+c\delta^{(i)}-p^{(i+1)}+c\delta^{(i+1)}=\beta_1\sum_{j=i+1}^{n}p^{(j)}+\beta_2\sum_{j=i+1}^{n}p^{(j)}\ ,\quad i\neq\frac{n}{2}
$$

$$
p^{(\frac{n}{2})}+c\delta^{(\frac{n}{2})}-p^{(\frac{n}{2}+1)}-c\delta^{(\frac{n}{2}+1)}=\beta_1'\sum_{j=\frac{n}{2}+1}^{n}p^{(j)}+\beta_2'\sum_{j=\frac{n}{2}+1}^{n}p^{(j)}
$$

写成矩阵形式为：

$$
\begin{bmatrix}1 & -1 & & & & & & \\ & 1 & -1 & & & & & \\ & & \ddots & \ddots & & & & \\ & & & 1 & -1 & & & \\ & & & & 1 & -1 & & \\ & & & & & \ddots & \ddots & \\ & & & & & & 1 & -1\end{bmatrix}\begin{bmatrix}p^{(1)}\\ p^{(2)}\\ \vdots\\ p^{\left(\frac{n}{2}\right)}\\ p^{\left(\frac{n}{2}+1\right)}\\ \vdots\\ p^{(n)}\end{bmatrix}+C\begin{bmatrix}1 & -1 & & & & & & \\ & 1 & -1 & & & & & \\ & & \ddots & \ddots & & & & \\ & & & 1 & -1 & & & \\ & & & & 1 & -1 & & \\ & & & & & \ddots & \ddots & \\ & & & & & & 1 & -1\end{bmatrix}\begin{bmatrix}\delta^{(1)}\\ \delta^{(2)}\\ \vdots\\ \delta^{\left(\frac{n}{2}\right)}\\ \delta^{\left(\frac{n}{2}+1\right)}\\ \vdots\\ \delta^{(n)}\end{bmatrix}
$$

$$
=\begin{bmatrix} 0 & \beta_1+\beta_2 & \beta_1+\beta_2 & \beta_1+\beta_2 & \cdots & \beta_1+\beta_2 \\ 0 & 0 & \ddots & \ddots & \cdots & \vdots \\ 0 & 0 & \beta_1'+\beta_2' & \beta_1'+\beta_2' & \cdots & \beta_1+\beta_2 \\ 0 & 0 & 0 & \ddots & \ddots & \beta_1+\beta_2 \\ \vdots & \vdots & \vdots & \ddots & \beta_1+\beta_2 & \beta_1+\beta_2 \\ 0 & 0 & 0 & \cdots & 0 & 1+\beta_1+\beta_2 \end{bmatrix} \begin{bmatrix} p^{(1)} \\ p^{(2)} \\ p^{(3)} \\ p^{(4)} \\ \vdots \\ p^{(n)} \end{bmatrix}
$$

令：

$$
p^{(1)}=p^{(2)}=\cdots=p^{(n)}=p_{\mathrm{m}}
$$

$$
\begin{bmatrix} 1 & -1 & & & & & & \\ & 1 & -1 & & & & & \\ & & \ddots & \ddots & & & & \\ & & & 1 & -1 & & & \\ & & & & 1 & -1 & & \\ & & & & & \ddots & \ddots & \\ & & & & & & 1 & -1 \end{bmatrix} \begin{bmatrix} \delta^{(1)} \\ \delta^{(2)} \\ \vdots \\ \delta^{(\frac{n}{2})} \\ \delta^{(\frac{n}{2}+1)} \\ \vdots \\ \delta^{(n)} \end{bmatrix} = \frac{p_{\mathrm{m}}}{C} \begin{bmatrix} (n-1)(\beta_1+\beta_2) \\ (n-2)(\beta_1+\beta_2) \\ \vdots \\ \frac{n}{2}(\beta_1'+\beta_2') \\ \vdots \\ \beta_1+\beta_2 \end{bmatrix}
$$

$$
\begin{bmatrix} 1 & -1 & & & & & & \\ & 1 & -1 & & & & & \\ & & \ddots & \ddots & & & & \\ & & & 1 & -1 & & & \\ & & & & 1 & -1 & & \\ & & & & & \ddots & \ddots & \\ & & & & & & 1 & -1 \end{bmatrix} \begin{bmatrix} \delta^{(1)} \\ \delta^{(2)} \\ \vdots \\ \delta^{(\frac{n}{2})} \\ \delta^{(\frac{n}{2}+1)} \\ \vdots \\ \delta^{(n)} \end{bmatrix} = \frac{p_{\mathrm{m}}}{C} \begin{bmatrix} (n-1)(\beta_1+\beta_2) \\ (n-2)(\beta_1+\beta_2) \\ \vdots \\ (\beta_1'+\beta_2')\frac{n}{2} \\ \vdots \\ 2(\beta_1+\beta_2) \\ \beta_1+\beta_2 \end{bmatrix}
$$

取：

$$
\delta^{(n)}=0,\quad \delta^{(n-1)}=\frac{p_{\mathrm{m}}(\beta_1+\beta_2)}{C},\quad \delta^{(n-2)}=\frac{3p_{\mathrm{m}}(\beta_1+\beta_2)}{C},\quad \delta^{(n-3)}=\frac{6p_{\mathrm{m}}(\beta_1+\beta_2)}{C}
$$

$$
\delta^{(n-i)}=\varepsilon\sum_{j=1}^{i} j\,,\quad i<\frac{n}{2}
$$

$$
\delta^{(\frac{n}{2}+1)}=\varepsilon\sum_{j=1}^{\frac{n}{2}-1} j=\frac{\varepsilon(\frac{n}{2}-1)\frac{n}{2}}{2}=\frac{\varepsilon(n-2)n}{8}
$$

$$\delta^{(\frac{n}{2})}=\delta^{(\frac{n}{2}+1)}+\frac{n}{2}\varepsilon'$$

3.2.4 扭矩从不同方向输入的修形

当扭矩作用于两轮不同侧时，有：

$$p^{(i)}+c\delta^{(i)}-p^{(i+1)}+c\delta^{(i+1)}=\beta_1\sum_{j=i+1}^{n}p^{(j)}+\beta_2\sum_{j=1}^{i}p^{(j)}\text{ ，} \quad i\neq\frac{n}{2}$$

$$p^{(\frac{n}{2})}+c\delta^{(\frac{n}{2})}-p^{(\frac{n}{2}+1)}-c\delta^{(\frac{n}{2}+1)}=\beta_1'\sum_{j=\frac{n}{2}+1}^{n}p^{(j)}+\beta_2'\sum_{j=1}^{n}p^{(j)}$$

写成矩阵形式为：

$$\begin{bmatrix}1 & -1 & & & & & & \\ & 1 & -1 & & & & & \\ & & \ddots & \ddots & & & & \\ & & & 1 & -1 & & & \\ & & & & 1 & -1 & & \\ & & & & & \ddots & \ddots & \\ & & & & & & 1 & -1\end{bmatrix}\begin{bmatrix}p^{(1)}\\ p^{(2)}\\ \vdots\\ p^{(\frac{n}{2})}\\ p^{(\frac{n}{2}+1)}\\ \vdots\\ p^{(n)}\end{bmatrix}+C\begin{bmatrix}1 & -1 & & & & & & \\ & 1 & -1 & & & & & \\ & & \ddots & \ddots & & & & \\ & & & 1 & -1 & & & \\ & & & & 1 & -1 & & \\ & & & & & \ddots & \ddots & \\ & & & & & & 1 & -1\end{bmatrix}\begin{bmatrix}\delta^{(1)}\\ \delta^{(2)}\\ \vdots\\ \delta^{(\frac{n}{2})}\\ \delta^{(\frac{n}{2}+1)}\\ \vdots\\ \delta^{(n)}\end{bmatrix}$$

$$=\begin{bmatrix}-\beta_2 & \beta_1 & \beta_1 & \beta_1 & \cdots & \beta_1\\ -\beta_2 & -\beta_2 & \beta_1 & \beta_1 & \cdots & \beta_1\\ \vdots & \ddots & \ddots & \vdots & \cdots & \vdots\\ -\beta_2' & -\beta_2' & \cdots & -\beta_2' & & \beta_1'\\ \vdots & \vdots & \vdots & -\beta_2 & \beta_1 & \beta_1\\ -\beta_2 & -\beta_2 & -\beta_2 & \cdots & -\beta_2 & \beta_1\end{bmatrix}\begin{bmatrix}p^{(1)}\\ p^{(2)}\\ \vdots\\ p^{(\frac{n}{2})}\\ p^{(\frac{n}{2}+1)}\\ \vdots\\ p^{(n)}\end{bmatrix}$$

$$\begin{bmatrix} 1 & -1 & & & & & & \\ & 1 & -1 & & & & & \\ & & \ddots & \ddots & & & & \\ & & & 1 & -1 & & & \\ & & & & 1 & -1 & & \\ & & & & & \ddots & \ddots & \\ & & & & & & 1 & -1 \end{bmatrix} \begin{bmatrix} p^{(1)} \\ p^{(2)} \\ \vdots \\ p^{(\frac{n}{2})} \\ p^{(\frac{n}{2}+1)} \\ \vdots \\ p^{(n)} \end{bmatrix} + C \begin{bmatrix} 1 & -1 & & & & & & \\ & 1 & -1 & & & & & \\ & & \ddots & \ddots & & & & \\ & & & 1 & -1 & & & \\ & & & & 1 & -1 & & \\ & & & & & \ddots & \ddots & \\ & & & & & & 1 & -1 \end{bmatrix} \begin{bmatrix} \delta^{(1)} \\ \delta^{(2)} \\ \vdots \\ \delta^{(\frac{n}{2})} \\ \delta^{(\frac{n}{2}+1)} \\ \vdots \\ \delta^{(n)} \end{bmatrix}$$

$$= \begin{bmatrix} -\beta_2 & \beta_1 & \beta_1 & \cdots & & & \cdots & \beta_1 \\ -\beta_2 & -\beta_2 & \beta_1 & \cdots & & & \cdots & \beta_1 \\ \vdots & & \ddots & \ddots & & & & \vdots \\ -\beta_2' & \cdots & & -\beta_2' & \beta_1' & \cdots & & \beta_1' \\ \vdots & & & & \ddots & \ddots & & \vdots \\ -\beta_2 & \cdots & & & \cdots & -\beta_2 & \beta_1 & \beta_1 \\ -\beta_2 & \cdots & & & \cdots & -\beta_2 & -\beta_2 & \beta_1 \end{bmatrix} \begin{bmatrix} p^{(1)} \\ p^{(2)} \\ \vdots \\ p^{(\frac{n}{2})} \\ p^{(\frac{n}{2}+1)} \\ \vdots \\ p^{(n)} \end{bmatrix}$$

令：

$$p^{(1)} = p^{(2)} = \cdots = p^{(n)} = p_{\mathrm{m}}$$

$$\begin{bmatrix} 1 & -1 & & & & & & \\ & 1 & -1 & & & & & \\ & & \ddots & \ddots & & & & \\ & & & 1 & -1 & & & \\ & & & & 1 & -1 & & \\ & & & & & \ddots & \ddots & \\ & & & & & & 1 & -1 \end{bmatrix} \begin{bmatrix} \delta^{(1)} \\ \delta^{(2)} \\ \vdots \\ \delta^{(\frac{n}{2})} \\ \delta^{(\frac{n}{2}+1)} \\ \vdots \\ \delta^{(n)} \end{bmatrix} = \frac{p_m}{C} \begin{bmatrix} (n-1)\beta_1 - \beta_2 \\ (n-2)\beta_1 - 2\beta_2 \\ \vdots \\ (\beta_1' - \beta_2')\dfrac{n}{2} \\ \vdots \\ 2\beta_1 - (n-2)\beta_2 \\ \beta_1 - (n-1)\beta_2 \end{bmatrix} \tag{3.2.3}$$

先要根据齐次方程组求出 $p^{(1)}, p^{(2)}, \cdots, p^{(n)}$ 的比值，求出载荷最小点 i，再在方程组里划去对应行与列，求解 $\delta^{(1)}, \delta^{(2)}, \cdots, \delta^{(i-1)}, \delta^{(i+1)}, \cdots, \delta^{(n)}$。特殊地，如 $r_1 = r_2$，$\beta_1 = \beta_2 = \beta$，$\beta_1' = \beta_2' = \beta'$，式(3.2.3)成为：

$$\begin{bmatrix} 1 & -1 & & & & & & \\ & 1 & -1 & & & & & \\ & & \ddots & \ddots & & & & \\ & & & 1 & -1 & & & \\ & & & & 1 & -1 & & \\ & & & & & \ddots & \ddots & \\ & & & & & & 1 & -1 \end{bmatrix} \begin{bmatrix} \delta^{(1)} \\ \delta^{(2)} \\ \vdots \\ \delta^{(\frac{n}{2})} \\ \delta^{(\frac{n}{2}+1)} \\ \vdots \\ \delta^{(n)} \end{bmatrix} = \frac{p_{\mathrm{m}}\beta}{C} \begin{bmatrix} n-2 \\ n-4 \\ \vdots \\ 0 \\ \vdots \\ -(n-4) \\ -(n-2) \end{bmatrix}$$

修形量计算与普通圆弧齿轮一样。

3.3　圆弧齿轮复合啮合下的偏载与修形

3.3.1　第一种复合啮合

第一种复合啮合情形如图 3.3.1 所示，由轮 2 驱动轮 1 和轮 3。

$$\phi_1^{(i)} - \phi_1^{(i+1)} = \frac{r_1 l \cos\alpha}{G_1 J_1} \sum_{j=i+1}^{n} p_{12}^{(j)} \tag{3.3.1}$$

$$\phi_2^{(i)} - \phi_2^{(i+1)} = \frac{r_2 l \cos\alpha}{G_2 J_2} \sum_{j=i+1}^{n} (p_{12}^{(j)} + p_{23}^{(j)}) \tag{3.3.2}$$

$$\phi_3^{(i)} - \phi_3^{(i+1)} = \frac{r_3 l \cos\alpha}{G_3 J_3} \sum_{j=i+1}^{n} p_{23}^{(j)} \tag{3.3.3}$$

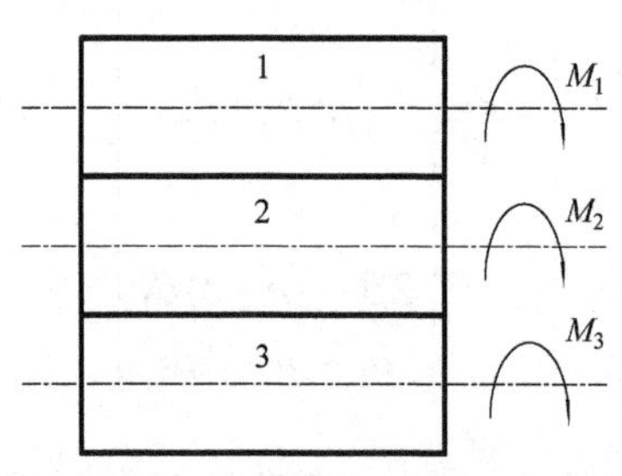

图 3.3.1　复合啮合的第一种情形

式中：$p_{12}^{(i)}, p_{23}^{(i)}$ 分别为轮 1 与轮 2，轮 2 与轮 3 之间的啮合力。

变形协调条件参考图 3.3.2，可得：

$$\cos a(\phi_1^{(i)} r_1 + \phi_2^{(i)} r_2) = \frac{p_{12}^{(i)}}{C} \tag{3.3.4}$$

$$\cos a(\phi_3^{(i)} r_3 + \phi_2^{(i)} r_2) = \frac{p_{23}^{(i)}}{C} \tag{3.3.5}$$

式(3.3.1)乘以 $r_1 \cos a$，式(3.3.2)乘以 $r_2 \cos a$，考虑式(3.3.4)，有：

$$p_{12}{}^{(i)} - p_{12}{}^{(i+1)} = \beta_1 \sum_{j=i+1}^{n} p_{12}{}^{(j)} + \beta_2 \sum_{j=i+1}^{n} p_{12}{}^{(j)} + \beta_2 \sum_{j=i+1}^{n} p_{23}{}^{(j)} \tag{3.3.6}$$

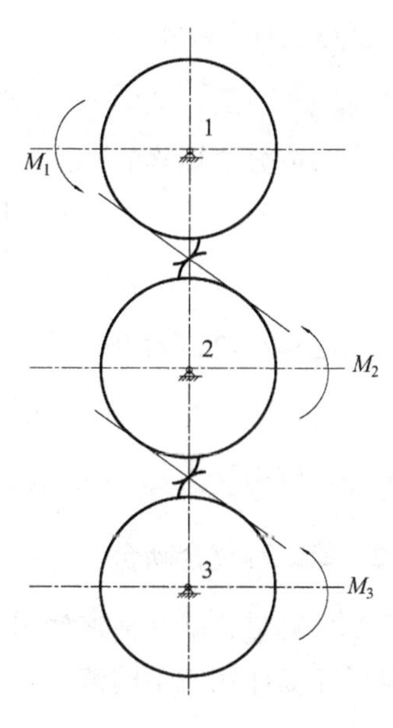

图 3.3.2　复合啮合的变形协调条件

式(3.3.3)乘以 $r_3\cos a$，式(3.3.2)乘以 $r_2\cos a$，再相加，考虑式(3.3.5)，有：

$$p_{23}{}^{(i)} - p_{23}{}^{(i+1)} = \beta_3 \sum_{j=i+1}^{n} p_{23}{}^{(j)} + \beta_2 \sum_{j=i+1}^{n} p_{23}{}^{(j)} + \beta_2 \sum_{j=i+1}^{n} p_{12}{}^{(j)} \tag{3.3.7}$$

写成矩阵形式：

$$\begin{bmatrix} -1 & 1+\beta_1+\beta_2 & \beta_1+\beta_2 & \beta_1+\beta_2 & \cdots & \beta_1+\beta_2 \\ & -1 & 1+\beta_1+\beta_2 & \beta_1+\beta_2 & \cdots & \beta_1+\beta_2 \\ & & -1 & 1+\beta_1+\beta_2 & \cdots & \\ & & & \ddots & \ddots & \\ & & & -1 & 1+\beta_1+\beta_2 & \beta_1+\beta_2 \\ & & & & -1 & 1+\beta_1+\beta_2 \end{bmatrix} \begin{bmatrix} p_{12}^{(1)} \\ p_{12}^{(2)} \\ p_{12}^{(3)} \\ p_{12}^{(4)} \\ \vdots \\ p_{12}^{(n)} \end{bmatrix}$$

$$= \beta_2 \begin{bmatrix} 0 & 1 & 1 & 1 & \cdots & 1 \\ & 0 & 1 & 1 & \cdots & 1 \\ & & 0 & 1 & \cdots & 1 \\ & & & \ddots & \ddots & \vdots \\ & & & 0 & 1 & 1 \\ & & & & 0 & 1 \end{bmatrix} \begin{bmatrix} p_{23}^{(1)} \\ p_{23}^{(2)} \\ p_{23}^{(3)} \\ p_{23}^{(4)} \\ \vdots \\ p_{23}^{(n)} \end{bmatrix} \tag{3.3.8}$$

引入简写符号 $B_{1,2}^{(u)}, B_2^{(u)}$，表示矩阵元素 β_1, β_2 在矩阵上三角部分，可写成：

$$B_{1,2}^{(u)}\{p_{12}\} + B_2^{(u)}\{p_{23}\} = 0 \tag{3.3.9}$$

式(3.3.7)可写成：

$$B_{2,3}^{(u)}\{p_{23}\}+B_{2}^{(u)}\{p_{12}\}=0 \tag{3.3.10}$$

合写成分块矩阵的形式：

$$\begin{bmatrix} B_{1,2}^{(u)} & B_{2}^{(u)} \\ B_{2}^{(u)} & B_{2,3}^{(u)} \end{bmatrix}\begin{bmatrix} p_{12} \\ p_{23} \end{bmatrix}=0 \tag{3.3.11}$$

为(2n–2)×2n 阶矩阵，再加上平衡条件：

$$r_1\sum p_{12}^{(j)}=T_1,\ \ r_3\sum p_{23}^{(j)}=T \tag{3.3.12}$$

便可解出 $p_{12}^{(1)},p_{12}^{(2)},\cdots,p_{12}^{(n)},p_{23}^{(1)},p_{23}^{(2)},\cdots p_{23}^{(n)}$。

3.3.2　第二种复合啮合

第二种复合啮合情形如图 3.3.3 所示，由轮 2 驱动轮 1 和轮 3，主动扭矩和两个从动扭矩作用于不同侧。

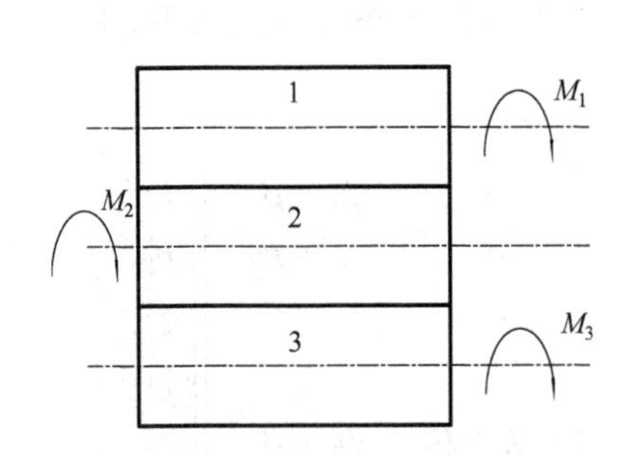

图 3.3.3　复合啮合的第二种情形

$$\phi_1^{(i)}-\phi_1^{(i+1)}=-\frac{r_1 l\cos\alpha}{G_1J_1}\sum_{j=i+1}^{n}p_{12}{}^{(j)} \tag{3.3.13}$$

$$\phi_2^{(i)}-\phi_2^{(i+1)}=\frac{r_2 l\cos\alpha}{G_2J_2}\sum_{j=i+1}^{n}(p_{12}{}^{(j)}+p_{23}{}^{(j)}) \tag{3.3.14}$$

$$\phi_3^{(i)}-\phi_3^{(i+1)}=-\frac{r_3 l\cos\alpha}{G_3J_3}\sum_{j=i+1}^{n}p_{23}{}^{(j)} \tag{3.3.15}$$

分别乘以 $r_1\cos a, r_2\cos a$，考虑变形协调条件，有：

$$p_{12}{}^{(i)}-p_{12}{}^{(i+1)}=-\beta_1\sum_{j=i+1}^{n}p_{12}{}^{(j)}+\beta_2\sum_{j=i+1}^{n}p_{12}{}^{(j)}+\beta_2\sum_{j=i+1}^{n}p_{23}{}^{(j)} \tag{3.3.16}$$

$$p_{23}{}^{(i)}-p_{23}{}^{(i+1)}=-\beta_3\sum_{j=i+1}^{n}p_{23}{}^{(j)}+\beta_2\sum_{j=i+1}^{n}p_{23}{}^{(j)}+\beta_2\sum_{j=i+1}^{n}p_{12}{}^{(j)} \tag{3.3.17}$$

写成矩阵的形式：

$$\begin{bmatrix} B_{1,2}^{(ul)} & B_{2}^{(u)} \\ B_{2}^{(u)} & B_{2,3}^{(ul)} \end{bmatrix}\begin{bmatrix} p_{12} \\ p_{23} \end{bmatrix}=0 \tag{3.3.18}$$

式中：$B_{1,2}^{(ul)}$ 表示分块矩阵，β_1 在矩阵下三角部分，β_2 在上三角部分；$B_{2,3}^{(ul)}$ 类似。

$$B_{1,2}^{(lu)}=\begin{bmatrix} -1-\beta_1 & 1+\beta_2 & \beta_2 & \beta_2 & \cdots & \beta_2 \\ -\beta_1 & -1-\beta_1 & 1+\beta_2 & -\beta_2 & \cdots & \beta_2 \\ -\beta_1 & \cdots & -1-\beta_1 & 1+\beta_2 & \cdots & \beta_2 \\ -\beta_1 & -\beta_1 & \cdots & \ddots & \ddots & \vdots \\ \vdots & \vdots & -1-\beta_1 & -1-\beta_1 & 1+\beta_2 & \beta_2 \\ -\beta_1 & -\beta_1 & \cdots & -\beta_1 & -1-\beta_1 & 1+\beta_2 \end{bmatrix} \tag{3.3.19}$$

$$B_{2,3}^{(lu)}=\begin{bmatrix} -1-\beta_3 & 1+\beta_2 & \beta_2 & \beta_2 & \cdots & \beta_2 \\ -\beta_3 & -1-\beta_3 & 1+\beta_2 & -\beta_2 & \cdots & \beta_2 \\ -\beta_3 & \cdots & -1-\beta_3 & 1+\beta_2 & \cdots & \beta_2 \\ -\beta_3 & -\beta_3 & \cdots & \ddots & \ddots & \vdots \\ \vdots & \vdots & -1-\beta_1 & -1-\beta_3 & 1+\beta_2 & \beta_2 \\ -\beta_3 & -\beta_3 & \cdots & -\beta_3 & -1-\beta_3 & 1+\beta_2 \end{bmatrix} \tag{3.3.20}$$

3.3.3　第三种复合啮合

第三种复合啮合情形如图 3.3.4 所示，轮 2 为主动轮，从动扭矩一个作用于主动扭矩同侧，一个作用于异侧。

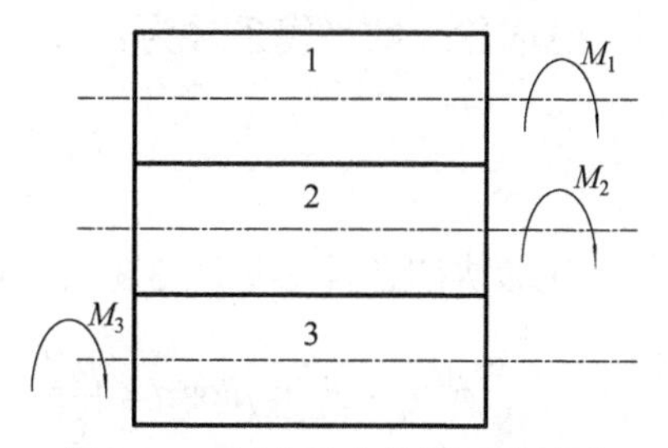

图 3.3.4　复合啮合的第三种情形

$$\phi_1^{(i)}-\phi_1^{(i+1)}=\frac{r_1 l\cos\alpha}{G_1 J_1}\sum_{j=i+1}^{n} p_{12}^{(j)} \tag{3.3.21}$$

$$\phi_2^{(i)}-\phi_2^{(i+1)}=\frac{r_2 l\cos\alpha}{G_2 J_2}\sum_{j=i+1}^{n} (p_{12}^{(j)}+p_{23}^{(j)}) \tag{3.3.22}$$

$$\phi_3^{(i)}-\phi_3^{(i+1)}=-\frac{r_3 l\cos\alpha}{G_3 J_3}\sum_{j=i+1}^{n} p_{23}^{(j)} \tag{3.3.23}$$

$$p_{12}^{(i)}-p_{12}^{(i+1)}=\beta_1\sum_{j=i+1}^{n} p_{12}^{(j)}+\beta_2\sum_{j=i+1}^{n} p_{12}^{(j)}+\beta_2\sum_{j=i+1}^{n} p_{23}^{(j)} \tag{3.3.24}$$

$$p_{23}^{(i)}-p_{23}^{(i+1)}=-\beta_3\sum_{j=i+1}^{n} p_{23}^{(j)}+\beta_2\sum_{j=i+1}^{n} p_{23}^{(j)}+\beta_2\sum_{j=i+1}^{n} p_{12}^{(j)} \tag{3.3.25}$$

写成矩阵的形式：

$$\begin{bmatrix} B_{1,2}^{(lu)} & B_2^{(u)} \\ B_2^{(u)} & B_{2,3}^{(lu)} \end{bmatrix}\begin{bmatrix} p_{12} \\ p_{23} \end{bmatrix}=0 \tag{3.3.26}$$

3.3.4 第四种复合啮合

第四种复合啮合情形如图 3.3.5 所示，轮 2 只作为惰轮，由轮 1 驱动轮 3。

$$\phi_1^{(i)} - \phi_1^{(i+1)} = \frac{r_1 l \cos\alpha}{G_1 J_1} \sum_{j=i+1}^{n} p_{12}^{(j)} \tag{3.3.27}$$

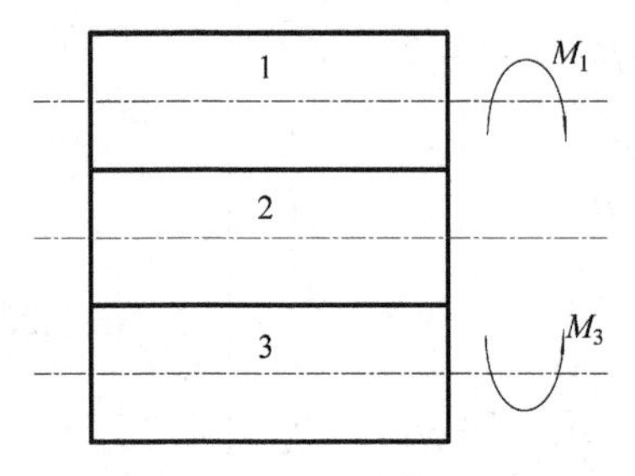

图 3.3.5 复合啮合的第四种情形

$$\phi_3^{(i)} - \phi_3^{(i+1)} = -\frac{r_3 l \cos\alpha}{G_3 J_3} \sum_{j=i+1}^{n} p_{23}^{(j)} \tag{3.3.28}$$

$$\begin{aligned}\phi_2^{(i)} - \phi_2^{(i+1)} &= \frac{r_2 l \cos\alpha}{G_2 J_2} \sum_{j=i+1}^{n} (p_{12}^{(j)} - p_{23}^{(j)}) \\ &= -\frac{r_2 l \cos\alpha}{G_2 J_2} \sum_{j=1}^{i} (p_{12}^{(j)} - p_{23}^{(j)})\end{aligned} \tag{3.3.29}$$

这时轮 2 的平衡条件为：

$$r_2 \sum_{j=1}^{n} (p_{12}^{(j)} - p_{23}^{(j)}) = 0 \tag{3.3.30}$$

变形协调条件参见图 3.3.6，有：

$$(\phi_1^{(i)} r_1 + \phi_2^{(i)} r_2)\cos a = \frac{p_{12}^{(i)}}{C} \tag{3.3.31}$$

$$(\phi_3^{(i)} r_3 - \phi_3^{(i)} r_2)\cos a = \frac{p_{23}^{(i)}}{C} \tag{3.3.32}$$

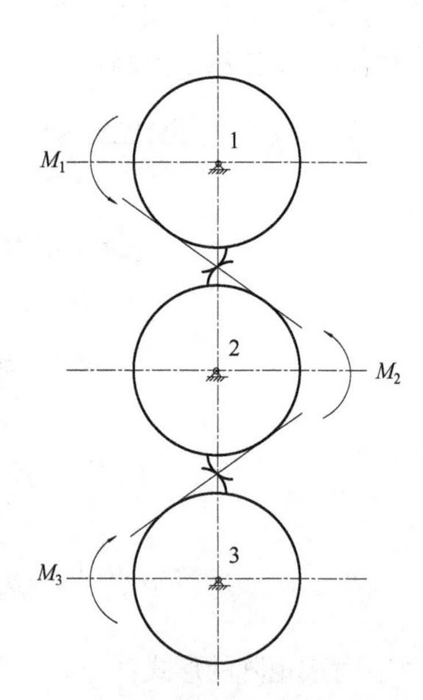

图 3.3.6 复合啮合的变形协调条件

对式(3.3.27)、式(3.3.29)分别乘以 $r_1 \cos a$, $r_2 \cos a$，再相加，得：

$$p_{12}^{(i)} - p_{12}^{(i)} = \beta_1 \sum_{j=i+1}^{n} p_{12}^{(j)} + \beta_2 \sum_{j=i+1}^{n} p_{12}^{(j)} - \beta_2 \sum_{j=i+1}^{n} p_{23}^{(j)} \tag{3.3.33}$$

对式(3.3.28)、式(3.3.29)分别乘以 $r_3 \cos a, r_2 \cos a$，再相减，得：

$$p_{23}^{(i)} - p_{23}^{(i+1)} - \beta_2 \sum_{j=i+1}^{n} p_{23}^{(j)} + \beta_3 \sum_{j=i+1}^{n} p_{23}^{(j)} - \beta_2 \sum_{j=i+1}^{n} p_{23}^{(j)} \tag{3.3.34}$$

写成矩阵的形式：

$$\begin{bmatrix} B_{1,2}^{(u)} & -B_2^{(u)} \\ -B_2^{(u)} & B_{2,3}^{(u)} \end{bmatrix}\begin{bmatrix} p_{12} \\ p_{23} \end{bmatrix}=0 \tag{3.3.35}$$

3.3.5　第五种复合啮合

第五种复合啮合情形如图 3.3.7 所示，轮 2 只作为惰轮，扭矩作用于轮 1 和轮 3 的不同侧。

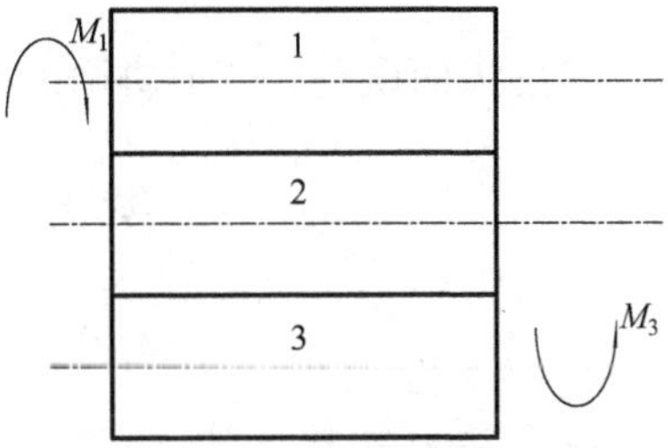

$$\phi_1^{(i)}-\phi_1^{(i+1)}=\frac{r_1 l\cos\alpha}{G_1 J_1}\sum_{j=i+1}^{n} p_{12}^{(j)} \tag{3.3.36}$$

$$\begin{aligned}\phi_2^{(i)}-\phi_2^{(i+1)}&=\frac{r_2 l\cos\alpha}{G_2 J_2}\sum_{j-i+1}^{n}(p_{12}{}^{(j)}-p_{23}{}^{(j)})\\&=-\frac{r_2 l\cos\alpha}{G_2 J_2}\sum_{j=1}^{i}(p_{12}{}^{(j)}-p_{23}{}^{(j)})\end{aligned} \tag{3.3.37}$$

图 3.3.7　复合啮合的第五种情形

$$\phi_3^{(i)}-\phi_3^{(i+1)}=-\frac{r_3 l\cos\alpha}{G_3 J_3}\sum_{j=1}^{i} p_{23}{}^{(j)} \tag{3.3.38}$$

对式(3.3.36)、式(3.3.37)分别乘以 $r_1\cos a, r_2\cos a$，再相加，得：

$$p_{12}{}^{(i)}-p_{12}{}^{(i+1)}=\beta_1\sum_{j=i+1}^{n} p_{12}{}^{(j)}+\beta_2\sum_{j=i+1}^{n} p_{12}{}^{(j)}-\beta_2\sum_{j=i+1}^{n} p_{23}{}^{(j)} \tag{3.3.39}$$

对式(3.3.38)、式(3.3.37)分别乘以 $r_1\cos a, r_2\cos a$，再相减得，得：

$$p_{23}{}^{(i)}-p_{23}{}^{(i+1)}=-\beta_3\sum_{j=1}^{i} p_{23}{}^{(j)}-\beta_2\sum_{j=1}^{i} p_{23}{}^{(j)}+\beta_2\sum_{j=1}^{i} p_{12}{}^{(j)} \tag{3.3.40}$$

这里采用式(3.3.37)的后一式是为了保持形式上的对称性，写成矩阵形式：

$$\begin{bmatrix} B_{1,2}^{(u)} & -B_2^{(u)} \\ B_2^{(l)} & -B_{2,3}^{(l)} \end{bmatrix}\begin{bmatrix} p_{12} \\ p_{23} \end{bmatrix}=0 \tag{3.3.41}$$

$$B_{2,3}^{(l)}=\begin{bmatrix} 1+\beta_2+\beta_3 & 1 & & & \cdots & \\ \beta_2+\beta_3 & 1+\beta_2+\beta_3 & 1 & & \cdots & \\ \beta_2+\beta_3 & \cdots & 1+\beta_2+\beta_3 & 1+\beta_2 & \cdots & \\ \beta_2+\beta_3 & & \cdots & \ddots & \ddots & \vdots \\ \vdots & \vdots & & 1+\beta_2+\beta_3 & 1 & \\ \beta_2+\beta_3 & & \cdots & \beta_2+\beta_3 & -1-\beta_1 & 1 \end{bmatrix} \tag{3.3.42}$$

$$B_2^{(l)}=\beta_2=\begin{bmatrix}1&0&0&0&\cdots&0\\1&1&0&0&\cdots&0\\1&\cdots&1&0&\cdots&0\\1&1&\cdots&\ddots&\ddots&\vdots\\\vdots&\vdots&1&1&1&0\\1&1&\cdots&1&1&0\end{bmatrix}\tag{3.3.43}$$

考虑齿面误差，变形协调条件式(3.3.4)、式(3.3.5)为：

$$(\phi_1^{(i)}r_1+\phi_2^{(i)}r_2)\cos a=\frac{p_{12}^{(i)}}{C}+\delta_{12}^{(i)}\tag{3.3.44}$$

$$(\phi_3^{(i)}r_3+\phi_2^{(i)}r_2)\cos a=\frac{p_{23}^{(i)}}{C}+\delta_{23}^{(i)}\tag{3.3.45}$$

写成矩阵形式：

$$C\begin{bmatrix}1&-1&&&&&\\&1&-1&&&&\\&&1&-1&&&\\&&&\ddots&\ddots&&\\&&&&1&-1&\\&&&&&1&-1\end{bmatrix}\begin{bmatrix}\delta_{12}^{(1)}\\\delta_{12}^{(2)}\\\delta_{12}^{(3)}\\\delta_{12}^{(4)}\\\\\delta_{12}^{(n)}\end{bmatrix}$$

$$=\begin{bmatrix}-1&1+\beta_1+\beta_2&\beta_1+\beta_2&\beta_1+\beta_2&\cdots&\beta_1+\beta_2\\&-1&1+\beta_1+\beta_2&\beta_1+\beta_2&\cdots&\beta_1+\beta_2\\&&-1&1+\beta_1+\beta_2&\cdots&\beta_1+\beta_2\\&&&\ddots&\ddots&\vdots\\&&&-1&1+\beta_1+\beta_2&\beta_1+\beta_2\\&&&&-1&1+\beta_1+\beta_2\end{bmatrix}\begin{bmatrix}p_{12}^{(1)}\\p_{12}^{(2)}\\p_{12}^{(3)}\\p_{12}^{(4)}\\\vdots\\p_{12}^{(n)}\end{bmatrix}$$

$$+\beta_2\begin{bmatrix}0&1&1&1&1&\cdots&1\\&0&1&1&1&\cdots&1\\&&0&1&1&\cdots&1\\&&&\ddots&\ddots&1&\vdots\\&&&&0&1&1\\&&&&&0&1\end{bmatrix}\begin{bmatrix}p_{23}^{(1)}\\p_{23}^{(2)}\\p_{23}^{(3)}\\p_{23}^{(4)}\\\vdots\\p_{23}^{(n)}\end{bmatrix}\tag{3.3.46}$$

令：

$$p_{12}^{(1)} = p_{12}^{(2)} = \cdots = p_{12}^{(n)} = p_{12}^{\mathrm{m}}\,,\quad P_{23}^{(1)} = P_{23}^{(2)} = \cdots = P_{23}^{(n)} = P_{23}^{\mathrm{m}}$$

式中：$p_{12}^{\mathrm{m}}, p_{23}^{\mathrm{m}}$ 分别为轮 1 与轮 2，轮 2 与轮 3 之间平均啮合力。

$$\begin{bmatrix} 1 & -1 & 0 & 0 & \dots & 0 \\ 0 & 1 & -1 & 0 & \cdots & 0 \\ 0 & 0 & 1 & -1 & 0 & \vdots \\ 0 & 0 & 0 & 1 & \ddots & 0 \\ \vdots & \vdots & \vdots & \ddots & \ddots & 0 \\ 0 & 0 & 0 & \dots & 1 & -1 \end{bmatrix} \begin{bmatrix} \delta_{12}^{(1)} \\ \delta_{12}^{(2)} \\ \delta_{12}^{(3)} \\ \delta_{12}^{(4)} \\ \vdots \\ \delta_{12}^{(n)} \end{bmatrix} = \begin{bmatrix} n-1 \\ n-2 \\ \vdots \\ 2 \\ 1 \end{bmatrix} \frac{1}{C}[(\beta_1+\beta_2)p_{12}^{\mathrm{m}} + \beta_2 p_{23}^{\mathrm{m}}] \quad (3.3.47)$$

同理可求轮 2 和轮 3 之间修形量的计算公式：

$$\begin{bmatrix} 1 & -1 & 0 & 0 & \dots & 0 \\ 0 & 1 & -1 & 0 & \cdots & 0 \\ 0 & 0 & 1 & -1 & 0 & \vdots \\ 0 & 0 & 0 & 1 & \ddots & 0 \\ \vdots & \vdots & \vdots & \ddots & \ddots & 0 \\ 0 & 0 & 0 & \dots & 1 & -1 \end{bmatrix} \begin{bmatrix} \delta_{23}^{(1)} \\ \delta_{23}^{(2)} \\ \delta_{23}^{(3)} \\ \delta_{23}^{(4)} \\ \vdots \\ \delta_{23}^{(n)} \end{bmatrix} = \begin{bmatrix} n-1 \\ n-2 \\ \vdots \\ 2 \\ 1 \end{bmatrix} \frac{1}{C}[(\beta_3+\beta_2)p_{23}^{\mathrm{m}} + \beta_2 p_{12}^{\mathrm{m}}] \quad (3.3.48)$$

第二种啮合情形下修形量的计算公式为：

$$\begin{bmatrix} 1 & -1 & 0 & 0 & \dots & 0 \\ 0 & 1 & -1 & 0 & \cdots & 0 \\ 0 & 0 & 1 & -1 & 0 & \vdots \\ 0 & 0 & 0 & 1 & \ddots & 0 \\ \vdots & \vdots & \vdots & \ddots & \ddots & 0 \\ 0 & 0 & 0 & \dots & 1 & -1 \end{bmatrix} \begin{bmatrix} \delta_{12}^{(1)} \\ \delta_{12}^{(2)} \\ \delta_{12}^{(3)} \\ \delta_{12}^{(4)} \\ \vdots \\ \delta_{12}^{(n)} \end{bmatrix} = \begin{bmatrix} (n-1)\beta_2 - \beta_1 \\ (n-2)\beta_2 - 2\beta_1 \\ \vdots \\ 2\beta_2 - (n-2)\beta_1 \\ \beta_2 - (n-2)\beta_1 \end{bmatrix} \frac{p_{12}^{\mathrm{m}}}{C} + \begin{bmatrix} n-1 \\ n-2 \\ n-3 \\ \vdots \\ 2 \\ 1 \end{bmatrix} \frac{p_{23}^{\mathrm{m}}\beta_2}{C}$$

(3.3.49)

$$\begin{bmatrix} 1 & -1 & 0 & 0 & \dots & 0 \\ 0 & 1 & -1 & 0 & \cdots & 0 \\ 0 & 0 & 1 & -1 & 0 & \vdots \\ 0 & 0 & 0 & 1 & \ddots & 0 \\ \vdots & \vdots & \vdots & \ddots & \ddots & 0 \\ 0 & 0 & 0 & \dots & 1 & -1 \end{bmatrix} \begin{bmatrix} \delta_{23}^{(1)} \\ \delta_{23}^{(2)} \\ \delta_{23}^{(3)} \\ \delta_{23}^{(4)} \\ \vdots \\ \delta_{23}^{(n)} \end{bmatrix} = \begin{bmatrix} (n-1)\beta_2 - \beta_1 \\ (n-2)\beta_2 - 2\beta_1 \\ \vdots \\ 2\beta_2 - (n-2)\beta_1 \\ \beta_2 - (n-2)\beta_1 \end{bmatrix} \frac{p_{23}^{\mathrm{m}}}{C} + \begin{bmatrix} n-1 \\ n-2 \\ n-3 \\ \vdots \\ 2 \\ 1 \end{bmatrix} \frac{p_{12}^{\mathrm{m}}\beta_1}{C}$$

(3.3.50)

第三种啮合情形下修形量的计算公式是前面两种修形情形的组合，计算公式为式(3.3.47)和式(3.3.50)。

第四种啮合情形下修形量的计算公式为：

$$\begin{bmatrix} 1 & -1 & 0 & 0 & \dots & 0 \\ 0 & 1 & -1 & 0 & \cdots & 0 \\ 0 & 0 & 1 & -1 & 0 & \vdots \\ 0 & 0 & 0 & 1 & \ddots & 0 \\ \vdots & \vdots & \vdots & \ddots & \ddots & 0 \\ 0 & 0 & 0 & \dots & 1 & -1 \end{bmatrix} \begin{bmatrix} \delta_{12}^{(1)} \\ \delta_{12}^{(2)} \\ \delta_{12}^{(3)} \\ \delta_{12}^{(4)} \\ \vdots \\ \delta_{12}^{(n)} \end{bmatrix} = \begin{bmatrix} n-1 \\ n-2 \\ \vdots \\ 2 \\ 1 \end{bmatrix} \frac{1}{C}[(\beta_1+\beta_2)p_{12}^{\mathrm{m}}+\beta_2 p_{23}^{\mathrm{m}}] \tag{3.3.51}$$

$$\begin{bmatrix} 1 & -1 & 0 & 0 & \dots & 0 \\ 0 & 1 & -1 & 0 & \cdots & 0 \\ 0 & 0 & 1 & -1 & 0 & \vdots \\ 0 & 0 & 0 & 1 & \ddots & 0 \\ \vdots & \vdots & \vdots & \ddots & \ddots & 0 \\ 0 & 0 & 0 & \dots & 1 & -1 \end{bmatrix} \begin{bmatrix} \delta_{23}^{(1)} \\ \delta_{23}^{(2)} \\ \delta_{23}^{(3)} \\ \delta_{23}^{(4)} \\ \vdots \\ \delta_{23}^{(n)} \end{bmatrix} = \begin{bmatrix} n-1 \\ n-2 \\ \vdots \\ 2 \\ 1 \end{bmatrix} \frac{1}{C}[(\beta_3+\beta_2)p_{23}^{\mathrm{m}}-\beta_2 p_{12}^{\mathrm{m}}] \tag{3.3.52}$$

第五种啮合情形下修形量的计算式为式(3.3.51)和下式：

$$\begin{bmatrix} 1 & -1 & 0 & 0 & \dots & 0 \\ 0 & 1 & -1 & 0 & \cdots & 0 \\ 0 & 0 & 1 & -1 & 0 & \vdots \\ 0 & 0 & 0 & 1 & \ddots & 0 \\ \vdots & \vdots & \vdots & \ddots & \ddots & 0 \\ 0 & 0 & 0 & \dots & 1 & -1 \end{bmatrix} \begin{bmatrix} \delta_{23}^{(1)} \\ \delta_{23}^{(2)} \\ \delta_{23}^{(3)} \\ \delta_{23}^{(4)} \\ \vdots \\ \delta_{23}^{(n)} \end{bmatrix} = \begin{bmatrix} 1 \\ 2 \\ \vdots \\ n-2 \\ n-1 \end{bmatrix} \frac{1}{C}[-(\beta_3+\beta_2)p_{23}^{\mathrm{m}}+\beta_2 p_{12}^{\mathrm{m}}] \tag{3.3.53}$$

3.4　圆弧齿轮弯扭变形下的偏载

综合考虑弯扭组合变形时，除了齿面变形 $\dfrac{p^i}{C}$ 以外，还有轮 1 与轮 2 轴心的挠度 Y_1^i, Y_2^i，这些变形同样必须由轴相对于无载荷时的理想接触位置作附加转动来弥补，故有变形协调方程：

$$(\phi_1^{(i)} r_1 + \phi_2^{(i)} r_2)\cos a = \frac{p^{(i)}}{C} + Y_1^{(i)} + Y_2^{(i)},\quad i=1,2,\cdots,n \tag{3.4.1}$$

$$Y_1^i = \sum_{j=1}^{n} p^{(j)} y_1^{(ij)}，\ Y_2^i = \sum_{j=1}^{n} p^{(j)} y_2^{(ij)}，\ Y^{(i)} = Y_1^{(i)} + Y_2^{(i)}$$

式中：$y_1^{(ij)}, y_2^{(ij)}$ 分别为两轮轴的弯曲变形柔度系数；$y^{(ij)}$ 表示在 i 点施加一单位载荷，在 j 点引起的柔度。

根据位移互等定理，有：

$$y^{(ij)} = y^{(ij)}，\ Y^{(i)} = Y_1^{(i)} + Y_2^{(i)} = \sum_{j=1}^{n} (y_1^{(ij)} + y_2^{(ij)}) p^{(j)} = \sum_{j=1}^{n} y^{(ij)} p^{(j)} \tag{3.4.2}$$

类似于前面推导，有：

$$p^{(i)} - p^{(i)} + CY^{(i)} - CY^{(i+1)} = \beta_1 \sum_{j=i+1}^{n} p^{(j)} + \beta_2 \sum_{j=i+1}^{n} p^{(j)} \tag{3.4.3}$$

写成矩阵形式：

$$\begin{bmatrix} 1 & -1 & 0 & 0 & \cdots & 0 \\ 0 & 1 & -1 & 0 & \cdots & 0 \\ 0 & 0 & 1 & -1 & 0 & \vdots \\ 0 & 0 & 0 & 1 & \ddots & 0 \\ \vdots & \vdots & \vdots & \ddots & \ddots & 0 \\ 0 & 0 & 0 & \cdots & 1 & -1 \end{bmatrix} \begin{bmatrix} p^{(1)} \\ p^{(2)} \\ p^{(3)} \\ p^{(4)} \\ \vdots \\ p^{(n)} \end{bmatrix} + C \begin{bmatrix} 1 & -1 & 0 & 0 & \cdots & 0 \\ 0 & 1 & -1 & 0 & \cdots & 0 \\ 0 & 0 & 1 & -1 & 0 & \vdots \\ 0 & 0 & 0 & 1 & \ddots & 0 \\ \vdots & \vdots & \vdots & \ddots & \ddots & 0 \\ 0 & 0 & 0 & \cdots & 1 & -1 \end{bmatrix} \begin{bmatrix} Y^{(1)} \\ Y^{(2)} \\ Y^{(3)} \\ Y^{(4)} \\ \vdots \\ Y^{(n)} \end{bmatrix} =$$

$$\begin{bmatrix} 0 & \beta_1+\beta_2 & \beta_1+\beta_2 & \beta_1+\beta_2 & \beta_1+\beta_2 & \cdots & \beta_1+\beta_2 \\ & 0 & \beta_1+\beta_2 & \beta_1+\beta_2 & \beta_1+\beta_2 & \cdots & \beta_1+\beta_2 \\ & & 0 & \beta_1+\beta_2 & \beta_1+\beta_2 & \cdots & \beta_1+\beta_2 \\ & & & \ddots & \ddots & \vdots & \vdots \\ & & & & 0 & \beta_1+\beta_2 & \beta_1+\beta_2 \\ & & & & & 0 & \beta_1+\beta_2 \end{bmatrix} \begin{bmatrix} p^{(1)} \\ p^{(2)} \\ p^{(3)} \\ p^{(4)} \\ \vdots \\ p^{(n)} \end{bmatrix} = 0 \tag{3.4.4}$$

从而：

$$\begin{bmatrix} Y^{(1)} \\ Y^{(2)} \\ Y^{(3)} \\ Y^{(4)} \\ \vdots \\ Y^{(n)} \end{bmatrix} = \begin{bmatrix} y_{11}^{(11)} & y_{12}^{(12)} & y_{13}^{(13)} & y_{14}^{(14)} & \cdots & y_{1n}^{(1n)} \\ y_{21}^{(21)} & y_{22}^{(22)} & y_{23}^{(23)} & \cdots & \cdots & y_{2n}^{(2n)} \\ y_{31}^{(31)} & y_{32}^{(32)} & \ddots & & & y_{3n}^{(3n)} \\ y_{41}^{(41)} & y_{42}^{(42)} & & \ddots & & \vdots \\ \vdots & \vdots & & & & y_{n-1}^{(n-1)} \\ y_{n1}^{(n1)} & y_{n2}^{(n2)} & \cdots & \cdots & & y_{nn}^{(nn)} \end{bmatrix} \begin{bmatrix} p^{(1)} \\ p^{(2)} \\ p^{(3)} \\ p^{(4)} \\ \vdots \\ p^{(n)} \end{bmatrix}$$

$$
\begin{bmatrix}
1 & -1 & 0 & 0 & \cdots & 0 \\
0 & 1 & -1 & 0 & \cdots & 0 \\
0 & 0 & 1 & -1 & 0 & \vdots \\
0 & 0 & 0 & 1 & \ddots & 0 \\
\vdots & \vdots & \vdots & \ddots & \ddots & 0 \\
0 & 0 & 0 & \cdots & 1 & -1
\end{bmatrix}
\begin{bmatrix}
Y^{(1)} \\ Y^{(2)} \\ Y^{(3)} \\ Y^{(4)} \\ \vdots \\ Y^{(n)}
\end{bmatrix}
=
$$

$$
\begin{bmatrix}
y^{(11)}-y^{(21)} & y^{(12)}-y^{(22)} & y^{(13)}-y^{(23)} & \cdots & y^{(1n)}-y^{(2n)} \\
y^{(21)}-y^{(31)} & y^{(22)}-y^{(32)} & y^{(23)}-y^{(33)} & \cdots & y^{(2n)}-y^{(3n)} \\
y^{(31)}-y^{(41)} & y^{(32)}-y^{(42)} & \ddots & & y^{(3n)}-y^{(4n)} \\
\vdots & \vdots & & \ddots & \vdots \\
\vdots & \vdots & & & y^{(n-2,n-1)}-y^{(n-1,n-1)} \\
y^{(n-1,1)}-y^{(n,1)} & y^{(n-1,2)}-y^{(n,2)} & \cdots & \cdots & y^{(n-1,n)}-y^{(n,n)}
\end{bmatrix}
\begin{bmatrix}
p^{(1)} \\ p^{(2)} \\ p^{(3)} \\ p^{(4)} \\ \vdots \\ p^{(n)}
\end{bmatrix}
$$

合并即为 $p^{(1)},p^{(2)},p^{(3)},\cdots,p^{(n)}$ 所满足的方程组。

3.5 双圆弧齿轮的偏载与修形近似理论

3.5.1 双圆弧齿轮简介

双圆弧齿轮的啮合点的轴向距离不是均匀分布的，图 3.5.1 为双圆弧齿轮法向齿廓图。

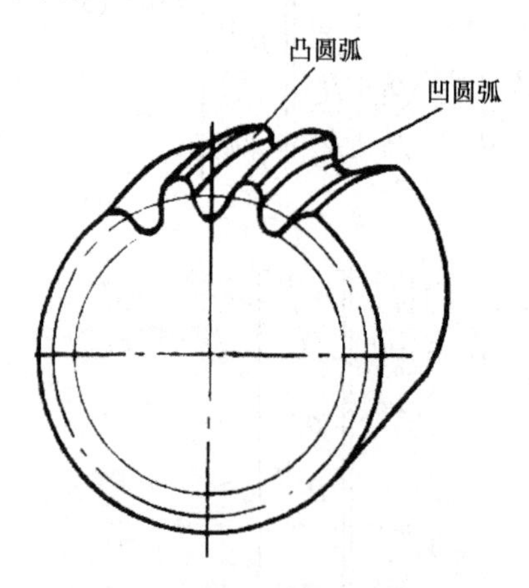

图 3.5.1　双圆弧齿轮法向齿廓图

图 3.5.2 为该齿轮节圆柱展成节平面的展开图。PP 线为啮合线，在节线左右两侧分布着两条啮合线——凸齿啮合线 TT 和凹齿啮合线 AA(啮合线在节平面的投影位置)。L_TL_T 和 Z_TZ_T 为接触线在节平面上的投影；L_TL_T、Z_TZ_T 和 TT 线交点 J_{1T}、J_{2T} 为凸齿接触点在节平面上的投影。Z_AZ_A 和 AA 线交点 J_{2A} 为凹齿接触点在节平面上的投影。图示位置表示轮齿 1 的凸齿廓正在上端面处啮合，接触点为 J_{1T}，轮齿 2 的凹齿廓在 J_{2A} 点处啮合，轮齿 2 的凸齿廓在 J_{2T} 处啮合，因此同一齿上的两个同时接触点间的轴向距离为 q_{TA}，相邻齿接触的轴向距离为：

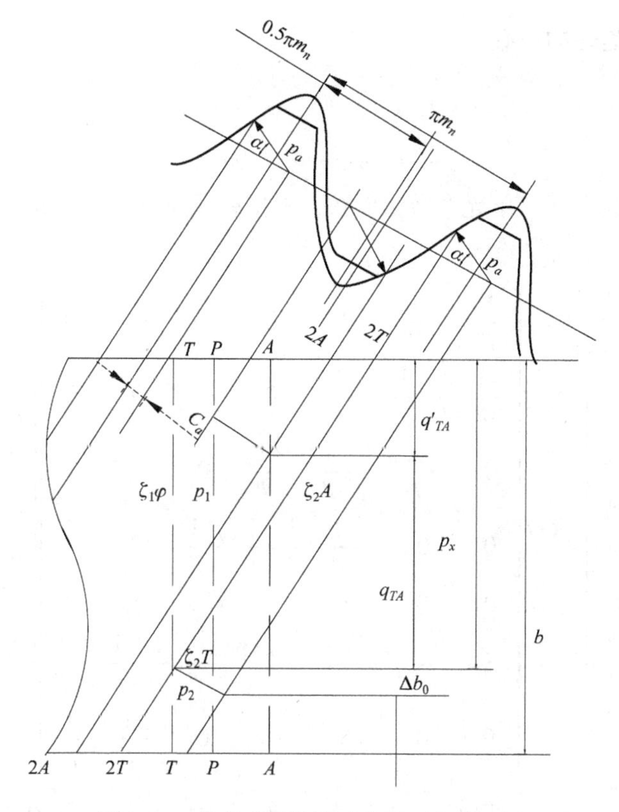

图 3.5.2　齿轮节圆柱展成节平面的展开图

$$q'_{TA} = p_x - q_{TA}$$

由图 3.5.2 可知：

$$q_{TA} = p_1 p_2 - 2\Delta b$$

式中：

$$p_1 p_2 = \frac{O_{A2}O_{T2}}{\sin\beta} = \frac{C_a - 0.5j + 0.5\pi m_n + C_a}{\sin\beta}$$

$$2\Delta b_0 = 2p_a\cos\alpha\sin\beta$$

$$q_{TA} = \frac{0.5\pi m_n + 2C_a - 0.5j}{\sin\beta} - 2p_a\cos\alpha\sin\beta$$

式中：C_a 为齿廓圆弧中心偏离轮齿对称轴线的距离；j 为齿侧间隙。

此外，双圆弧齿轮啮合点到齿轮轴线的距离也不一样。相邻两个啮合点，如果其一为轮 1 的凸齿廓向啮合，到另一啮合点必为轮 1 的凹齿廓与轮 2 凸齿廓相接触。由于凹凸齿啮合点所在圆周半径之差相对于分度圆半径来说很小，故近似认为无论凹齿还是凸齿接触点都在分度圆柱上。

3.5.2 双圆弧齿轮的偏载

设：

$$l = q_{TA}\text{，}\quad l' = q'_{TA}$$

如啮合点为奇数，单元个数为偶数，根据有限元节点力矩和节点位移之间的关系，有：

$$\begin{bmatrix} T^{(1)} \\ T^{(2)} \\ T^{(3)} \\ T^{(4)} \\ \vdots \\ T^{(n)} \end{bmatrix} = GJ \begin{bmatrix} \frac{1}{l} & -\frac{1}{l'} & 0 & 0 & \cdots & \cdots & 0 \\ -\frac{1}{l'} & \frac{1}{l}+\frac{1}{l'} & -\frac{1}{l'} & 0 & \cdots & 0 & 0 \\ 0 & -\frac{1}{l'} & \frac{1}{l}+\frac{1}{l'} & -\frac{1}{l'} & 0 & \vdots & \vdots \\ 0 & 0 & -\frac{1}{l'} & \frac{1}{l}+\frac{1}{l'} & -\frac{1}{l'} & 0 & \vdots \\ 0 & 0 & \ddots & \ddots & \ddots & \ddots & 0 \\ \vdots & \cdots & \cdots & 0 & -\frac{1}{l'} & \frac{1}{l}+\frac{1}{l'} & -\frac{1}{l'} \\ 0 & 0 & 0 & \cdots & 0 & -\frac{1}{l'} & \frac{1}{l'} \end{bmatrix} \begin{bmatrix} \delta^{(1)} \\ \delta^{(2)} \\ \delta^{(3)} \\ \delta^{(4)} \\ \vdots \\ \delta^{(n)} \end{bmatrix} \tag{3.5.1}$$

$$\begin{bmatrix} T^{(1)} \\ T^{(2)} \\ T^{(3)} \\ T^{(4)} \\ \vdots \\ T^{(n)} \end{bmatrix} = \frac{GJ}{ll'} \begin{bmatrix} l' & -l' & 0 & 0 & 0 & \cdots & 0 \\ -l' & l+l' & -l' & 0 & \cdots & 0 & 0 \\ 0 & -l' & l+l' & -l' & 0 & \vdots & \vdots \\ 0 & 0 & -l' & l+l' & -l' & 0 & \vdots \\ 0 & \cdots & \ddots & \ddots & \ddots & \ddots & 0 \\ \vdots & \cdots & \cdots & 0 & -l' & l+l' & -l' \\ 0 & 0 & 0 & \cdots & 0 & -l' & l \end{bmatrix} \begin{bmatrix} \delta^{(1)} \\ \delta^{(2)} \\ \delta^{(3)} \\ \delta^{(4)} \\ \vdots \\ \delta^{(n)} \end{bmatrix} \tag{3.5.2}$$

对轮 1 和轮 2 分别有：

$$\frac{ll'}{G_1J_1}\{T_1\} = [k]\{\phi_1\}\text{，}\quad \frac{ll'}{G_2J_2}\{T_2\} = [k]\{\phi_2\}$$

分别乘以 $r_1\cos\alpha, r_2\cos\alpha$，再相加，得：

$$\frac{ll'r_1\cos\alpha}{G_1J_1}\{T_1\} + \frac{ll'r_2\cos\alpha}{G_2J_2}\{T_2\} = [k](\{\phi_1\}r_1 + \{\phi_2\}r_2)\cos\alpha = \frac{[k]\{p\}}{C}$$

再将$\{T_1\}$用$\{p\}$的表示式代入，经整理得：

$$
\begin{bmatrix}
l' & -l'-ll'(\beta_1+\beta_2) & -ll'(\beta_1+\beta_2) & -ll'(\beta_1+\beta_2) \\
-l' & l+l'-ll'(\beta_1+\beta_2) & -l & 0 \\
0 & -l & l+l'-ll'(\beta_1+\beta_2) & \vdots \\
0 & 0 & -l' & l+l'-ll'(\beta_1+\beta_2) \\
0 & 0 & 0 & \\
\vdots & \vdots & \vdots & \ddots \\
0 & 0 & 0 & 0
\end{matrix}
$$

$$
\begin{matrix}
-ll'(\beta_1+\beta_2) & \cdots & -ll'(\beta_1+\beta_2) \\
0 & 0 & 0 \\
\vdots & \vdots & 0 \\
0 & 0 & \vdots \\
\ddots & \ddots & 0 \\
-l' & l+l'-ll'(\beta_1+\beta_2) & -l \\
0 & -l' & l+l'-ll'(\beta_1+\beta_2)
\end{bmatrix}
\begin{bmatrix}
p^{(1)} \\ p^{(2)} \\ p^{(3)} \\ p^{(4)} \\ p^{(5)} \\ \vdots \\ p^{(n)}
\end{bmatrix}
=0 \tag{3.5.3}
$$

如载荷作用于齿轮不同侧，则有：

$$
\begin{bmatrix}
l'+\beta_2 ll' & -l'-ll'\beta_1 & -ll'\beta_1 & -ll'\beta_1 \\
-l' & l+l'+ll'(\beta_1+\beta_2) & -l & 0 \\
-l' & -l & l+l'+ll'(\beta_1+\beta_2) & \vdots \\
\vdots & 0 & -l' & l+l'-ll'(\beta_1+\beta_2) \\
-l' & 0 & 0 & \\
-l' & \vdots & \vdots & \ddots \\
-ll'\beta_2 & -ll'\beta_2 & -ll'\beta_2 & \cdots
\end{matrix}
$$

$$
\begin{matrix}
-ll'\beta_1 & \cdots & -ll'\beta_1 \\
0 & 0 & 0 \\
\vdots & \vdots & 0 \\
0 & 0 & \vdots \\
\ddots & \ddots & 0 \\
-l' & l+l'+ll'(\beta_1+\beta_2) & -l \\
-ll'\beta_2 & -l'l\beta_2 & l-ll'\beta_2
\end{bmatrix}
\begin{bmatrix}
p^{(1)} \\ p^{(2)} \\ p^{(3)} \\ p^{(4)} \\ p^{(5)} \\ \vdots \\ p^{(n)}
\end{bmatrix}
=0 \tag{3.5.4}
$$

式中：

$$\beta_1=\frac{Cr_2{}^2\cos^2\alpha}{G_1J_1},\quad \beta_2=\frac{Cr_2{}^2\cos^2\alpha}{G_2J_2}$$

也可以直接对轮体扭矩和扭转变形加以分析得到。

$$\phi_1{}^{(i)}-\phi_1{}^{(i+1)}=\frac{l^{(i)}r_1\cos\alpha}{G_1J_1}\sum_{j=i+1}^{n}p^{(j)}$$

$$\phi_2{}^{(i)}-\phi_2{}^{(i+1)}=-\frac{l^{(i)}r_2\cos\alpha}{G_2J_2}\sum_{j=i+1}^{n}p^{(j)}$$

当i为奇数时，$l^{(i)}=l$；当i为偶数时，$l^{(i)}=l'$。分别乘以$r_1\cos\alpha,r_2\cos\alpha$，再相加，考虑变形协调条件，有：

$$p^{(i)}-p^{(i+1)}=\frac{Cl^{(i)}r_1{}^2\cos^2\alpha}{G_1J_1}\sum_{j=i+1}^{n}p^{(j)}+\frac{Cl^{(i)}r_2{}^2\cos^2\alpha}{G_2J_2}\sum_{j=i+1}^{n}p^{(j)},\quad i=1,2,\cdots,n-1$$

写成矩阵形式：

$$\begin{bmatrix}-1 & 1+l(\beta_1+\beta_2) & l(\beta_1+\beta_2) & l(\beta_1+\beta_2) & \cdots & \cdots & l(\beta_1+\beta_2)\\ 0 & -1 & 1+l'(\beta_1+\beta_2) & l'(\beta_1+\beta_2) & \cdots & \cdots & l'(\beta_1+\beta_2)\\ 0 & 0 & -1 & 1+l(\beta_1+\beta_2) & l(\beta_1+\beta_2) & \cdots & \vdots\\ \vdots & 0 & 0 & -1 & 1+l'(\beta_1+\beta_2) & l'(\beta_1+\beta_2) & \vdots\\ 0 & 0 & 0 & \cdots & \ddots & \ddots & \vdots\\ 0 & \vdots & \vdots & \ddots & -1 & l+l(\beta_1+\beta_2) & l(\beta_1+\beta_2)\\ 0 & 0 & 0 & \cdots & 0 & -l & 1+l'(\beta_1+\beta_2)\end{bmatrix}\begin{bmatrix}p^{(1)}\\ p^{(2)}\\ p^{(3)}\\ p^{(4)}\\ p^{(5)}\\ \vdots\\ p^{(n)}\end{bmatrix}=0$$

对第1,3,5,$\cdots$行乘以l'，对第2,4,6,$\cdots$行乘以l，得：

$$
\begin{bmatrix}
-l' & 1+ll'(\beta_1+\beta_2) & ll'(\beta_1+\beta_2) & ll'(\beta_1+\beta_2) & \cdots & \cdots & ll'(\beta_1+\beta_2) \\
0 & -l & l+ll'(\beta_1+\beta_2) & ll'(\beta_1+\beta_2) & \cdots & \cdots & ll'(\beta_1+\beta_2) \\
0 & 0 & -l' & l'+l'l(\beta_1+\beta_2) & ll'(\beta_1+\beta_2) & \vdots & ll'(\beta_1+\beta_2) \\
\vdots & 0 & 0 & -l & l'+l'l(\beta_1+\beta_2) & ll'(\beta_1+\beta_2) & \vdots \\
0 & 0 & 0 & \ddots & \ddots & \ddots & \ddots \\
0 & \vdots & \vdots & \ddots & -l & l'+l'l(\beta_1+\beta_2) & ll'(\beta_1+\beta_2) \\
0 & 0 & 0 & \cdots & 0 & -l & l+ll'(\beta_1+\beta_2)
\end{bmatrix}
\begin{bmatrix}
p^{(1)} \\ p^{(2)} \\ p^{(3)} \\ p^{(4)} \\ p^{(5)} \\ \vdots \\ p^{(n)}
\end{bmatrix} = 0 \qquad (3.5.5)
$$

易看出式(3.5.5)与式(3.5.3)是等效的。

当扭矩作用于两轮不同侧时，则有：

$$\phi_1^{(i)} - \phi_1^{(i+1)} = \frac{l^{(i)} r_1 \cos\alpha}{G_1 J_1} \sum_{j=i+1}^{n} p^{(j)}$$

$$\phi_2^{(i)} - \phi_2^{(i+1)} = -\frac{l^{(i)} r_2 \cos\alpha}{G_2 J_2} \sum_{j=i+1}^{n} p^{(j)}$$

$$p^{(i)} - p^{(i+1)} = -l^{(i)} \beta_1 \sum_{j=i+1}^{n} p^{(j)} - l^{(i)} \beta_2 \sum_{j=i+1}^{n} p^{(j)}$$

写成矩阵形式：

$$
\begin{bmatrix}
l+l\beta_2 & -l-l\beta_1 & -l\beta_1 & -l\beta_1 & \cdots & -l\beta_1 \\
l'\beta_2 & l+l'\beta_2 & -l-l\beta_1 & -l'\beta_1 & \cdots & -l'\beta_1 \\
l\beta_2 & \cdots & l+l\beta_2 & & \cdots & -l\beta_1 \\
\vdots & \vdots & \vdots & \ddots & \cdots & \vdots \\
l\beta_2 & \cdots & \cdots & l+l\beta_2 & -l-l\beta_1 & -l-l\beta_1 \\
l'\beta_2 & \cdots & \cdots & \cdots & l+l'\beta_2 & -l-l'\beta_1
\end{bmatrix}
\begin{bmatrix}
p^{(1)} \\ p^{(2)} \\ p^{(3)} \\ p^{(4)} \\ \vdots \\ p^{(n)}
\end{bmatrix} = 0
$$

对第1,3,5,⋯行乘以 l'，对第 2,4,6,⋯行乘以 l，得：

$$\begin{bmatrix} l'+l\beta_2 & -l'-l\beta_1 & -ll'\beta_1 & -ll'\beta_1 & \cdots & -l'l\beta_1 \\ ll'\beta_2 & l+ll'\beta_2 & -l-l'l\beta_1 & -ll'\beta_1 & \cdots & -ll'\beta_1 \\ ll'\beta_2 & \cdots & l'+ll'\beta_2 & & \cdots & -ll'\beta_1 \\ \vdots & \vdots & \vdots & \ddots & \cdots & \vdots \\ l'\beta_2 & \cdots & \cdots & l'+ll'\beta_2 & -l'-ll'\beta_1 & -l'-ll'\beta_1 \\ ll'\beta_2 & \cdots & \cdots & ll'\beta_2 & l+ll'\beta_2 & -l-ll'\beta_1 \end{bmatrix} \begin{bmatrix} p^{(1)} \\ p^{(2)} \\ p^{(3)} \\ p^{(4)} \\ \vdots \\ p^{(n)} \end{bmatrix} = 0 \qquad (3.5.6)$$

易看出式(3.5.6)与式(3.5.4)也是等效的。

3.5.3　考虑齿面误差

考虑齿廓误差，有：

$$\begin{bmatrix} 1 & -1 & 0 & 0 & \ldots & 0 \\ 0 & 1 & -1 & 0 & \cdots & 0 \\ 0 & 0 & 1 & -1 & 0 & \vdots \\ 0 & 0 & 0 & 1 & \ddots & 0 \\ \vdots & \vdots & \vdots & \ddots & \ddots & 0 \\ 0 & 0 & \cdots & 0 & 1 & 1 \end{bmatrix} \begin{bmatrix} p^{(1)} \\ p^{(2)} \\ p^{(3)} \\ p^{(4)} \\ \vdots \\ p^{(n)} \end{bmatrix} + C \begin{bmatrix} 1 & -1 & 0 & 0 & \ldots & 0 \\ 0 & 1 & -1 & 0 & \cdots & 0 \\ 0 & 0 & 1 & -1 & 0 & \vdots \\ 0 & 0 & 0 & 1 & \ddots & 0 \\ \vdots & \vdots & \vdots & \ddots & \ddots & 0 \\ 0 & 0 & \cdots & 0 & 1 & -1 \end{bmatrix} \begin{bmatrix} \delta^{(1)} \\ \delta^{(2)} \\ \delta^{(3)} \\ \delta^{(4)} \\ \vdots \\ \delta^{(n)} \end{bmatrix}$$

$$= \begin{bmatrix} 0 & l(\beta_1+\beta_2) & l(\beta_1+\beta_2) & l(\beta_1+\beta_2) & \cdots & l(\beta_1+\beta_2) \\ 0 & 0 & l'(\beta_1+\beta_2) & l'(\beta_1+\beta_2) & \cdots & l'(\beta_1+\beta_2) \\ 0 & 0 & 0 & l(\beta_1+\beta_2) & \cdots & l(\beta_1+\beta_2) \\ 0 & 0 & 0 & \ddots & \ddots & \vdots \\ \vdots & \vdots & 0 & \ddots & l(\beta_1+\beta_2) & l(\beta_1+\beta_2) \\ 0 & 0 & 0 & \cdots & 0 & l'(\beta_1+\beta_2) \end{bmatrix} \begin{bmatrix} p^{(1)} \\ p^{(2)} \\ p^{(3)} \\ p^{(4)} \\ \vdots \\ p^{(n)} \end{bmatrix}$$

令：

$$p^{(1)} = p^{(2)} = \cdots = p^{(n)} = p_{\mathrm{m}}$$

$$\begin{bmatrix} 1 & -1 & 0 & 0 & \ldots & 0 \\ 0 & 1 & -1 & 0 & \cdots & 0 \\ 0 & 0 & 1 & -1 & 0 & \vdots \\ 0 & 0 & 0 & 1 & \ddots & 0 \\ \vdots & \vdots & \vdots & \ddots & \ddots & 0 \\ 0 & 0 & \cdots & 0 & 1 & -1 \end{bmatrix} \begin{bmatrix} \delta^{(1)} \\ \delta^{(2)} \\ \delta^{(3)} \\ \delta^{(4)} \\ \vdots \\ \delta^{(n)} \end{bmatrix} = \frac{(\beta_1+\beta_2)p_{\mathrm{m}}}{C} \begin{bmatrix} (n-1)l \\ (n-2)l' \\ (n-3)l \\ \vdots \\ 2l \\ l' \end{bmatrix}$$

当扭矩作用于两轮不同侧时，有：

$$\begin{bmatrix} 1 & -1 & 0 & 0 & \dots & 0 \\ 0 & 1 & -1 & 0 & \cdots & 0 \\ 0 & 0 & 1 & -1 & 0 & \vdots \\ 0 & 0 & 0 & 1 & \ddots & 0 \\ \vdots & \vdots & \vdots & \ddots & \ddots & 0 \\ 0 & 0 & \cdots & 0 & 1 & -1 \end{bmatrix} \begin{bmatrix} \delta^{(1)} \\ \delta^{(2)} \\ \delta^{(3)} \\ \delta^{(4)} \\ \vdots \\ \delta^{(n)} \end{bmatrix} = \frac{p_{\mathrm{m}}}{C} \begin{bmatrix} [(n-1)\beta_1 - \beta_2]l \\ [(n-2)\beta_1 - 2\beta_2]l' \\ [(n-3)\beta_1 - 3\beta_2]l \\ \vdots \\ [2\beta_1 - (n-2)\beta_2]l \\ [(\beta_1 - (n-1)\beta_2]l' \end{bmatrix} \tag{3.5.7}$$

特殊地，当 $r_1 = r_2, \beta_1 = \beta_2 = \beta$ 时，式(3.5.7)成为：

$$\begin{bmatrix} 1 & -1 & 0 & 0 & \dots & 0 \\ 0 & 1 & -1 & 0 & \cdots & 0 \\ 0 & 0 & 1 & -1 & 0 & \vdots \\ 0 & 0 & 0 & 1 & \ddots & 0 \\ \vdots & \vdots & \vdots & \ddots & \ddots & 0 \\ 0 & 0 & \cdots & 0 & 1 & -1 \end{bmatrix} \begin{bmatrix} \delta^{(1)} \\ \delta^{(2)} \\ \delta^{(3)} \\ \delta^{(4)} \\ \vdots \\ \delta^{(n)} \end{bmatrix} = \frac{\beta p_{\mathrm{m}}}{C} \begin{bmatrix} (n-2)l \\ (n-4)l' \\ (n-6)l \\ \vdots \\ -(n-4)l \\ -(n-2)l' \end{bmatrix}$$

令载荷最小点 δ 为 0，便可求出各点修形量。

3.6　双圆弧齿轮的偏载的精确理论

3.6.1　双圆弧齿轮的啮合力学模型

双圆弧齿轮的啮合力学模型如图 3.6.1 所示。两圆柱形扭杆沿圆柱母线分布一系列弹性簧片，两圆柱体通过这些弹性簧片偏载，但这些簧片长短不一，由一轮伸出的长簧片与另一轮伸出的短簧片偏载，短簧片与另一轮伸出的长簧片偏载，相邻簧片之间的轴向距离分别为 l 和 l'，假定第1,3,5,⋯偏载点为轮 1 的凸齿廓和轮 2 的凹齿廓相啮合，第2,4,6,⋯偏载点为轮 1 的凹齿廓和轮 2 的凸齿廓相啮合。从奇数啮合点到偶数啮合点的轴向距离为 l，从偶数啮合点到奇数啮合点的轴向距离为 l'。

当 i 为奇数时，有：

$$\phi_1^{(i)} - \phi_1^{(i+1)} = \frac{l\cos\alpha}{G_1 J_1} \sum_{j=i+1}^{n} p^{(j)} r_1^{(j)} \tag{3.6.1}$$

$$\phi_1^{(i+1)} - \phi_1^{(i+2)} = \frac{l'\cos\alpha}{G_2 J_2} \sum_{j=i+2}^{n} p^{(j)} r_1^{(j)}, \quad i = 1,3,\cdots,n-3 \tag{3.6.2}$$

两式相加，得：

$$\phi_1^{(i)}-\phi_1^{(i+2)}=\frac{l}{G_1J_1}\sum_{j=i+1}^{n}p^{(j)}r_1^{(j)}\cos\alpha+\frac{l'}{G_2J_2}\sum_{j=i+2}^{n}p^{(j)}r_1^{(j)}\cos\alpha \tag{3.6.3}$$

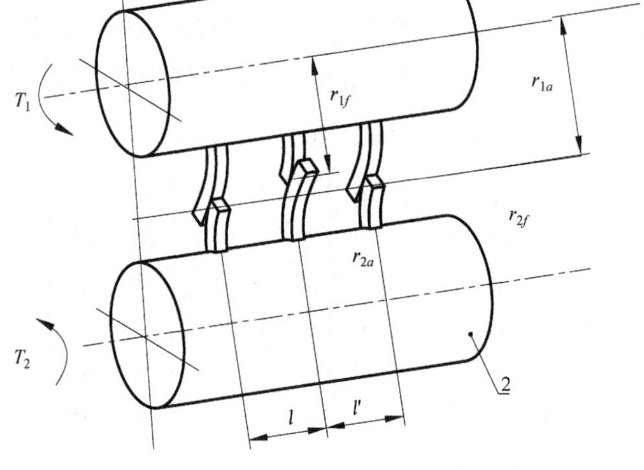

图 3.6.1　双圆弧齿轮的啮合力学模型

式中：j 为奇数时 $r_1^{(j)}=r_{1a}$，j 为偶数时 $r_1^{(j)}=r_{1f}$，其中 r_{1a},r_{1f} 分别为轮 1 的凸齿和凹齿所在圆柱的半径。

对轮 2 有：

$$\phi_2^{(i)}-\phi_2^{(i+2)}=\frac{l}{G_2J_2}\sum_{j=i+1}^{n}p^{(j)}r_2^{(j)}\cos\alpha+\frac{l'}{G_2J_2}\sum_{j=i+2}^{n}p^{(j)}r_2^{(j)}\cos\alpha \tag{3.6.4}$$

式中：j 为奇数时 $r_2^{(j)}=r_{2f}$，j 为偶数时 $r_2^{(j)}=r_{2a}$，其中 r_{2a},r_{2f} 分别为轮 2 的凸齿和凹齿所在圆柱的半径。

变形协调条件为：

$$(\phi_1^{(i)}r_{1a}+\phi_2^{(i)}r_{2f})\cos\alpha=\frac{p_{\mathrm{m}}}{C}，\ i\text{ 为奇数} \tag{3.6.5}$$

将式(3.6.3)、式(3.6.4)分别乘以 $r_{1a}\cos\alpha,r_{2f}\cos\alpha$，再相加，考虑到变形协调条件式(3.6.5)，注意到 $i+2$ 为奇数，有：

$$\begin{aligned}\frac{p^{(i)}}{C}-\frac{p^{(i+1)}}{C}=&\frac{lr_{1a}\cos^2\alpha}{G_1J_1}\sum_{j=i+1}^{n}p^{(j)}r_1^{(j)}+\frac{l'r_{1a}\cos^2\alpha}{G_1J_1}\sum_{j=i+2}^{n}p^{(j)}r_1^{(j)}\\&+\frac{lr_{2f}\cos^2\alpha}{G_2J_2}\sum_{j=i+1}^{n}p^{(j)}r_2^{(j)}+\frac{l'r_{2f}\cos^2\alpha}{G_2J_2}\sum_{j=i+1}^{n}p^{(j)}r_2^{(j)}\end{aligned} \tag{3.6.6}$$

当 i 为偶数时，有：

$$\phi_1^{(i)} - \phi_1^{(i+1)} = \frac{l'}{G_1 J_1} \sum_{j=i+1}^{n} p^{(j)} r_1^{(j)} \cos\alpha \tag{3.6.7}$$

$$\phi_1^{(i+1)} - \phi_1^{(i+2)} = \frac{l}{G_2 J_2} \sum_{j=i+2}^{n} p^{(j)} r_1^{(j)} \cos\alpha\,,\quad i = 2,4,\cdots,n-2 \tag{3.6.8}$$

两式相加，得：

$$\phi_1^{(i)} - \phi_1^{(i+2)} = \frac{l'}{G_1 J_1} \sum_{j=i+1}^{n} p^{(j)} r_1^{(j)} \cos\alpha + \frac{l}{G_2 J_2} \sum_{j=i+2}^{n} p^{(j)} r_1^{(j)} \cos\alpha \tag{3.6.9}$$

对轮 2 有：

$$\phi_2^{(i)} - \phi_2^{(i+2)} = \frac{l'}{G_2 J_2} \sum_{j=i+1}^{n} p^{(j)} r_2^{(j)} \cos\alpha + \frac{l}{G_2 J_2} \sum_{j=i+2}^{n} p^{(j)} r_2^{(j)} \cos\alpha \tag{3.6.10}$$

变形协调条件为：

$$(\phi_1^{(i)} r_{1f} + \phi_2^{(i)} r_{2a})\cos\alpha = \frac{p_{\mathrm{m}}}{C}\,,\quad i\ 为偶数 \tag{3.6.11}$$

将式(3.6.9)、式(3.6.10)分别乘以 $r_{1f}\cos\alpha, r_{2a}\cos\alpha$，再相加，考虑变形协调条件式(3.6.11)，注意到 $i+2$ 为偶数，有：

$$\begin{aligned}\frac{p^{(i)}}{C} - \frac{p^{(i+1)}}{C} = {} & \frac{l' r_{1f} \cos^2\alpha}{G_1 J_1} \sum_{j=i+1}^{n} p^{(j)} r_1^{(j)} + \frac{l r_{1f} \cos^2\alpha}{G_1 J_1} \sum_{j=i+2}^{n} p^{(j)} r_1^{(j)} \\ & + \frac{l' r_{2a} \cos^2\alpha}{G_2 J_2} \sum_{j=i+1}^{n} p^{(j)} r_2^{(j)} + \frac{l r_{2a} \cos^2\alpha}{G_2 J_2} \sum_{j=i+1}^{n} p^{(j)} r_2^{(j)}\end{aligned} \tag{3.6.12}$$

将式(3.6.6)与式(3.6.12)合并，写成矩阵形式，得：

$$\begin{bmatrix} -1 & l(\beta_{1a}\beta_{1f} + \beta_{2a}\beta_{2f}) & 1 + p_x(\beta_{1a}^2 + \beta_{2f}^2) & p_x(\beta_{1a}\beta_{1f} + \beta_{2a}\beta_{2f}) & p_x(\beta_{1a}^2 + \beta_{2f}^2) & \cdots & p_x(\beta_{1a}\beta_{1f} + \beta_{2a}\beta) \\ 0 & -1 & l'(\beta_{1a}\beta_{1f} + \beta_{2a}\beta_{2f}) & 1 + p_x(\beta_{1a}^2 + \beta_{2f}^2) & p_x(\beta_{1a}\beta_{1f} + \beta_{2a}\beta) & \cdots & p_x(\beta_{1a}^2 + \beta_{2f}^2) \\ 0 & 0 & -1 & l'(\beta_{1a}\beta_{1f} + \beta_{2a}\beta_{2f}) & 1 + p_x(\beta_{1a}^2 + \beta_{2f}^2) & \cdots & \vdots \\ \vdots & \vdots & \vdots & \ddots & \ddots & \ddots & \vdots \\ 0 & 0 & 0 & 0 & -1 & l'(\beta_{1a}\beta_{1f} + \beta_{2a}\beta_{2f}) & 1 + p_x(\beta_{1a}^2 + \beta_{2f}^2) \end{bmatrix}_{(n-2)\times n} \begin{bmatrix} p^{(1)} \\ p^{(2)} \\ p^{(3)} \\ \vdots \\ p^{(n)} \end{bmatrix} = 0 \tag{3.6.13}$$

式中：

$$\beta_{1a}^2=\frac{Cr_{1a}^2\cos^2\alpha}{G_1J_1}\text{，}\quad \beta_{1f}^2=\frac{Cr_{1f}^2\cos^2\alpha}{G_1J_1}$$

$$\beta_{2a}^2=\frac{Cr_{2a}^2\cos^2\alpha}{G_2J_2}\text{，}\quad \beta_{2f}^2=\frac{Cr_{2f}^2\cos^2\alpha}{G_2J_2}$$

将以上 $n-2$ 个方程和平衡方程：

$$T_1=\sum_{i=1}^{n}p^{(i)}r_1^{(i)}\cos\alpha\text{，}\quad T_2=\sum_{i=1}^{n}p^{(i)}r_2^{(i)}\cos\alpha \tag{3.6.14}$$

联立便可求出 $p^{(1)},p^{(2)},\cdots,p^{(n)}$。

当扭矩从两轮不同侧输入，对轮 1，有：

$$\phi_1^{(i)}-\phi_1^{(i+2)}=\frac{l}{G_1J_1}\sum_{j=i+1}^{n}p^{(j)}r_1^{(j)}\cos\alpha+\frac{l'}{G_1J_1}\sum_{j=i+2}^{n}p^{(j)}r_1^{(j)}\cos\alpha$$

对轮 2，有：

$$\phi_2^{(i)}-\phi_2^{(i+1)}=\frac{-l}{G_2J_2}\sum_{j=1}^{i}p^{(j)}r_2^{(j)}\cos\alpha$$

$$\phi_2^{(i+1)}-\phi_2^{(i+2)}=\frac{-l'}{G_2J_2}\sum_{j=i}^{i+1}p^{(j)}r_2^{(j)}\cos\alpha$$

两式相加，得：

$$\phi_2^{(i)}-\phi_2^{(i+2)}=\frac{-l}{G_2J_2}\sum_{j=1}^{i}p^{(j)}r_2^{(j)}\cos\alpha-\frac{l'}{G_2J_2}\sum_{j=1}^{i+1}p^{(j)}r_2^{(j)}\cos\alpha$$

分别乘以 $r_{1a}\cos\alpha,r_{2f}\cos\alpha$，再相加，考虑变形协调条件，有：

$$\frac{p^{(i)}}{C}-\frac{p^{(i+1)}}{C}=\frac{lr_{1a}\cos^2\alpha}{G_1J_1}\sum_{j=i+1}^{n}p^{(j)}r_1^{(j)}+\frac{l'r_{1a}\cos^2\alpha}{G_1J_1}\sum_{j=i+2}^{n}p^{(j)}r_1^{(j)}$$
$$-\frac{lr_{2f}\cos^2\alpha}{G_2J_2}\sum_{j=1}^{i}p^{(j)}r_2^{(j)}+\frac{l'r_{2f}\cos^2\alpha}{G_2J_2}\sum_{j=1}^{i+1}p^{(j)}r_2^{(j)},\quad i=1,3,5,\cdots \tag{3.6.15}$$

当 i 为偶数时，对轮 1，有：

$$\phi_1^{(i)}-\phi_1^{(i+2)}=\frac{l'}{G_1J_1}\sum_{j=i+1}^{n}p^{(j)}r_1^{(j)}\cos\alpha+\frac{l}{G_1J_1}\sum_{j=i+2}^{n}p^{(j)}r_1^{(j)}\cos\alpha$$

对轮 2，有：

$$\phi_2^{(i)}-\phi_2^{(i+1)}=\frac{-l'}{G_2J_2}\sum_{j=1}^{i}p^{(j)}r_2^{(j)}\cos\alpha$$

$$\phi_2^{(i+1)}-\phi_2^{(i+2)}=\frac{-l}{G_2J_2}\sum_{j=i}^{i+1}p^{(j)}r_2^{(j)}\cos\alpha$$

两式相加，得：

$$\phi_2^{(i)}-\phi_2^{(i+2)}=\frac{-l'}{G_2J_2}\sum_{j=1}^{i}p^{(j)}r_2^{(j)}\cos\alpha-\frac{l}{G_2J_2}\sum_{j=1}^{i+1}p^{(j)}r_2^{(j)}\cos\alpha$$

分别乘以 $r_{1f}\cos\alpha, r_{2a}\cos\alpha$，再相加，考虑变形协调条件，有：

$$\begin{aligned}\frac{p^{(i)}}{C}-\frac{p^{(i+1)}}{C}=&\frac{l'r_{1f}\cos^2\alpha}{G_1J_1}\sum_{j=i+1}^{n}p^{(j)}r_1^{(j)}+\frac{lr_{1f}\cos^2\alpha}{G_1J_1}\sum_{j=i+2}^{n}p^{(j)}r_1^{(j)}\\&-\frac{l'r_{2a}\cos^2\alpha}{G_2J_2}\sum_{j=1}^{i}p^{(j)}r_2^{(j)}+\frac{lr_{2a}\cos^2\alpha}{G_2J_2}\sum_{j=1}^{i+1}p^{(j)}r_2^{(j)}\end{aligned}\tag{3.6.16}$$

将式(3.6.15)与式(3.6.16)合并，写成矩阵形式得：

$$\begin{bmatrix}-1-p_x\beta_{2f}^2 & l\beta_{1a}\beta_{1f}-l'\beta_{2a}\beta_{2f} & 1+p_x\beta_{1a}^2 & p_x\beta_{1a}\beta_{1f} & p_x\beta_{1a}^2 & \cdots & p_x\beta_{1a}\beta_{1f}\\ -p_x\beta_{2a}\beta_{2f} & -1-p_x\beta_{2a}^2 & l'\beta_{1a}\beta_{1f}-l\beta_{2a}\beta_{2f} & 1+p_x\beta_{2f}^2 & p_x\beta_{1a}\beta_{1f} & \cdots & p_x\beta_{2f}^2\\ -p_x\beta_{2f}^2 & -1-p_x\beta_{2f}^2 & -1-p_x\beta_{2f}^2 & l\beta_{1a}\beta_{1f}-l'\beta_{2a}\beta_{2f} & 1+p_x\beta_{2a}^2 & \cdots & p_x\beta_{1a}\beta_{1f}\\ \vdots & \vdots & \vdots & \cdots & \ddots & \ddots & \vdots\\ -p_x\beta_{2a}\beta_{2f} & \cdots & \cdots & \cdots & -1 & l'(\beta_{1a}\beta_{1f}+\beta_{2a}\beta_{2f}) & 1+p_x(\beta_{1a}^2+\beta_{2f}^2)\end{bmatrix}_{(n-2)\times n}\begin{bmatrix}p^{(1)}\\p^{(2)}\\p^{(3)}\\\vdots\\p^{(n)}\end{bmatrix}=0\tag{3.6.17}$$

当 $n=2$ 表示只有两点啮合，不需通过式(3.6.13)、式(3.6.17)，直接通过平衡条件便可求出载荷分配。

$$(r_{1a}p^{(i)}+r_{1f}p^{(i)})\cos\alpha=T_1$$

$$(r_{2f}p^{(i)}+r_{2a}p^{(i)})\cos\alpha=T_2$$

一般情况下，$r_{2a}r_{1a}-r_{1f}r_{2f}\neq0$，故解二阶方程组便可直接求出 $p^{(1)},p^{(2)}$。

如果：

$$r_{2a}=r_{1a}=r_a,\ \ r_{1f}=r_{2f}=r_f,\ \ T_1=T_2=T$$

那么：

$$(r_ap^{(1)}+r_fp^{(2)})\cos\alpha=T$$

$$(r_f p^{(1)} + r_a p^{(2)})\cos\alpha = T$$

$$p^{(1)} = p^{(2)} = \frac{T}{(r_a + r_f)\cos\alpha}$$

对平衡方程：

$$(r_{1a} p^{(1)} + r_{1f} p^{(2)} + r_{1a} p^{(3)} + \cdots)\cos\alpha = T_1 \tag{3.6.18}$$

$$(r_{2f} p^{(1)} + r_{2a} p^{(2)} + r_{2f} p^{(3)} + \cdots)\cos\alpha = T_2 \tag{3.6.19}$$

两边分别同乘以 r_{2a} 和 r_{1f}，分别得到：

$$(r_{1a} r_{2a} p^{(1)} + r_{1f} r_{2a} p^{(2)} + r_{1a} r_{2a} p^{(3)} + \cdots)\cos\alpha = T_1 r_{2a}$$

$$(r_{2f} r_{1f} p^{(1)} + r_{2a} r_{1f} p^{(2)} + r_{2f} r_{1f} p^{(3)} + \cdots)\cos\alpha = T_2 r_{1f}$$

再相减，可消去全部偶数啮合点载荷，得：

$$p^{(1)} + p^{(3)} + p^{(5)} + \cdots = \frac{T_1 r_{2a} - T_2 r_{1f}}{(r_{1a} r_{2a} - r_{1f} r_{2f})\cos\alpha} \tag{3.6.20}$$

对式(3.6.18)两边同乘以 r_{2f}，对式(3.6.19)两边同乘以 r_{1a}，分别得到：

$$(r_{1a} r_{2f} p^{(1)} + r_{1f} r_{2f} p^{(2)} + r_{1a} r_{2f} p^{(3)} + \cdots)\cos\alpha = T_1 r_{2f} \tag{3.6.21}$$

$$(r_{2f} r_{1a} p^{(1)} + r_{2a} r_{1a} p^{(2)} + r_{2f} r_{1a} p^{(3)} + \cdots)\cos\alpha = T_2 r_{1a} \tag{3.6.22}$$

再相减，可消去全部奇数啮合点载荷，得：

$$p^{(2)} + p^{(4)} + p^{(6)} + \cdots = \frac{T_1 r_{2f} - T_2 r_{1a}}{(r_{1f} r_{2f} - r_{1a} r_{2a})\cos\alpha} \tag{3.6.23}$$

因 T_1, T_2 均为定值，故所有轮 1 的凸齿廓与轮 2 的凹齿廓的齿面载荷之和恒为定值；所有轮 1 的凹齿廓与轮 2 的凸齿廓的齿面载荷之和恒为定值。设奇数啮合点的点数为 n'，偶数啮合点的点数为 n''，则平均载荷分别为：

$$p'_{\mathrm{m}} = \sum_{i=1,3,5,\cdots} \frac{p^{(i)}}{n'} = \frac{T_1 r_{2a} - T_2 r_{1f}}{(r_{1a} r_{2a} - r_{1f} r_{2f}) n' \cos a} \tag{3.6.24}$$

$$p''_{\mathrm{m}} = \sum_{i=2,4,6,\cdots} \frac{p^{(i)}}{n''} = \frac{T_1 r_{2f} - T_2 r_{1a}}{(r_{1f} r_{2f} - r_{1a} r_{2a}) n'' \cos a}$$

3.6.2 考虑齿面误差

考虑齿面误差和修形量，有：

$$\begin{bmatrix}1&0&-1&0&0&0&\cdots&0\\0&1&0&-1&0&0&\cdots&0\\0&0&1&0&-1&0&\cdots&0\\0&0&0&0&0&0&0&\vdots\\\vdots&\vdots&\vdots&\vdots&1&0&-1&0\\0&0&0&\cdots&0&1&0&-1\end{bmatrix}\left\{\begin{bmatrix}p^{(1)}\\p^{(2)}\\p^{(3)}\\p^{(4)}\\\vdots\\p^{(n)}\end{bmatrix}+c\begin{bmatrix}\delta^{(1)}\\\delta^{(2)}\\\delta^{(3)}\\\delta^{(4)}\\\vdots\\\delta^{(n)}\end{bmatrix}\right\}=$$

$$\begin{bmatrix}0&l(\beta_{1a}\beta_{1f}+\beta_{2a}\beta_{2f})&p_x(\beta_{1a}^2+\beta_{2f}^2)&p_x(\beta_{1a}\beta_{1f}+\beta_{2a}\beta_{2f})&\cdots&p_x(\beta_{1a}\beta_{1f}+\beta_{2a}\beta_{2f})\\0&0&l'(\beta_{1a}\beta_{1f}+\beta_{2a}\beta_{2f})&p_x(\beta_{1a}^2+\beta_{2f}^2)&\cdots&p_x(\beta_{1a}^2+\beta_{2f}^2)\\0&0&0&l(\beta_{1a}\beta_{1f}+\beta_{2a}\beta_{2f})&\cdots&p_x(\beta_{1a}\beta_{1f}+\beta_{2a}\beta_{2f})\\\vdots&\vdots&\vdots&\vdots&\ddots&\vdots\\0&0&\cdots&0&l'(\beta_{1a}\beta_{1f}+\beta_{2a}\beta_{2f})&P_x(\beta^2{}_{1a}+\beta^2{}_{2f})\end{bmatrix}\begin{bmatrix}p^{(1)}\\p^{(2)}\\p^{(3)}\\p^{(4)}\\\vdots\\p^{(n)}\end{bmatrix}\tag{3.6.25}$$

令：

$$p^{(1)}=p^{(3)}=\cdots=p^{(n-1)}=p'_{\mathrm{m}},\ p^{(2)}=p^{(4)}=\cdots=p^{(n)}=p''_{\mathrm{m}}$$

$$\begin{bmatrix}1&0&-1&0&0&0&\cdots&0\\0&1&0&-1&0&0&\cdots&0\\0&0&1&0&-1&0&\cdots&0\\0&0&0&0&0&0&0&\vdots\\\vdots&\vdots&\vdots&\vdots&1&0&-1&0\\0&0&0&\cdots&0&1&0&-1\end{bmatrix}\begin{bmatrix}\delta^{(1)}\\\delta^{(2)}\\\delta^{(3)}\\\delta^{(4)}\\\vdots\\\delta^{(n)}\end{bmatrix}$$

$$=\frac{1}{C}\begin{bmatrix}\frac{n-2}{2}[(\beta_{1a}^2+\beta_{2f}^2)p_xp'_{\mathrm{m}}+(\beta_{1a}\beta_{1f}+\beta_{2a}\beta_{2f})p_xp''_m]+l(\beta_{1a}\beta_{1f}+\beta_{2a}\beta_{2f})p''_{\mathrm{m}}\\\frac{n-2}{2}(\beta_{1a}^2+\beta_{2f}^2)p_xp''_{\mathrm{m}}+[(\frac{n}{2}-2)(\beta\beta_{1f}+\beta_{2a}\beta_{2f})p_x+l'(\beta_{1a}\beta_{1f}+\beta_{2a}\beta_{2f})]p'_{\mathrm{m}}\\\vdots\\(\beta_{1a}^2+\beta_{2f}^2)p_xp''_m+l'(\beta_{1a}\beta_{1f}+\beta_{2a}\beta_{2f})p'_{\mathrm{m}}\end{bmatrix}\tag{3.6.26}$$

在奇数啮合点和偶数啮合点之间分别令一点修形量为零，当扭矩作用于同侧，应令远离扭矩加载端的另一侧 $\delta^{(n)}=0,\delta^{(n-1)}=0$，由式(3.6.26)便可求出各点修形量。同一齿上凹凸齿廓修形量并不一样，当扭矩作用于不同侧时，有：

$$
\begin{bmatrix}
1 & 0 & -1 & 0 & 0 & 0 & \cdots & 0 \\
0 & 1 & 0 & -1 & 0 & 0 & \cdots & 0 \\
0 & 0 & 1 & 0 & -1 & 0 & \cdots & 0 \\
0 & 0 & 0 & 0 & 0 & 0 & 0 & \vdots \\
\vdots & \vdots & \vdots & \vdots & 1 & 0 & -1 & 0 \\
0 & 0 & 0 & \cdots & 0 & 1 & 0 & -1
\end{bmatrix}
\begin{bmatrix}
\delta^{(1)} \\ \delta^{(2)} \\ \delta^{(3)} \\ \delta^{(4)} \\ \vdots \\ \delta^{(n)}
\end{bmatrix}
$$

$$
=\frac{1}{C}\begin{bmatrix}
\left(\dfrac{n-2}{2}p_x\beta_{1a}^2-\beta_{2f}^2\right)p'_{\mathrm{m}}+\left(\dfrac{n-2}{2}p_x\beta_{1a}\beta_{1f}+l\beta_{2a}\beta_{2f}-l'\beta_{2a}\beta_{2f}p_x\right)p''_{\mathrm{m}} \\
\left(\dfrac{n-2}{2}p_x\beta_{1f}^2-p_x\beta_{2a}^2\right)p''_{\mathrm{m}}+[(\dfrac{n}{2}-2)p_x\beta_{1a}\beta_{1f}-\beta_{2a}\beta_{2f}p_x+(l'\beta_{1a}\beta_{1f}-l\beta_{2a}\beta_{2f})]p'_{\mathrm{m}} \\
\vdots \\
\left(-\dfrac{n-2}{2}p_x\beta_{1f}^2+p_x\beta_{2a}^2\right)p''_{\mathrm{m}}+[-(\dfrac{n}{2}-2)p_x\beta_{2a}\beta_{2f}+(l'\beta_{1a}\beta_{1f}p_x-l\beta_{2a}\beta_{2f})]p'_{\mathrm{m}}
\end{bmatrix}
$$

3.6.3　计算实例

设一对圆弧齿轮传动，主要参数为：

法向模数：$m_n=27\ \mathrm{mm}$

压力角：$\alpha_n=24^\circ$

齿数：$Z_1=Z_2=21$

螺旋角：$\beta=29^\circ16'30''$

齿宽：$b=400\mathrm{mm}$

轴向周节：$l=p_x=\dfrac{\pi m_n}{\sin\beta}=173.54\mathrm{mm}$

节圆直径：$d'_1=d'_2=\dfrac{m_n z}{\cos\beta}=650\mathrm{mm}$

节圆半径：$r'_1=r'_2=325\mathrm{mm}$

齿根高：$h_f=0.3\mathrm{mm}$

齿根圆直径：$d_f=d'_2-2h_f=650-2\times0.3\times27=633.8\mathrm{mm}$

端面压力角：$\alpha_\tau=\arctan\dfrac{\tan\alpha_n}{\cos\beta}=27^\circ$

扭转极惯矩：$J=\dfrac{\pi d_f^4}{32}$

求当 $n=4$ 时的载荷分配。

凸齿啮合点距轴心距离为：

$$r_a = \sqrt{(p_a \sin\alpha + r')^2 + \left(\frac{p_a \cos\alpha}{\cos\beta}\right)^2}$$

式中：p_a 为凸齿廓圆弧半径，$p_a = 1.3m_n, r_a = 341.5\text{mm}$。

凹齿啮合点距轴心距离为：

$$r_f = \sqrt{(r' - p_a \sin a + r')^2 + \left(\frac{p_a \cos a}{\cos\beta}\right)^2}\text{，}\ r_f = 312.88\text{mm}$$

$$\beta_{1a}^2 = \beta_{2a}^2 = \frac{Cr_{2a}^2 \cos^2\alpha}{GJ} = \frac{4L(1+x)r_{2a}^2 \cos^2\alpha}{1.52^2 J}$$

$$\beta_{1f}^2 = \beta_{2f}^2 = \frac{Cr_{2f}^2 \cos^2\alpha}{GJ} = \frac{4L(1+x)r_{2f}^2 \cos^2\alpha}{1.52^2 J}$$

$$\beta_a^2 = 0.000363,\ \beta_f^2 = 0.000306,\ \beta_a\beta_f = 0.000335$$

$$l = q_{TA} = \left[\frac{0.5\pi + 2C_a^2 - 0.5 j^*}{\sin\beta} - 2 p_a^* \cos\alpha \sin\beta\right] m_n = 3.014 m_n = 81.38\text{mm}$$

$$l' = q'_{TA} = p_x - q_{TA} = 173.54 - 81.38 = 92.16\text{mm}$$

由式(3.6.13)，得：

$$\begin{bmatrix} -1 & 2l\beta_a\beta_f & 1 + p_x(\beta_a^2 + \beta_f^2) & 2p_x\beta_a\beta_f \\ & -1 & 2l'\beta_a\beta_f & 1 + p_x(\beta_a^2 + \beta_f^2) \end{bmatrix} \begin{bmatrix} p^{(1)} \\ p^{(2)} \\ p^{(3)} \\ p^{(4)} \end{bmatrix} = 0$$

由式(3.6.20)和式(3.6.23)，得：

$$p^{(1)} + p^{(3)} = \frac{T(r_a - r_f)}{(r_a^2 - r_f^2)\cos a} = \frac{T}{(r_a + r_f)\cos a}$$

$$p^{(2)} + p^{(4)} = \frac{T}{(r_a + r_f)\cos\alpha}$$

合并成：

$$\begin{bmatrix} -1 & 0.054 & 1.116 & 0.116 \\ 0 & -1 & 0.062 & 1.116 \\ 1 & 0 & -1 & 0 \\ 0 & 1 & 0 & 1 \end{bmatrix} \begin{bmatrix} p^{(1)} \\ p^{(2)} \\ p^{(3)} \\ p^{(4)} \end{bmatrix} = \begin{bmatrix} 0 \\ 0 \\ 1 \\ 1 \end{bmatrix} \frac{T}{(r_a + r_b)\cos\alpha}$$

$$p^{(1)} = 0.5664\frac{T}{(r_a + r_f)\cos\alpha}$$

$$p^{(2)} = 0.5401\frac{T}{(r_a + r_f)\cos\alpha}$$

$$p^{(3)} = 0.4336\frac{T}{(r_a + r_f)\cos\alpha}$$

$$p^{(4)} = 0.4599\frac{T}{(r_a + r_f)\cos\alpha}$$

$$\frac{T}{r_a + r_f} = \frac{T}{r}\frac{r}{r_a + r_f} = \frac{T}{r}\frac{325}{341.25 + 312.88} = 0.4968\frac{T}{r}$$

$$p^{(1)} = 0.2814\frac{T}{r\cos\alpha}$$

$$p^{(2)} = 0.2683\frac{T}{r\cos\alpha}$$

$$p^{(3)} = 0.2154\frac{T}{r\cos\alpha}$$

$$p^{(4)} = 0.2285\frac{T}{r\cos\alpha}$$

而如果用沿节圆柱均匀分布的圆周力代替，则有：

$$p^{(1)} = p^{(2)} = p^{(3)} = p^{(4)} = \frac{T}{4r\cos\alpha}$$

与简化计算方法无异。

3.7 双圆弧人字齿轮偏载和修形的近似理论

3.7.1 单圆弧人字齿轮的偏载计算模型

对于单圆弧人字齿轮，有：

$$\phi_1^{(i)} - \phi_1^{(i+1)} = \frac{l^{(i)} r_1 \cos\alpha}{G_1 J_1}\sum_{j=i+1}^{n} p^{(j)}, \quad i \neq \frac{n}{2}$$

$$\phi_2^{(i)} - \phi_2^{(i+1)} = -\frac{l^{(i)} r_2 \cos\alpha}{G_2 J_2}\sum_{j=i+1}^{n} p^{(j)}, \quad i \neq \frac{n}{2}$$

$$\phi_1^{\left(\frac{n}{2}\right)} - \phi_1^{\left(\frac{n}{2}+1\right)} = \frac{r_1\cos\alpha}{G_1}\left(\frac{l_0}{J_{10}} + \frac{\Delta b}{J_1}\right)\sum_{j=\frac{n}{2}+1}^{n} p^{(j)}$$

$$\phi_2^{\left(\frac{n}{2}\right)} - \phi_2^{\left(\frac{n}{2}+1\right)} = -\frac{r_2\cos\alpha}{G_2}\left(\frac{l_0}{J_{20}} + \frac{\Delta b}{J_2}\right)\sum_{j=\frac{n}{2}+1}^{n} p^{(j)}$$

当 i 为奇数时 $l^{(i)} = l$；当 i 为偶数时 $l^{(i)} = l'$。分别乘以 $Cr_1\cos\alpha, Cr_2\cos\alpha$，再相加得，考虑变形协调条件，有：

$$p^{(i)} - p^{(i+1)} = \frac{Cr_1^2 l^{(i)}\cos^2\alpha}{G_1J_1}\sum_{j=i+1}^{n} p^{(j)} + \frac{Cr_2^2 l^{(i)}\cos^2\alpha}{G_2J_2}\sum_{j=i+1}^{n} p^{(j)}$$

$$p^{\left(\frac{n}{2}\right)} - p^{\left(\frac{n}{2}+1\right)} = \frac{Cr_1^2\cos^2\alpha}{G_1}\left(\frac{l_0}{J_{10}} + \frac{\Delta b}{J_1}\right)\sum_{j=\frac{n}{2}+1}^{n} p^{(j)} + \frac{Cr_2^2\cos^2\alpha}{G_2}\left(\frac{l_0}{J_{20}} + \frac{\Delta b}{J_2}\right)\sum_{j=\frac{n}{2}+1}^{n} p^{(j)}$$

设：

$$\beta_1 = \frac{Cr_1^2 l\cos^2\alpha}{G_1J_1}, \quad \beta_2 = \frac{Cr_2^2 l\cos^2\alpha}{G_2J_2}$$

$$\beta_1' = \frac{Cr_1^2 l'\cos^2\alpha}{G_1J_1}, \quad \beta_2' = \frac{Cr_2^2 l'\cos^2\alpha}{G_2J_2}$$

$$\beta_{10}' = \frac{Cr_1^2}{G_1}\left(\frac{l_0}{J_{10}} + \frac{\Delta b}{J_1}\right)\cos^2\alpha, \quad \beta_{20}' = \frac{Cr_2^2}{G_2}\left(\frac{l_0}{J_{20}} + \frac{\Delta b}{J_2}\right)\cos^2\alpha$$

写成矩阵形式：

$$\begin{bmatrix} -1 & 1+\beta_1+\beta_2 & \beta_1+\beta_2 & \beta_1+\beta_2 & \beta_1+\beta_2 & \cdots & \beta_1+\beta_2 \\ 0 & -1 & 1+\beta_1'+\beta_2' & \beta_1'+\beta_2' & \beta_1'+\beta_2' & \cdots & \beta_1'+\beta_2' \\ 0 & 0 & -1 & \ddots & \ddots & \cdots & \beta_1+\beta_2 \\ 0 & \cdots & 0 & -1 & 1+\beta_{10}'+\beta_{20}' & \cdots & \beta_{10}+\beta_{20} \\ 0 & 0 & \cdots & 0 & -1 & \ddots & \vdots \\ \vdots & \vdots & \vdots & \vdots & 0 & \ddots & \beta_1+\beta_2 \\ 0 & 0 & \cdots & 0 & 0 & -1 & 1+\beta_1'+\beta_2' \end{bmatrix} \begin{bmatrix} p^{(1)} \\ p^{(2)} \\ p^{(3)} \\ p^{(4)} \\ \vdots \\ p^{(n)} \end{bmatrix} = 0$$

如果扭矩从齿轮不同侧输入，则：

$$\phi_1^{(i)} - \phi_1^{(i+1)} = \frac{l^{(i)} r_1\cos\alpha}{G_1J_1}\sum_{j=i+1}^{n} p^{(j)}, \quad i \neq \frac{n}{2}$$

$$\phi_2^{(i)} - \phi_2^{(i+1)} = -\frac{-l^{(i)} r_2\cos\alpha}{G_2J_2}\sum_{j=1}^{i} p^{(j)}, \quad i \neq \frac{n}{2}$$

$$\phi_1^{\left(\frac{n}{2}\right)} - \phi_1^{\left(\frac{n}{2}+1\right)} = \frac{r_1\cos\alpha}{G_1}\left(\frac{l_0}{J_{10}} + \frac{\Delta b}{J_1}\right)\sum_{j=\frac{n}{2}+1}^{n} p^{(j)}$$

$$\phi_2^{\left(\frac{n}{2}\right)} - \phi_2^{\left(\frac{n}{2}+1\right)} = -\frac{-r_2 \cos\alpha}{G_2}\left(\frac{l_0}{J_{20}} + \frac{\Delta b}{J_2}\right)\sum_{j=1}^{\frac{n}{2}} p^{(j)}$$

$$p^{(i)} - p^{(i+1)} = \frac{C r_1^2 l^{(i)} \cos^2\alpha}{G_1 J_1}\sum_{j=i+1}^{n} p^{(j)} - \frac{C r_2^2 l^{(i)} \cos^2\alpha}{G_2 J_2}\sum_{j=i+1}^{n} p^{(j)}$$

$$p^{\left(\frac{n}{2}\right)} - p^{\left(\frac{n}{2}+1\right)} = \frac{C r_1^2 \cos^2\alpha}{G_1}\left(\frac{l_0}{J_{10}} + \frac{\Delta b}{J_1}\right)\sum_{j=\frac{n}{2}+1}^{n} p^{(j)} + \frac{C r_2^2 \cos^2\alpha}{G_2}\left(\frac{l_0}{J_{20}} + \frac{\Delta b}{J_2}\right)\sum_{j=1}^{\frac{n}{2}} p^{(j)}$$

写成矩阵形式：

$$\begin{bmatrix} 1+\beta_2 & -1-\beta_1 & -\beta_1 & -\beta_1 & -\beta_1 & \cdots & -\beta_1 \\ \beta_2' & 1+\beta_2' & -1-\beta_1' & \beta_1'+\beta_2' & \beta_1'+\beta_2' & \cdots & -\beta_1' \\ \vdots & \vdots & \ddots & \ddots & \ddots & \ddots & \vdots \\ \beta_{20} & \cdots & \beta_{20} & 1+\beta_{20} & -1-\beta_{10} & \cdots & -\beta_{10} \\ \vdots & \vdots & \vdots & \ddots & \ddots & \ddots & \vdots \\ \beta_2 & \cdots & \cdots & \cdots & 1+\beta_2 & -1-\beta_1 & -\beta_1 \\ \beta_2' & \beta_2' & \cdots & \beta_2' & \beta_2' & 1+\beta_2' & -1-\beta_1' \end{bmatrix} \begin{bmatrix} p^{(1)} \\ p^{(2)} \\ p^{(3)} \\ p^{(4)} \\ \vdots \\ p^{(n)} \end{bmatrix} = 0$$

3.7.2　考虑齿向误差和修形量

考虑齿向误差和修形量 δ 的计算公式：

$$\begin{bmatrix} 1 & -1 & 0 & 0 & \dots & 0 \\ 0 & 1 & -1 & 0 & \cdots & 0 \\ 0 & 0 & 1 & -1 & 0 & \vdots \\ 0 & 0 & 0 & 1 & \ddots & 0 \\ \vdots & \vdots & \vdots & \ddots & \ddots & 0 \\ 0 & 0 & 0 & \cdots & 1 & -1 \end{bmatrix} \begin{bmatrix} p^{(1)} \\ p^{(2)} \\ p^{(3)} \\ p^{(4)} \\ \vdots \\ p^{(n)} \end{bmatrix} + C \begin{bmatrix} 1 & -1 & 0 & 0 & \dots & 0 \\ 0 & 1 & -1 & 0 & \cdots & 0 \\ 0 & 0 & 1 & -1 & 0 & \vdots \\ 0 & 0 & 0 & 1 & \ddots & 0 \\ \vdots & \vdots & \vdots & \ddots & \ddots & 0 \\ 0 & 0 & 0 & \cdots & 1 & -1 \end{bmatrix} \begin{bmatrix} \delta^{(1)} \\ \delta^{(2)} \\ \delta^{(3)} \\ \delta^{(4)} \\ \vdots \\ \delta^{(n)} \end{bmatrix}$$

$$= \beta_1^2 \begin{bmatrix} 0 & \beta_1+\beta_2 & \beta_1+\beta_2 & \beta_1+\beta_2 & \cdots & \beta_1+\beta_2 \\ 0 & 0 & \beta_1'+\beta_2' & \beta_1'+\beta_2' & \cdots & \beta_1'+\beta_2' \\ \vdots & \vdots & \ddots & \vdots & \vdots & \vdots \\ 0 & 0 & 0 & \beta_{10}+\beta_{20} & \ddots & \beta_{10}+\beta_{20} \\ \vdots & \vdots & 0 & \ddots & \beta_1+\beta_2 & \beta_1^2+\beta_2^2 \\ 0 & 0 & 0 & 0 & 0 & \beta_1'+\beta_2' \end{bmatrix} \begin{bmatrix} p^{(1)} \\ p^{(2)} \\ p^{(3)} \\ p^{(4)} \\ \vdots \\ p^{(n)} \end{bmatrix}$$

令：

$$p^{(1)} = p^{(2)} = \cdots = p^{(n)} = p_{\mathrm{m}}$$

$$\begin{bmatrix} 1 & -1 & 0 & 0 & \cdots & 0 \\ 0 & 1 & -1 & 0 & \cdots & 0 \\ 0 & 0 & 1 & -1 & 0 & \vdots \\ 0 & 0 & 0 & 1 & \ddots & 0 \\ \vdots & \vdots & \vdots & \ddots & \ddots & 0 \\ 0 & 0 & 0 & \cdots & 1 & -1 \end{bmatrix} \begin{bmatrix} \delta^{(1)} \\ \delta^{(2)} \\ \delta^{(3)} \\ \delta^{(4)} \\ \vdots \\ \delta^{(n)} \end{bmatrix} = \begin{bmatrix} (n-1)(\beta_1 + \beta_2) \\ (n-2)(\beta_1' + \beta_2') \\ \vdots \\ \dfrac{n}{2}(\beta_{10} + \beta_{20}) \\ 2(\beta_1 + \beta_2) \\ (\beta_1' + \beta_2') \end{bmatrix} \frac{p_{\mathrm{m}}}{C}$$

当扭矩作用于两轮不同侧时，有：

$$\begin{bmatrix} 1 & -1 & 0 & 0 & \cdots & 0 \\ 0 & 1 & -1 & 0 & \cdots & 0 \\ 0 & 0 & 1 & -1 & 0 & \vdots \\ 0 & 0 & 0 & 1 & \ddots & 0 \\ \vdots & \vdots & \vdots & \ddots & \ddots & 0 \\ 0 & 0 & 0 & \cdots & 1 & -1 \end{bmatrix} \begin{bmatrix} p^{(1)} \\ p^{(2)} \\ p^{(3)} \\ p^{(4)} \\ \vdots \\ p^{(n)} \end{bmatrix} + C \begin{bmatrix} 1 & -1 & 0 & 0 & \cdots & 0 \\ 0 & 1 & -1 & 0 & \cdots & 0 \\ 0 & 0 & 1 & -1 & 0 & \vdots \\ 0 & 0 & 0 & 1 & \ddots & 0 \\ \vdots & \vdots & \vdots & \ddots & \ddots & 0 \\ 0 & 0 & 0 & \cdots & 1 & -1 \end{bmatrix} \begin{bmatrix} \delta^{(1)} \\ \delta^{(2)} \\ \delta^{(3)} \\ \delta^{(4)} \\ \vdots \\ \delta^{(n)} \end{bmatrix}$$

$$= \begin{bmatrix} -\beta_2 & \beta_1 & \beta_1 & \beta_1 & \cdots & \beta_1 \\ -\beta_2' & -\beta_2' & \beta_1' & \beta_1' & \cdots & \beta_1' \\ \vdots & \vdots & \ddots & \vdots & \vdots & \vdots \\ -\beta_{20} & -\beta_{20} & -\beta_{20} & \beta_{10} & \ddots & \beta_{10} \\ \vdots & \vdots & \vdots & \ddots & \ddots & \vdots \\ -\beta_2 & -\beta_2 & \cdots & -\beta_2 & \beta_1 & \beta_1 \\ -\beta_2' & -\beta_2' & -\beta_2' & \cdots & -\beta_2' & \beta_1' \end{bmatrix} \begin{bmatrix} p^{(1)} \\ p^{(2)} \\ p^{(3)} \\ p^{(4)} \\ \vdots \\ p^{(n)} \end{bmatrix}$$

令：

$$p^{(1)} = p^{(2)} = \cdots = p^{(n)} = p_{\mathrm{m}}$$

$$\begin{bmatrix} 1 & -1 & 0 & 0 & \cdots & 0 \\ 0 & 1 & -1 & 0 & \cdots & 0 \\ 0 & 0 & 1 & -1 & 0 & \vdots \\ 0 & 0 & 0 & 1 & \ddots & 0 \\ \vdots & \vdots & \vdots & \ddots & \ddots & 0 \\ 0 & 0 & 0 & \cdots & 1 & -1 \end{bmatrix} \begin{bmatrix} \delta^{(1)} \\ \delta^{(2)} \\ \delta^{(3)} \\ \delta^{(4)} \\ \vdots \\ \delta^{(n)} \end{bmatrix} = \begin{bmatrix} (n-1)\beta_1 - \beta_2 \\ (n-2)\beta_1' - 2\beta_2' \\ \vdots \\ \dfrac{n}{2}(\beta_{10} - \beta_{20}) \\ 2\beta_1 - (n-2)\beta_2 \\ \beta_1' - (n-1)\beta_2' \end{bmatrix} \frac{p_{\mathrm{m}}}{C}$$

特殊地，如果 $r_1 = r_2, \beta_1 = \beta_2 = \beta, \beta_1' = \beta_2' = \beta', \beta_{10} = \beta_{20}$，则：

$$\begin{bmatrix} 1 & -1 & 0 & 0 & \cdots & 0 \\ 0 & 1 & -1 & 0 & \cdots & 0 \\ 0 & 0 & 1 & -1 & 0 & \vdots \\ 0 & 0 & 0 & 1 & \ddots & 0 \\ \vdots & \vdots & \vdots & \ddots & \ddots & 0 \\ 0 & 0 & 0 & \cdots & 1 & -1 \end{bmatrix} \begin{bmatrix} \delta^{(1)} \\ \delta^{(2)} \\ \delta^{(3)} \\ \delta^{(4)} \\ \vdots \\ \delta^{(n)} \end{bmatrix} = \begin{bmatrix} (n-2)\beta \\ (n-4)\beta' \\ \vdots \\ 0 \\ (n-4)\beta \\ -(n-2)\beta' \end{bmatrix} \frac{p_{\mathrm{m}}}{C}$$

修形量计算与普通圆弧齿轮一样。

第 4 章　圆锥齿轮的偏载与修形

本章内容：研究直齿圆锥齿轮的偏载问题，这是圆锥齿轮偏载最基本的形态。

本章目的：从圆锥直齿轮偏载基本形态出发，分析变截面轮体扭杆的偏载问题。

本章特色：将变截面轮体轮齿变形一起考虑，建立超静定问题统一数学模型，并在一个方程内实现求解。

4.1　单对圆锥齿轮的偏载与修形

4.1.1　圆锥齿轮偏载的力学模型

圆锥齿轮啮合的力学模型如图 4.1.1 所示。

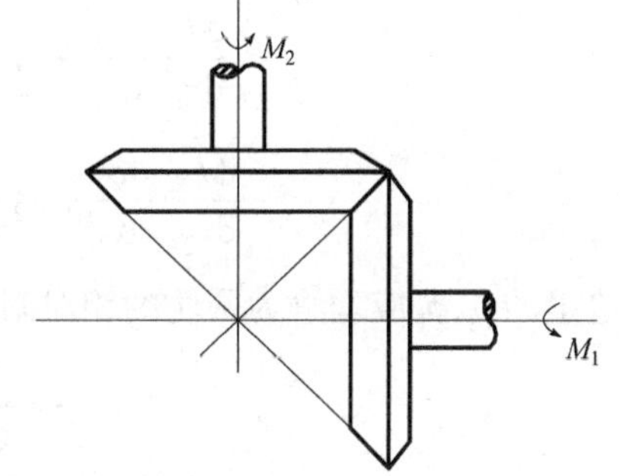

图 4.1.1　圆锥齿轮啮合的力学模型

两圆锥形弹性扭转试样，可设为沿圆锥母线分布的一系列弹性簧片，两圆锥体通过这些弹性簧片接触，如图 4.1.2 所示。

在任意一个轴向位置截取一微段，如图 4.1.3 所示，有物理方程：

$$J(x)\frac{\mathrm{d}\phi}{\mathrm{d}x}=\frac{T}{G}$$

$$\frac{\mathrm{d}J}{\mathrm{d}x}\cdot\frac{\mathrm{d}\phi}{\mathrm{d}x}+J\frac{\mathrm{d}^2\phi}{\mathrm{d}x^2}=\frac{\mathrm{d}T}{\mathrm{d}x}\cdot\frac{1}{G}$$

取任意微段，力矩平衡条件为：

$$\left(T+\mathrm{d}T\right)-T=\frac{rp\cos\alpha\mathrm{d}x}{\cos\delta}$$

$$\frac{\mathrm{d}T}{\mathrm{d}x}=\frac{rp\cos\alpha}{\cos\delta}$$

$$\frac{\mathrm{d}J}{\mathrm{d}x}\cdot\frac{\mathrm{d}\phi}{\mathrm{d}x}+J\frac{\mathrm{d}^2\phi}{\mathrm{d}x^2}=\frac{rp\cos\alpha}{G\cos\delta}$$

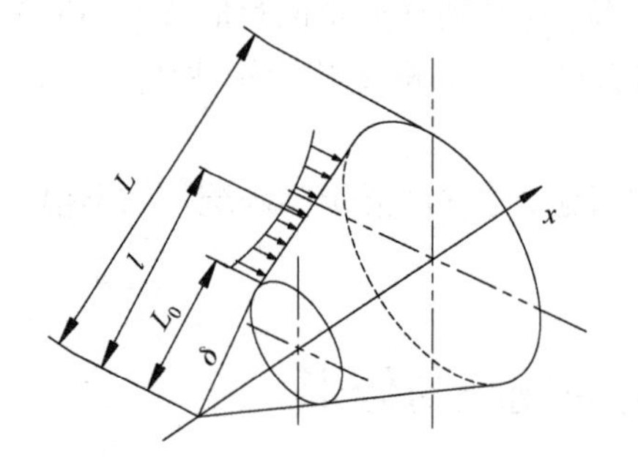

图 4.1.2　圆锥齿轮的载荷分布

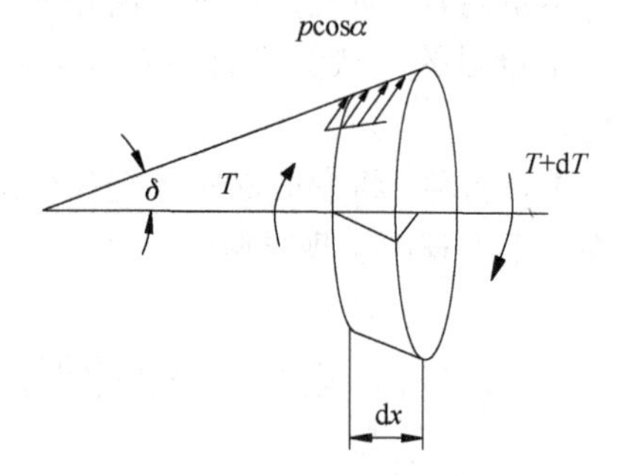

图 4.1.3　圆锥齿轮微单元受力图

对轮 1 和轮 2 分别有：

$$\frac{\mathrm{d}J_1}{\mathrm{d}x_1}\cdot\frac{\mathrm{d}\phi_1}{\mathrm{d}x_1}+J_1\frac{\mathrm{d}^2\phi_1}{\mathrm{d}{x_1}^2}=\frac{r_1p\cos\alpha}{G_1\cos\delta_1}$$

$$\frac{\mathrm{d}J_2}{\mathrm{d}x_2}\cdot\frac{\mathrm{d}\phi_2}{\mathrm{d}x_2}+J_2\frac{\mathrm{d}^2\phi_2}{\mathrm{d}{x_2}^2}=\frac{r_2p\cos\alpha}{G_2\cos\delta_2}$$

这里的ϕ_1,ϕ_2应理解为两轮的相对附加扭转角。设轮齿综合刚度为 C，则有：

$$\frac{1}{C}=\frac{1}{C_1}+\frac{1}{C_2}$$

式中：C_1,C_2 为轮 1 和轮 2 的轮齿刚度。

则齿面弹性变形为：

$$\frac{p}{C}=p\left(\frac{1}{C_1}+\frac{1}{C_2}\right)$$

由于变形后齿面仍然保持接触，齿面弹性变形应由两轴的相对附加转动弥补，故仍然有变形协调方程：

$$(r_1\phi_1+r_2\phi_2)\cos\alpha=\frac{p}{C}$$

因此齿面载荷分布问题仍然是轮齿变形与轮体扭转变形的超静定问题。设两齿轮锥顶角分别为δ_1,δ_2，啮合线上任意一点到锥顶的距离为l，则有：

$$x_1 = l\cos\delta_1\,,\quad \mathrm{d}x_1 = \mathrm{d}l\cos\delta_1$$

$$x_2 = l\cos\delta_2\,,\quad \mathrm{d}x_2 = \mathrm{d}l\cos\delta_2$$

$$r_1 = l\sin\delta_1\,,\quad r_2 = l\sin\delta_2$$

$$J_1 = \frac{\pi l^4\sin^4\delta_1}{2}\,,\quad J_2 = \frac{\pi l^4\sin^4\delta_2}{2}$$

对以上诸方程作变量代换，得到：

$$\left(\frac{\mathrm{d}J_1}{\mathrm{d}l}\cdot\frac{\mathrm{d}\phi}{\mathrm{d}l} + J_1\frac{\mathrm{d}^2\phi_2}{\mathrm{d}l^2}\right)\frac{1}{\cos^2\delta} = pl\sin\delta\cos\alpha/G\cos\delta$$

$$\left(4\frac{\mathrm{d}\phi_1}{\mathrm{d}l} + l\frac{\mathrm{d}^2\phi_1}{\mathrm{d}l^2}\right)\sin\delta_1 = \frac{2p\cos\alpha\cos\delta_1}{\pi G_1 l^2\sin^2\delta_1} \tag{4.1.1}$$

$$\left(4\frac{\mathrm{d}\phi_2}{\mathrm{d}l} + l\frac{\mathrm{d}^2\phi_2}{\mathrm{d}l^2}\right)\sin\delta_2 = \frac{2p\cos\alpha\cos\delta_2}{\pi G_2 l^2\sin^2\delta_2} \tag{4.1.2}$$

$$\phi_1\sin\delta_1 + \phi_2\sin\delta_2 = \left(\frac{p}{l}\right)\frac{1}{C\cos\alpha} \tag{4.1.3}$$

$$\frac{\mathrm{d}\phi_1}{\mathrm{d}l}\sin\delta_1 + \frac{\mathrm{d}\phi_2}{\mathrm{d}l}\sin\delta_2 = \left(\frac{p}{l}\right)'\frac{1}{C\cos\alpha} \tag{4.1.4}$$

$$\frac{\mathrm{d}^2\phi_1}{\mathrm{d}l^2}\sin\delta_1 + \frac{\mathrm{d}^2\phi_2}{\mathrm{d}l^2}\sin\delta_2 = \left(\frac{p}{l}\right)''\frac{1}{C\cos\alpha} \tag{4.1.5}$$

将式(4.1.1)与式(4.1.2)相加，再将式(4.1.4)和式(4.1.5)代入，经整理得：

$$4\left(\frac{p}{l}\right)' + l\left(\frac{p}{l}\right)'' = \frac{2C\cos^2\alpha}{\pi}\left(\frac{\cos\delta_1}{\sin^2\delta_1 G_1} + \frac{\cos\delta_2}{\sin^2\delta_2 G_2}\right)\frac{p}{l^2} \tag{4.1.6}$$

设：

$$\beta_1 = \frac{2C\cos^2\alpha}{\pi}\cdot\frac{\cos\delta_1}{\sin^2\delta_1 G_1}\,,\quad \beta_2 = \frac{2C\cos^2\alpha}{\pi}\cdot\frac{\cos\delta_2}{\sin^2\delta_2 G_2}$$

$$\beta = \beta_1 + \beta_2$$

则式(4.1.6)成为：

$$l^2\left(\frac{p}{l}\right)'' + 4l\left(\frac{p}{l}\right)' - \beta\left(\frac{p}{l}\right) = 0 \tag{4.1.7}$$

再作变量代换，设：

$$\frac{p}{l} = y$$

原微分方程成为：

$$l^2 y'' + 4ly' - \beta y = 0 \tag{4.1.8}$$

该式为欧拉方程。令：

$$l = \mathrm{e}^t$$

微分方程的特征方程为：

$$D(D-1) + 4D - \beta = 0$$

特征根为：

$$\gamma_{1,2} = \frac{-3 \pm \sqrt{9+4\beta}}{2}$$

$$y = E\mathrm{e}^{\gamma_1 t} + F\mathrm{e}^{\gamma_2 t} = El^{\gamma_1} + Fl^{\gamma_2} \tag{4.1.9}$$

$$\frac{p}{l} = El^{\gamma_1} + Fl^{\gamma_2} \tag{4.1.10}$$

式中：E, F 为待定常数。

待定常数与转矩的输入条件有关，如扭矩同时由两轮大端输入输出，设 L_0 为小端锥距，L 为大端锥距，则有边界条件：

$$l = L_0 ,\ \frac{\mathrm{d}\phi_1}{\mathrm{d}x_1} = 0 ,\ \frac{\mathrm{d}\phi_2}{\mathrm{d}x_2} = 0 ,\ \frac{\mathrm{d}\phi_1}{\mathrm{d}l} = 0 ,\ \frac{\mathrm{d}\phi_2}{\mathrm{d}l} = 0$$

根据式(4.1.4)，有：

$$\left.\left(\frac{p}{l}\right)'\right|_{l=L_0} = 0$$

$$\gamma_1 E L_0^{\gamma_1 - 1} + \gamma_2 F L_0^{\gamma_2 - 1} = 0 \tag{4.1.11}$$

$$l = L,\ \frac{\mathrm{d}\phi_1}{\mathrm{d}x_1} = \frac{M_1}{G_1 J_1} ,\ \frac{\mathrm{d}\phi_1}{\mathrm{d}x_1} = \frac{M_1}{G_1 J_1} ,\ \frac{\mathrm{d}\phi_2}{\mathrm{d}x_2} = \frac{M_2}{G_2 J_2}$$

$$\frac{\mathrm{d}\phi_1}{\mathrm{d}l} = \frac{M_1 \cos\delta_1}{G_1 J_1} ,\ \frac{\mathrm{d}\phi_2}{\mathrm{d}l} = \frac{M_2 \cos\delta_2}{G_2 J_2}$$

$$\frac{\mathrm{d}\phi_1}{\mathrm{d}l}\sin\delta_1 + \frac{\mathrm{d}\phi_2}{\mathrm{d}l}\sin\delta_2 = \frac{M_1}{G_1 J_1}\cos\delta_1\sin\delta_1 + \frac{M_2}{G_2 J_2}\cos\delta_2\sin\delta_2$$

$$\left.\left(\frac{p}{l}\right)'\right|_{l=L} = C\left.\left(\frac{\mathrm{d}\phi_1}{\mathrm{d}l}\sin\delta_1 + \frac{\mathrm{d}\phi_2}{\mathrm{d}l}\sin\delta_2\right)\right|_{l=L}\cos\alpha$$

$$= \frac{2C}{\pi L^4}\left(\frac{M_1\cos\delta_1}{G_1\sin^3\delta_1} + \frac{M_2\cos\delta_2}{G_2\sin^3\delta_2}\right)\cos\alpha$$

平衡条件为：

$$M_1 = p_{\mathrm{m}} \cdot \frac{L+L_0}{2}(L-L_0)\sin\delta_1\cos\alpha = p_{\mathrm{m}} \cdot \frac{L^2-{L_0}^2}{2}\sin\delta_1\cos\alpha$$

$$M_2 = p_{\mathrm{m}} \cdot \frac{L^2-{L_0}^2}{2}\sin\delta_2\cos\alpha$$

$$\left(\frac{p}{l}\right)'\Bigg|_{l=L} = \frac{2C\cos\alpha}{\pi L^4}\left(\frac{\cos\delta_1}{G_1\sin^2\delta_1}+\frac{\cos\delta_2}{G_2\sin^2\delta_2}\right)p_{\mathrm{m}}\frac{L^2-L_0^2}{2} = \frac{p_{\mathrm{m}}\left(L^2-L_0^2\right)}{2L^4}\beta$$

$$\gamma_1 E L^{\gamma_1-1}+\gamma_2 F L^{\gamma_2-1} = \frac{p_{\mathrm{m}}\left(L^2-L_0^2\right)}{2L^4}\beta \tag{4.1.12}$$

式(4.1.11)和式(4.1.12)联解算出 E 和 F 便得微分方程的解。如果扭矩作用在轮 1 的小端和轮 2 的大端，则边界条件为：

$$l=L_0\text{，}\quad \frac{\mathrm{d}\phi_1}{\mathrm{d}x_1}=-\frac{M_1}{G_1J_1}\text{，}\quad \frac{\mathrm{d}\phi_2}{\mathrm{d}x_2}=0$$

$$\frac{\mathrm{d}\phi_1}{\mathrm{d}l}=-\frac{M_1\cos\delta_1}{G_1J_1}\text{，}\quad \frac{\mathrm{d}\phi_2}{\mathrm{d}l}=0$$

$$\frac{\mathrm{d}}{\mathrm{d}l}\left(\frac{p}{l}\right)\Bigg|_{l=L_0} = C\cos\alpha\left(\frac{\mathrm{d}\phi_1}{\mathrm{d}l}\sin\delta_1+\frac{\mathrm{d}\phi_2}{\mathrm{d}l}\sin\delta_2\right)\Bigg|_{l=L_0}$$

$$= -C\cos\alpha\frac{M_1\cos\delta_1}{G_1J_1}$$

$$= -\frac{2C\cos^2\alpha\cos\delta_1}{\pi {L_0}^4 G_1\sin^2\delta_1}p_{\mathrm{m}}\frac{L^2-L_0^2}{2}$$

$$\gamma_1 E{L_0}^{\gamma_1-1}+\gamma_2 F{L_0}^{\gamma_2-1} = -\frac{p_{\mathrm{m}}\left(L^2-L_0^2\right)}{2{L_0}^4}\beta_1$$

$$l=L\text{，}\quad \frac{\mathrm{d}\phi_1}{\mathrm{d}x_1}=0\text{，}\quad \frac{\mathrm{d}\phi_2}{\mathrm{d}x_2}=\frac{M_2}{G_2J_2}$$

$$\frac{\mathrm{d}\phi_1}{\mathrm{d}l}=0\text{，}\quad \frac{\mathrm{d}\phi_2}{\mathrm{d}l}=\frac{M_2\cos\delta_2}{G_2J_2}$$

$$\frac{\mathrm{d}}{\mathrm{d}l}\left(\frac{p}{l}\right)'\Bigg|_{l=L} = C\cos\alpha\left(\frac{\mathrm{d}\phi_1}{\mathrm{d}l}\sin\delta_1+\frac{\mathrm{d}\phi_2}{\mathrm{d}l}\sin\delta_2\right)\Bigg|_{l=L}$$

$$= C\frac{M_2\cos\delta_2}{G_2J_2}\cos\alpha$$

$$=\frac{2p_{\mathrm{m}}C\cos^2\alpha\cos\delta_2}{\pi L_0^{\ 4}G_2\sin^2\delta_2}\frac{L^2-L_0^2}{2}$$

$$\gamma_1 EL_0^{\ \gamma_1-1}+\gamma_2 FL_0^{\ \gamma_2-1}=\frac{p_{\mathrm{m}}\left(L^2-L_0^2\right)}{2L^4}\beta_2$$

解出常数 E 和 F，即为所求的解：

$$p=\frac{p_{\mathrm{m}}\left(L^2-L_0^2\right)}{2}\cdot\frac{1}{\gamma_1\gamma_2\left(L^{\gamma_2}L_0^{\ \gamma_1}-L_0^{\ \gamma_2}L^{\gamma_1}\right)}$$

$$\cdot\left[-\left(\frac{\gamma_2 L^{\gamma_2}\beta_1}{L_0^{\ 3}}+\frac{\gamma_1 L_0^{\ \gamma_1}\beta_2}{L^3}\right)l^{\gamma_1+1}+\left(\frac{\gamma_1 L_0^{\ \gamma_1}\beta_2}{L^3}+\frac{\gamma_2 L^{\gamma_2}\beta_1}{L_0^{\ 3}}\right)l^{\gamma_2+1}\right]$$

对前一种载荷情况，解为：

$$p=\frac{p_{\mathrm{m}}\left(L^2-L_0^2\right)}{2L^4}\beta\left[\frac{L^{1-\gamma_2}}{\gamma_1\left(L^{\gamma_1-\gamma_2}-L_0^{\ \gamma_1-\gamma_2}\right)}l^{\gamma_1+1}+\frac{L^{1-\gamma_1}}{\gamma_2\left(L^{\gamma_2-\gamma_1}-L_0^{\ \gamma_2-\gamma_1}\right)}l^{\gamma_2+1}\right]$$

4.1.2 考虑齿向误差

如果齿轮在加载前便存在齿向误差，那么两齿面加载前就有微小分离，分离量为 $\delta(l)$。假定 $\delta(l)$ 二阶系数存在，如 $\delta(l)$ 不可用连续可导函数表示，可以用二阶可导函数拟合，变形协调条件为：

$$(r_1\phi_1+r_2\phi_2)\cos\alpha=\frac{p}{l}+\delta \tag{4.1.13}$$

$$C(\phi_1\sin\delta_1+\phi_2\sin\delta_2)\cos\alpha=\frac{p}{l}+C\left(\frac{\delta}{l}\right) \tag{4.1.14}$$

$$C\left(\frac{\mathrm{d}\phi_1}{\mathrm{d}l}\sin\delta_1+\frac{\mathrm{d}\phi_2}{\mathrm{d}l}\sin\delta_2\right)\cos\alpha=\frac{\mathrm{d}}{\mathrm{d}l}\left(\frac{p}{l}\right)+C\frac{\mathrm{d}}{\mathrm{d}l}\left(\frac{\delta}{l}\right) \tag{4.1.15}$$

$$C\left(\frac{\mathrm{d}^2\phi_1}{\mathrm{d}l^2}\sin\delta_1+\frac{\mathrm{d}^2\phi_2}{\mathrm{d}l^2}\sin\delta_2\right)\cos\alpha=\frac{\mathrm{d}^2}{\mathrm{d}l^2}\left(\frac{p}{l}\right)+C\frac{\mathrm{d}^2}{\mathrm{d}l^2}\left(\frac{\delta}{l}\right) \tag{4.1.16}$$

式(4.1.7)成为：

$$l^2\left(\frac{p}{l}\right)''+4l\left(\frac{p}{l}\right)'-\beta\left(\frac{p}{l}\right)=-Cl^2\left(\frac{\delta}{l}\right)''-4Cl\left(\frac{\delta}{l}\right)'$$

令：

$$y=\frac{p}{l}$$

作变量代换，设：

$$l=\mathrm{e}^{t}$$

原微分方程变换成：

$$\frac{\mathrm{d}}{\mathrm{d}t}\left(\frac{\mathrm{d}}{\mathrm{d}t}-1\right)y+4\frac{\mathrm{d}}{\mathrm{d}t}y-\beta y=-C\left[\frac{\mathrm{d}}{\mathrm{d}t}\left(\frac{\mathrm{d}}{\mathrm{d}t}-1\right)+4\frac{\mathrm{d}}{\mathrm{d}t}\right]\left(\frac{\delta\left(\mathrm{e}^{t}\right)}{\mathrm{e}^{t}}\right)$$

再设：

$$-C\left[\frac{\mathrm{d}}{\mathrm{d}t}\left(\frac{\mathrm{d}}{\mathrm{d}t}-1\right)+4\frac{\mathrm{d}}{\mathrm{d}t}\right]\left(\frac{\delta\left(\mathrm{e}^{t}\right)}{\mathrm{e}^{t}}\right)=\Delta(t)$$

为方程非齐次项，对应齐次方程的特征根仍为 γ_1,γ_2，利用非齐次方程的常数变异法，方程的特解 y^* 为：

$$y^*=E(t)\mathrm{e}^{\gamma_1 t}+F(t)\mathrm{e}^{\gamma_2 t}$$

$E(t)$和 $F(t)$满足：

$$E'(t)\mathrm{e}^{\gamma_1 t}+F'(t)\mathrm{e}^{\gamma_2 t}=0$$

$$E'(t)\gamma_1\mathrm{e}^{\gamma_1 t}+F'(t)\gamma_2\mathrm{e}^{\gamma_2 t}=\Delta(t)$$

解得：

$$E'(t)=\frac{\Delta(t)\mathrm{e}^{-\gamma_2 t}}{\gamma_1-\gamma_2},\quad E(t)=\frac{1}{\gamma_1-\gamma_2}\int\Delta(t)\mathrm{e}^{-\gamma_2 t}\mathrm{d}t$$

$$F'(t)=\frac{-\Delta(t)\mathrm{e}^{-\gamma_2 t}}{\gamma_1-\gamma_2},\quad F(t)=-\frac{1}{\gamma_1-\gamma_2}\int\Delta(t)\mathrm{e}^{-\gamma_1 t}\mathrm{d}t$$

y 的通解为：

$$y=C_1\mathrm{e}^{\gamma_1 t}+C_2\mathrm{e}^{\gamma_2 t}+\frac{\mathrm{e}^{\gamma_1 t}}{\gamma_1-\gamma_2}\int\Delta(t)\mathrm{e}^{-\gamma_2 t}\mathrm{d}t-\frac{\mathrm{e}^{\gamma_2 t}}{\gamma_1-\gamma_2}\int\Delta(t)\mathrm{e}^{-\gamma_1 t}\mathrm{d}t$$

$$\frac{p}{l}=C_1 l^{\gamma_1}+C_2 l^{\gamma_2}+\frac{Cl^{\gamma_1}}{\gamma_1-\gamma_2}\int\left[l^2\left(\frac{\delta}{l}\right)''+4l\left(\frac{\delta}{l}\right)'\right]l^{-\gamma_2}\frac{\mathrm{d}l}{l}$$

$$+\frac{-l^{\gamma_2}c}{\gamma_1-\gamma_2}\int\left[l^2\left(\frac{p}{l}\right)''+4l\left(\frac{p}{l}\right)'\right]l^{-\gamma_1}\frac{\mathrm{d}l}{l}$$

齿面载荷分布还取决于齿面原始误差。

4.1.3　齿面修形

由于齿面载荷分布还取决于齿面原始误差，因而很自然地产生这样的想法，可以人为地改变齿面原始廓形，相当于将弹簧片从原来沿母线排列适当错开，以抵消偏载影响，使载荷沿齿面均匀分布，这个适当错开的函数$\delta(l)$就是齿廓修形量。

设：

$$\varPhi = C\cos\alpha(\phi_1\sin\delta_1 + \phi_2\sin\delta_2) \tag{4.1.17}$$

则式(4.1.13)成为：

$$\varPhi = \frac{p}{l} + C\left(\frac{\delta}{l}\right) \tag{4.1.18}$$

将式(4.1.1)和式(4.1.2)相加，得：

$$l^2\varPhi'' + 4l\varPhi' = \beta(\frac{p}{l}) \tag{4.1.19}$$

由于：

$$p=常量\ p_{\mathrm{m}}$$

令：

$$l = \mathrm{e}^t$$

微分方程(4.1.19)成为：

$$\left[\frac{\mathrm{d}}{\mathrm{d}t}\left(\frac{\mathrm{d}}{\mathrm{d}t} - 1\right) + 4\frac{\mathrm{d}}{\mathrm{d}t}\right]\varPhi = \beta p_{\mathrm{m}}\mathrm{e}^{-t}$$

对应齐次方程的特征方程：

$$D(D-1) + 4D = 0$$

特征根为：

$$D = 0,\quad D = -3$$

求方程的特解。由于-1不是特征方程的根，设：

$$y^* = A\mathrm{e}^{-t}$$

代入原方程得：

$$A = -\frac{\beta}{2}p_{\mathrm{m}}$$

方程的通解为：

$$\varPhi = C_1 + C_2\mathrm{e}^{-3t} - \frac{\beta}{2}p_{\mathrm{m}}\mathrm{e}^{-t} = C_1 + C_2 l^{-3} - \frac{\beta}{2}p_{\mathrm{m}}l^{-1}$$

$$C\left(\frac{\delta}{l}\right)=\Phi-\left(\frac{p_{\mathrm{m}}}{l}\right)=C_1+C_2l^{-3}-(\frac{\beta}{2}+1)\frac{p_{\mathrm{m}}}{2}$$

仍然分两种情况讨论，先假设扭矩在两轮大端作用，有边界条件式：

$$C\left(\frac{\delta}{l}\right)'\Bigg|_{l=L_0}=C\cos\alpha\left(\frac{\mathrm{d}\phi_1}{\mathrm{d}l}\sin\delta_1+\frac{\mathrm{d}\phi_2}{\mathrm{d}l}\sin\delta_2\right)-\frac{\mathrm{d}}{\mathrm{d}l}\left(\frac{p_{\mathrm{m}}}{l}\right)=p_{\mathrm{m}}\frac{1}{L^2}$$

$$-3C_2L_0^{-4}+(\frac{\beta}{2}+1)p_{\mathrm{m}}\cdot L_0^{-2}=p_{\mathrm{m}}L_0^{-2}$$

$$C_2=\frac{p_{\mathrm{m}}L_0^{\ 2}\beta}{6}$$

$$C\left(\frac{\delta}{l}\right)'\Bigg|_{l=L_0}=C\cos\alpha\left(\frac{\mathrm{d}\phi_1}{\mathrm{d}l}\sin\delta_1+\frac{\mathrm{d}\phi_2}{\mathrm{d}l}\sin\delta_2\right)-\frac{\mathrm{d}}{\mathrm{d}l}\left(\frac{p_{\mathrm{m}}}{l}\right)$$

$$=\frac{2C\cos\alpha}{\pi L^4}\left(\frac{M_1\cos\delta_1}{G_1\sin^3\delta_1}+\frac{M_2\cos\delta_2}{G_2\sin^3\delta_2}\right)+p_{\mathrm{m}}L^{-2}$$

$$=\frac{p_{\mathrm{m}}\left(L^2-L_0^2\right)}{2L^4}\beta+p_{\mathrm{m}}L^{-2}$$

$$-3C_2L^{-4}+\left(\frac{\beta}{2}+1\right)p_{\mathrm{m}}\cdot L^{-2}=\frac{p_{\mathrm{m}}\left(L^2-L_0^2\right)}{2L^4}\beta+p_{\mathrm{m}}L^{-2}$$

$$C_2=\frac{p_{\mathrm{m}}L_0^{\ 2}\beta}{6}$$

两边界条件不独立。求解时，仿前面做法，使载荷最小的点修形量为零。故令远离扭矩加载端的齿轮小端的修形量为零：

$$l=L_0\text{，}\ \delta=0$$

$$C_1+C_2L_0^{\ -3}-(\frac{\beta}{2}+1)p_{\mathrm{m}}L_0^{\ -1}=0$$

$$C_1=\frac{p_{\mathrm{m}}\left(\frac{\beta}{3}+1\right)}{L_0}$$

当扭矩作用在轮 1 的小端，轮 2 的大端，边界条件为：

$$l=L_0\text{，}\ \frac{\mathrm{d}\phi_1}{\mathrm{d}x_1}=-\frac{M_1}{G_1J_1}\text{，}\ \frac{\mathrm{d}\phi_2}{\mathrm{d}x_2}=0$$

$$C\left(\frac{\delta}{l}\right)'\Bigg|_{l=L_0}=C\cdot\cos\alpha\frac{\mathrm{d}\phi_1}{\mathrm{d}l}\sin\delta_1-\frac{\mathrm{d}}{\mathrm{d}l}\left(\frac{p_{\mathrm{m}}}{l}\right)$$

$$-3C_2L_0^{-4}+\left(\frac{\beta}{2}+1\right)p_{\mathrm{m}}\cdot L_0^{-2}=-\beta_1\frac{p_{\mathrm{m}}\left(L^2-L_0^2\right)}{2L_0^{\ 4}}+p_{\mathrm{m}}L_0^{-2}$$

$$3C_2=\frac{\beta}{2}p_{\mathrm{m}}\cdot L_0^{\ 2}+\beta_1p_{\mathrm{m}}\frac{L^2-L_0^2}{2}=\frac{p_{\mathrm{m}}}{2}(\beta_2L_0^{\ 2}+\beta_1L^{-2})$$

$$\frac{\mathrm{d}\phi_1}{\mathrm{d}x_1}=0\ ,\quad\frac{\mathrm{d}\phi_1}{\mathrm{d}x_1}=0\ ,\quad\frac{\mathrm{d}\phi_2}{\mathrm{d}x_2}=\frac{M_2}{G_2J_2}$$

$$-3C_2L^{-4}+\left(\frac{\beta}{2}+1\right)p_{\mathrm{m}}\cdot L^{-2}=\beta_2\frac{p_{\mathrm{m}}\left(L^2-L_0^2\right)}{L^4}+p_{\mathrm{m}}L^{-2}$$

$$3C_2=\frac{\beta}{2}p_{\mathrm{m}}\cdot L^2-\beta_2p_{\mathrm{m}}\frac{L^2-L_0^2}{2}=\frac{p_{\mathrm{m}}}{2}(\beta_2L_0^{\ 2}+\beta_1L^2)$$

两边界条件也不独立，求修形曲线极小值点：

$$C\delta=C_1l+C_2l^{-2}-\frac{\beta}{2}p_{\mathrm{m}}$$

$$\left(C\delta\right)'=0$$

$$C_1-3C_2l^{-3}=0$$

设对应锥距为l^*，则：

$$C_1=3C_2l^{*-3}$$

令最小极值修形量为 0，则有：

$$c_1l^*+c_2l^{*-2}-\frac{\beta}{2}p_{\mathrm{m}}=0$$

$$4C_2l^{*-2}=\frac{\beta}{2}p_{\mathrm{m}}$$

$$l^{*2}=\frac{8C_2}{\beta p_{\mathrm{m}}}=\frac{4\left(\beta_2L_0^{\ 2}+\beta_1L^2\right)}{3\beta}$$

$$C_1l^*=\frac{\beta}{2}p_{\mathrm{m}}-\frac{C_2}{l^{*2}}=\frac{\beta}{2}p_{\mathrm{m}}-\frac{1}{8}\beta p_{\mathrm{m}}=\frac{3}{8}\beta p_{\mathrm{m}}$$

$$C_1=-\frac{3\beta p_{\mathrm{m}}}{8l^*}$$

4.2　圆锥齿轮的复合啮合

4.2.1　圆锥齿轮复合啮合力学模型

圆锥齿轮复合啮合如图 4.2.1 所示。由轮 2 驱动轮 1 和轮 3，对轮 1 和轮 3 依然有关系式：

$$\frac{\mathrm{d}J_1}{\mathrm{d}x_1}\cdot\frac{\mathrm{d}\phi_1}{\mathrm{d}x_1}+J_1\frac{\mathrm{d}^2\phi_1}{\mathrm{d}{x_1}^2}=\frac{r_1p_{12}\cos\alpha}{G_1\cos\delta_1} \tag{4.2.1}$$

$$\frac{\mathrm{d}J_3}{\mathrm{d}x_3}\cdot\frac{\mathrm{d}\phi_3}{\mathrm{d}x_3}+J_3\frac{\mathrm{d}^2\phi_3}{\mathrm{d}{x_3}^2}=\frac{r_3p_{23}\cos\alpha}{G_3\cos\delta_3} \tag{4.2.2}$$

式中：p_{12},p_{23} 分别为轮 1 与轮 2 ，轮 3 与轮 2 之间的啮合力。

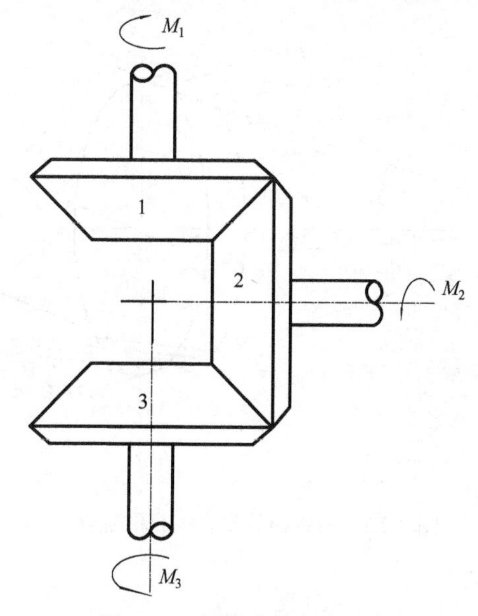

图 4.2.1　圆锥齿轮复合啮合

在轮 2 上任意一轴向位置截取一微段，取微段的力矩平衡条件，如图 4.2.2 所示。可得：

$$(T+\mathrm{d}T)-T=\frac{r_2(p_{12}+p_{23})\mathrm{d}x\cos\alpha}{\cos\delta_2}$$

$$\frac{\mathrm{d}T}{\mathrm{d}x}=\frac{r_2(p_{12}+p_{23})\cos\alpha}{\cos\delta_2}$$

$$\frac{\mathrm{d}J_2}{\mathrm{d}x_2}\cdot\frac{\mathrm{d}\phi_2}{\mathrm{d}x_2}+J_2\frac{\mathrm{d}_2\phi_2}{\mathrm{d}x_2^2}=\frac{r_2(p_{12}+p_{23})\cos\alpha}{G_2\cos\delta_2} \tag{4.2.3}$$

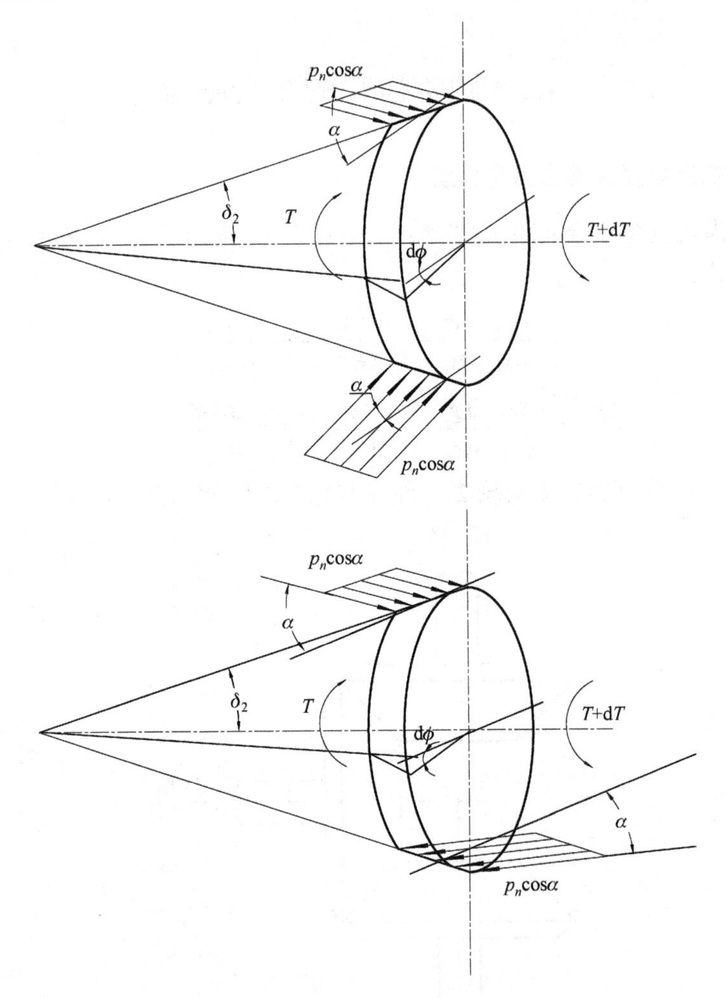

图 4.2.2　圆锥齿轮复合啮合的啮合力

变形协调条件为：

$$\cos\alpha(r_1\phi_1 + r_2\phi_2) = \frac{p_{12}}{C} \tag{4.2.4}$$

$$\cos\alpha(r_3\phi_3 + r_2\phi_2) = \frac{p_{23}}{C} \tag{4.2.5}$$

作变量代换：

$$x_1 = l\cos\delta_1\,,\quad \mathrm{d}x_1 = \mathrm{d}l\cos\delta_1$$

$$x_2 = l\cos\delta_2\,,\quad \mathrm{d}x_2 = \mathrm{d}l\cos\delta_2$$

$$x_3 = l\cos\delta_3\,,\quad \mathrm{d}x_3 = \mathrm{d}l\cos\delta_3$$

$$r_1 = l\sin\delta_1\ ,\quad r_2 = l\sin\delta_2\ ,\quad r_3 = l\sin\delta_3 \tag{4.2.6}$$

$$J_1 = \frac{\pi l^4 \sin^4\delta_1}{2}\ ,\quad J_2 = \frac{\pi l^4 \sin^4\delta_2}{2}\ ,\quad J_3 = \frac{\pi l^4 \sin^4\delta_3}{2} \tag{4.2.7}$$

$$\left(\frac{\mathrm{d}J_1}{\mathrm{d}l}\cdot\frac{\mathrm{d}\phi_1}{\mathrm{d}l} + J_1\frac{\mathrm{d}^2\phi_1}{\mathrm{d}l^2}\right)\frac{1}{\cos^2\delta_1} = \frac{l\sin\delta_1\cos\alpha\, p_{12}}{G_1\cos\delta_1} \tag{4.2. 8}$$

$$\sin\delta_1\left(4\frac{\mathrm{d}\phi_1}{\mathrm{d}l} + l\frac{\mathrm{d}^2\phi_1}{\mathrm{d}l^2}\right) = \frac{2\cos\alpha\cos\delta_1 p_{12}}{\pi\sin^2\delta_1 G_1 l^2} \tag{4.2.9}$$

$$\sin\delta_2\left(4\frac{\mathrm{d}\phi_2}{\mathrm{d}l} + l\frac{\mathrm{d}^2\phi_2}{\mathrm{d}l^2}\right) = \frac{2\cos\alpha\cos\delta_2(p_{12} + p_{23})}{\pi\sin^2\delta_2 G_2 l^2} \tag{4.2.10}$$

$$\sin\delta_3\left(4\frac{\mathrm{d}\phi_3}{\mathrm{d}l} + l\frac{\mathrm{d}^2\phi_3}{\mathrm{d}l^2}\right) = \frac{2\cos\alpha\cos\delta_3 p_{23}}{\pi\sin^2\delta_3 G_3 l^2} \tag{4.2.11}$$

$$\phi_1\sin\delta_1 + \phi_2\sin\delta_2 = \left(\frac{p_{12}}{l}\right)\frac{1}{C\cos\alpha} \tag{4.2.12}$$

$$\frac{\mathrm{d}\phi_1}{\mathrm{d}l}\sin\delta_1 + \frac{\mathrm{d}\phi_2}{\mathrm{d}l}\sin\delta_2 = \left(\frac{p_{12}}{l}\right)'\frac{1}{C\cos\alpha} \tag{4.2.13}$$

$$\frac{\mathrm{d}^2\phi_1}{\mathrm{d}l^2}\sin\delta_1 + \frac{\mathrm{d}^2\phi_2}{\mathrm{d}l^2}\sin\delta_2 = \left(\frac{p_{12}}{l}\right)''\frac{1}{C\cos\alpha} \tag{4.2.14}$$

$$\phi_2\sin\delta_2 + \phi_3\sin\delta_3 = \left(\frac{p_{23}}{l}\right)\frac{1}{C\cos\alpha} \tag{4.2.15}$$

$$\frac{\mathrm{d}\phi_2}{\mathrm{d}l}\sin\delta_2 + \frac{\mathrm{d}\phi_3}{\mathrm{d}l}\sin\delta_3 = \left(\frac{p_{32}}{l}\right)'\frac{1}{C\cos\alpha} \tag{4.2.16}$$

$$\frac{\mathrm{d}^2\phi_2}{\mathrm{d}l^2}\sin\delta_2 + \frac{\mathrm{d}^2\phi_3}{\mathrm{d}l^2}\sin\delta_3 = \left(\frac{p_{32}}{l}\right)''\frac{1}{C\cos\alpha} \tag{4.2.17}$$

$$4\left(\frac{p_{12}}{l}\right)' + l\left(\frac{p_{12}}{l}\right)'' = (\beta_1 + \beta_2)\frac{p_{12}}{l^2} + \beta_2\frac{p_{23}}{l^2} \tag{4.2.18}$$

$$4\left(\frac{p_{23}}{l}\right)' + l\left(\frac{p_{23}}{l}\right)'' = (\beta_3 + \beta_2)\frac{p_{23}}{l^2} + \beta_2\frac{p_{12}}{l^2} \tag{4.2.19}$$

令：

$$\frac{p_{12}}{l} = y_{12}\ ,\quad \frac{p_{23}}{l} = y_{23} \tag{4.2.20}$$

$$l^2 y_{12}'' + 4l y_{12}' = (\beta_1 + \beta_2) y_{12} + \beta_2 y_{23} \tag{4.2.21}$$

$$l^2 y_{23}'' + 4l y_{23}' = (\beta_2 + \beta_3) y_{23} + \beta_2 y_{12} \tag{4.2.22}$$

作变量代换，设：

$$l = \mathrm{e}^t$$

引入微分算子，则原微分方程组可以变换成：

$$\left[D(D-1) + 4D\right] y_{12} = (\beta_1 + \beta_2) y_{12} + \beta_2 y_{23}$$

$$\left[D(D-1) + 4D\right] y_{23} = \beta_2 y_{12} + (\beta_1 + \beta_2) y_{23}$$

写成矩阵形式：

$$\begin{bmatrix} D(D+3) - (\beta_1 + \beta_2) & -\beta_2 \\ -\beta_2 & D(D+3) - (\beta_2 + \beta_3) \end{bmatrix} \begin{bmatrix} y_{12} \\ y_{23} \end{bmatrix} = 0 \tag{4.2.23}$$

求微分方程组的特征根，设 $D(D+3) = \lambda$，令系数矩阵行列式为 0，得：

$$\begin{bmatrix} \lambda - (\beta_1 + \beta_2) & -\beta_2 \\ -\beta_2 & \lambda - (\beta_2 + \beta_3) \end{bmatrix} \begin{bmatrix} y_{12} \\ y_{23} \end{bmatrix} = 0 \tag{4.2.24}$$

$$\begin{vmatrix} \lambda - (\beta_1 + \beta_2) & -\beta_2 \\ -\beta_2 & \lambda - (\beta_2 + \beta_3) \end{vmatrix} = 0$$

对于大多数圆锥齿轮复合传动，有：

$$r_1 = r_3，\quad \beta_1 = \beta_3$$

则有特征方程：

$$\left[\lambda - (\beta_1 + \beta_2)\right]^2 - {\beta_2}^2 = 0$$

$$\lambda - (\beta_1 + \beta_2) = \pm \beta_2$$

特征根：

$$\lambda_{1,2} = \begin{matrix} \beta_1 + 2\beta_2 \\ \beta_1 \end{matrix}$$

再由：

$$D(D+3) = \lambda_1，\quad D(D+3) = \lambda_2$$

得到：

$$\lambda_{1,2} = \frac{-3 \pm \sqrt{9 + 4\lambda_1}}{2}，\quad \lambda_{3,4} = \frac{-3 \pm \sqrt{9 + 4\lambda_2}}{2} \tag{4.2.25}$$

如对应特征值 λ_1, λ_2 的特征向量分别为 $e^{(1)} = (e_1^{(1)}, e_2^{(1)})$，$e^{(2)} = (e_1^{(2)}, e_2^{(2)})$，则方程组的通解为：

$$\begin{bmatrix} y_{12} \\ y_{23} \end{bmatrix} = \begin{bmatrix} e_1^{(1)} \\ e_2^{(1)} \end{bmatrix} \left(E\mathrm{e}^{r_1 t} + F\mathrm{e}^{r_2 t} \right) + \begin{bmatrix} e_1^{(2)} \\ e_2^{(2)} \end{bmatrix} \left(G\mathrm{e}^{r_3 t} + H\mathrm{e}^{r_4 t} \right)$$
$$= \begin{bmatrix} e_1^{(1)} \\ e_2^{(1)} \end{bmatrix} \left(El^{r_1} + Fl^{r_2} \right) + \begin{bmatrix} e_1^{(2)} \\ e_2^{(2)} \end{bmatrix} \left(Gl^{r_3} + Hl^{r_4} \right) \tag{4.2.26}$$

$$\begin{bmatrix} \dfrac{p_{12}}{l} \\ \dfrac{p_{23}}{l} \end{bmatrix} = \begin{bmatrix} e_1^{(1)} \\ e_2^{(1)} \end{bmatrix} \left(El^{r_1} + Fl^{r_2} \right) + \begin{bmatrix} e_1^{(2)} \\ e_2^{(2)} \end{bmatrix} \left(Gl^{r_3} + Hl^{r_4} \right) \tag{4.2.27}$$

式中：E, F, G, H 为待定常数。

待定常数由边界条件决定，如扭矩都作用于各轮大端，设 L_0 为小端锥距，L 为大端锥距，则有：

$$l = L_0\,,\quad \frac{\mathrm{d}\phi_1}{\mathrm{d}x_1} = 0\,,\quad \frac{\mathrm{d}\phi_2}{\mathrm{d}x_2} = 0\,,\quad \frac{\mathrm{d}\phi_3}{\mathrm{d}x_3} = 0$$
$$\frac{\mathrm{d}\phi_1}{\mathrm{d}l} = 0\,,\quad \frac{\mathrm{d}\phi_2}{\mathrm{d}l} = 0\,,\quad \frac{\mathrm{d}\phi_3}{\mathrm{d}l} = 0$$
$$\left(\frac{p_{12}}{l} \right)' \Bigg|_{l=L_0} = 0\,,\quad \left(\frac{p_{23}}{l} \right)' \Bigg|_{l=L_0} = 0 \tag{4.2.28}$$

$$l = L\,,\quad \frac{\mathrm{d}\phi_1}{\mathrm{d}x_1} = \frac{M_1}{G_1 J_1}\,,\quad \frac{\mathrm{d}\phi_2}{\mathrm{d}x_2} = \frac{M_2}{G_2 J_2}\,,\quad \frac{\mathrm{d}\phi_3}{\mathrm{d}x_3} = \frac{M_3}{G_3 J_3}$$
$$\frac{\mathrm{d}\phi_1}{\mathrm{d}l} = \frac{M_1 \cos\delta_1}{G_1 J_1}\,,\quad \frac{\mathrm{d}\phi_2}{\mathrm{d}l} = \frac{M_2 \cos\delta_2}{G_2 J_2}\,,\quad \frac{\mathrm{d}\phi_3}{\mathrm{d}l} = \frac{M_3 \cos\delta_3}{G_3 J_3}$$
$$\frac{\mathrm{d}\phi_1}{\mathrm{d}l}\sin\delta_1 + \frac{\mathrm{d}\phi_2}{\mathrm{d}l}\sin\delta_2 \,\Big|_{l=L} = \frac{M_1}{G_1 J_1}\cos\delta_1 \sin\delta_1 + \frac{M_2}{G_2 J_2}\cos\delta_2 \sin\delta_2$$
$$\left(\frac{p_{12}}{l} \right)' \Bigg|_{l=L} = \frac{32C\cos\alpha}{\pi L^4} \left(\frac{M_1 \cos\delta_1}{G_1 \sin^3\delta_1} + \frac{M_2 \cos\delta_2}{G_2 \sin^3\delta_2} \right)$$

平衡条件为：

$$M_1 = p_{12}^{\mathrm{m}} \cdot \frac{L - L_0}{2}(L + L_0)\sin\delta_1 \cos\alpha = p_{12}^{\mathrm{m}} \cdot \frac{L^2 - {L_0}^2}{2}\sin\delta_1 \cos\alpha$$
$$M_2 = (p_{12}^{\mathrm{m}} + p_{23}^{\mathrm{m}}) \cdot \frac{L^2 - {L_0}^2}{2}\sin\delta_2 \cos\alpha \tag{4.2.29}$$

$$\left.\left(\frac{p_{12}}{l}\right)'\right|_{l=L}=\frac{L^2-L_0^2}{2L^4}\left[p_{12}^{\mathrm{m}}\left(\beta_1+\beta_2\right)+p_{23}^{\mathrm{m}}\beta_2\right] \tag{4.2.30}$$

由式(4.2.28)～式(4.2.30)解出四个待定常数。

4.2.2　不同受力方式

另一种复合啮合如图 4.2.3 所示，轮 2 只是作为惰轮，由轮 1 驱动轮 3，这种啮合情况常见于包含圆锥齿轮的周转轮系，其中轮 2 相当于行星齿轮。

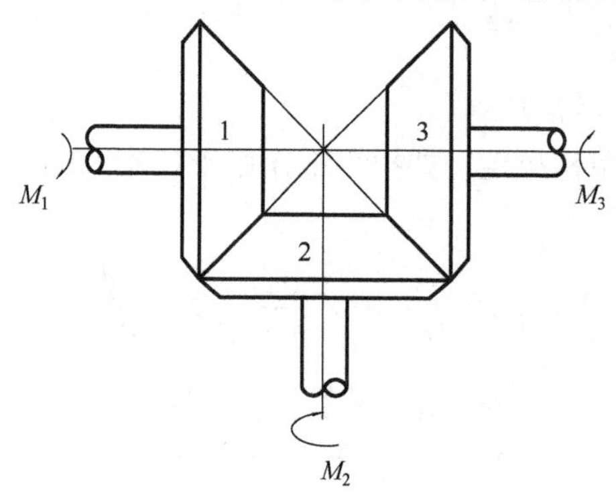

图 4.2.3　另一种复合啮合

对于轮 1 和轮 3 依然有：

$$\frac{\mathrm{d}J_1}{\mathrm{d}x_1}\cdot\frac{\mathrm{d}\phi_1}{\mathrm{d}x_1}+J_1\frac{\mathrm{d}^2\phi_1}{\mathrm{d}x^2}=\frac{r_1p_{12}\cos\alpha}{G_1\cos\delta_1} \tag{4.2.31}$$

$$\frac{\mathrm{d}J_3}{\mathrm{d}x_3}\cdot\frac{\mathrm{d}\phi_3}{\mathrm{d}x_3}+J_3\frac{\mathrm{d}^2\phi_3}{\mathrm{d}x^2}=\frac{r_3p_{23}\cos\alpha}{G_3\cos\delta_3} \tag{4.2.32}$$

在轮 2 上任意一个轴向位置截取一微段，取微段的力矩平衡条件，可得：

$$\left(T+\mathrm{d}T\right)-T=\frac{r_2(p_{12}-p_{23})\mathrm{d}x_2\cos\alpha}{\cos\delta_2}$$

$$\frac{\mathrm{d}T}{\mathrm{d}x_2}=\frac{r_2(p_{12}-p_{23})\cos\alpha}{\cos\delta_2}$$

$$\frac{\mathrm{d}J_2}{\mathrm{d}x_2}\cdot\frac{\mathrm{d}\phi_2}{\mathrm{d}x_2}+J_2\frac{\mathrm{d}^2\phi_2}{\mathrm{d}x_2{}^2}=\frac{r_2(p_{12}-p_{23})\cos\alpha}{G_2\cos\delta_2} \tag{4.2.33}$$

变形协调方程为：

$$\cos\alpha(r_1\phi_1+r_2\phi_2)=\frac{p_{12}}{C} \tag{4.2.34}$$

$$\cos\alpha(r_3\phi_3 - r_2\phi_2) = \frac{p_{23}}{C} \tag{4.2.35}$$

类似前面推导，有：

$$4\left(\frac{p_{12}}{l}\right)' + l\left(\frac{p_{12}}{l}\right)'' = (\beta_1+\beta_2)\frac{p_{12}}{l^2} - \beta_2\frac{p_{23}}{l^2} \tag{4.2.36}$$

$$4\left(\frac{p_{23}}{l}\right)' + l\left(\frac{p_{23}}{l}\right)'' = -\beta_2\frac{p_{12}}{l^2} + (\beta_3+\beta_2)\frac{p_{23}}{l^2} \tag{4.2.37}$$

作变量代换：

$$\frac{p_{12}}{l} = y_{12}\,,\quad \frac{p_{23}}{l} = y_{23}$$

再设：

$$l = \mathrm{e}^t$$

原微分方程是关于压力 p 与 l 的关系，变成 y 与 t 直接的关系。于是有特征方程：

$$\begin{bmatrix} D(D+3)-(\beta_1+\beta_2) & \beta_2 \\ \beta_2 & D(D+3)-(\beta_2+\beta_3) \end{bmatrix}\begin{bmatrix} y_{12} \\ y_{23} \end{bmatrix} = 0 \tag{4.2.38}$$

特征方程与前一种情形一样，但特征向量不一样，解仍为式(4.2.27)的形式，边界条件：

$$l = L_0\,,\quad \frac{\mathrm{d}\phi_1}{\mathrm{d}l} = 0\,,\quad \frac{\mathrm{d}\phi_2}{\mathrm{d}l} = 0\,,\quad \frac{\mathrm{d}\phi_3}{\mathrm{d}l} = 0$$

$$\left.\left(\frac{p_{12}}{l}\right)'\right|_{l=L_0} = 0\,,\quad \left.\left(\frac{p_{23}}{l}\right)'\right|_{l=L_0} = 0 \tag{4.2.39}$$

$$l = L\,,\quad \frac{\mathrm{d}\phi_1}{\mathrm{d}l} = \frac{M_1\cos\delta_1}{G_1 J_1}\,,\quad \frac{\mathrm{d}\phi_2}{\mathrm{d}l} = 0\,,\quad \frac{\mathrm{d}\phi_3}{\mathrm{d}l} = \frac{M_3\cos\delta_3}{G_3 J_3}$$

$$\left.\left(\frac{p_{12}}{l}\right)'\right|_{l=L} = \frac{L^2 - L_0^2}{2L^4}p_{12}^{\mathrm{m}}\beta_1\,,\quad \left.\left(\frac{p_{23}}{l}\right)'\right|_{l=L} = \frac{L^2 - L_0^2}{2L^4}p_{23}^{\mathrm{m}}\beta_3 \tag{4.2.40}$$

第 5 章　联轴器和键的偏载与修形

本章内容：齿轮联轴器可看成圆柱直齿轮内啮合，而且是 1∶1 的传动比的内啮合齿轮。

本章目的：从分析齿轮联轴器内啮合偏载形态出发，让读者了解齿轮联轴器偏载与内啮合偏载的区别与联系。

本章特色：啮合原理涉及内啮合传动原理，齿轮强度涉及内啮合接触弯曲应力。本章的叙述与它们类似。

5.1　齿轮联轴器和渐开线花键的偏载与修形

5.1.1　齿轮联轴器和渐开线花键的偏载

齿轮联轴器如图 5.1.1 所示，渐开线花键如图 5.1.2 所示。本节从分析齿轮联轴器和渐开线花键(及花键)扭转变形出发，导出了齿轮联轴器和渐开线花键(及花键)齿面分布载荷所应满足的二阶微分方程，并提出相应的抛物线修形方案。修形量不仅取决于齿体变形，还取决于轮体变形和扭矩的传递方式。

图 5.1.1　齿轮联轴器

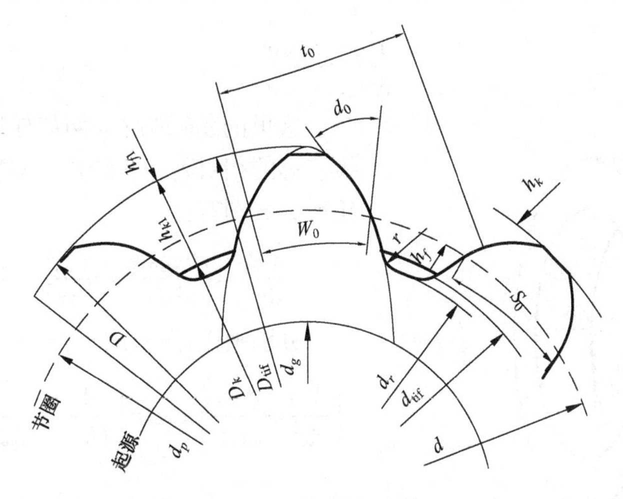

图 5.1.2　渐开线花键

为了便于分析齿轮联轴器和渐开线花键，先要将其与内啮合齿轮偏载与修形对比。齿轮联轴器和渐开线花键和内啮合齿轮有很强的类比关系：齿轮联轴器和渐开线花键相当于内啮合齿轮且传动比为 1:1，$r_1 = r_2 = r$，故只要把内啮合齿轮有关公式按如下关系置换，就可得到相关公式：

外啮合——内啮合；

齿数比不等于 1:1——齿数比等于 1:1；

压力角等于 20 度——压力角等于渐开线花键压力角的度数。

为明确起见，及便于初学者和工程实际人员使用，作者还是做了详细推导。

如果齿轮联轴器和渐开线花键轮体和齿体都是绝对刚体的，只要齿廓形状足够精确，载荷必然沿齿宽均匀分布，但实际齿轮联轴器和渐开线花键材料在受载后有弹性变形，接触线上各点的弹性变形不同，就造成载荷沿接触线不均匀分布。类似于图 2.1.2，在未加载时两端面上的半径线是平行的，加载后由于扭转变形半径线相对转过一个角而到了新的位置，母线也变到新的位置，左端的扭角大于右端，即垂直于轴的各断面内的扭角并不相等。

在任意一个轴向位置截取一微段，如图 5.1.3 所示，设左截面内力扭矩为 T，右截面内力扭矩为 $T+\mathrm{d}T$，有物理方程：

$$\frac{\mathrm{d}\phi}{\mathrm{d}x}=\frac{T}{GJ}, \quad \frac{\mathrm{d}^2\phi}{\mathrm{d}x^2}=\frac{\mathrm{d}T}{\mathrm{d}x}\cdot\frac{1}{GJ}$$

取微段的力矩平衡：

$$\left(T+\mathrm{d}T\right)-T=rp\cos\alpha\,\mathrm{d}x$$

$$\frac{\mathrm{d}T}{\mathrm{d}x}=rp\cos\alpha$$

$$\frac{d^2\phi}{dx^2}=\frac{rp\cos\alpha}{GJ}$$

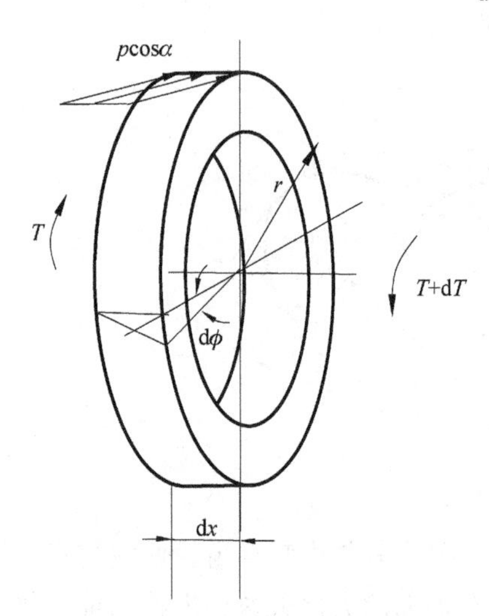

图 5.1.3　齿轮联轴器内齿圈的微单元受力图

这里的ϕ应理解为两齿轮联轴器和渐开线花键的相对附加扭转角，对联轴器轴 1 和轮毂 2 分别有：

$$\frac{d^2\phi_1}{dx^2}=\frac{rp\cos\alpha}{G_1J_1},\quad \frac{d^2\phi_2}{dx^2}=\frac{rp\cos\alpha}{G_2J_2}$$

分别乘以$r_1\cos\alpha, r_2\cos\alpha$，再相减，得：

$$r\left(\frac{d^2\phi_1}{dx^2}-\frac{d^2\phi_2}{dx^2}\right)\cos\alpha=\left(\frac{1}{G_1J_1}-\frac{1}{G_2J_2}\right)r^2p\cos^2\alpha \tag{5.1.1}$$

设轮齿综合刚度为 C，则有：

$$\frac{1}{C}=\frac{1}{C_1}-\frac{1}{C_2}$$

式中：C_1, C_2 分别为联轴器轴 1 和轮毂 2 的轮齿刚度。

则齿向弹性变形为：

$$\frac{p}{C}=p\left(\frac{1}{C_1}-\frac{1}{C_2}\right)$$

由于轮体变形后齿面仍然保持接触，齿面弹性变形应由两轴的相对附加转动弥补，如图 5.1.4 所示，故有变形协调条件：

$$r(\phi_1-\phi_2)\cos\alpha=\frac{p}{C}$$

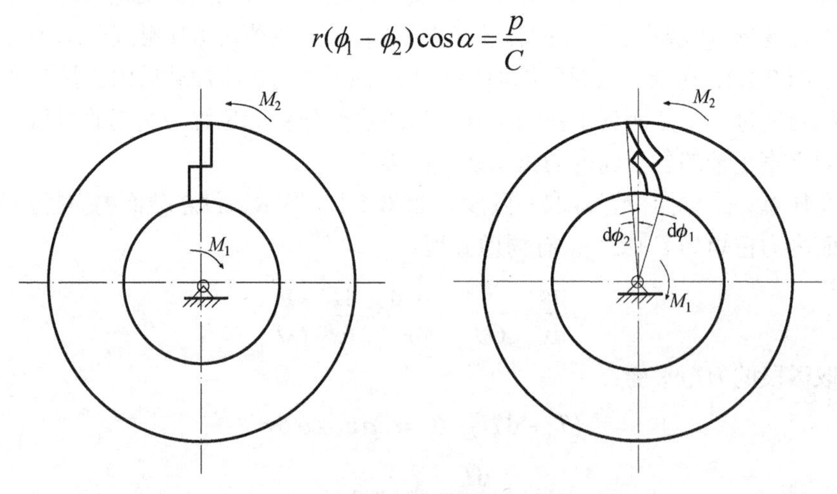

图 5.1.4　内齿圈与键的受力变形图

因此齿面载荷分布问题实际上是轮齿变形与联轴器轴和轮毂扭转变形的超静定问题，对上式微分两次，得：

$$r(\phi_1''-\phi_2'')\cos\alpha=\frac{p''}{C}$$

代入式(5.1.1)，得到：

$$\frac{p''}{C}=\left(\frac{1}{G_1J_1}-\frac{1}{G_2J_2}\right)r^2p\cos^2\alpha$$

可以简写成：

$$p''-\beta^2p=0 \tag{5.1.2}$$

式中：

$$\beta^2=\beta_1^2+\beta_2^2\text{，}\quad \beta_1^2=\frac{r^2C\cos^2\alpha}{G_1J_1}\text{，}\quad \beta_2^2=\frac{r^2C\cos^2\alpha}{G_2J_2}$$

式(5.1.2)为齿轮联轴器和渐开线花键偏载基本微分方程，解此微分方程，得：

$$p=E\sinh(\beta x)+F\cosh(\beta x)$$

式中：E, F 为待定常数。

待定常数与转矩的输入条件有关，如扭矩同时由齿轮联轴器和渐开线花键 1 和 2 右端输入输出，则有边界条件：

$$x=0\text{，}\quad \frac{\mathrm{d}\phi_1}{\mathrm{d}x}=\frac{\mathrm{d}\phi_2}{\mathrm{d}x}=0$$

$$x=B\text{，}\quad \frac{\mathrm{d}\phi_1}{\mathrm{d}x}=\frac{M_1}{G_1J_1}\text{，}\quad \frac{\mathrm{d}\phi_2}{\mathrm{d}x}=\frac{M_2}{G_2J_2}$$

对变形协调条件式微分一次，得：

$$r\cos\alpha\left(\frac{\mathrm{d}\phi_1}{\mathrm{d}x}-\frac{\mathrm{d}\phi_2}{\mathrm{d}x}\right)=\frac{\mathrm{d}p}{\mathrm{d}x}\frac{1}{C}$$

故：

$$x=0\text{，}\quad \frac{\mathrm{d}p}{\mathrm{d}x}=0$$

$$x=B\text{，}\quad \frac{\mathrm{d}p}{\mathrm{d}x}=rC\left(\frac{M_1}{G_1J_1}-\frac{M_2}{G_2J_2}\right)\cos\alpha$$

由于：

$$M_1=M_2=rp_{\mathrm{m}}B\cos\alpha$$

式中：p_{m} 为平均载荷；B 为轮毂宽。

故又有：

$$x=B\text{ ，}\ \frac{\mathrm{d}p}{\mathrm{d}x}=r^2C\left(\frac{1}{G_1J_1}-\frac{1}{G_2J_2}\right)p_\mathrm{m}B\cos^2\alpha=\beta^2p_\mathrm{m}B$$

微分方程的解为：

$$p(x)=p_\mathrm{m}\beta^2B\left[\frac{\cosh(\beta B)}{\sinh(\beta B)}\cosh(\beta x)-\sinh(\beta x)\right]\tag{5.1.3}$$

载荷分布类似于图 2.2.2 所示。如扭矩由齿轮联轴器和渐开线花键轮毂 1 左端传入，由齿轮联轴器和渐开线花键轴 2 右端传出，则边界条件为：

$$x=0\text{ ，}\ \frac{\mathrm{d}\phi_1}{\mathrm{d}x}=-\frac{M_1}{G_1J_1}\text{ ，}\ \frac{\mathrm{d}\phi_2}{\mathrm{d}x}=0$$

$$x=B\text{ ，}\ \frac{\mathrm{d}\phi_1}{\mathrm{d}x}=0\text{ ，}\ \frac{\mathrm{d}\phi_2}{\mathrm{d}x}=\frac{M_2}{G_2J_2}$$

即：

$$x=0\text{ ，}\ \frac{\mathrm{d}p}{\mathrm{d}x}=-C\frac{M_1r}{G_1J_1}\cos\alpha=-\beta_1^2p_\mathrm{m}B$$

$$x=B\text{ ，}\ \frac{\mathrm{d}p}{\mathrm{d}x}=C\frac{M_2r}{G_2J_2}\cos\alpha=\beta_2^2p_\mathrm{m}B$$

微分方程的解为：

$$p(x)=p_\mathrm{m}B\left(\frac{\beta_2^2+\beta_1^2\cosh(\beta B)}{\sinh(\beta B)}\cdot\cosh(\beta x)-\beta_1^2\sinh(\beta x)\right)\frac{1}{\beta}\tag{5.1.4}$$

5.1.2 考虑齿向误差

如果齿轮联轴器和渐开线花键在加载前便存在齿向误差，这种误差可能由加工过程机床传动系统或其他因素引起，那么两齿面加载前就有微小分离，分离量为$\delta(x)$。假定$\delta(x)$二阶导数存在，如$\delta(x)$不可用连续函数表示，可以先用二阶可导函数拟合，则变形协调条件增加了一项，为：

$$r(\phi_1-\phi_2)\cos\alpha=\frac{p}{C}+\delta(x)$$

该式称作考虑误差的变形协调条件式，微分 2 次，得：

$$r(\phi_1''-\phi_2'')\cos\alpha=\frac{p''}{C}+\delta''(x)$$

偏载基本微分方程(5.1.2)成为：

$$p''-\beta^2p=-\delta''C$$

这是非齐次的微分方程。利用非齐次方程的常数变异法，方程特解 p^* 为：

$$p^* = E(x)\sinh(\beta x) + F(x)\cosh(\beta x)$$

待定函数 $E(x), F(x)$ 应满足：

$$E'(x)\sinh(\beta x) + F'(x)\cosh(\beta x) = 0$$

$$E'(x)\sinh'(\beta x) + F'(x)\cosh'(\beta x) = -\delta'' C$$

解得：

$$E'(x) = \frac{-C\delta''\cosh(\beta x)}{\beta}$$

$$E(x) = \frac{-C}{\beta}\int \delta''\cosh(\beta x)\mathrm{d}x$$

$$F'(x) = \frac{C\delta''\sinh(\beta x)}{\beta}$$

$$F(x) = \frac{C}{\beta}\int \delta''\sinh(\beta x)\mathrm{d}x$$

p 的通解为：

$$p = C_1\sinh(\beta x) + C_2\cosh(\beta x) - \frac{C}{\beta}\sinh(\beta x)\int \delta''\cosh(\beta x)\mathrm{d}x + \frac{C}{\beta}\cosh(\beta x)\int \delta''\sinh(\beta x)\mathrm{d}x \tag{5.1.5}$$

齿面载荷分布还取决于齿面原始误差。

5.1.3　齿面修形

由于齿面载荷分布还取决于齿面原始误差，因而很自然地产生这样的想法，可以人为地改变齿面原始廓形，抵消偏载的影响，使偏载沿齿宽均匀分布，这个恰当的函数 $\delta(x)$ 就是齿廓修形量。在式(5.1.1)两边乘以 C，再设：

$$\varPhi = rC(\phi_1 - \phi_2)\cos\alpha$$

则式(5.1.1)成为：

$$\varPhi'' = \beta^2 p \tag{5.1.6}$$

而考虑误差的变形协调条件式：

$$\varPhi = p + C\delta$$

对式(5.1.6)积分两次，因 p 为常数 $p \equiv p_{\mathrm{m}}$，所以：

$$\Phi = \frac{\beta^2 p_{\mathrm{m}} x^2}{2} + C_1 x + C_2$$

由此可得：

$$C\delta = \Phi - p_{\mathrm{m}} = \frac{\beta^2 p_{\mathrm{m}} x^2}{2} + C_1 x + C_2 - p_{\mathrm{m}}$$

仍然分两种情况讨论，先假定扭矩在联轴器轮毂和轮轴右端作用，则有：

$$x = 0 \text{ ，} \quad \frac{\mathrm{d}\phi_1}{\mathrm{d}x} = 0 \text{ ，} \quad \frac{\mathrm{d}\phi_2}{\mathrm{d}x} = 0$$

即：

$$\frac{\mathrm{d}\Phi}{\mathrm{d}x} = 0$$

$$C_1 = 0$$

$$x = B \text{ ，} \quad \frac{\mathrm{d}\phi_1}{\mathrm{d}x} = \frac{M_1}{G_1 J_1} \text{ ，} \quad \frac{\mathrm{d}\phi_2}{\mathrm{d}x} = \frac{M_2}{G_2 J_2}$$

$$\begin{aligned} C(r_1\phi_1' + r_2\phi_2')|_{x=B} \cos\alpha &= rC\left(\frac{M_1}{G_1 J_1} + \frac{M_2}{G_2 J_2}\right)\cos\alpha \\ &= r^2 C\left(\frac{1}{G_1 J_1} + \frac{1}{G_2 J_2}\right) p_{\mathrm{m}} B \cos\alpha \\ &= \beta^2 p_{\mathrm{m}} B \end{aligned}$$

对 $\Phi'' = \beta^2 p$ 积分一次，考虑到 $p_{\mathrm{m}} =$ 常数，得：

$$C\delta'|_{x=B} = \Phi|_{x=B}$$

$$\beta^2 p_{\mathrm{m}} B + C_1 = \beta^2 p_{\mathrm{m}} B$$

$$C_1 = 0$$

两个边界条件不独立。由于所谓修形量是指齿廓相对于理想齿廓的减少量，在整个齿面上统统刨去一层等于没修形，因此至少应使齿面一边修形量为零。通常应使载荷最小的边修形量为零，否则势必出现负修形量，故令远离扭矩加载端的左端面的修形量为零，有：

$$x = 0 \text{ ，} \quad \delta = 0$$

$$C_2 - p_{\mathrm{m}} = 0$$

$$C\delta = \frac{\beta^2 p_{\mathrm{m}} x^2}{2}$$

齿廓曲面与分度圆柱的交线展开后是一条抛物线。再假定扭矩分别从两端传入，有：

$$x=0\ ,\ \frac{\mathrm{d}\phi_1}{\mathrm{d}x}=-\frac{M_1}{G_1J_1}\ ,\ \frac{\mathrm{d}\phi_2}{\mathrm{d}x}=0$$

$$x=B\ ,\ \frac{\mathrm{d}\phi_1}{\mathrm{d}x}=0\ ,\ \frac{\mathrm{d}\phi_2}{\mathrm{d}x}=\frac{M_2}{G_2J_2}$$

即：

$$x=0\ ,\ rC(\phi_1'-\phi_2')\cos\alpha=-C\frac{M_1r}{G_1J_1}\cos\alpha=-\beta_1^2p_\mathrm{m}B$$

$$x=B\ ,\ rC(\phi_1'-\phi_2')\cos\alpha=C\frac{M_2r}{G_2J_2}\cos\alpha=\beta_{21}^2p_\mathrm{m}B$$

$$C\delta'|_{x=B}=\beta^2p_\mathrm{m}B+C_1=-\beta_1^2p_\mathrm{m}B$$

$$C_1=-\beta_1^2p_\mathrm{m}B$$

$$C\delta'|_{x=B}=\beta^2p_\mathrm{m}B+C_1=\beta_2^2p_\mathrm{m}B$$

$$C_1=p_\mathrm{m}B\left(\beta_2^2-\beta_1^2\right)=-p_\mathrm{m}B\beta_1^2$$

两个边界条件也不独立，求修形曲线的微小值点，令：

$$C\delta'(x)=0$$

$$p_\mathrm{m}x\beta^2-p_\mathrm{m}B\beta_1^2=0$$

解得：

$$x^*=\frac{B\beta_1^2}{\beta^2}$$

当两齿轮联轴器和渐开线花键大小相同时，有：

$$\beta_1^2=\beta_2^2=\frac{\beta^2}{2}$$

$$x^*=\frac{B}{2}$$

令修形量曲线极小值点处修形量为零，得到：

$$C\delta'(x)=\beta^2p_\mathrm{m}\cdot\frac{1}{2}\left(\frac{\beta_1^2B}{\beta^2}\right)-\beta_1^2p_\mathrm{m}B\left(\frac{\beta_1^2B}{\beta^2}\right)+C_2-p_\mathrm{m}=0$$

$$C_2-p_\mathrm{m}=\frac{\beta_1^4p_\mathrm{m}B}{2\beta^2}$$

$$C\delta = \beta^2 p_{\mathrm{m}} \cdot \frac{x^2}{2} - \beta_1^2 p_{\mathrm{m}} Bx + \frac{\beta_1^4 p_{\mathrm{m}} B}{2\beta^2}$$

反之可以验证按抛物线方案修形齿面载荷为常数。当 δ'' = 常数时式(5.1.5)可改写为：

$$\begin{aligned} p &= C_1 \sinh(\beta x) + C_2 \cosh(\beta x) - \frac{C\delta''}{\beta} \sinh(\beta x) \int \cosh(\beta x) \mathrm{d}x \\ &\quad + \frac{C\delta''}{\beta} \cosh(\beta x) \int \sinh(\beta x) \mathrm{d}x \\ &= C_1 \sinh(\beta x) + C_2 \cosh(\beta x) + \frac{C\delta''}{\beta} \left(-\sinh^2(\beta x) + \cosh^2(\beta x) \right) \\ &= C_1 \sinh(\beta x) + C_2 \cosh(\beta x) + \frac{C\delta''}{\beta} \\ &= C_1 \sinh(\beta x) + C_2 \cosh(\beta x) + p_{\mathrm{m}} \end{aligned}$$

边界条件为：

$$p'|_{x=0} = C(r_1\phi_1' + r_2\phi_2')|_{x=0} \cos\alpha - C\delta'|_{x=0}$$

$$C_1 \beta \cosh(\beta x) + C_2 \beta \sinh(\beta x)|_{x=0} = 0$$

$$C_1 = 0$$

$$p'|_{x=B} = C(r_1\phi_1' + r_2\phi_2')|_{x=B} \cos\alpha - C\delta'|_{x=B}$$

$$C_2 \beta \sinh(\beta x) = C\left(\frac{M_1 r_1}{G_1 J_1} + \frac{M_2 r_2}{G_2 J_2} \right) \cos^2\alpha - \beta p_{\mathrm{m}} B = 0$$

$$C_2 = 0$$

故：

$$p = p_{\mathrm{m}}$$

即齿面载荷恒等于平均载荷，证毕。

为便于理解，在此给出计算实例。

现有一对渐开线花键，$z_1 = 100$，$z_2 = 100$，模数 $m = 4\mathrm{mm}$，$h = 2.25m$，$\alpha = 30°$，$B = 105\mathrm{mm}$，$p_{\mathrm{m}} = 320\,\mathrm{N/mm}$，求修形曲线。

分度圆直径为：

$$d_1 = 100 \times 4 = 400\mathrm{mm}, \quad d_2 = 100 \times 4 = 400\mathrm{mm}$$

对应半径为：

$$r_1 = 200\mathrm{mm}, \quad r_2 = 200\mathrm{mm}$$

齿根圆直径为：

$$d_{f1}=d_{f2}=(100-2.5)\times4=390\text{mm}，\ d_{f2}=(100+2.5)\times4=410\text{mm}$$

全齿高为：

$$h=2.25m=2.25\times4=9\text{mm}$$

花键齿圈厚取全齿高的 3 倍，即：

$$H=3h$$

花键齿圈外径为：

$$D=d_{f2}+2\times3\times h=464\text{mm}$$

$$J_1=\frac{\pi d_{f1}^4}{32}$$

$$J_2=\frac{\pi D^4}{32}-\frac{\pi d_{f2}^4}{32}=\frac{\pi}{32}(D^4-d_{f2}^4)$$

$$G_1=G_2=80\times10^3\ \text{N/mm}^2$$

$$\begin{aligned}\delta&=\frac{\beta^2 p_{\mathrm{m}}x^2}{2C}\\&=\left[\frac{p_{\mathrm{m}}}{2}\left(\frac{r_1^2}{G_1J_1}-\frac{r_2^2}{G_2J_2}\right)\cos^2\alpha\right]x^2\\&=\left[\frac{320}{2}\left(\frac{200^2}{390^4}-\frac{200^2}{464^4-410^4}\right)\frac{32\times\cos^2 30^\circ}{\pi\times80\times10^3}\right]x^2\\&=0.4688\times10^{-7}x^2\end{aligned}$$

最大修形量为：

$$\delta_{\max}=\delta_{x=B}=2.89\times10^{-3}\text{mm}$$

当载荷从两轮不同端输入时，有：

$$\delta=\frac{p_{\mathrm{m}}r^2\cos^2 30^\circ}{2}\left(\frac{1}{G_1J_1}-\frac{1}{G_2J_2}\right)x^2-\frac{p_{\mathrm{m}}r^2B\cos^2 30^\circ}{G_1J_1}x+\frac{p_{\mathrm{m}}B\left(\dfrac{r_1^2}{G_1J_1}\right)^2}{2r^2\left(\dfrac{1}{G_1J_1}-\dfrac{1}{G_2J_2}\right)}\cos^2 30^\circ$$

$$=0.4688\times10^{-7}x^2-4.82\times10^{-5}x+2.53\times10^{-3}\text{mm}$$

最大修形量在渐开线花键加载端，即：

$$\delta_{\max} = \delta_{x=B} = 2.52 \times 10^{-3}\,\text{mm}$$

5.2　矩形花键和平键的偏载与修形

键包括花键和平键，对于键连接中的渐开线花键，类似于齿轮联轴器，而齿轮联轴器又类似于 1∶1 的内啮合齿轮。渐开线花键相当于 1∶1 的内啮合齿轮，但其压力角不是标准压力角。所以只要把前面相关公式中的 20 度压力角统统换成对于花键的固有压力角就行了。

而矩形花键和平键，包括滑键和导向键，如图 5.2.1 和图 5.2.2 所示，则相当于压力角为 0 度的花键，从而又相当于压力角为 0 度的内啮合齿轮。

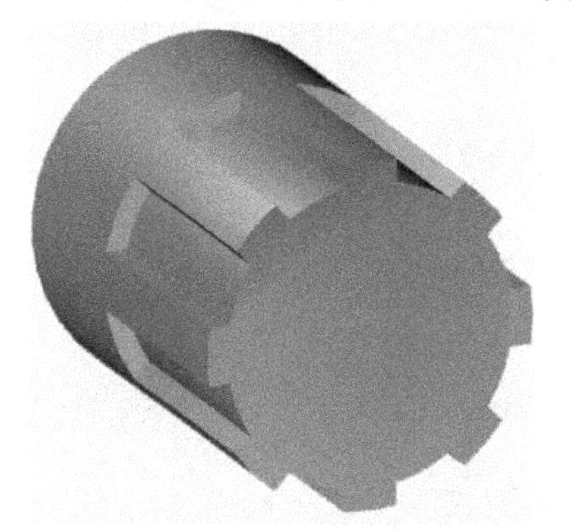
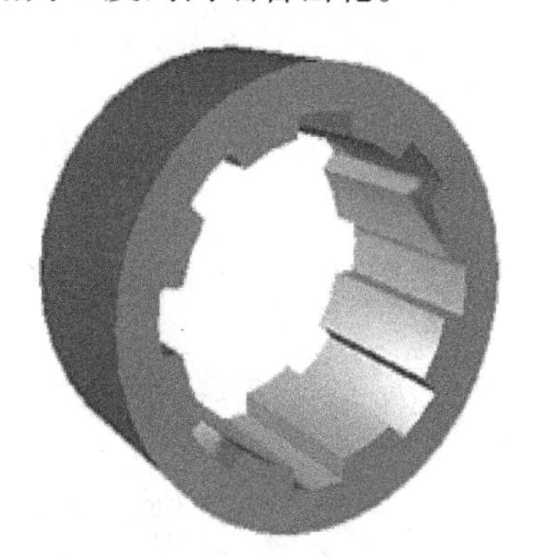

图 5.2.1　矩形花键

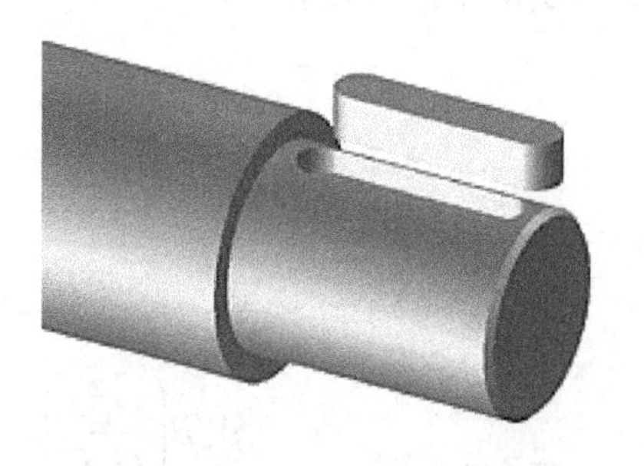
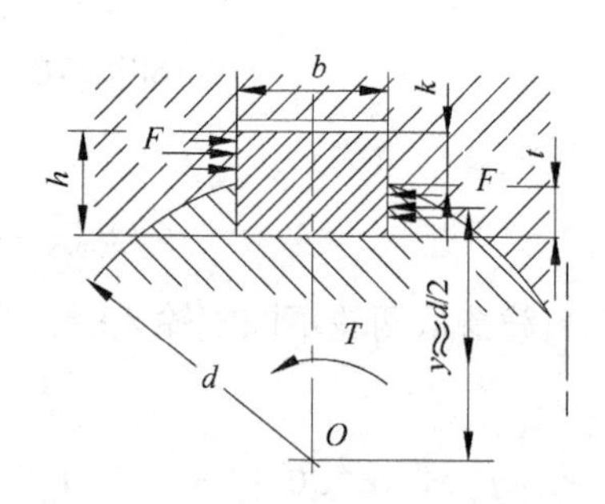

图 5.2.2　平键

5.2.1　矩形花键和平键的偏载

本节从分析矩形花键和平键的轴与轮毂的扭转变形出发，导出键表面分布载荷所应满足的二阶微分方程，并提出相应的抛物线修形方案。修形量不仅取决于齿体变形，还取决于轮体变形和扭矩的传递方式。键的偏载分析类似于内啮合齿轮，只不过压力角处处为零。

如果轴轮体和齿体都是绝对刚体，只要齿廓形状大约精确，载荷必然沿键宽均匀分布，但实际轴材料在受载后有弹性变形，接触线上各点的弹性变形不同，就造成载荷沿接触线不均匀分布。类似于图 2.1.2，在未加载时两端面上的半径线是平行的，加载后由于扭转变形半径线相对转过一个角而到了新的位置，母线也变到新的位置，左端的扭角大于右端，即垂直于轴的各断面内的扭角并不相等。

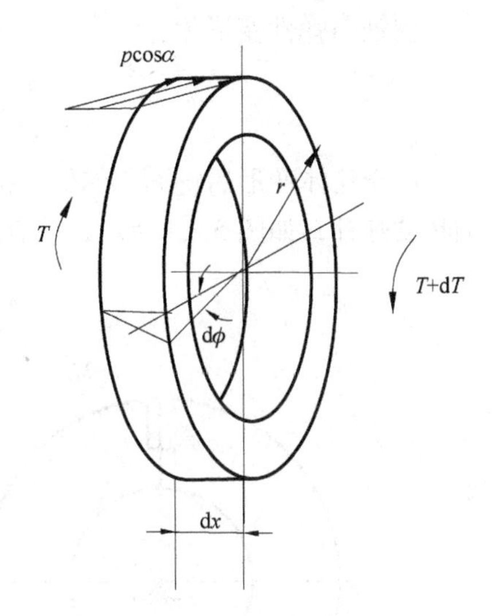

图 5.2.3　平键轮毂的微单元受力图

在任意一个轴向位置截取一微段，如图 5.2.3 所示，设左截面内力扭矩为 T，右截面内力扭矩为 $T+\mathrm{d}T$，有物理方程：

$$\frac{\mathrm{d}\phi}{\mathrm{d}x}=\frac{T}{GJ},\quad \frac{\mathrm{d}^2\phi}{\mathrm{d}x^2}=\frac{\mathrm{d}T}{\mathrm{d}x}\cdot\frac{1}{GJ}$$

取微段的力矩平衡：

$$\left(T+\mathrm{d}T\right)-T=rp\mathrm{d}x$$

$$\frac{\mathrm{d}T}{\mathrm{d}x}=rp$$

$$\frac{\mathrm{d}^2\phi}{\mathrm{d}x^2}=\frac{rp}{GJ}$$

这里的 ϕ 应理解为两轴的相对附加扭转角，对矩形花键或平键的轴 1 与轮毂 2 分别有：

$$\frac{\mathrm{d}^2\phi_1}{\mathrm{d}x^2}=\frac{r_1 p}{G_1 J_1},\quad \frac{\mathrm{d}^2\phi_2}{\mathrm{d}x^2}=\frac{r_2 p}{G_2 J_2}$$

分别乘以 r，再相减，得：

$$r\left(\frac{\mathrm{d}^2\phi_1}{\mathrm{d}x^2}-\frac{\mathrm{d}^2\phi_2}{\mathrm{d}x^2}\right)=\left(\frac{r^2}{G_1 J_1}-\frac{r^2}{G_2 J_2}\right)p \tag{5.2.1}$$

设键的综合刚度为 C，则有：

$$\frac{1}{C}=\frac{1}{C_1}-\frac{1}{C_2}$$

式中：C_1,C_2 分别为轴的键刚度和轮毂键槽的刚度。

则轴向弹性变形为：

$$\frac{p}{C}=p(\frac{1}{C_1}-\frac{1}{C_2})$$

由于轮体变形后键面仍然保持接触，键表面弹性变形应由轴与轮毂的相对附加转动弥补，如图 5.2.4 所示，故有变形协调条件：

$$r(\phi_1-\phi_2)=\frac{p}{C}$$

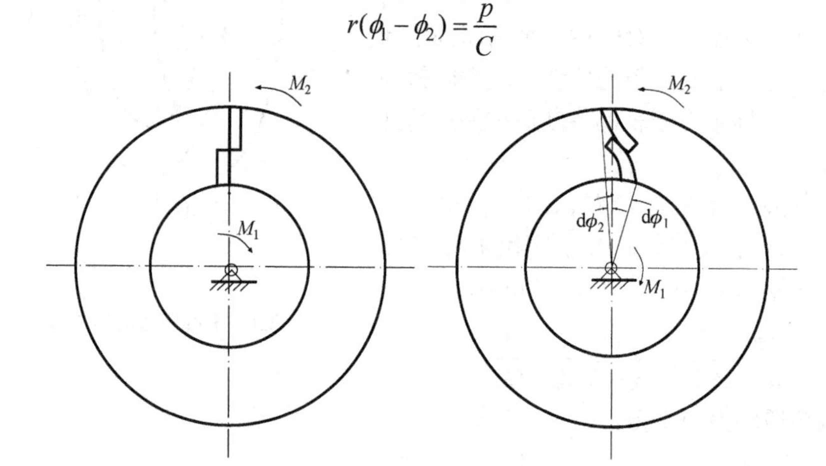

图 5.2.4　轴键槽与轮毂键槽的受力变形图

因此键面载荷分布问题实际上是键变形与轮体扭转变形的超静定问题，对上式微分两次，得：

$$r(\phi_1''-\phi_2'')=\frac{p''}{C}$$

代入式(5.2.1)，得：

$$\frac{p''}{C}=\left(\frac{r_1^{\ 2}}{G_1J_1}-\frac{r_2^{\ 2}}{G_2J_2}\right)p$$

可简写为：

$$p''-\beta^2p=0 \tag{5.2.2}$$

式中：

$$\beta^2=\beta_1^2-\beta_2^2\text{，}\ \beta_1^2=\frac{Cr_1^2}{G_1J_1}\text{，}\ \beta_2^2=\frac{Cr_2^2}{G_2J_2}$$

式(5.2.2)为矩形花键或平键的轮毂与轴偏载的基本微分方程，解此微分方程，得：

$$p = E\sinh(\beta x) + F\cosh(\beta x)$$

式中：E, F 为待定常数。

待定常数与转矩的输入条件有关，如扭矩同时由轴 1 和轮毂 2 的右端输入输出，则有边界条件：

$$x = 0\text{，}\quad \frac{\mathrm{d}\phi_1}{\mathrm{d}x} = \frac{\mathrm{d}\phi_2}{\mathrm{d}x} = 0$$

$$x = B\text{，}\quad \frac{\mathrm{d}\phi_1}{\mathrm{d}x} = \frac{M_1}{G_1 J_1}\text{，}\quad \frac{\mathrm{d}\phi_2}{\mathrm{d}x} = \frac{M_2}{G_2 J_2}$$

对变形协调条件式微分一次，得：

$$r\left(\frac{\mathrm{d}\phi_1}{\mathrm{d}x} - \frac{\mathrm{d}\phi_2}{\mathrm{d}x}\right) = \frac{\mathrm{d}p}{\mathrm{d}x}\frac{1}{C}$$

故：

$$x = 0\text{，}\quad \frac{\mathrm{d}p}{\mathrm{d}x} = 0$$

$$x = B\text{，}\quad \frac{\mathrm{d}p}{\mathrm{d}x} = Cr\left(\frac{M_1}{G_1 J_1} - \frac{M_2}{G_2 J_2}\right)$$

考虑到：

$$\frac{M_1}{r_1} = \frac{M_2}{r_2} = p_{\mathrm{m}} B$$

式中：p_{m} 为平均载荷。

故又有：

$$x = B\text{，}\quad \frac{\mathrm{d}p}{\mathrm{d}x} = Cr^2\left(\frac{1}{G_1 J_1} - \frac{1}{G_2 J_2}\right) p_{\mathrm{m}} B = \beta^2 p_{\mathrm{m}} B$$

微分方程的解为：

$$p(x) = p_{\mathrm{m}} \beta^2 B\left[\frac{\cosh(\beta B)}{\sinh(\beta B)}\cosh(\beta x) - \sinh(\beta x)\right] \tag{5.2.3}$$

载荷分布类似于图 2.2.2 所示。如扭矩由轴 1 左端传入，由轮毂 2 右端传出，则边界条件为：

$$x = 0\text{，}\quad \frac{\mathrm{d}\phi_1}{\mathrm{d}x} = -\frac{M_1}{G_1 J_1}\text{，}\quad \frac{\mathrm{d}\phi_2}{\mathrm{d}x} = 0$$

$$x = B \text{，} \frac{\mathrm{d}\phi_1}{\mathrm{d}x} = 0 \text{，} \frac{\mathrm{d}\phi_2}{\mathrm{d}x} = \frac{M_2}{G_2 J_2}$$

即：

$$x = 0 \text{，} \frac{\mathrm{d}p}{\mathrm{d}x} = -C\frac{M_1 r_1}{G_1 J_1} = -\beta_1^2 p_\mathrm{m} B$$

$$x = B \text{，} \frac{\mathrm{d}p}{\mathrm{d}x} = C\frac{M_2 r_2}{G_2 J_2} = \beta_2^2 p_\mathrm{m} B$$

微分方程的解为：

$$p(x) = p_\mathrm{m} B\left(\frac{\beta_2^2 + \beta_1^2\cosh(\beta B)}{\sinh(\beta B)}\cdot\cosh(\beta x) - \beta_1^2\sinh(\beta x)\right)\frac{1}{\beta} \tag{5.2.4}$$

5.2.2　考虑键的形状误差

如果轴在加载前便存在轴向误差，这种误差可能由加工过程机床传动系统或其他因素引起，那么两键面加载前就有微小分离，分离量为$\delta(x)$。假定$\delta(x)$二阶导数存在，如$\delta(x)$不可用连续函数表示，可以先用二阶可导函数拟合，则变形协调条件式增加了一项，为：

$$r(\phi_1 - \phi_2)\cos\alpha = \frac{p}{C} + \delta(x) \tag{5.2.5}$$

微分 2 次，得：

$$r(\phi_1'' - \phi_2'')\cos\alpha = \frac{p''}{C} + \delta''(x) \tag{5.2.6}$$

微分方程(5.2.2)变成非齐次微分方程：

$$p'' - \beta^2 p = -\delta'' C \tag{5.2.7}$$

利用非齐次方程的常数变异法，方程特解p^*为：

$$p^* = E(x)\sinh(\beta x) + F(x)\cosh(\beta x) \tag{5.2.8}$$

待定函数$E(x), F(x)$应满足：

$$E'(x)\sinh(\beta x) + F'(x)\cosh(\beta x) = 0$$

$$E'(x)\beta\cosh(\beta x) + F'(x)\beta\sinh(\beta x) = -\delta'' C$$

解得：

$$E'(x) = \frac{-C\delta''\cosh(\beta x)}{\beta}$$

$$E(x)=\frac{-C}{\beta}\int\delta''\cosh(\beta x)\mathrm{d}x$$

$$F'(x)=\frac{C\delta''\sinh(\beta x)}{\beta}$$

$$F(x)=\frac{C}{\beta}\int\delta''\sinh(\beta x)\mathrm{d}x$$

p 的通解为：

$$\begin{aligned}p=&C_1\sinh(\beta x)+C_2\cosh(\beta x)-\frac{C}{\beta}\sinh(\beta x)\int\delta''\cosh(\beta x)\mathrm{d}x\\&+\frac{C}{\beta}\cosh(\beta x)\int\delta''\sinh(\beta x)\mathrm{d}x\end{aligned}\tag{5.2.9}$$

键的表面载荷分布还取决于键面原始误差。

5.2.3　按匀载条件进行修形

由于键的表面面载荷分布还取决于键面原始误差，因而很自然地产生这样的想法，可以人为地改变键面原始廓形，抵消偏载的影响，使偏载沿键宽均匀分布，这个恰当的函数 $\delta(x)$ 就是齿廓修形量。在式(5.2.1)两边乘以 C，再设：

$$\Phi=Cr(\phi_1-\phi_2)$$

则式(5.2.1)成为：

$$\Phi''=\beta^2 p$$

而考虑误差的变形协调条件式：

$$\Phi=p+C\delta$$

对式(5.2.1)积分两次，因 p 为常数 $p\equiv p_{\mathrm{m}}$，所以：

$$\Phi=\frac{\beta^2 p_{\mathrm{m}}x^2}{2}+C_1x+C_2$$

由此可得：

$$C\delta=\Phi-p_{\mathrm{m}}=\frac{\beta^2 p_{\mathrm{m}}x^2}{2}+C_1x+C_2-p_{\mathrm{m}}$$

仍然分两种情况讨论，先假定扭矩在两轮右端作用，则有：

$$x=0\text{，}\frac{\mathrm{d}\phi_1}{\mathrm{d}x}=0\text{，}\frac{\mathrm{d}\phi_2}{\mathrm{d}x}=0$$

即：

$$\frac{\mathrm{d}\Phi}{\mathrm{d}x}=0$$

$$C_1=0$$

$$x=B\ ,\quad \frac{\mathrm{d}\phi_1}{\mathrm{d}x}=\frac{M_1}{G_1J_1}\ ,\quad \frac{\mathrm{d}\phi_2}{\mathrm{d}x}=\frac{M_2}{G_2J_2}$$

$$Cr(\phi_1'-\phi_2')|_{x=B}\cos\alpha=Cr\left(\frac{M_1}{G_1J_1}-\frac{M_2}{G_2J_2}\right)=Cr^2\left(\frac{1}{G_1J_1}-\frac{1}{G_2J_2}\right)p_{\mathrm{m}}B=\beta^2 p_{\mathrm{m}}B$$

对 $\Phi''=\beta^2 p$ 积分一次，考虑到 $p_{\mathrm{m}}=$常数，得：

$$C\delta'|_{x=B}=\Phi|_{x=B}$$

$$\beta^2 p_{\mathrm{m}}B+C_1=\beta^2 p_{\mathrm{m}}B$$

$$C_1=0$$

两个边界条件不独立。由于所谓修形量是指齿廓相对于理想齿廓的减少量，在整个键面上统统刨去一层等于没修形，因此至少应使键面一边修形量为零。通常应使载荷最小的边修形量为零，否则势必出现负修形量，故令远离扭矩加载端的左端面的修形量为零，有：

$$x=0\ ,\quad \delta=0$$

$$C_2-p_{\mathrm{m}}=0$$

$$C\delta=\frac{\beta^2 p_{\mathrm{m}}x^2}{2} \tag{5.2.10}$$

齿廓曲面与分度圆柱的交线展开后是一条抛物线。再假定扭矩分别从两端传入，则有：

$$x=0\ ,\quad \frac{\mathrm{d}\phi_1}{\mathrm{d}x}=-\frac{M_1}{G_1J_1}\ ,\quad \frac{\mathrm{d}\phi_2}{\mathrm{d}x}=0$$

$$x=B\ ,\quad \frac{\mathrm{d}\phi_1}{\mathrm{d}x}=0\ ,\quad \frac{\mathrm{d}\phi_2}{\mathrm{d}x}=\frac{M_2}{G_2J_2}$$

即：

$$x=0\ ,\quad Cr(\phi_1'-\phi_2')=-C\frac{M_1r_1}{G_1J_1}=-\beta_1^2 p_{\mathrm{m}}B$$

$$x=B\ ,\quad Cr(\phi_1'-\phi_2')=C\frac{M_2r_2}{G_2J_2}=\beta_{21}^2 p_{\mathrm{m}}B$$

$$C\delta'|_{x=B}=\beta^2 p_{\mathrm{m}}B+C_1=-\beta_1^2 p_{\mathrm{m}}B$$

$$C_1=-\beta_1^2 p_{\mathrm{m}}B$$

$$C\delta'|_{x=B}=\beta^2 p_m B+C_1=\beta_2^2 p_m B$$

$$C_1=p_m B\left(\beta_2^2-\beta_1^2\right)=-p_m B\beta_1^2$$

两个边界条件也不独立，求修形曲线的微小值点，令：

$$C\delta'(x)=0$$

$$p_m B\beta^2-p_m B\beta_1^2=0$$

解得：

$$x^*=\frac{B\beta_1^2}{\beta^2}$$

当两轴大小相同，则：

$$\beta_1^2=\beta_2^2=\frac{\beta^2}{2}$$

$$x^*=\frac{B}{2}$$

令修形量曲线极小值点处修形量为零，得：

$$C\delta'(x)=\beta^2 p_m\cdot\frac{1}{2}\left(\frac{\beta_1^2 B}{\beta^2}\right)-\beta_1^2 p_m B\left(\frac{\beta_1^2 B}{\beta^2}\right)+C_2-p_m=0$$

$$C_2-p_m=\frac{\beta_1^4 p_m B}{2\beta^2}$$

$$C\delta=\beta^2 p_m\cdot\frac{x}{2}-\beta_1^2 p_m B+\frac{\beta_1^4 p_m B}{2\beta^2} \tag{5.2.11}$$

反之可以验证按抛物线方案修形键面载荷为常数。当 δ'' = 常数时式(5.2.9)可改写为：

$$p=C_1\sinh(\beta x)+C_2\cosh(\beta x)-\frac{C\delta''}{\beta}\sinh(\beta x)\int\cosh(\beta x)\mathrm{d}x$$

$$+\frac{C\delta''}{\beta}\cosh(\beta x)\int\sinh(\beta x)\mathrm{d}x$$

$$=C_1\sinh(\beta x)+C_2\cosh(\beta x)+\frac{C\delta''}{\beta}\left(-\sinh^2(\beta x)+\cosh^2(\beta x)\right)$$

$$=C_1\sinh(\beta x)+C_2\cosh(\beta x)+\frac{C\delta''}{\beta}$$

$$=C_1\sinh(\beta x)+C_2\cosh(\beta x)+p_m$$

边界条件为：

$$p'|_{x=0} = Cr(\phi_1' - \phi_2')|_{x=0} - C\delta'|_{x=0}$$

$$C_1\beta\cosh(\beta x) + C_2\beta\sinh(\beta x)|_{x=0} = 0$$

$$C_1 = 0$$

$$p'|_{x=B} = Cr(\phi_1' - \phi_2')|_{x=B} - C\delta'|_{x=B}$$

$$C_2\beta\sinh(\beta x) = Cr\left(\frac{M_1}{G_1 J_1} - \frac{M_2}{G_2 J_2}\right) - \beta p_{\mathrm{m}} B = 0$$

$$C_2 = 0$$

故：

$$p = p_{\mathrm{m}}$$

即键面载荷恒等于平均载荷，证毕。

为便于理解，在此给出计算实例。

现有一对矩形花键，$z_1 = 100$，$z_2 = 100$，模数 $m = 4\text{mm}$，$h = 2.25m$，$B = 105\text{mm}$，$p_{\mathrm{m}} = 320\,\text{N/mm}$，扭矩作用于同侧，求修形曲线。

分度圆直径为：

$$d_1 = 100 \times 4 = 400\text{mm}，\ d_2 = 100 \times 4 = 400\text{mm}$$

对应半径为：

$$r_1 = 200\text{mm}，\ r_2 = 200\text{mm}$$

齿根圆直径为：

$$d_{f1} = (100 - 2.5) \times 4 = 390\text{mm}，\ d_{f2} = (100 + 2.5) \times 4 = 410\text{mm}$$

花键齿圈外径为：

$$D = d_{f2} + 2 \times 3 \times h = 464\text{mm}$$

$$J_1 = \frac{\pi d_{f1}^4}{32}$$

$$J_2 = \frac{\pi D^4}{32} - \frac{\pi d_{f2}^4}{32} = \frac{\pi}{32}(D^4 - d_{f2}^4)$$

$$G_1 = G_2 = 80 \times 10^3\ \text{N/mm}^2$$

$$\delta = \frac{\beta^2 p_{\mathrm{m}} x^2}{2C} = \left[\frac{p_{\mathrm{m}}}{2}\left(\frac{r_1^2}{G_1 J_1} - \frac{r_2^2}{G_2 J_2}\right)\cos^2\alpha\right] x^2$$

$$=\left[\frac{320}{2}\left(\frac{200^2}{390^4}-\frac{200^2}{464^4-410^4}\right)\frac{32}{\pi\times 80\times 10^3}\right]x^2$$
$$=0.6250\times 10^{-7}x^2$$

最大修形量为：

$$\delta_{\max}=\delta_{x=B}=2.89\times 10^{-3}\text{mm}$$

当载荷从不同端输入时，有：

$$\delta=\frac{p_{\mathrm{m}}r^2}{2}\left(\frac{1}{G_1J_1}-\frac{1}{G_2J_2}\right)x^2-\frac{p_{\mathrm{m}}r^2B}{G_1J_1}x+\frac{p_{\mathrm{m}}B\left(\frac{r_1^2}{G_1J_1}\right)^2}{2r^2\left(\frac{1}{G_1J_1}-\frac{1}{G_2J_2}\right)}$$
$$=0.6252\times 10^{-7}x^2-9.64\times 10^{-5}x+5.06\times 10^{-3}\text{mm}$$

最大修形量在矩形花键加载端，即：

$$\delta_{\max}=\delta_{x=B}=5.06\times 10^{-3}\text{mm}$$

5.3　齿轮与键和轴复合啮合的偏载与修形

复合啮合是指两个以上齿轮与轴(通过键与轮毂表面)或齿轮之间(通过齿面)相互啮合，如图 5.3.1 所示。

图 5.3.1　齿轮与键和轴复合啮合

5.3.1 第一种复合啮合情形

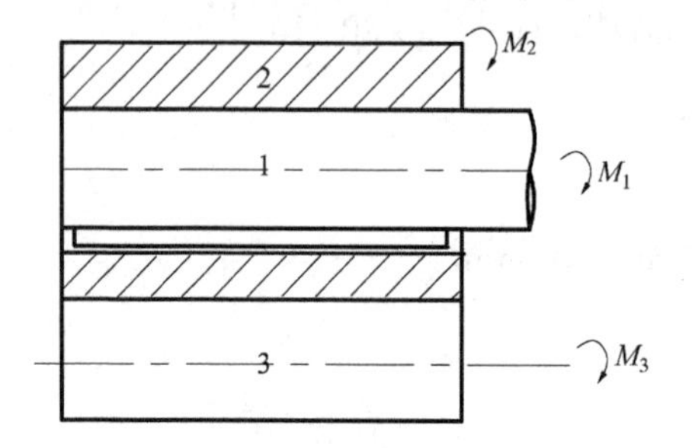

图 5.3.2 键与齿轮和轴复合啮合的第一种情形

第一种复合啮合情形如图 5.3.2 所示，由轮 2 通过键驱动轴 1 和轮 3，对轴 1 轮 3 依然有：

$$\frac{\mathrm{d}^2\phi_1}{\mathrm{d}x^2}=\frac{r_1 p_{12}}{G_1 J_1} \tag{5.3.1}$$

$$\frac{\mathrm{d}^2\phi_3}{\mathrm{d}x^2}=\frac{r_3 p_{23}\cos\alpha}{G_3 J_3} \tag{5.3.2}$$

式中：p_{12},p_{23} 分别为轴 1 与轮毂 2，轮 3 与轮毂 2 之间的啮合力。

在轮 2 任意一个轴向位置截取一微段，如图 5.3.3 所示。

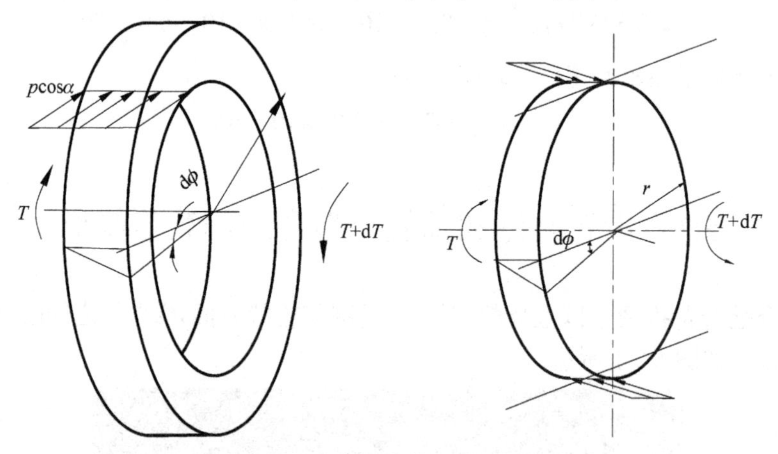

图 5.3.3 轮毂的键槽受力变形

列出力矩的平衡条件：

$$(T+\mathrm{d}T)-T=r_2\left(p_{12}+p_{23}\cos\alpha\right)\mathrm{d}x$$

即：

$$\frac{\mathrm{d}T}{\mathrm{d}x}=r_2\left(p_{12}+p_{23}\cos\alpha\right)$$

$$\frac{\mathrm{d}^2\phi_1}{\mathrm{d}x^2}=\frac{r_3\left(p_{12}+p_{23}\cos\alpha\right)}{G_2 J_2} \tag{5.3.3}$$

变形协调条件为：

$$r(\phi_1-\phi_2\cos\alpha)=\frac{p_{12}}{C} \tag{5.3.4}$$

$$r(\phi_2 - \phi_3 \cos\alpha) = \frac{p_{23}}{C} \tag{5.3.5}$$

$$r(\phi_1'' - \phi_2'' \cos\alpha) = \frac{p_{12}''}{C} \tag{5.3.6}$$

$$r(\phi_2'' - \phi_3'' \cos\alpha) = \frac{p_{23}''}{C} \tag{5.3.7}$$

式(5.3.1)两端乘以r_1，式(5.3.2)两端乘以$r_2\cos\alpha$，再相加，考虑式(5.3.6)有：

$$p_{12}'' = \beta_1^2 p_{12} + \beta_2^2 (p_{12} + p_{23}) \tag{5.3.8}$$

同理可得：

$$p_{23}'' = \beta_3^2 p_{23} + \beta_2^2 (p_{12} + p_{23}) \tag{5.3.9}$$

引入算式符号$\frac{\mathrm{d}}{\mathrm{d}x} = D$，将式(5.3.8)和式(5.3.9)写成矩阵形式：

$$\begin{bmatrix} D^2 - \left(\beta_1^2 + \beta_2^2\right) & -\beta_2^2 \\ -\beta_2^2 & D^2 - \left(\beta_2^2 + \beta_3^2\right) \end{bmatrix} \begin{bmatrix} p_{12} \\ p_{23} \end{bmatrix} = 0 \tag{5.3.10}$$

该式为复合啮合的偏载基本微分方程组。为求微分方程组的特征根，令系数矩阵行列式为 0，有：

$$\begin{vmatrix} D^2 - \left(\beta_1^2 + \beta_2^2\right) & -\beta_2^2 \\ -\beta_2^2 & D^2 - \left(\beta_2^2 + \beta_3^2\right) \end{vmatrix} = 0 \tag{5.3.11}$$

展开，得：

$$D^4 - \left(2\beta_2^2 + \beta_1^2 + \beta_3^2\right) D^2 + \left(\beta_1^2\beta_2^2 + \beta_1^2\beta_3^2 + \beta_2^2\beta_3^2\right) = 0$$

特征根为：

$$D^2 = \gamma_1\text{，}\quad D^2 = \gamma_2$$

$$D = \pm\sqrt{\gamma_1}\text{，}\quad D = \pm\sqrt{\gamma_2} \tag{5.3.12}$$

设式(5.3.10)对应于特征值γ_1的特征向量为：

$$\vec{e}^{(1)} = \left(e_1^{(1)}, e_2^{(1)}\right)$$

对应于特征值γ_2的特征向量为：

$$\vec{e}^{(2)} = \left(e_1^{(2)}, e_2^{(2)}\right)$$

则微分方程组的通解为：

$$\begin{bmatrix} p_{12} \\ p_{23} \end{bmatrix} = \begin{bmatrix} e_1^{(1)} \\ e_2^{(1)} \end{bmatrix} \left(E\sinh(\sqrt{\gamma_1}x) + F\cosh(\sqrt{\gamma_1}x) \right)$$

$$+\begin{bmatrix} e_1^{(2)} \\ e_2^{(2)} \end{bmatrix}\left(G\sinh(\sqrt{\gamma_1}x)+H\cosh(\sqrt{\gamma_1}x)\right) \tag{5.3.13}$$

特殊地，当：

$$r_1=r_2=r_3=r\text{，}\ \beta_1^2=\beta_2^2=\beta_3^2=\beta^2$$

特征方程为：

$$D^4-4\beta^2D^2+3\beta^4=0$$

特征根为：

$$r_{1,2}=\begin{matrix}3\beta^2\\ \beta^2\end{matrix}$$

$$D=\sqrt{3}\beta\text{，}\ D=-\sqrt{3}\beta\text{，}\ D=\beta\text{，}\ D=-\beta$$

对应特征根 $\gamma_1=3\beta^2$ 的特征向量满足：

$$\begin{bmatrix} 3\beta^2-2\beta^2 & -\beta^2 \\ -\beta^2 & 3\beta^2-2\beta^2 \end{bmatrix}\begin{bmatrix} e_1^{(1)} \\ e_2^{(1)} \end{bmatrix}=0 \tag{5.3.14}$$

对应特征向量为：

$$\left(e_1^{(1)},e_2^{(1)}\right)=(1,1) \tag{5.3.15}$$

对应特征根 $\gamma_2=\beta^2$ 的特征向量满足：

$$\begin{bmatrix} \beta^2-2\beta^2 & -\beta^2 \\ -\beta^2 & \beta^2-2\beta^2 \end{bmatrix}\begin{bmatrix} e_1^{(2)} \\ e_2^{(2)} \end{bmatrix}=0 \tag{5.3.16}$$

对应特征向量为：

$$\left(e_1^{(2)},e_2^{(2)}\right)=(1,-1) \tag{5.3.17}$$

微分方程组的解为：

$$\begin{aligned}\begin{bmatrix} p_{12} \\ p_{23} \end{bmatrix}&=\begin{bmatrix} 1 \\ 1 \end{bmatrix}\left(E\sinh(\sqrt{3}\beta x)+F\cosh(\sqrt{3}\beta x)\right)\\ &+\begin{bmatrix} 1 \\ -1 \end{bmatrix}\left(G\sinh(\beta x)+H\cosh(\beta x)\right)\end{aligned} \tag{5.3.18}$$

式中：E, F, G, H 为待定常数。

待定系数由边界条件决定，对式(5.3.4)和式(5.3.5)微分一次，得：

$$\frac{\mathrm{d}p_{12}}{\mathrm{d}x}=Cr\left(\phi_1'-\phi_2'\cos\alpha\right) \tag{5.3.19}$$

$$\frac{\mathrm{d}p_{23}}{\mathrm{d}x}=Cr\left(\phi_2'-\phi_3'\cos\alpha\right) \tag{5.3.20}$$

第一种啮合情形如图 5.3.2 所示，M_1,M_2,M_3 都作用于右侧，有边界条件：

$$x=0\text{，}\ \frac{\mathrm{d}\phi_1}{\mathrm{d}x}=0\text{，}\ \frac{\mathrm{d}\phi_2}{\mathrm{d}x}=0\text{，}\ \frac{\mathrm{d}\phi_3}{\mathrm{d}x}=0$$

$$\frac{\mathrm{d}p_{12}}{\mathrm{d}x}=0\text{，}\ \frac{\mathrm{d}p_{23}}{\mathrm{d}x}=0 \tag{5.3.21}$$

$$x=B\text{，}\ \frac{\mathrm{d}\phi_1}{\mathrm{d}x}=\frac{M_1}{G_1J_1}\text{，}\ \frac{\mathrm{d}\phi_2}{\mathrm{d}x}=\frac{M_2}{G_2J_2}\text{，}\ \frac{\mathrm{d}\phi_3}{\mathrm{d}x}=\frac{M_3}{G_3J_3}$$

$$\begin{aligned}\left.\frac{\mathrm{d}p_{12}}{\mathrm{d}x}\right|_{x=B}&=Cr\left(\frac{M_1}{G_1J_1}-\frac{M_2}{G_2J_2}\cdot\cos\alpha\right)\\&=Cr^2\left[\frac{Bp_{12}''}{G_1J_1}-\frac{B}{G_2J_2}\left(p_{12}''+p_{23}''\right)\right]\cos^2\alpha\\&=Bp_{12}^{\mathrm{m}}\left(\beta_1^2-\beta_2^2\right)+Bp_{23}^{\mathrm{m}}\beta_2^2\end{aligned} \tag{5.3.22}$$

$$\begin{aligned}\frac{\mathrm{d}P_{23}}{\mathrm{d}x}\Big|_{x=B}&=Cr\left(\frac{M_2}{G_2J_2}-\frac{M_3}{G_3J_3}\right)\cos\alpha\\&=Cr^2\left[\frac{Bp_{23}^{\mathrm{m}}}{G_3J_3}+\frac{B}{G_2J_2}\left(p_{12}^{\mathrm{m}}+p_{23}^{\mathrm{m}}\right)\right]\cos^2\alpha\\&=Bp_{12}^{\mathrm{m}}\beta_2^2+Bp_{23}^{\mathrm{m}}\left(\beta_3^2+\beta_2^2\right)\end{aligned} \tag{5.3.23}$$

式中：$p_{12}^{\mathrm{m}},p_{23}^{\mathrm{m}}$ 分别为轴 1 与轮 2，轮 2 与轮 3 之间的平均啮合力。将式(5.3.21)～式(5.3.23)写成矩阵形式:

$$\begin{bmatrix}\sqrt{3}\beta & 0 & +\beta & 0\\ \sqrt{3}\beta & 0 & -\beta & 0\\ \sqrt{3}\beta\cosh\left(\sqrt{3}\beta B\right) & \sqrt{3}\beta\sinh\left(\sqrt{3}\beta B\right) & \beta\cosh(\beta B) & \beta\sinh(\beta B)\\ \sqrt{3}\beta\cosh\left(\sqrt{3}\beta B\right) & \sqrt{3}\beta\sinh\left(\sqrt{3}\beta B\right) & -\beta\cosh(\beta B) & -\beta\sinh(\beta B)\end{bmatrix}\begin{bmatrix}E\\F\\G\\H\end{bmatrix}$$

$$=\begin{bmatrix}0\\0\\2p_{12}^{\mathrm{m}}\beta^2+p_{23}^{\mathrm{m}}\beta^2\\2p_{23}^{\mathrm{m}}\beta+p_{12}^{\mathrm{m}}\beta\end{bmatrix}B \tag{5.3.24}$$

解出 E, F, G, H 便可求出方程的解。

5.3.2 第二种复合啮合情形

第二种啮合情形如图 5.3.4 所示，由轴 1 驱动轮 2 和轮 3，但主动扭矩和两个从动扭矩作用于不同侧，边界条件为：

$$x=0\ ,\quad \frac{\mathrm{d}\phi_1}{\mathrm{d}x}=0\ ,\quad \frac{\mathrm{d}\phi_2}{\mathrm{d}x}=-\frac{M_2}{G_2J_2}\ ,\quad \frac{\mathrm{d}\phi_3}{\mathrm{d}x}=0$$

$$\frac{\mathrm{d}p_{12}}{\mathrm{d}x}\bigg|_{x=0}=C\left(-\frac{rM_2}{G_2J_2}\right)\cos\alpha=-B(p_{12}^{\mathrm{m}}+p_{23}^{\mathrm{m}})\beta_2^2 \tag{5.3.25}$$

$$\frac{\mathrm{d}p_{23}}{\mathrm{d}x}\bigg|_{x=0}=-B(p_{12}^{\mathrm{m}}+p_{23}^{\mathrm{m}})\beta_3^2 \tag{5.3.26}$$

$$x=B\ ,\quad \frac{\mathrm{d}\phi_1}{\mathrm{d}x}=\frac{M_1}{G_1J_1}\ ,\quad \frac{\mathrm{d}\phi_2}{\mathrm{d}x}=0\ ,\quad \frac{\mathrm{d}\phi_3}{\mathrm{d}x}=\frac{M_3}{G_3J_3}$$

$$\frac{\mathrm{d}p_{12}}{\mathrm{d}x}\bigg|_{x=B}=C\frac{r_1M_1}{G_1J_1}=p_{12}^{\mathrm{m}}B\beta_1^2 \tag{5.3.27}$$

$$\frac{\mathrm{d}P_{23}}{\mathrm{d}x}\bigg|_{x=B}=C\cos\alpha\frac{r_3M_3}{G_3J_3}=Bp_{23}^{\mathrm{m}}\beta_3^2 \tag{5.3.28}$$

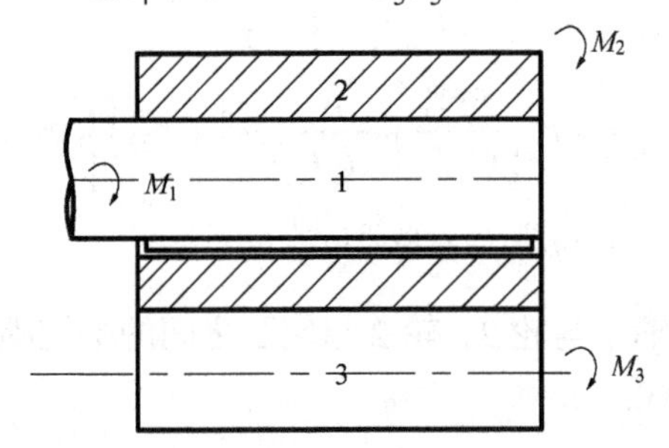

图 5.3.4 键与齿轮和轴复合啮合的第二种情形

5.3.3 第三种复合啮合情形

第三种啮合情形如图 5.3.5 所示，由轮 2 驱动轴 1 和轮 3，从动扭矩一个作用在主动扭矩同侧，一个作用在异侧，边界条件为：

$$x=0\ ,\quad \frac{\mathrm{d}\phi_1}{\mathrm{d}x}=0\ ,\quad \frac{\mathrm{d}\phi_2}{\mathrm{d}x}=0\ ,\quad \frac{\mathrm{d}\phi_3}{\mathrm{d}x}=-\frac{M_3}{G_3J_3}$$

$$\frac{\mathrm{d}p_{12}}{\mathrm{d}x}\bigg|_{x=0}=0 \tag{5.3.29}$$

$$\frac{\mathrm{d}P_{23}}{\mathrm{d}x}\bigg|_{x=0}=C\left(-\frac{r_3M_3}{G_3J_3}\right)\cos\alpha=-Bp_{23}^{\mathrm{m}}\beta_3^2 \tag{5.3.30}$$

$$x = B\ ,\quad \frac{\mathrm{d}\phi_1}{\mathrm{d}x} = \frac{M_1}{G_1 J_1}\ ,\quad \frac{\mathrm{d}\phi_2}{\mathrm{d}x} = \frac{M_2}{G_2 J_2}\ ,\quad \frac{\mathrm{d}\phi_3}{\mathrm{d}x} = 0$$

$$\frac{\mathrm{d}p_{12}}{\mathrm{d}x}\Big|_{x=B} = Bp_{12}^{\mathrm{m}}\left(\beta_1^2 + \beta_2^2\right) + Bp_{23}^{\mathrm{m}}\beta_2^2 \tag{5.3.31}$$

$$\frac{\mathrm{d}p_{12}}{\mathrm{d}x}\Big|_{x=B} = B(p_{12}^{\mathrm{m}} + p_{23}^{\mathrm{m}})\beta_2^2 \tag{5.3.32}$$

5.3.4　第四种复合啮合情形

第四种复合啮合情形如图 5.3.6 所示，轮 2 只作为过渡，由轴 1 驱动轮 3，M_1 和 M_3 作用于两轮同侧，对轴 1 和轮 3 依然有：

$$\frac{\mathrm{d}^2\phi_1}{\mathrm{d}x^2} = \frac{r_1 p_{12}}{G_1 J_1} \tag{5.3.33}$$

$$\frac{\mathrm{d}^2\phi_3}{\mathrm{d}x^2} = \frac{r_3 p_{23}\cos\alpha}{G_3 J_3} \tag{5.3.34}$$

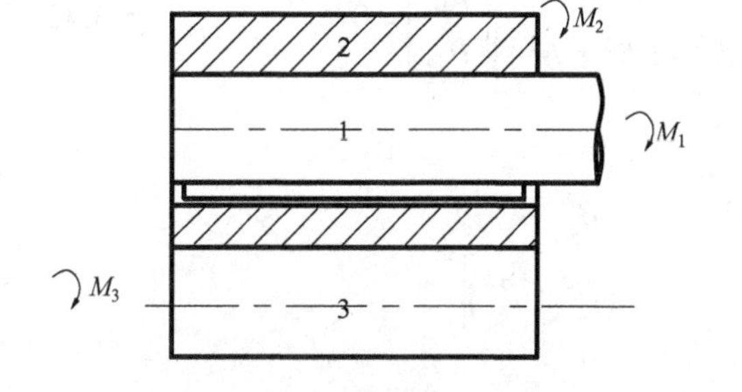

图 5.3.5　键与齿轮和轴复合啮合的第三种情形

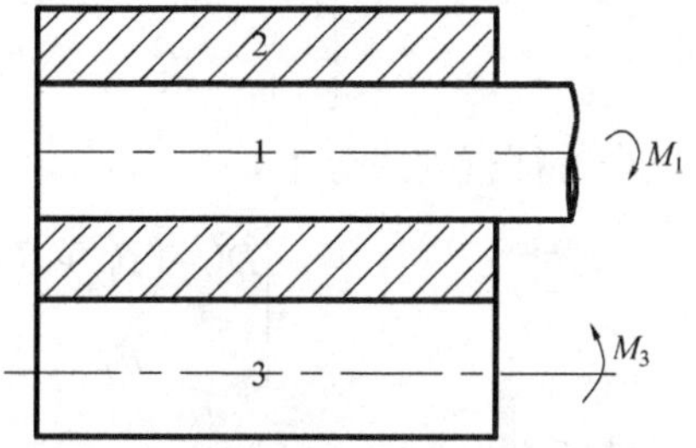

图 5.3.6　键与齿轮和轴复合啮合的第四种情形

在轮 2 任意一个轴向位置截取一微段，如图 5.3.3 所示，微段的力矩平衡关系为：

$$(T + \mathrm{d}T) - T = r_2\left(p_{12} - p_{23}\cos\alpha\right)\mathrm{d}x$$

$$\frac{\mathrm{d}T}{\mathrm{d}x} = r_2\left(p_{12} - p_{23}\cos\alpha\right)$$

$$\frac{\mathrm{d}^2\phi}{\mathrm{d}x^2} = \frac{r_3\left(p_{12} - p_{23}\cos\alpha\right)}{G_2 J_2} \tag{5.3.35}$$

变形协调条件为：

$$r_1\phi_1 - r_2\phi_2\cos\alpha = \frac{p_{12}}{C} \tag{5.3.36}$$

$$r_3\phi_3 - r_2\phi_2\cos\alpha = \frac{p_{23}}{C} \tag{5.3.37}$$

$$r_1\phi_1'' + r_2\phi_2''\cos\alpha = \frac{p_{12}''}{C} \tag{5.3.38}$$

$$r_3\phi_3'' - r_2\phi_2''\cos\alpha = \frac{p_{23}''}{C} \tag{5.3.39}$$

式(5.3.33)两端乘以r_1，式(5.3.35)两端乘以$r_2\cos\alpha$，再相加，考虑式(5.3.38)，有：

$$p_{12}'' = \beta_1^2 p_{12} + \beta_2^2(p_{12} - p_{23}) \tag{5.3.40}$$

式(5.3.34)两端乘以$r_3\cos\alpha$，式(5.3.35)两端乘以$r_2\cos\alpha$，再相加，考虑式(5.3.39)，有：

$$p_{23}'' = \beta_3^2 p_{23} + \beta_2^2 p_{23} - \beta_2^2 p_{12} \tag{5.3.41}$$

引入算式符号$\frac{\mathrm{d}}{\mathrm{d}x} = D$，将式(5.3.40)和式(5.3.41)写成矩阵形式，有：

$$\begin{bmatrix} D^2 - \left(\beta_1^2 + \beta_2^2\right) & \beta_2^2 \\ \beta_2^2 & D^2 - \left(\beta_2^2 + \beta_3^2\right) \end{bmatrix} \begin{bmatrix} p_{12} \\ p_{23} \end{bmatrix} = 0 \tag{5.3.42}$$

令特征行列式等于0：

$$\begin{vmatrix} D^2 - \left(\beta_1^2 + \beta_2^2\right) & \beta_2^2 \\ \beta_2^2 & D^2 - \left(\beta_2^2 + \beta_3^2\right) \end{vmatrix} = 0$$

特征方程为：

$$\left[D^2 - \left(\beta_1^2 + \beta_2^2\right)\right]\left[D^2 - \left(\beta_2^2 + \beta_3^2\right)\right] - \beta_2^4 = 0$$

特征方程与前面一样，但特征行列式不一样，因而特征向量不一样。例如，当：

$$\beta_1^2 = \beta_2^2 = \beta_3^2 = \beta^2$$

对应特征根$\gamma_1 = 3\beta^2$的特征向量为：

$$\begin{bmatrix} 3\beta^2 - 2\beta^2 & \beta^2 \\ \beta^2 & 3\beta^2 - 2\beta^2 \end{bmatrix} \begin{bmatrix} e_1^{(1)} \\ e_2^{(1)} \end{bmatrix} = 0 \tag{5.3.43}$$

对应特征根1的特征向量1为：

$$\vec{e}^{(1)} = (1, -1)$$

同样可求得对应特征根2的特征向量2为：

$$\vec{e}^{(2)} = (1, 1) \tag{5.3.44}$$

微分方程组的通解可写成：

$$\begin{bmatrix} p_{12} \\ p_{23} \end{bmatrix} = \begin{bmatrix} 1 \\ -1 \end{bmatrix}\left(E\sinh(\sqrt{3}\beta x) + F\cosh(\sqrt{3}\beta x)\right) + \begin{bmatrix} 1 \\ 1 \end{bmatrix}\left(G\sinh(\beta x) + H\cosh(\beta x)\right) \tag{5.3.45}$$

式中：E, F, G, H 为待定常数。

待定常数由边界条件决定，如 M_1, M_3 都作用于右侧，有：

$$x = 0\ ,\quad \frac{\mathrm{d}\phi_1}{\mathrm{d}x} = 0\ ,\quad \frac{\mathrm{d}\phi_2}{\mathrm{d}x} = 0\ ,\quad \frac{\mathrm{d}\phi_3}{\mathrm{d}x} = 0$$

$$\frac{\mathrm{d}p_{12}}{\mathrm{d}x} = 0$$

$$\frac{\mathrm{d}p_{23}}{\mathrm{d}x} = 0$$

$$x = B\ ,\quad \frac{\mathrm{d}\phi_1}{\mathrm{d}x} = \frac{M_1}{G_1 J_1}\ ,\quad \frac{\mathrm{d}\phi_2}{\mathrm{d}x} = 0\ ,\quad \frac{\mathrm{d}\phi_3}{\mathrm{d}x} = \frac{M_3}{G_3 J_3} \tag{5.3.46}$$

$$\frac{\mathrm{d}p_{12}}{\mathrm{d}x}\Big|_{x=B} = C\frac{r_1 M_1}{G_1 J_1} = p''_{12} B\beta_1^2$$

$$\frac{\mathrm{d}P_{23}}{\mathrm{d}x}\Big|_{x=B} = C\frac{r_3 M_3}{G_3 J_3}\cos\alpha = Bp''_{23}\beta_3^2$$

特殊地，当：

$$\beta_1^2 = \beta_2^2 = \beta_3^2 = \beta^2$$

则有：

$$\begin{bmatrix} \sqrt{3}\beta & 0 & \beta & 0 \\ -\sqrt{3}\beta & 0 & \beta & 0 \\ \sqrt{3}\beta\cosh(\sqrt{3}\beta B) & \sqrt{3}\beta\sinh(\sqrt{3}\beta B) & \beta\cosh(\beta B) & \beta\sinh(\beta B) \\ -\sqrt{3}\beta\cosh(\sqrt{3}\beta B) & -\sqrt{3}\beta\sinh(\sqrt{3}\beta B) & \beta\cosh(\beta B) & \beta\sinh(\beta B) \end{bmatrix}\begin{bmatrix} E \\ F \\ G \\ H \end{bmatrix} = \begin{bmatrix} 0 \\ 0 \\ p''_{12}\beta_1^{\ 2}B \\ p''_{23}\beta_3^2 B \end{bmatrix}$$

5.3.5　第五种复合啮合情形

第五种啮合情形如图 5.3.7 所示，轮 2 本身不受力，扭矩 M_1, M_3 作用于不同侧，边界条件为：

$$x = 0\ ,\quad \frac{\mathrm{d}\phi_1}{\mathrm{d}x} = -\frac{M_1}{G_1 J_1}\ ,\quad \frac{\mathrm{d}\phi_2}{\mathrm{d}x} = 0\ ,\quad \frac{\mathrm{d}\phi_3}{\mathrm{d}x} = 0$$

$$\frac{\mathrm{d}p_{12}}{\mathrm{d}x}\Big|_{x=0} = -C\frac{r_1 M_1}{G_1 J_1} = -p_{12}^{\mathrm{m}} B\beta_1^2 \tag{5.3.47}$$

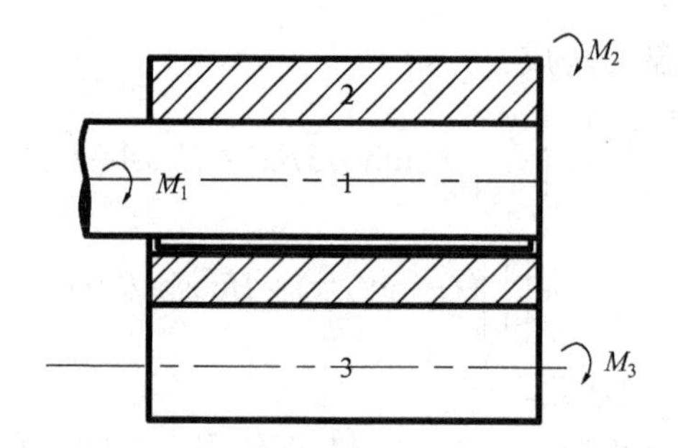

图 5.3.7　键与齿轮和轴复合啮合的第五种情形

$$\frac{\mathrm{d}p_{23}}{\mathrm{d}x}=0 \tag{5.3.48}$$

$$x=B\text{，}\quad \frac{\mathrm{d}\phi_1}{\mathrm{d}x}=0\text{，}\quad \frac{\mathrm{d}\phi_2}{\mathrm{d}x}=0\text{，}\quad \frac{\mathrm{d}\phi_3}{\mathrm{d}x}=\frac{M_3}{G_3J_3}$$

$$\frac{\mathrm{d}p_{12}}{\mathrm{d}x}=0 \tag{5.3.49}$$

$$\frac{\mathrm{d}p_{23}}{\mathrm{d}x}\Big|_{x=B}=C\cos\alpha\frac{r_3M_3}{G_3J_3}=Bp_{23}^{\mathrm{m}}\beta_3^2 \tag{5.3.50}$$

5.3.6　包括内啮合的复合啮合

对于包括内啮合的复合啮合，如图 5.3.8 所示，由于内齿轴 1 的扭转惯量 J_1 相对于其他两轮扭转惯量大得多，$\bar{J}_1\to 0$，$\beta_1^2\to 0$，因此式(5.3.10)应为：

$$\begin{bmatrix} D^2-\beta_2^2 & -\beta_2^2 \\ -\beta_2^2 & D^2-\left(\beta_2^2+\beta_3^2\right) \end{bmatrix}\begin{bmatrix} p_{12} \\ p_{23} \end{bmatrix}=0 \tag{5.3.51}$$

特征行列式为：

$$\begin{vmatrix} D^2-\beta_2^2 & -\beta_2^2 \\ -\beta_2^2 & D^2-\left(\beta_2^2+\beta_3^2\right) \end{vmatrix}=0$$

特征方程为：

$$\left(D^2-\beta_2^2\right)\left[D^2-\left(\beta_2^2+\beta_3^2\right)\right]-\beta_2^4=0 \tag{5.3.52}$$

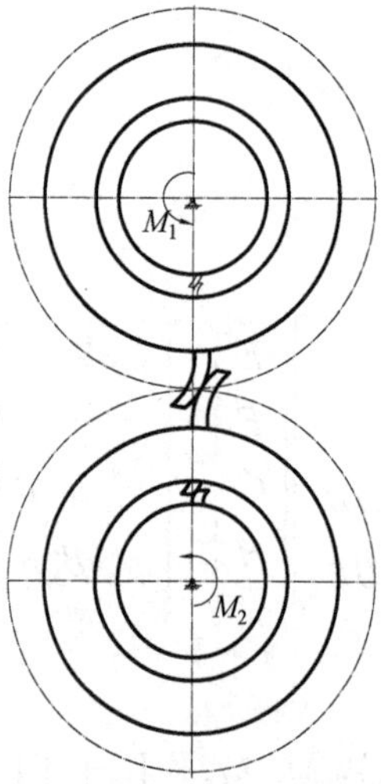

图 5.3.8　包括内啮合的复合啮合

边界条件可由式(5.3.2)～式(5.3.32)里令 $\beta_1^2=0$ 而得。特殊地，如 $\beta_2=\beta_3=\beta$，特征方程成为：

$$\left(D^2-\beta^2\right)\left(D^2-2\beta^2\right)-\beta^4=0 \tag{5.3.53}$$

特征根为：

$$D_{1,2}^2=\left(\frac{3\pm\sqrt{5}}{2}\right)\beta^2$$

对应特征向量分别为：

$$\vec{e}^{(1)}=\left(1,\frac{1+\sqrt{5}}{2}\right),\quad \vec{e}^{(2)}=\left(1,\frac{1-\sqrt{5}}{2}\right) \tag{5.3.54}$$

方程的通解为：

$$\begin{aligned}\begin{bmatrix}p_{12}\\p_{23}\end{bmatrix}=&\begin{bmatrix}1\\\frac{1+\sqrt{5}}{2}\end{bmatrix}\left(E\sinh\left(\frac{\sqrt{3+\sqrt{5}}}{2}\beta x\right)+F\cosh\left(\frac{\sqrt{3+\sqrt{5}}}{2}\beta x\right)\right)\\&+\begin{bmatrix}1\\\frac{1-\sqrt{5}}{2}\end{bmatrix}\left(G\sinh\left(\frac{\sqrt{3-\sqrt{5}}}{2}\beta x\right)+H\cosh\left(\frac{\sqrt{3-\sqrt{5}}}{2}\beta x\right)\right)\end{aligned} \tag{5.3.55}$$

如轮 2 不承受扭矩，那么只相当于一个惰轮，例如周转轮系中的行星轮，由轴 1 驱动轮 3。则式(5.3.42)应为：

$$\begin{bmatrix}D^2-\beta_2^2 & \beta_2^2\\ \beta_2^2 & D^2-\left(\beta_2^2+\beta_3^2\right)\end{bmatrix}\begin{bmatrix}p_{12}\\p_{23}\end{bmatrix}=0 \tag{5.3.56}$$

特征方程和特征根与式(5.3.51)都一样，但特征向量不一样，例如当：

$$\beta_2=\beta_3=\beta$$

对应于特征根 $\frac{3+\sqrt{5}}{2}$ 的特征向量为：

$$\left(1,-\frac{1+\sqrt{5}}{2}\right)$$

对应于特征根 $\frac{3-\sqrt{5}}{2}$ 的特征向量为：

$$\left(1,\frac{\sqrt{5}-1}{2}\right)$$

方程的通解为：

$$\begin{bmatrix} p_{12} \\ p_{23} \end{bmatrix} = \begin{bmatrix} 1 \\ -\dfrac{1+\sqrt{5}}{2} \end{bmatrix} \left(E\sinh(\frac{\sqrt{3+\sqrt{5}}}{2}\beta x) + F\cosh(\frac{\sqrt{3+\sqrt{5}}}{2}\beta x) \right) + \begin{bmatrix} 1 \\ \dfrac{\sqrt{5}-1}{2} \end{bmatrix} \left(G\sinh(\frac{\sqrt{3-\sqrt{5}}}{2}\beta x) + H\cosh(\frac{\sqrt{3-\sqrt{5}}}{2}\beta x) \right) \tag{5.3.57}$$

边界条件由式(5.3.46)～式(5.3.50)里令 $\beta_1 = 0$ 而得，同样分为扭矩作用于轴 1 和轮 3 的同侧和异侧两种情形。

5.3.7 考虑键与轮毂表面误差的复合啮合

如果齿轮与轴在加载前便存在齿向误差，那么相啮合的两齿向加载前就有微小分离，分离量分别为 $\delta_{12}(x),\delta_{23}(x)$。假定 $\delta_{12}(x),\delta_{23}(x)$ 四阶导数存在，如不可用连续函数表示，可以先用四阶可导函数拟合，则变形协调方程式(5.3.4)、式(5.3.5)成为：

$$r_1\phi_1 + r_2\phi_2\cos\alpha = \frac{p_{12}}{C} + \delta_{12} \tag{5.3.58}$$

$$\cos\alpha r_3\phi_3 + r_2\phi_2 = \frac{p_{23}}{C} + \delta_{23} \tag{5.3.59}$$

式(5.3.10)成为：

$$\begin{bmatrix} D^2 - \left(\beta_1^2 + \beta_2^2\right) & -\beta_2^2 \\ -\beta_2^2 & D^2 - \left(\beta_2^2 + \beta_3^2\right) \end{bmatrix} \begin{bmatrix} p_{12} \\ p_{23} \end{bmatrix} = -C \begin{bmatrix} \delta_{12}'' \\ \delta_{23}'' \end{bmatrix} \tag{5.3.60}$$

利用算子法解该非齐次微分方程组，把这个方程组看成两个未知数 p_{12},p_{23} 的代数方程组，利用消去法依次解出：

$$\begin{vmatrix} D^2 - \left(\beta_1^2 + \beta_2^2\right) & -\beta_2^2 \\ -\beta_2^2 & D^2 - \left(\beta_2^2 + \beta_3^2\right) \end{vmatrix} p_{12} = \begin{vmatrix} -C\delta_{12}'' & -\beta_2^2 \\ -C\delta_{23}'' & D^2 - \left(\beta_2^2 + \beta_3^2\right) \end{vmatrix} \tag{5.3.61}$$

$$\begin{vmatrix} D^2 - \left(\beta_1^2 + \beta_2^2\right) & -\beta_2^2 \\ -\beta_2^2 & D^2 - \left(\beta_2^2 + \beta_3^2\right) \end{vmatrix} p_{23} = \begin{vmatrix} D^2 - \left(\beta_1^2 + \beta_2^2\right) & -C\delta_{12}'' \\ -\beta_2^2 & -C\delta_{23}'' \end{vmatrix} \tag{5.3.62}$$

$$\begin{aligned} &\left\{\left[D^2 - \left(\beta_1^2 + \beta_2^2\right)\right]\left[D^2 - \left(\beta_2^2 + \beta_3^2\right)\right] - \beta_2^4\right\} p_{12} \\ &= -C\left[D^2 - \left(\beta_2^2 + \beta_3^2\right)\right]\delta_{12}'' - \beta_2^2 C\delta_{23}'' \end{aligned} \tag{5.3.63}$$

对应齐次方程的特征值仍为 $\pm\sqrt{\gamma_1},\pm\sqrt{\gamma_2}$，齐次方程的通解为：

$$\tilde{p}_{12} = C_1\sinh(\sqrt{\gamma_1}x) + C_2\cosh(\sqrt{\gamma_1}x) + C_3\sinh(\sqrt{\gamma_2}x) + C_4\cosh(\sqrt{\gamma_2}x) \quad (5.3.64)$$

对应齐次方程的一个特解为：

$$p_{12}^{*} = \frac{-C\left[D^2 - \left(\beta_2^2 + \beta_3^2\right)\right]\delta_{12}'' - \beta_2^2 C\delta_{23}''}{\left[D^2 - \left(\beta_1^2 + \beta_2^2\right)\right]\left[D^2 - \left(\beta_2^2 + \beta_3^2\right)\right] - \beta_2^4} \quad (5.3.65)$$

式(5.3.63)的通解为：

$$\begin{aligned} p_{12} = {} & C_1\sinh(\sqrt{\gamma_1}x) + C_2\cosh(\sqrt{\gamma_1}x) + C_3\sinh(\sqrt{\gamma_2}x) \\ & + C_4\cosh(\sqrt{\gamma_2}x) + p_{12}^{*} \end{aligned} \quad (5.3.66)$$

对式(5.3.60)的前一式微分两次，得：

$$D^2\left[D^2 - \left(\beta_1^2 + \beta_2^2\right)\right]p_{12} - \beta_2^2 D p_{23} = -C\delta_{12}^{(4)} \quad (5.3.67)$$

对式(5.3.60)的后一式乘以 β_2^2，得：

$$-\beta_2^4 p_{12} + \beta_2^2\left[D^2 - \left(\beta_2^2 + \beta_3^2\right)\right]p_{23} = -C\delta_{23}''\beta_2^2 \quad (5.3.68)$$

将式(5.3.67)和式(5.3.68)相加，经整理得：

$$\begin{aligned} p_{23} = {} & \frac{1}{\beta_2^2\left(\beta_2^2 + \beta_3^2\right)}\Big\{D^2\left[D^2 - \left(\beta_1^2 + \beta_2^2\right)\right]p_{12} \\ & - \beta_2^4 p_{12} + C\left(\delta_{12}^{(4)} + \delta_{23}''\beta_2^2\right)\Big\} \end{aligned} \quad (5.3.69)$$

仍然由四个边界条件确定待定系数 C_1, C_2, C_3, C_4。同样考虑齿向误差，变形协调条件式(5.3.36)和式(5.3.37)成为：

$$r_1\phi_1 + r_2\phi_2\cos\alpha = \frac{p_{12}}{C} + \delta_{12} \quad (5.3.70)$$

$$r_3\phi_3 - r_2\phi_2\cos\alpha = \frac{p_{23}}{C} + \delta_{23} \quad (5.3.71)$$

式(5.3.42)成为：

$$\begin{bmatrix} D^2 - \left(\beta_1^2 + \beta_2^2\right) & \beta_2^2 \\ \beta_2^2 & D^2 - \left(\beta_2^2 + \beta_3^2\right) \end{bmatrix}\begin{bmatrix} p_{12} \\ p_{23} \end{bmatrix} = -C\begin{bmatrix} \delta_{12}'' \\ \delta_{23}'' \end{bmatrix} \quad (5.3.72)$$

仍利用算子算法解上式，得：

$$\begin{aligned} & \left\{\left[D^2 - \left(\beta_1^2 + \beta_2^2\right)\right]\left[D^2 - \left(\beta_2^2 + \beta_3^2\right)\right] - \beta_2^4\right\}p_{12} \\ & = -C\left[D^2 - \left(\beta_2^2 + \beta_3^2\right)\right]\delta_{12}'' + \beta_2^2 C\delta_{23}'' \end{aligned} \quad (5.3.73)$$

对应齐次方程的特征值仍为 $\pm\sqrt{\gamma_1}, \pm\sqrt{\gamma_2}$ ，齐次方程的通解为式(5.3.66)，对应齐次方程的一个特解为：

$$p_{12}^{*} = \frac{-C\left[D^2-\left(\beta_2^2+\beta_3^2\right)\right]\delta_{12}'' + \beta_2^2 C\delta_{23}''}{\left[D^2-\left(\beta_1^2+\beta_2^2\right)\right]\left[D^2-\left(\beta_2^2+\beta_3^2\right)\right]} \tag{5.3.74}$$

式(5.3.73)的通解为：

$$\begin{aligned} p_{12} = {} & C_1\sinh(\sqrt{\gamma_1}x) + C_2\cosh(\sqrt{\gamma_1}x) + C_3\sinh(\sqrt{\gamma_2}x) \\ & + C_4\cosh(\sqrt{\gamma_2}x) + p_{12}^{*} \end{aligned} \tag{5.3.75}$$

对式(5.3.72)的前一式微分一次，得：

$$D^2\left[D^2-\left(\beta_1^2+\beta_2^2\right)\right]p_{12} + \beta_2^2 D p_{23} = -C\delta_{12}^{(4)} \tag{5.3.76}$$

对式(5.3.72)的后一式乘以 β_2^2 ，得：

$$\beta_2^4 p_{12} + \beta_2^2\left[D^2-\left(\beta_2^2+\beta_3^2\right)\right]p_{23} = -C\delta_{23}''\beta_2^2 \tag{5.3.77}$$

式(5.3.72)减式(5.3.77)，再经整理，得：

$$\begin{aligned} p_{23} = \frac{1}{\beta_2^2\left(\beta_2^2+\beta_3^2\right)}\Big\{ & -D^2\left[D^2-\left(\beta_1^2+\beta_2^2\right)\right]p_{12} \\ & + \beta_2^4 p_{12} + C\left(-\delta_{12}^{(4)} + \delta_{23}''\beta_2^2\right)\Big\} \end{aligned} \tag{5.3.78}$$

5.3.8　复合啮合的修形

由于键与轮毂表面载荷分布还取决于键与轮毂表面原始误差，因而很自然地产生这样的想法，可以人为地改变键与轮毂表面原始廓形，抵消偏载影响，使载荷沿齿宽均匀分布，这两个恰当的函数 $\delta_{12}(x), \delta_{23}(x)$ 就是齿廓修形量。在式(5.3.58)和式(5.3.59)两边乘以 C，并令：

$$C(r_1\phi_1 + r_2\phi_2\cdot\cos\alpha) = \Phi_{12} \tag{5.3.79}$$

则：

$$\Phi_{12}'' = \beta_1^2 p_{12} + \beta_2^2\left(p_{12}+p_{23}\right) \tag{5.3.80}$$

式(5.3.58)成为：

$$\Phi_{12} = p_{12} + C\delta_{12} \tag{5.3.81}$$

对式(5.3.80)积分两次，因 p_{12}, p_{23} 均为常数， $p_{12}=p_{12}^{\mathrm{m}}, p_{23}=p_{23}^{\mathrm{m}}$ ，则：

$$\Phi_{12} = \left[\beta_1^2 p_{12}^{\mathrm{m}} + \beta_2^2\left(p_{12}^{\mathrm{m}}+p_{23}^{\mathrm{m}}\right)\right]\cdot\frac{x^2}{2} + C_1 x + C_2 \tag{5.3.82}$$

类似地可以定义：

$$C(r_2\phi_2 + r_3\phi_3)\cos\alpha = \Phi_{23} \tag{5.3.83}$$

则：

$$\Phi_{23}'' = \beta_3^2 p_{23}^{\mathrm{m}} + \beta_2^2\left(p_{12}^{\mathrm{m}} + p_{23}^{\mathrm{m}}\right) \tag{5.3.84}$$

$$\Phi_{23} = p_{23}^{\mathrm{m}} + C\delta_{23}, \quad \Phi_{23}'' = C\delta_{23}' \tag{5.3.85}$$

对式(5.3.84)积分两次，得：

$$\Phi_{23} = \left[\beta_3^2 p_{23}^{\mathrm{m}} + \beta_2^2\left(p_{12}^{\mathrm{m}} + p_{23}^{\mathrm{m}}\right)\right]\cdot\frac{x^2}{2} + C_3 x + C_4 \tag{5.3.86}$$

最后得：

$$C\delta_{12} = \left[\beta_1^2 p_{12}^{\mathrm{m}} + \beta_2^2\left(p_{12}^{\mathrm{m}} + p_{23}^{\mathrm{m}}\right)\right]\cdot\frac{x^2}{2} + C_1 x + C_2 - p_{12}^{\mathrm{m}} \tag{5.3.87}$$

$$C\delta_{23} = \left[\beta_3^2 p_{23}^{\mathrm{m}} + \beta_2^2\left(p_{12}^{\mathrm{m}} + p_{23}^{\mathrm{m}}\right)\right]\cdot\frac{x^2}{2} + C_3 x + C_4 - p_{23}^{\mathrm{m}} \tag{5.3.88}$$

仍然对不同的啮合情形进行讨论。对第一种啮合情形，扭矩作用在各轮右侧，有：

$$x = 0, \quad \frac{\mathrm{d}\phi_1}{\mathrm{d}x} = 0, \quad \frac{\mathrm{d}\phi_2}{\mathrm{d}x} = 0, \quad \frac{\mathrm{d}\phi_3}{\mathrm{d}x} = 0$$

即：

$$\frac{\mathrm{d}}{\mathrm{d}x}\Phi_{12}\big|_{x=0} = 0, \quad \frac{\mathrm{d}}{\mathrm{d}x}\Phi_{23}\big|_{x=0} = 0$$

得：

$$C_1 = 0, \quad C_3 = 0$$

$$x = B, \quad \frac{\mathrm{d}\phi_1}{\mathrm{d}x} = \frac{M_1}{G_1 J_1}, \quad \frac{\mathrm{d}\phi_2}{\mathrm{d}x} = \frac{M_2}{G_2 J_2}, \quad \frac{\mathrm{d}\phi_3}{\mathrm{d}x} = \frac{M_3}{G_3 J_3}$$

$$\Phi_{12}'\big|_{x=B} = C\left(\frac{r_1 M_1}{G_1 J_1} + \frac{r_2 M_2}{G_2 J_2}\cos\alpha\right)$$

$$\beta_1^2 p_{12}^{\mathrm{m}} + \beta_2^2\left(p_{12}^{\mathrm{m}} + p_{23}^{\mathrm{m}}\right)B + C_1 = \left[p_{12}^{\mathrm{m}}\left(\beta_1^2 + \beta_2^2\right) + \beta_2^2 p_{23}^{\mathrm{m}}\right]B$$

$$C_1 = 0$$

$$\Phi_{23}'\big|_{x=B} = C\left(\frac{r_2 M_2}{G_2 J_2} + \frac{r_3 M_3}{G_3 J_3}\right)\cos\alpha$$

$$\beta_3^2 p_{23}^{\mathrm{m}} + \beta_2^2\left(p_{12}^{\mathrm{m}} + p_{23}^{\mathrm{m}}\right)B + C_3 = \left[p_{23}^{\mathrm{m}}\left(\beta_2^2 + \beta_3^2\right) + \beta_2^2 p_{12}^{\mathrm{m}}\right]B$$

$$C_3 = 0$$

两个边界条件不独立，令远离扭矩加载端的左端面修形量为零，有：

$$x = 0\ ,\ \ \delta_{12} = 0\ ,\ \ \delta_{23} = 0\ ,\ \ C_2 - p_{12}^{\mathrm{m}} = 0\ ,\ \ C_4 - p_{23}^{\mathrm{m}} = 0$$

最后得：

$$C\delta_{12} = \left[\beta_1^2 p_{12}^{\mathrm{m}} + \beta_2^2\left(p_{12}^{\mathrm{m}} + p_{23}^{\mathrm{m}}\right)\right]\cdot\frac{x^2}{2} \tag{5.3.89}$$

$$C\delta_{23} = \left[\beta_3^2 p_{23}^{\mathrm{m}} + \beta_2^2\left(p_{12}^{\mathrm{m}} + p_{23}^{\mathrm{m}}\right)\right]\cdot\frac{x^2}{2} \tag{5.3.90}$$

对第二种啮合情况，有：

$$x = 0\ ,\ \ \frac{\mathrm{d}\phi_1}{\mathrm{d}x} = 0\ ,\ \ \frac{\mathrm{d}\phi_2}{\mathrm{d}x} = -\frac{M_2}{G_2 J_2}\ ,\ \ \frac{\mathrm{d}\phi_3}{\mathrm{d}x} = 0$$

$$\frac{\mathrm{d}}{\mathrm{d}x}\varPhi_{12}\,|_{x=0} = C\left(-\frac{r_2 M_2}{G_2 J_2}\right)\cos\alpha = -\beta_2^2\left(p_{12}^{\mathrm{m}} + p_{23}^{\mathrm{m}}\right)B$$

$$\frac{\mathrm{d}}{\mathrm{d}x}\varPhi_{23}\,|_{x=0} = -\beta_2^2\left(p_{12}^{\mathrm{m}} + p_{23}^{\mathrm{m}}\right)B$$

$$C_1 = C_3 = -\beta_2^2\left(p_{12}^{\mathrm{m}} + p_{23}^{\mathrm{m}}\right)B$$

$$x = B\ ,\ \ \frac{\mathrm{d}\phi_1}{\mathrm{d}x} = \frac{M_1}{G_1 J_1}\ ,\ \ \frac{\mathrm{d}\phi_2}{\mathrm{d}x} = 0\ ,\ \ \frac{\mathrm{d}\phi_3}{\mathrm{d}x} = \frac{M_3}{G_3 J_3}$$

$$\frac{\mathrm{d}}{\mathrm{d}x}\varPhi_{12}\,|_{x=B} = C\left(\frac{r_1 M_1}{G_1 J_1}\right)$$

$$\beta_1^2 p_{12}^{\mathrm{m}} + \beta_2^2\left(p_{12}^{\mathrm{m}} + p_{23}^{\mathrm{m}}\right)B + C_1 = \beta_1^2 p_{12}^{\mathrm{m}}B$$

$$\frac{\mathrm{d}}{\mathrm{d}x}\varPhi_{23}\,|_{x=B} = C\cos\alpha\left(\frac{r_3 M_3}{G_3 J_3}\right)$$

$$\frac{\mathrm{d}}{\mathrm{d}x}\varPhi_{23}\,|_{x=B} = C\left(\frac{r_3 M_3}{G_3 J_3}\right)\cos\alpha$$

$$\beta_3^2 p_{23}^{\mathrm{m}} + \beta_2^2\left(p_{12}^{\mathrm{m}} + p_{23}^{\mathrm{m}}\right)B + C_3 = \beta_3^2 p_{23}^{\mathrm{m}}B$$

$$C_3 = -\beta_2^2\left(p_{12}^{\mathrm{m}} + p_{23}^{\mathrm{m}}\right)B$$

边界条件也不独立，求修形曲线的极小值点坐标，令：

$$C\delta_{12}' = 0$$

$$\left[\beta_1^2 p_{12}^{\mathrm{m}} + \beta_2^2\left(p_{12}^{\mathrm{m}} + p_{23}^{\mathrm{m}}\right)\right]\cdot x^2 + C_1 = 0$$

解得：

$$x_{12}^{*}=\frac{\beta_2^2\left(p_{12}^{\mathrm{m}}+p_{23}^{\mathrm{m}}\right)B}{\beta_1^2 p_{12}^{\mathrm{m}}+\beta_2^2\left(p_{12}^{\mathrm{m}}+p_{23}^{\mathrm{m}}\right)}$$

令：

$$C\delta_{23}'=0$$

$$\left[\beta_3^2 p_{23}^{\mathrm{m}}+\beta_2^2\left(p_{12}^{\mathrm{m}}+p_{23}^{\mathrm{m}}\right)\right]\cdot x+C_3=0$$

解得：

$$x_{23}^{*}=\frac{\beta_2^2\left(p_{12}^{\mathrm{m}}+p_{23}^{\mathrm{m}}\right)B}{\beta_3^2 p_{12}^{\mathrm{m}}+\beta_2^2\left(p_{12}^{\mathrm{m}}+p_{23}^{\mathrm{m}}\right)} \tag{5.3.91}$$

当：

$$\beta_1^2=\beta_2^2=\beta_3^2=\beta^2$$

解得：

$$x_{12}^{*}=x_{23}^{*}=\frac{2}{3}B \tag{5.3.92}$$

令修形曲线极小值点处修形量为零，即：

$$C\delta_{12}\left(x_{12}^{*}\right)=0$$

$$C_2-p_{12}^{\mathrm{m}}=\beta_2^2\left(p_{12}^{\mathrm{m}}+p_{23}^{\mathrm{m}}\right)Bx_{12}^{*}-\frac{1}{2}\left[\beta_1^2 p_{12}^{\mathrm{m}}+\beta_2^2\left(p_{12}^{\mathrm{m}}+p_{23}^{\mathrm{m}}\right)\right]x_{12}^{*\,2}$$

$$C\delta_{12}=\left[\beta_1^2 p_{12}^{\mathrm{m}}+\beta_2^2\left(p_{12}^{\mathrm{m}}+p_{23}^{\mathrm{m}}\right)\right]\cdot\frac{x^2}{2}-\beta_2^2\left(p_{12}^{\mathrm{m}}+p_{23}^{\mathrm{m}}\right)Bx+\frac{\frac{1}{2}\beta_2^4\left(p_{12}^{\mathrm{m}}+p_{23}^{\mathrm{m}}\right)B^2}{\beta_1^2 p_{12}^{\mathrm{m}}+\beta_2^2\left(p_{12}^{\mathrm{m}}+p_{23}^{\mathrm{m}}\right)} \tag{5.3.93}$$

同理，令：

$$C\delta_{23}\left(x_{23}^{*}\right)=0$$

$$C_2-p_{23}^{\mathrm{m}}=\beta_3^2\left(p_{12}^{\mathrm{m}}+p_{23}^{\mathrm{m}}\right)Bx_{23}^{*}-\frac{1}{2}\left[\beta_3^2 p_{23}^{\mathrm{m}}+\beta_2^2\left(p_{12}^{\mathrm{m}}+p_{23}^{\mathrm{m}}\right)\right]x_{23}^{*\,2}$$

$$C\delta_{23}=\left[\beta_3^2 p_{23}^{\mathrm{m}}+\beta_2^2\left(p_{12}^{\mathrm{m}}+p_{23}^{\mathrm{m}}\right)\right]\cdot\frac{x^2}{2}-\beta_2^2\left(p_{12}^{\mathrm{m}}+p_{23}^{\mathrm{m}}\right)Bx+\frac{\frac{1}{2}\beta_2^4\left(p_{12}^{\mathrm{m}}+p_{23}^{\mathrm{m}}\right)B^2}{\beta_3^2 p_{23}^{\mathrm{m}}+\beta_2^2\left(p_{12}^{\mathrm{m}}+p_{23}^{\mathrm{m}}\right)} \tag{5.3.94}$$

第三种啮合情形是前两种啮合情形的结合，故修形曲线方程是前两种情形的结合，分别为：

$$C\delta_{12}=\left[\beta_1^2 p_{12}^{\mathrm{m}}+\beta_2^2\left(p_{12}^{\mathrm{m}}+p_{23}^{\mathrm{m}}\right)\right]\cdot\frac{x^2}{2} \tag{5.3.95}$$

$$C\delta_{23}=\left[\beta_3^2 p_{23}^{\mathrm{m}}+\beta_2^2\left(p_{12}^{\mathrm{m}}+p_{23}^{\mathrm{m}}\right)\right]\cdot\frac{x^2}{2}-\beta_2^2\left(p_{12}^{\mathrm{m}}+p_{23}^{\mathrm{m}}\right)Bx+\frac{\frac{1}{2}\beta_2^4\left(p_{12}^{\mathrm{m}}+p_{23}^{\mathrm{m}}\right)B^2}{\beta_3^2 p_{23}^{\mathrm{m}}+\beta_2^2\left(p_{12}^{\mathrm{m}}+p_{23}^{\mathrm{m}}\right)} \tag{5.3.96}$$

对于第四种啮合情形，如轮 2 是惰轮，由轴 1 驱动轮 3，在式(5.3.70)和式(5.3.71)两边乘以 C，并令：

$$C(r_1\phi_1+r_2\phi_2\cos\alpha)=\varPhi_{12} \tag{5.3.97}$$

$$C(r_3\phi_3-r_2\phi_2\cos\alpha)=\varPhi_{23} \tag{5.3.98}$$

则：

$$\varPhi_{12}''=\beta_1^2 p_{12}+\beta_2^2\left(p_{12}-p_{23}\right) \tag{5.3.99}$$

$$\varPhi_{23}''=p_{23}^{\mathrm{m}}\left(\beta_2^2+\beta_3^2\right)-\beta_2^2 p_{12}^{\mathrm{m}} \tag{5.3.100}$$

式(5.3.70)和式(5.3.71)成为：

$$\varPhi_{12}=p_{12}+C\delta_{12} \tag{5.3.101}$$

$$\varPhi_{23}=p_{23}+C\delta_{23} \tag{5.3.102}$$

对式(5.3.99)和式(5.3.100)积分两次，考虑到 $p_{12}=p_{12}^{\mathrm{m}},p_{23}=p_{23}^{\mathrm{m}}$ 为常数，有：

$$\varPhi_{12}=\left[p_{12}^{\mathrm{m}}\left(\beta_1^2+\beta_2^2\right)-\beta_2^2 p_{23}^{\mathrm{m}}\right]\cdot\frac{x^2}{2}+C_1x+C_2 \tag{5.3.103}$$

$$\varPhi_{23}=\left[p_{23}^{\mathrm{m}}\left(\beta_2^2+\beta_3^2\right)-\beta_2^2 p_{12}^{\mathrm{m}}\right]\cdot\frac{x^2}{2}+C_3x+C_4 \tag{5.3.104}$$

$$C\delta_{12}=\left[p_{12}^{\mathrm{m}}\left(\beta_1^2+\beta_2^2\right)-\beta_2^2 p_{23}^{\mathrm{m}}\right]\cdot\frac{x^2}{2}+C_1x+C_2-p_{12}^{\mathrm{m}} \tag{5.3.105}$$

$$C\delta_{23}=\left[p_{23}^{\mathrm{m}}\left(\beta_2^2+\beta_3^2\right)-\beta_2^2 p_{12}^{\mathrm{m}}\right]\cdot\frac{x^2}{2}+C_3x+C_4-p_{23}^{\mathrm{m}} \tag{5.3.106}$$

如 M_1,M_3 都作用于右侧，有：

$$x=0\,,\quad \frac{\mathrm{d}\phi_1}{\mathrm{d}x}=0\,,\quad \frac{\mathrm{d}\phi_2}{\mathrm{d}x}=0\,,\quad \frac{\mathrm{d}\phi_3}{\mathrm{d}x}=0$$

$$\frac{\mathrm{d}}{\mathrm{d}x}\varPhi_{12}=C\delta_{12}'\,|_{x=0}=0$$

$$C_1 = 0$$

$$\frac{\mathrm{d}}{\mathrm{d}x}\Phi_{23} = C\delta'_{23}\,|_{x=0} = 0$$

$$C_3 = 0$$

$$x = B\,,\quad \frac{\mathrm{d}\phi_1}{\mathrm{d}x} = \frac{M_1}{G_1 J_1}\,,\quad \frac{\mathrm{d}\phi_2}{\mathrm{d}x} = 0\,,\quad \frac{\mathrm{d}\phi_3}{\mathrm{d}x} = \frac{M_3}{G_3 J_3}$$

$$\frac{\mathrm{d}}{\mathrm{d}x}\Phi_{12}\,|_{x=B} = C\delta'_{12}\,|_{x=0} = C\left(\frac{r_1 M_1}{G_1 J_1}\right) = \beta_1^2 p_{12}^{\mathrm{m}} B$$

$$\frac{\mathrm{d}}{\mathrm{d}x}\Phi_{23}\,|_{x=B} = C\delta'_{23}\,|_{x=0} = C\left(\frac{r_3 M_3}{G_2 J_2}\right)\cos\alpha = \beta_3^2 p_{23}^{\mathrm{m}} B$$

$$\left[p_{12}^{\mathrm{m}}\left(\beta_1^2 + \beta_2^2\right) - \beta_2^2 p_{23}^{\mathrm{m}}\right]\cdot B + C_1 = \beta_1^2 p_{12}^{\mathrm{m}} B$$

当轮 2 不受扭矩时，有：

$$p_{12}^{\mathrm{m}} = p_{23}^{\mathrm{m}}$$

$$C_1 = 0$$

$$\left[p_{23}^{\mathrm{m}}\left(\beta_2^2 + \beta_3^2\right) - \beta_2^2 p_{12}^{\mathrm{m}}\right]\cdot B + C_3 = \beta_3^2 p_{23}^{\mathrm{m}} B$$

$$C_3 = 0$$

边界条件不独立，令远离扭矩加载端的左端面修形量为零，则：

$$x = 0\,,\quad \delta_{12} = 0\,,\quad \delta_{23} = 0$$

$$C_2 - p_{12}^{\mathrm{m}} = 0$$

$$C_4 - p_{23}^{\mathrm{m}} = 0$$

$$C\delta_{12} = \left[p_{12}^{\mathrm{m}}\left(\beta_1^2 + \beta_2^2\right) - \beta_2^2 p_{23}^{\mathrm{m}}\right]\cdot\frac{x^2}{2} \tag{5.3.107}$$

$$C\delta_{23} = \left[p_{23}^{\mathrm{m}}\left(\beta_2^2 + \beta_3^2\right) - \beta_2^2 p_{12}^{\mathrm{m}}\right]\cdot\frac{x^2}{2} \tag{5.3.108}$$

如扭矩作用于两轮不同侧，有：

$$x = 0\,,\quad \frac{\mathrm{d}\phi_1}{\mathrm{d}x} = -\frac{M_1}{G_1 J_1}\,,\quad \frac{\mathrm{d}\phi_2}{\mathrm{d}x} = 0\,,\quad \frac{\mathrm{d}\phi_3}{\mathrm{d}x} = 0$$

$$\frac{\mathrm{d}}{\mathrm{d}x}\Phi_{12}\,|_{x=0} = C\delta'_{12}\,|_{x=0} = -C\left(\frac{r_1 M_1}{G_1 J_1}\right) = -\beta_1^2 p_{12}^{\mathrm{m}} B$$

$$\frac{\mathrm{d}}{\mathrm{d}x}\Phi_{23}\,|_{x=0} = C\delta'_{23}\,|_{x=0} = 0$$

$$C_1=-\beta_1^2 p_{12}^{\mathrm{m}}B\ ,\quad C_3=0$$

$$x=B\ ,\quad \frac{\mathrm{d}\phi_1}{\mathrm{d}x}=0\ ,\quad \frac{\mathrm{d}\phi_2}{\mathrm{d}x}=0\ ,\quad \frac{\mathrm{d}\phi_3}{\mathrm{d}x}=\frac{M_3}{G_3J_3}$$

$$\frac{\mathrm{d}}{\mathrm{d}x}\Phi_{12}\,|_{x=B}=C\delta_{12}'\,|_{x=0}=0$$

$$\frac{\mathrm{d}}{\mathrm{d}x}\Phi_{23}\,|_{x=B}=C\delta_{23}'\,|_{x=0}=C\left(\frac{r_3M_3}{G_2J_2}\right)\cos\alpha=\beta_3^2 p_{12}^{\mathrm{m}}B$$

$$\left[p_{12}^{\mathrm{m}}\left(\beta_1^2+\beta_2^2\right)-\beta_2^2 p_{23}^{\mathrm{m}}\right]\cdot B+C_1=0$$

$$C_1=-\beta_1^2 p_{12}^{\mathrm{m}}B$$

$$\left[p_{23}^{\mathrm{m}}\left(\beta_2^2+\beta_3^2\right)-\beta_2^2 p_{12}^{\mathrm{m}}\right]\cdot B+C_3=\beta_3^2 Bp_{12}^{\mathrm{m}}$$

$$C_3=0$$

边界条件不独立，考虑到 $p_{12}^{\mathrm{m}}=p_{23}^{\mathrm{m}}=p^{\mathrm{m}}$ ，式(5.3.105)和式(5.3.106)成为：

$$C\delta_{12}=\beta_1^2 p^{\mathrm{m}}\frac{x^2}{2}-\beta_1^2 p^{\mathrm{m}}Bx+C_2-p^{\mathrm{m}}$$

$$C\delta_{23}=\beta_3^2 p^{\mathrm{m}}\frac{x^2}{2}+C_4-p^{\mathrm{m}}$$

令修形曲线极小值点处修形量为零，有：

$$C\delta_{12}\left(x_{12}^*\right)=C\delta_{12}\left(B\right)=0$$

$$\beta_1^2 p^{\mathrm{m}}\frac{B^2}{2}-\beta_1^2 p^{\mathrm{m}}B+C_2-p^{\mathrm{m}}=0$$

$$C_2-p^{\mathrm{m}}=\frac{1}{2}\beta_1^2B^2p^{\mathrm{m}}$$

$$C\delta_{12}=\beta_1^2 p^{\mathrm{m}}\frac{x^2}{2}-\beta_1^2 p^{\mathrm{m}}Bx+\frac{1}{2}\beta_1^2 p^{\mathrm{m}}B=\frac{1}{2}\beta_1^2 p^{\mathrm{m}}\left(B-x\right)^2 \tag{5.3.109}$$

$$C\delta_{23}\left(x_{23}^*\right)=C\delta_{23}\left(0\right)=0$$

$$C_4-p^{\mathrm{m}}=0$$

$$C\delta_{23}=\frac{1}{2}\beta_3^2 p^{\mathrm{m}}x^2 \tag{5.3.110}$$

推广到一般情况，如果主动轴 1 的传动通过一系列惰轮传递给从动轮 n，那么有：

$$\frac{\mathrm{d}^2\phi_1}{\mathrm{d}x^2}=\frac{r_1 p_{12}}{G_1 J_1}$$

$$\frac{\mathrm{d}^2\phi_n}{\mathrm{d}x^2}=\frac{r_n p_{n-1,n}\cos\alpha}{G_n J_n}$$

$$\frac{\mathrm{d}^2\phi_i}{\mathrm{d}x^2}=\frac{r_i(p_{i-1,i}+p_{i,i+1})}{G_i J_i}\cos\alpha\text{，}\quad i=2,\cdots,n-1$$

变形协调条件为：

$$r_1\phi_1+r_2\phi_2\cos\alpha=\frac{p_{12}}{C}$$

$$r_{i+1}\phi_{i+1}-r_i\phi_i\cos\alpha=\frac{p_{i,i+1}}{C}\text{，}\quad i=2,\cdots,n-1$$

类似于前面的推导，有：

$$p''_{12}=p_{12}(\beta_1^2+\beta_2^2)-p_{23}\beta_2^2$$

$$p''_{i,i+1}=-\beta_i^2 p_{i-1,i}+(\beta_i^2+\beta_{i+1}^2)p_{i,i+1}-p_{i+1,i+2}\beta_{i+1}^2\text{，}\quad i=2,\cdots,n-2$$

$$p''_{n-1,n}=(\beta_{n-1}^2+\beta_n^2)p_{n-1,n}-p_{n-2,n-1}\beta_{n-1}^2$$

写成矩阵形式为：

$$\begin{bmatrix} D^2-(\beta_1^2+\beta_2^2) & \beta_2^2 & & & & \\ \beta_2^2 & D^2-(\beta_2^2+\beta_3^2) & \beta_3^2 & & & \\ & \beta_3^2 & D^2-(\beta_3^2+\beta_4^2) & \beta_4^2 & & \\ & & \ddots & \ddots & & \\ & & & \beta_{n-2}^2 & & \\ & & & & \ddots & \\ & & & & D^2-(\beta_{n-2}^2+\beta_{n-1}^2) & \beta_{n-1}^2 \\ & & & & \beta_{n-1}^2 & D^2-(\beta_{n-1}^2+\beta_n^2) \end{bmatrix}\begin{bmatrix} p_{12} \\ p_{23} \\ \vdots \\ p_{n-1,n} \end{bmatrix}=0$$

如特征根为：

$$D_1^2=\gamma_1\text{，}\quad D_2^2=\gamma_2\text{，}\quad\cdots\text{，}\quad D_{n-1}^2=\gamma_{n-1}$$

则微分方程的通解为：

$$\{p\}=\sum_{i=1}^{n-1}\left\{e^{(i)}\right\}\left(E_i\sinh(\sqrt{\gamma_i}x)+F_i\cosh(\sqrt{\gamma_i}x)\right)$$

式中：$\left\{e^{(i)}\right\}$为对应特征根的特征向量。

如M_1,M_2作用于同侧，则边界条件为：

$$x=0\ ,\ \ \frac{\mathrm{d}\phi_1}{\mathrm{d}x}=0\ ,\ \ \frac{\mathrm{d}\phi_2}{\mathrm{d}x}=0\ ,\ \ \cdots,\ \ \frac{\mathrm{d}\phi_n}{\mathrm{d}x}=0$$

$$\frac{\mathrm{d}p_{12}}{\mathrm{d}x}=0\ ,\ \ \frac{\mathrm{d}p_{23}}{\mathrm{d}x}=0\ ,\ \ \cdots,\ \ \frac{\mathrm{d}p_{n-1,n}}{\mathrm{d}x}=0$$

$$x=B\ ,\ \ \frac{\mathrm{d}\phi_1}{\mathrm{d}x}=\frac{M_1}{G_1J_1}\ ,\ \ \frac{\mathrm{d}\phi_2}{\mathrm{d}x}=0\ ,\ \ \cdots,\ \ \frac{\mathrm{d}\phi_{n-1}}{\mathrm{d}x}=0\ ,\ \ \frac{\mathrm{d}\phi_n}{\mathrm{d}x}=\frac{M_n}{G_nJ_n}$$

$$\frac{\mathrm{d}p_{12}}{\mathrm{d}x}=C\left(\frac{r_1M_1}{G_1J_1}\right)=\beta_1^2Bp_{12}^{\mathrm{m}}$$

$$\frac{\mathrm{d}p_{23}}{\mathrm{d}x}=0\ ,\ \ \frac{\mathrm{d}p_{34}}{\mathrm{d}x}=0\ ,\ \ \cdots,\ \ \frac{\mathrm{d}p_{n-2,n-1}}{\mathrm{d}x}=0$$

$$\frac{\mathrm{d}p_{n-1,n}}{\mathrm{d}x}=C\left(\frac{r_nM_n}{G_{n1}J_n}\right)\cos\alpha=\beta_n^2Bp_{n-1,n}^{\mathrm{m}}$$

如M_1,M_2作用于不同侧，则边界条件为：

$$x=0\ ,\ \ \frac{\mathrm{d}\phi_1}{\mathrm{d}x}=-\frac{M_1}{G_1J_1}\ ,\ \ \frac{\mathrm{d}\phi_2}{\mathrm{d}x}=0\ ,\ \ \cdots,\ \ \frac{\mathrm{d}\phi_n}{\mathrm{d}x}=0$$

$$\frac{\mathrm{d}p_{12}}{\mathrm{d}x}=C\left(-\frac{r_1M_1}{G_1J_1}\right)=-\beta_1^2Bp_{12}^{\mathrm{m}}$$

$$\frac{\mathrm{d}p_{23}}{\mathrm{d}x}=0\ ,\ \ \cdots,\ \ \frac{\mathrm{d}p_{n-1,n}}{\mathrm{d}x}=0$$

$$x=B\ ,\ \ \frac{\mathrm{d}\phi_1}{\mathrm{d}x}=0\ ,\ \ \frac{\mathrm{d}\phi_2}{\mathrm{d}x}=0\ ,\ \ \cdots,\ \ \frac{\mathrm{d}\phi_{n-1}}{\mathrm{d}x}=0\ ,\ \ \frac{\mathrm{d}\phi_n}{\mathrm{d}x}=\frac{M_n}{G_nJ_n}$$

$$\frac{\mathrm{d}p_{12}}{\mathrm{d}x}=0\ ,\ \ \frac{\mathrm{d}p_{23}}{\mathrm{d}x}=0\ ,\ \ \cdots,\ \ \frac{\mathrm{d}p_{n-2,n-1}}{\mathrm{d}x}=0$$

$$\frac{\mathrm{d}p_{n-1,n}}{\mathrm{d}x}=C\left(\frac{r_n\mathrm{M}_n}{G_{n1}J_n}\right)\cos\alpha=\beta_n^2Bp_{n-1,n}^{\mathrm{m}}$$

如主动轴在一系列相互啮合的齿轮与轴中间，不妨设轮 1 为主动轴，则有：

$$\frac{\mathrm{d}^2\phi_1}{\mathrm{d}x^2}=\frac{r_1p_{12}\cos\alpha}{G_1J_1}$$

$$\frac{\mathrm{d}^2\phi_n}{\mathrm{d}x^2}=\frac{r_np_{n-1,n}\cos\alpha}{G_nJ_n}$$

$$\frac{\mathrm{d}^2\phi_j}{\mathrm{d}x^2}=\frac{r_j(p_{j-1,j}+p_{j,j+1})}{G_jJ_j}\cos\alpha$$

$$\frac{\mathrm{d}\phi_i}{\mathrm{d}x^2}=\frac{r_i(p_{i+1,i}-p_{i-1,i})}{G_iJ_i}\cos\alpha\text{，}\quad i\leqslant j-1$$

$$\frac{\mathrm{d}^2\phi_i}{\mathrm{d}x^2}=\frac{r_i(p_{i-1,i}-p_{i,i+1})}{G_iJ_i}\cos\alpha\text{，}\quad i\geqslant j+1$$

变形协调条件为：

$$r_{i-1}\phi_{i-1}-r_i\phi_i\cos\alpha=\frac{p_{i-1,i}}{C}\text{，}\quad i\leqslant j-1$$

$$r_{j-1}\phi_{j-1}+r_j\phi_j\cos\alpha=\frac{p_{j-1,j}}{C}$$

$$r_j\phi_j+r_{j+1}\phi_{j+1}\cos\alpha=\frac{p_{j,j+1}}{C}$$

$$r_{i+1}\phi_{i+1}-r_i\phi_i\cos\alpha=\frac{p_{i,i+1}}{C}\text{，}\quad i\geqslant j+1$$

类似于前面的推导，有：

$$p''_{12}=p_{12}(\beta_1^2+\beta_2^2)-p_{23}\beta_2^2$$

$$p''_{i,i+1}=-\beta_i^2p_{i-1,i}+(\beta_i^2+\beta_{i+1}^2)p_{i,i+1}-p_{i+1,i+2}\beta_{i+1}^2\text{，}\quad i=2,\cdots,j-1,j+1,\cdots,n-2$$

$$p''_{j-1,j}=-\beta_{j-1}^2p_{j-2,j-1}+(\beta_{j-1}^2+\beta_j^2)p_{j-1,j}+p_{j,j+1}\beta_j^2$$

$$p''_{j,j+1}=\beta_j^2p_{j-1,j}+(\beta_j^2+\beta_{j+1}^2)p_{j,j+1}-p_{j+1,j+2}\beta_{j+1}^2$$

$$p''_{n-1,n}=(\beta_{n-1}^2+\beta_n^2)p_{n-1,n}-p_{n-2,n-1}\beta_{n-1}^2$$

写成矩阵形式：

$$\left[\begin{array}{cccccc}
D^2-(\beta_1^2+\beta_2^2) & \beta_2^2 & & & & \\
\beta_2^2 & D^2-(\beta_2^2+\beta_3^2) & \beta_3^2 & & & \\
 & \ddots & \ddots & \ddots & & \\
 & & \beta_{j-1}^2 & D^2-(\beta_{j-1}^2+\beta_j^2) & -\beta_j^2 & \\
 & & & -\beta_j^2 & D^2-(\beta_j^2+\beta_{j+1}^2) & \\
 & & & & \ddots & \\
 & & & & &
\end{array}\right.$$

$$
\begin{array}{cccc}
\beta_{j+1}^2 & & & \\
\ddots & \ddots & & \\
\beta_{n-2}^2 & D^2-(\beta_{n-2}^2+\beta_{n-1}^2) & \beta_{n-1}^2 & \\
 & \beta_{n-1}^2 & D^2-(\beta_{n-1}^2+\beta_n^2)
\end{array}
\Bigg]
\begin{bmatrix} p_{12} \\ p_{23} \\ \vdots \\ p_{j-1,j} \\ p_{j,j+1} \\ \vdots \\ p_{n-2,n-1} \\ p_{n-1,n} \end{bmatrix} = 0
$$

特征根仍然同前一种情况一样，但特征向量不一样。

如M_1, M_j, M_n都作用于右侧，则边界条件为：

$$x=0\,,\quad \frac{\mathrm{d}\phi_1}{\mathrm{d}x}=0\,,\quad \frac{\mathrm{d}\phi_2}{\mathrm{d}x}=0\,,\quad \cdots,\quad \frac{\mathrm{d}\phi_n}{\mathrm{d}x}=0$$

$$\frac{\mathrm{d}p_{12}}{\mathrm{d}x}=0\,,\quad \frac{\mathrm{d}p_{23}}{\mathrm{d}x}=0\,,\quad \cdots,\quad \frac{\mathrm{d}p_{n-1,n}}{\mathrm{d}x}=0$$

$$x=B\,,\quad \frac{\mathrm{d}\phi_1}{\mathrm{d}x}=\frac{M_1}{G_1J_1}\,,\quad \frac{\mathrm{d}\phi_2}{\mathrm{d}x}=0\,,\quad \cdots,\quad \frac{\mathrm{d}\phi_{j-1}}{\mathrm{d}x}=0\,,\quad \frac{\mathrm{d}\phi_j}{\mathrm{d}x}=\frac{M_j}{G_jJ_j}$$

$$\frac{\mathrm{d}\phi_{j+1}}{\mathrm{d}x}=0\,,\quad \cdots,\quad \frac{\mathrm{d}\phi_{n-1}}{\mathrm{d}x}=0\,,\quad \frac{\mathrm{d}\phi_n}{\mathrm{d}x}=\frac{M_n}{G_nJ_n}$$

$$\frac{\mathrm{d}p_{12}}{\mathrm{d}x}=\beta_1^2Bp_{12}^{\mathrm{m}}\,,\quad \frac{\mathrm{d}p_{23}}{\mathrm{d}x}=0\,,\quad \cdots,\quad \frac{\mathrm{d}p_{j-2,j-1}}{\mathrm{d}x}=0$$

$$\frac{\mathrm{d}p_{j-1,j}}{\mathrm{d}x}=\beta_j^2(p_{j-1,j}^{\mathrm{m}}+p_{j,j+1}^{\mathrm{m}})B$$

$$\frac{\mathrm{d}p_{j,j+1}}{\mathrm{d}x}=\beta_j^2(p_{j-1,j}^{\mathrm{m}}+p_{j,j+1}^{\mathrm{m}})B$$

$$\frac{\mathrm{d}p_{j+1,j+2}}{\mathrm{d}x}=0\,,\quad \cdots,\quad \frac{\mathrm{d}p_{n-2,n-1}}{\mathrm{d}x}=0$$

$$\frac{\mathrm{d}p_{n-1,n}}{\mathrm{d}x}=\beta_n^2Bp_{n-1,n}^{\mathrm{m}}$$

如M_1, M_n作用于右侧，M_j作用于左侧，则边界条件为：

$$x=0\,,\quad \frac{\mathrm{d}\phi_1}{\mathrm{d}x}=0\,,\quad \frac{\mathrm{d}\phi_2}{\mathrm{d}x}=0\,,\quad \cdots,\quad \frac{\mathrm{d}\phi_j}{\mathrm{d}x}=-\frac{M_j}{G_jJ_j}\,,\quad \frac{\mathrm{d}\phi_{j+1}}{\mathrm{d}x}=0\,,\quad \cdots,\quad \frac{\mathrm{d}\phi_n}{\mathrm{d}x}=0$$

$$\frac{\mathrm{d}p_{12}}{\mathrm{d}x}=0\,,\quad \frac{\mathrm{d}p_{23}}{\mathrm{d}x}=0\,,\quad \cdots,\quad \frac{\mathrm{d}p_{j-2,j-1}}{\mathrm{d}x}=0$$

$$\frac{\mathrm{d}p_{j-1,j}}{\mathrm{d}x}=\frac{\mathrm{d}p_{j,j+1}}{\mathrm{d}x}=-\beta_j^2(p_{j-1,j}^{\mathrm{m}}+p_{j,j+1}^{\mathrm{m}})B$$

$$\frac{\mathrm{d}p_{j+1,j+2}}{\mathrm{d}x}=0\ ,\ \cdots,\ \frac{\mathrm{d}p_{n-1,n}}{\mathrm{d}x}=0\ ,\ \frac{\mathrm{d}p_n}{\mathrm{d}x}=\beta_n^2Bp_{n-1,n}^{\mathrm{m}}$$

$$x=B\ ,\ \frac{\mathrm{d}\phi_1}{\mathrm{d}x}=\frac{M_1}{G_1J_1}\ ,\ \frac{\mathrm{d}\phi_2}{\mathrm{d}x}=0\ ,\ \cdots,\ \frac{\mathrm{d}\phi_{n-1}}{\mathrm{d}x}=0\ ,\ \frac{\mathrm{d}\phi_n}{\mathrm{d}x}=\frac{M_n}{G_nJ_n}$$

$$\frac{\mathrm{d}p_{12}}{\mathrm{d}x}=\beta_1^2Bp_{12}^{\mathrm{m}}\ ,\ \frac{\mathrm{d}p_{23}}{\mathrm{d}x}=0\ ,\ \cdots,\ \frac{\mathrm{d}p_{n-2,n-1}}{\mathrm{d}x}=0$$

$$\frac{\mathrm{d}p_{n-1,n}}{\mathrm{d}x}=\beta_n^2Bp_{n-1,n}^{\mathrm{m}}$$

如 M_1 作用于左侧，M_j,M_n 作用于右侧，则边界条件为：

$$x=0\ ,\ \frac{\mathrm{d}\phi_1}{\mathrm{d}x}=-\frac{M_1}{G_1J_1}\ ,\ \frac{\mathrm{d}\phi_2}{\mathrm{d}x}=0\ ,\ \cdots,\ \frac{\mathrm{d}\phi_n}{\mathrm{d}x}=0$$

$$\frac{\mathrm{d}p_{12}}{\mathrm{d}x}=-\beta_1^2Bp_{12}^{\mathrm{m}}\ ,\ \frac{\mathrm{d}p_{23}}{\mathrm{d}x}=0\ ,\ \cdots,\ \frac{\mathrm{d}p_{n-1,n}}{\mathrm{d}x}=0$$

$$x=B\ ,\ \frac{\mathrm{d}\phi_1}{\mathrm{d}x}=0\ ,\ \cdots,\ \frac{\mathrm{d}\phi_{j-1}}{\mathrm{d}x}=0\ ,\ \frac{\mathrm{d}\phi_j}{\mathrm{d}x}=\frac{M_j}{G_jJ_j}$$

$$\frac{\mathrm{d}\phi_{j+1}}{\mathrm{d}x}=0\ ,\ \cdots,\ \frac{\mathrm{d}p_{n-1,n}}{\mathrm{d}x}=0\ ,\ \frac{\mathrm{d}\phi_n}{\mathrm{d}x}=\frac{M_n}{G_nJ_n}$$

$$\frac{\mathrm{d}p_{12}}{\mathrm{d}x}=0\ ,\ \cdots,\ \frac{\mathrm{d}p_{j-2,j-1}}{\mathrm{d}x}=0$$

$$\frac{\mathrm{d}p_{j-1,j}}{\mathrm{d}x}=\frac{\mathrm{d}p_{j,j+1}}{\mathrm{d}x}=\beta_j^2(p_{j-1,j}^{\mathrm{m}}+p_{j,j+1}^{\mathrm{m}})B$$

$$\frac{\mathrm{d}p_{j+1,j+2}}{\mathrm{d}x}=0\ ,\ \cdots,\ \frac{\mathrm{d}p_{n-2,n-1}}{\mathrm{d}x}=0\ ,\ \frac{\mathrm{d}p_{n-1,n}}{\mathrm{d}x}=\beta_n^2Bp_{n-1,n}^{\mathrm{m}}$$

归纳起来，如有 n 个齿轮与轴复合啮合，那么有 $n-1$ 对啮合力，满足 $n-1$ 个微分方程的二阶微分方程组，有 $2n-1$ 个特征根，由 $2(n-1)$个边界条件可确定 $2n-1$ 个未知常数。

还有一种复合啮合，中心轮 a 与许多行星轮啮合，这些行星轮再和内齿轮与轴 b 啮合，有：

$$\frac{\mathrm{d}^2\phi_a}{\mathrm{d}x^2}=\frac{r_a\left(\sum_{i=1}^{n}p_{ia}\right)}{G_aJ_a}\cos\alpha$$

$$\frac{\mathrm{d}^2\phi_b}{\mathrm{d}x^2}=\frac{r_b\left(\sum_{i=1}^{n}p_{ib}\right)}{G_bJ_b}\cos\alpha$$

$$\frac{\mathrm{d}^2\phi_i}{\mathrm{d}x^2}=\frac{r(p_{ia}-p_{ib})}{GJ}\cos\alpha$$

变形协调条件为:

$$r_a\phi_a+r_i\phi_i\cos\alpha=\frac{p_{ia}}{C}\text{，}\quad i=1,2,\cdots,n$$

$$r_b\phi_b-r_i\phi_i\cos\alpha=\frac{p_{ib}}{C}\text{，}\quad i=1,2,\cdots,n$$

考虑几何对称性，有:

$$p_{1a}=p_{2a}=\cdots=p_{na}=p_a$$

$$p_{1b}=p_{2b}=\cdots=p_{nb}=p_b\text{，}\quad \phi_1=\phi_2=\cdots=\phi_n=\phi$$

$$\frac{\mathrm{d}^2\phi_a}{\mathrm{d}x^2}=\frac{r_a\cdot np_a}{G_aJ_a}\cos\alpha$$

$$\frac{\mathrm{d}^2\phi_b}{\mathrm{d}x^2}=\frac{r_b\cos\alpha\cdot np_b}{G_bJ_b}$$

$$\frac{\mathrm{d}^2\phi}{\mathrm{d}x^2}=\frac{r\cdot n(p_a-p_b)}{GJ}\cos\alpha$$

$$p_a''=p_a(n\beta_a^2+\beta^2)-p_b\beta^2\quad \beta_b^2\approx 0$$

$$\begin{bmatrix} D^2-(n\beta_a^2+\beta^2) & \beta^2 \\ \beta^2 & D^2-\beta^2 \end{bmatrix}\begin{bmatrix} p_a \\ p_b \end{bmatrix}=0$$

如 M_a,M_b 作用于右侧，则边界条件为:

$$x=0\text{，}\quad \frac{\mathrm{d}\phi_a}{\mathrm{d}x}=0\text{，}\quad \frac{\mathrm{d}\phi_b}{\mathrm{d}x}=0\text{，}\quad \frac{\mathrm{d}\phi_i}{\mathrm{d}x}=0$$

$$\frac{\mathrm{d}p_a}{\mathrm{d}x}=0\text{，}\quad \frac{\mathrm{d}p_b}{\mathrm{d}x}=0$$

$$x=B\text{，}\quad \frac{\mathrm{d}\phi_a}{\mathrm{d}x}=\frac{M_a}{G_aJ_a}\text{，}\quad \frac{\mathrm{d}\phi_b}{\mathrm{d}x}=\frac{M_b}{G_bJ_b}\text{，}\quad \frac{\mathrm{d}\phi_i}{\mathrm{d}x}=0$$

$$\frac{\mathrm{d}p_a}{\mathrm{d}x}=C(r_a\phi_a')\cos\alpha=C\left(\frac{r_aM_a}{G_aJ_a}\right)\cos\alpha=C\left(\frac{r_a^2}{G_aJ_a}\right)\frac{M_a}{r_a}\cos\alpha$$

由平衡条件 $M_a=np_a^{\mathrm{m}}r_aB\cos\alpha$，得:

$$\frac{\mathrm{d}p_a}{\mathrm{d}x}=n\beta_a^2 Bp_a^{\mathrm{m}}$$

同理：

$$\frac{\mathrm{d}p_b}{\mathrm{d}x}=n\beta_b^2 Bp_b^{\mathrm{m}}$$

如 M_a,M_b 作用于不同侧，则边界条件为：

$$x=0\text{，}\quad \frac{\mathrm{d}\phi_a}{\mathrm{d}x}=0\text{，}\quad \frac{\mathrm{d}\phi_b}{\mathrm{d}x}=-\frac{M_b}{G_b J_b}\text{，}\quad \frac{\mathrm{d}\phi_i}{\mathrm{d}x}=0$$

$$\frac{\mathrm{d}p_a}{\mathrm{d}x}=0\text{，}\quad \frac{\mathrm{d}p_b}{\mathrm{d}x}=-n\beta_b^2 Bp_b^{\mathrm{m}}$$

$$x=B\text{，}\quad \frac{\mathrm{d}\phi_a}{\mathrm{d}x}=\frac{M_a}{G_a J_a}\text{，}\quad \frac{\mathrm{d}\phi_b}{\mathrm{d}x}=0\text{，}\quad \frac{\mathrm{d}\phi_i}{\mathrm{d}x}=0$$

$$\frac{\mathrm{d}p_a}{\mathrm{d}x}=n\beta_a^2 Bp_a^{\mathrm{m}}\text{，}\quad \frac{\mathrm{d}p_b}{\mathrm{d}x}=0$$

如考虑 $\beta_b^2\to 0$，两种转矩加载方式对偏载影响不大。

5.4　牙嵌离合器及联轴器的偏载与修形

牙嵌离合器及联轴器如图 5.4.1 所示。

图 5.4.1　牙嵌离合器及联轴器

5.4.1　牙嵌离合器偏载分析

本节从分析牙嵌离合器齿切向剪切变形出发，导出牙嵌离合器齿表面分布载荷所应满足的二阶微分方程，并提出相应的抛物线修形方案。修形量不仅取决于牙嵌离合器变形,还取决于牙嵌离合器变形和切向力的传递方式,如图 5.4.2 所示。

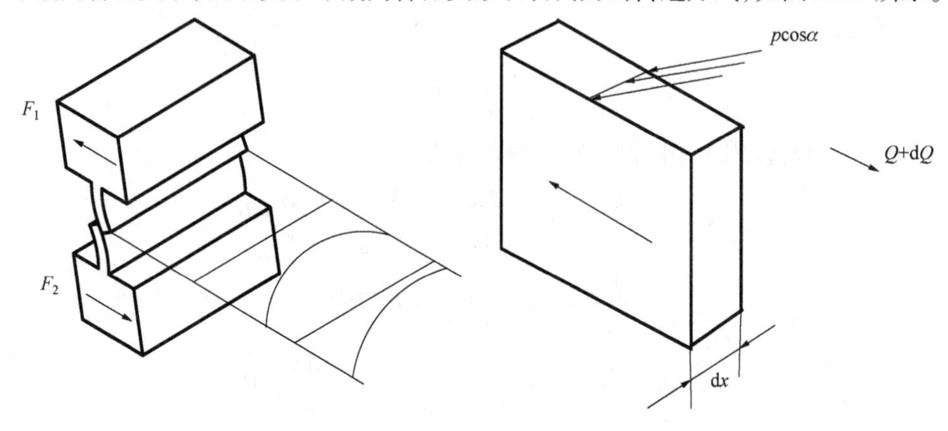

图 5.4.2　牙与牙的啮合与偏载　　　　图 5.4.3　牙的微段变形受力图

把齿沿圆周展开，可视为两牙之间的啮合，周向角位移可简化为切向平移。相对前文论述的情形，有类比关系：正拉压力 N 换成剪力 Q，J 换成 A，弹性模量 E 换成剪切模量 G，轴向位移 l 换成剪切位移 γ，M 换成 F，如图 5.4.3 所示。有物理方程：

$$\frac{\mathrm{d}\gamma}{\mathrm{d}x}=\frac{Q}{GA},\quad \frac{\mathrm{d}^2\gamma}{\mathrm{d}x^2}=\frac{\mathrm{d}Q}{\mathrm{d}x}\cdot\frac{1}{GA}$$

取微段的力平衡：

$$(Q+\mathrm{d}Q)-Q=(p\cos\alpha)\mathrm{d}x$$

$$\frac{\mathrm{d}Q}{\mathrm{d}x}=p\cos\alpha$$

$$\frac{\mathrm{d}^2\gamma}{\mathrm{d}x^2}=\frac{p\cos\alpha}{GA}$$

这里的 γ 应理解为两牙嵌离合器齿的相对附加切向剪切线变形量，对轮 1 和轮 2 分别有：

$$\frac{\mathrm{d}^2\gamma_1}{\mathrm{d}x^2}=\frac{p\cos\alpha}{G_1A_1},\quad \frac{\mathrm{d}^2\gamma_2}{\mathrm{d}x^2}=\frac{p\cos\alpha}{G_2A_2}$$

分别乘以 $h_1\cos\alpha, h_2\cos\alpha$，再相加，得：

$$\left(h_1\frac{\mathrm{d}^2\gamma_1}{\mathrm{d}x^2}+h_2\frac{\mathrm{d}^2\gamma_2}{\mathrm{d}x^2}\right)\cos\alpha=\left(\frac{h_1}{G_1A_1}+\frac{h_2}{G_2A_2}\right)p\cos^2\alpha \tag{5.4.1}$$

设牙嵌齿牙综合刚度为 C，则有：

$$\frac{1}{C}=\frac{1}{C_1}+\frac{1}{C_2}$$

式中：C_1,C_2 分别为轮 1 和轮 2 的牙嵌齿牙刚度。

则齿向弹性变形为：

$$\frac{p}{C}=p\left(\frac{1}{C_1}+\frac{1}{C_2}\right)$$

由于牙嵌离合器变形后牙嵌齿表面仍然保持接触，牙嵌齿表面弹性变形应由两轴的相对附加切向位移弥补，如图 5.4.4 所示，故有变形协调条件：

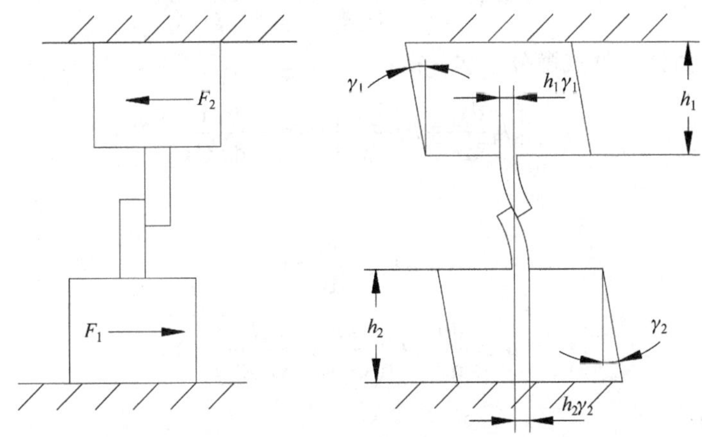

图 5.4.4　牙的变形协调关系

$$(h_1\gamma_1+h_2\gamma_2)\cos\alpha=\frac{p}{C} \tag{5.4.2}$$

因此牙嵌齿表面载荷分布问题实际上是牙嵌齿牙变形与牙嵌离合器切向剪切变形的超静定问题，对上式微分两次，得：

$$(h_1\gamma_1''+h_2\gamma_2'')\cos\alpha=\frac{p''}{C} \tag{5.4.3}$$

代入式(5.4.1)，得：

$$\frac{p''}{C}=\left(\frac{h_1}{G_1A_1}+\frac{h_2}{G_2A_2}\right)p\cos^2\alpha$$

可简写为：

$$p''-\beta^2p=0$$

式中：

$$\beta^2=\beta_1^2+\beta_2^2\text{，}\quad \beta_1^2=\frac{Ch_1\cos^2\alpha}{G_1A_1}\text{，}\quad \beta_2^2=\frac{Ch_2\cos^2\alpha}{G_2A_2}$$

式(5.4.2)为牙嵌离合器齿偏载的基本微分方程，解此微分方程，得：

$$p = E\sinh(\beta x) + F\cosh(\beta x) \tag{5.4.4}$$

式中：E, F 为待定常数。

待定常数与转矩的输入条件有关，如切向力同时由牙嵌离合器齿 1 和牙嵌离合器齿 2 的右端输入输出，则有边界条件：

$$x = 0\ ,\quad \frac{\mathrm{d}\gamma_1}{\mathrm{d}x} = \frac{\mathrm{d}\gamma_2}{\mathrm{d}x} = 0$$

$$x = B\ ,\quad \frac{\mathrm{d}\gamma_1}{\mathrm{d}x} = \frac{F_1}{G_1 A_1}\ ,\quad \frac{\mathrm{d}\gamma_2}{\mathrm{d}x} = \frac{F_2}{G_2 A_2}$$

对变形协调条件式微分一次，得：

$$\left(h_1\frac{\mathrm{d}\gamma_1}{\mathrm{d}x} + h_2\frac{\mathrm{d}\gamma_2}{\mathrm{d}x}\right)\cos\alpha = \frac{\mathrm{d}p}{\mathrm{d}x}\frac{1}{C}$$

故：

$$x = 0\ ,\quad \frac{\mathrm{d}p}{\mathrm{d}x} = 0$$

$$x = B\ ,\quad \frac{\mathrm{d}p}{\mathrm{d}x} = C\left(\frac{h_1 F_1}{G_1 A_1} + \frac{h_2 F_2}{G_2 A_2}\right)\cos\alpha$$

考虑到：

$$F_1 = F_2 = p_{\mathrm{m}} B\cos\alpha$$

式中：p_{m} 为平均载荷。

故又有：

$$x = B\ ,\quad \frac{\mathrm{d}p}{\mathrm{d}x} = C\left(\frac{h_1}{G_1 A_1} + \frac{h_2}{G_2 A_2}\right)p_{\mathrm{m}} B\cos^2\alpha = \beta^2 p_{\mathrm{m}} B$$

微分方程的解为：

$$p(x) = \frac{p_{\mathrm{m}}\beta^2 B\cosh(\beta x)}{\sinh(\beta B)} \tag{5.4.5}$$

载荷分布如图 5.4.2 所示。如切向力由牙嵌离合器齿 1 左端传入，由牙嵌离合器齿 2 右端传出，则边界条件为：

$$x = 0\ ,\quad \frac{\mathrm{d}\gamma_1}{\mathrm{d}x} = -\frac{F_1}{G_1 A_1}\ ,\quad \frac{\mathrm{d}\gamma_2}{\mathrm{d}x} = 0$$

$$x = B\ ,\quad \frac{\mathrm{d}\gamma_1}{\mathrm{d}x} = 0\ ,\quad \frac{\mathrm{d}\gamma_2}{\mathrm{d}x} = \frac{F_2}{G_2 A_2}$$

即：

$$x=0\ ,\quad \frac{\mathrm{d}p}{\mathrm{d}x}=-C\frac{h_1F_1}{G_1A_1}\cos\alpha=-\beta_1^2p_{\mathrm{m}}B$$

$$x=B\ ,\quad \frac{\mathrm{d}p}{\mathrm{d}x}=C\frac{h_2F_2}{G_2A_2}\cos\alpha=\beta_2^2p_{\mathrm{m}}B$$

微分方程的解为：

$$p(x)=p_{\mathrm{m}}B\left(\frac{\beta_2^2+\beta_1^2\cosh(\beta B)}{\sinh(\beta B)}\cosh(\beta x)-\beta_1^2\sinh(\beta x)\right)\frac{1}{\beta}$$

5.4.2　考虑误差的牙嵌离合器偏载分析

如果牙嵌离合器齿在加载前便存在齿向误差，这种误差可能由加工过程机床传动系统或其他因素引起，那么两牙嵌齿表面加载前就有微小分离，分离量为 $\delta(x)$。假定 $\delta(x)$ 二阶导数存在，如 $\delta(x)$ 不可用连续函数表示，可以先用二阶可导函数拟合，则式(5.4.2)和式(5.4.3)变化为：

$$(h_1\gamma_1+h_2\gamma_2)\cos\alpha=\frac{p}{C}+\delta(x) \tag{5.4.6}$$

$$(h_1\gamma_1''+h_2\gamma_2'')\cos\alpha=\frac{p''}{C}+\delta''(x) \tag{5.4.7}$$

微分方程(5.4.3)变成非齐次微分方程：

$$p''-\beta^2p=-\delta''C \tag{5.4.8}$$

利用非齐次方程的常数变异法，设方程特解 p^* 为：

$$p^*=E(x)\sinh(\beta x)+F(x)\cosh(\beta x)$$

待定函数 $E(x),F(x)$ 应满足：

$$E'(x)\sinh(\beta x)+F'(x)\cosh(\beta x)=0$$

$$E'(x)\sinh'(\beta x)+F'(x)\cosh'(\beta x)=-\delta''C$$

解得：

$$E'(x)=\frac{-C\delta''\cosh(\beta x)}{\beta}$$

$$E(x)=\frac{-C}{\beta}\int\delta''\cosh(\beta x)\mathrm{d}x$$

$$F'(x)=\frac{C\delta''\sinh(\beta x)}{\beta}$$

$$F(x)=\frac{C}{\beta}\int\delta''\sinh(\beta x)\mathrm{d}x$$

p 的通解为：

$$\begin{aligned}p=&C_1\sinh(\beta x)+C_2\cosh(\beta x)-\frac{C}{\beta}\sinh(\beta x)\int\delta''\cosh(\beta x)\mathrm{d}x\\&+\frac{C}{\beta}\cosh(\beta x)\int\delta''\sinh(\beta x)\mathrm{d}x\end{aligned}\tag{5.4.9}$$

牙嵌齿表面载荷分布还取决于牙嵌齿表面原始误差。

5.4.3 牙嵌联轴器的修形

由于牙嵌齿表面载荷分布还取决于牙嵌齿表面原始误差，因而很自然地产生这样的想法，可以人为地改变牙嵌齿表面原始廓形，抵消偏载的影响，使偏载沿齿宽均匀分布，这个恰当的函数 $\delta(x)$ 就是牙嵌齿牙修形量。在式(5.4.1)两边乘以 C，再令：

$$\varPhi=C(h_1\gamma_1+h_2\gamma_2)\cos\alpha$$

则式(5.4.1)成为：

$$\varPhi''=\beta^2 p$$

而考虑误差的变形协调条件式：

$$\varPhi=p+C\delta\tag{5.4.10}$$

对式(5.4.1)积分两次，因 p 为常数 $p\equiv p_{\mathrm{m}}$，所以：

$$\varPhi=\frac{\beta^2 p_{\mathrm{m}}x^2}{2}+C_1x+C_2$$

由此可得：

$$C\delta=\varPhi-p_{\mathrm{m}}=\frac{\beta^2 p_{\mathrm{m}}x^2}{2}+C_1x+C_2-p_{\mathrm{m}}$$

仍然分两种情况讨论，先假定切向力在牙嵌离合器右端作用，则有：

$$x=0\text{，}\ \frac{\mathrm{d}\gamma_1}{\mathrm{d}x}=0\text{，}\ \frac{\mathrm{d}\gamma_2}{\mathrm{d}x}=0$$

即：

$$\frac{\mathrm{d}\varPhi}{\mathrm{d}x}=0$$

$$C_1=0$$

$$x = B\ ,\quad \frac{\mathrm{d}\gamma_1}{\mathrm{d}x} = \frac{F_1}{G_1 J_1}\ ,\quad \frac{\mathrm{d}\gamma_2}{\mathrm{d}x} = \frac{F_2}{G_2 A_2}$$

$$C(h_1\gamma_1'' + h_2\gamma_2'')|_{x=B}\cos\alpha = C\left(\frac{h_1 F_1}{G_1 A_1} + \frac{h_2 F_2}{G_2 A_2}\right)\cos\alpha = C\left(\frac{h_1}{G_1 A_1} + \frac{h_2}{G_2 A_2}\right)p_{\mathrm{m}} B\cos\alpha = \beta^2 p_{\mathrm{m}} B$$

对式(5.4.10)微分一次，由于 p_{m} = 常数，得：

$$C\delta'|_{x=B} = \Phi|_{x=B}$$

$$\beta^2 p_{\mathrm{m}} B + C_1 = \beta^2 p_{\mathrm{m}} B$$

$$C_1 = 0$$

两个边界条件不独立。由于所谓修形量是指牙嵌齿牙相对于理想牙嵌齿牙的减少量，在整个牙嵌齿表面上统统刨去一层等于没修形，因此至少应使牙嵌齿表面一边修形量为零。通常应使载荷最小的边修形量为零，否则势必出现负修形量，故令远离切向力加载端的左端面的修形量为零，即：

$$x = 0\ ,\quad \delta = 0$$

$$C_2 - p_{\mathrm{m}} = 0$$

$$C\delta = \frac{\beta^2 p_{\mathrm{m}} x^2}{2}$$

牙嵌齿牙曲面与分度圆柱的交线展开后是一条抛物线。再假定切向力分别从两端传入，则有：

$$x = 0\ ,\quad \frac{\mathrm{d}\gamma_1}{\mathrm{d}x} = -\frac{F_1}{G_1 A_1}\ ,\quad \frac{\mathrm{d}\gamma_2}{\mathrm{d}x} = 0$$

$$x = B\ ,\quad \frac{\mathrm{d}\gamma_1}{\mathrm{d}x} = 0\ ,\quad \frac{\mathrm{d}\gamma_2}{\mathrm{d}x} = \frac{F_2}{G_2 A_2}$$

即：

$$x = 0\ ,\quad C(h_1\gamma_1'' + h_2\gamma_2'')\cos\alpha = -C\frac{h_1 F_1}{G_1 A_1}\cos\alpha = -\beta_1^2 p_{\mathrm{m}} B$$

$$x = B\ ,\quad C(h_1\gamma_1'' + h_2\gamma_2'')\cos\alpha = C\frac{h_2 F_2}{G_2 A_2}\cos\alpha = \beta_{21}^2 p_{\mathrm{m}} B$$

$$C\delta'|_{x=B} = \beta^2 p_{\mathrm{m}} B + C_1 = -\beta_1^2 p_{\mathrm{m}} B$$

$$C_1 = -\beta_1^2 p_{\mathrm{m}} B$$

$$C\delta'|_{x=B} = \beta^2 p_{\mathrm{m}} B + C_1 = \beta_2^2 p_{\mathrm{m}} B$$

$$C_1 = p_{\mathrm{m}} B\left(\beta_2^2 - \beta_1^2\right) = -p_{\mathrm{m}} B \beta_1^2$$

两个边界条件也不独立，求修形曲线的微小值点，令：

$$C\delta'(x) = 0$$

$$p_{\mathrm{m}} B \beta^2 - p_{\mathrm{m}} B \beta_1^2 = 0$$

解得：

$$x^* = \frac{B\beta_1^2}{\beta^2}$$

当两牙嵌离合器齿大小相同，则：

$$\beta_1^2 = \beta_2^2 = \frac{\beta^2}{2}$$

$$x^* = \frac{B}{2}$$

令修形量曲线极小值点处修形量为零，得：

$$C\delta'(x) = \beta^2 p_{\mathrm{m}} \cdot \frac{1}{2}\left(\frac{\beta_1^2 B}{\beta^2}\right) - \beta_1^2 p_{\mathrm{m}} B\left(\frac{\beta_1^2 B}{\beta^2}\right) + C_2 - p_{\mathrm{m}} = 0$$

$$C_2 - p_{\mathrm{m}} = \frac{\beta_1^4 p_{\mathrm{m}} B}{2\beta^2}$$

$$C\delta = \beta^2 p_{\mathrm{m}} \cdot \frac{x}{2} - \beta_1^2 p_{\mathrm{m}} B + \frac{\beta_1^4 p_{\mathrm{m}} B}{2\beta^2}$$

修形曲线如图 5.4.5 所示。

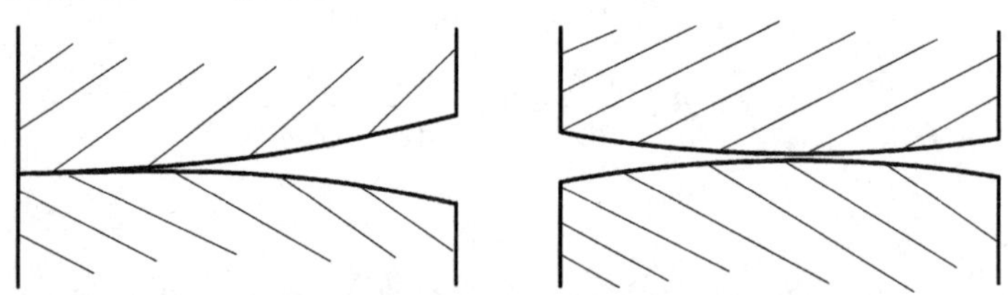

图 5.4.5 两齿廓修形曲线示意图

反之可以验证按抛物线方案修形牙嵌齿表面载荷为常数。当 δ'' = 常数时式 (5.4.9)可改写为：

$$p = C_1 \sinh(\beta x) + C_2 \cosh(\beta x) - \frac{C\delta''}{\beta}\sinh(\beta x)\int \cosh(\beta x)\mathrm{d}x$$

$$+\frac{C\delta''}{\beta}\cosh(\beta x)\int \sinh(\beta x)\mathrm{d}x$$

$$
\begin{aligned}
&= C_1 \sinh(\beta x) + C_2 \cosh(\beta x) + \frac{C\delta''}{\beta}\left(-\sinh^2(\beta x) + \cosh^2(\beta x)\right) \\
&= C_1 \sinh(\beta x) + C_2 \cosh(\beta x) + \frac{C\delta''}{\beta} \\
&= C_1 \sinh(\beta x) + C_2 \cosh(\beta x) + p_{\mathrm{m}}
\end{aligned}
$$

边界条件为：

$$p'|_{x=0} = C(h_1\gamma_1'' + h_2\gamma_2'')|_{x=0} \cos\alpha - C\delta'|_{x=0}$$

$$C_1\beta\cosh(\beta x) + C_2\beta\sinh(\beta x)|_{x=0} = 0$$

$$C_1 = 0$$

$$p'|_{x=B} = C(h_1\gamma_1' + h_2\gamma_2')|_{x=B} \cos\alpha - C\delta'|_{x=B}$$

$$C_2\beta\sinh(\beta x) = C\left(\frac{h_1F_1}{G_1A_1} + \frac{h_2F_2}{G_2A_2}\right)\cos^2\alpha - \beta p_{\mathrm{m}}B = 0$$

$$C_2 = 0$$

故：

$$p = p_{\mathrm{m}}$$

即牙嵌齿表面载荷恒等于平均载荷，证毕。

5.5　端面(扁头)联轴器的偏载与修形

5.5.1　端面(扁头)联轴器的偏载

扁头联轴器啮合的力学模型如图 5.5.1 所示，两圆盘形扭杆，沿圆盘母线分布一系列弹性簧片，两圆盘体通过这些弹性簧片接触。在任意一个轴向位置截取一微段，可看做圆锥齿半联轴器锥顶角=90 度，与圆锥齿半联轴器偏载的类比关系为：r 相当于 l，$\delta = 90^\circ$，如图 5.5.2 所示。

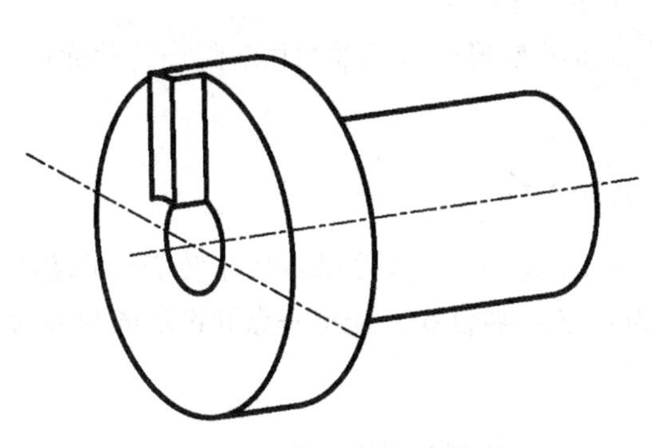

图 5.5.1　端面(扁头)联轴器

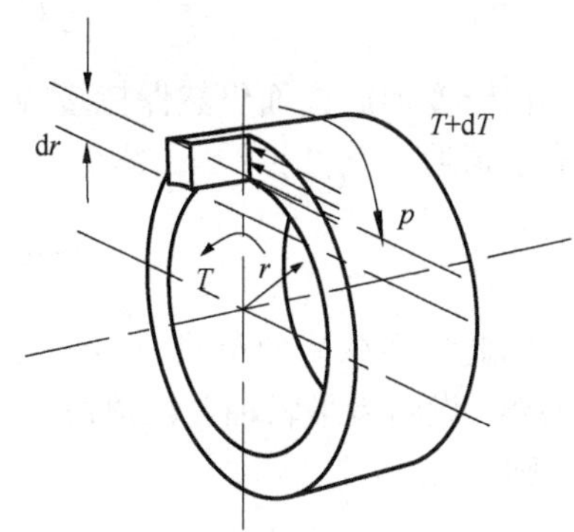

图 5.5.2　端面(扁头)联轴器的受力

有物理方程：

$$J(r)\frac{\mathrm{d}\phi}{\mathrm{d}r}=\frac{T}{G}$$

$$\frac{\mathrm{d}J}{\mathrm{d}r}\cdot\frac{\mathrm{d}\phi}{\mathrm{d}r}+J\frac{\mathrm{d}^2\phi}{\mathrm{d}r^2}=\frac{\mathrm{d}T}{\mathrm{d}r}\frac{1}{G}$$

取微段的力矩平衡：

$$(T+\mathrm{d}T)-T=(rp\cos\alpha)\mathrm{d}r$$

$$\frac{\mathrm{d}T}{\mathrm{d}r}=rp\cos\alpha$$

$$\frac{\mathrm{d}J}{\mathrm{d}r}\cdot\frac{\mathrm{d}\phi}{\mathrm{d}r}+J\frac{\mathrm{d}^2\phi}{\mathrm{d}r^2}=\frac{rp\cos\alpha}{G}$$

对半联轴器1和半联轴器2分别有：

$$\frac{\mathrm{d}J_1}{\mathrm{d}r_1}\cdot\frac{\mathrm{d}\phi_1}{\mathrm{d}r_1}+J_1\frac{\mathrm{d}^2\phi_1}{\mathrm{d}{r_1}^2}=\frac{r_1p\cos\alpha}{G_1}$$

$$\frac{\mathrm{d}J_2}{\mathrm{d}r_2}\cdot\frac{\mathrm{d}\phi_2}{\mathrm{d}r_2}+J_2\frac{\mathrm{d}^2\phi_2}{\mathrm{d}{r_2}^2}=\frac{r_2p\cos\alpha}{G_2}$$

式中：ϕ_1,ϕ_2为两半联轴器的相对附加扭转角。

设半联轴器齿综合刚度为C，有：

$$\frac{1}{C}=\frac{1}{C_1}+\frac{1}{C_2}$$

式中：C_1,C_2分别为半联轴器1和半联轴器2的半联轴器齿刚度。

则齿向弹性变形为：

$$\frac{p}{C}=p\left(\frac{1}{C_1}+\frac{1}{C_2}\right)$$

由于变形后齿面仍然保持接触，齿面弹性变形应由两轴的相对附加转动弥补，故有变形协调条件：

$$(r_1\phi_1+r_2\phi_2)\cos\alpha=\frac{p}{C}$$

因此齿面载荷分布问题仍然是半联轴器齿变形与半联轴器体扭转变形的超静定问题，设两齿半联轴器锥顶角分别为δ_1,δ_2，啮合线上任意一点到锥顶的距离为r，则：

$$J_1=\frac{\pi r^4\sin^4\delta_1}{2}，\quad J_2=\frac{\pi r^4\sin^4\delta_2}{2}$$

对以上诸方程作变量代换：

$$\frac{\mathrm{d}J_1}{\mathrm{d}r}\cdot\frac{\mathrm{d}\phi_1}{\mathrm{d}r}+J_1\frac{\mathrm{d}^2\phi_1}{\mathrm{d}r^2}=\frac{r_1 p\cos\alpha}{G_1}$$

$$\frac{\mathrm{d}J_2}{\mathrm{d}r}\cdot\frac{\mathrm{d}\phi_2}{\mathrm{d}r}+J_2\frac{\mathrm{d}^2\phi_2}{\mathrm{d}r^2}=\frac{r_2 p\cos\alpha}{G_2}$$

$$4\frac{\mathrm{d}\phi_1}{\mathrm{d}r}+l\frac{\mathrm{d}^2\phi_1}{\mathrm{d}r^2}=\frac{2\cos\alpha p}{\pi G_1 r^2} \tag{5.5.1}$$

$$4\frac{\mathrm{d}\phi_2}{\mathrm{d}r}+l\frac{\mathrm{d}^2\phi_2}{\mathrm{d}r^2}=\frac{2\cos\alpha p}{\pi G_2 r^2} \tag{5.5.2}$$

$$\phi_1+\phi_2=\left(\frac{p}{r}\right)\frac{1}{C\cos\alpha} \tag{5.5.3}$$

$$\frac{\mathrm{d}\phi_1}{\mathrm{d}r}+\frac{\mathrm{d}\phi_2}{\mathrm{d}r}=\left(\frac{p}{r}\right)'\frac{1}{C\cos\alpha} \tag{5.5.4}$$

$$\frac{\mathrm{d}^2\phi_1}{\mathrm{d}r^2}+\frac{\mathrm{d}^2\phi_2}{\mathrm{d}r^2}=\left(\frac{p}{r}\right)''\frac{1}{C\cos\alpha} \tag{5.5.5}$$

将式(5.5.1)和式(5.5.2)相加，再将式(5.5.4)和式(5.5.5)代入，经整理得：

$$4\left(\frac{p}{r}\right)'+r\left(\frac{p}{r}\right)''=\frac{2C\cos^2\alpha}{\pi}\left(\frac{1}{G_1}+\frac{1}{G_2}\right)\frac{p}{r^2} \tag{5.5.6}$$

设：

$$\beta_1=\frac{2C\cos^2\alpha}{\pi}\cdot\frac{1}{G_1}$$

$$\beta_2=\frac{2C\cos^2\alpha}{\pi}\cdot\frac{1}{G_2}$$

$$\beta=\beta_1+\beta_2$$

则式(5.5.6)成为：

$$r^2\left(\frac{p}{r}\right)''+4r\left(\frac{p}{r}\right)'-\beta\left(\frac{p}{r}\right)=0 \tag{5.5.7}$$

作变量代换，设：

$$\frac{p}{r}=y$$

原微分方程成为：

$$r^2 y'' + 4ry' - \beta y = 0 \tag{5.5.8}$$

该式为欧拉方程。再令：

$$r = \mathrm{e}^t$$

特征方程为：

$$D(D-1) + 4D - \beta = 0$$

特征根为：

$$\gamma_{1,2} = \frac{-3 \pm \sqrt{9+4\beta}}{2}$$

$$y = E\mathrm{e}^{\gamma_1 t} + F\mathrm{e}^{\gamma_2 t} = El^{\gamma_1} + Fl^{\gamma_2} \tag{5.5.9}$$

$$\frac{p}{r} = El^{\gamma_1} + Fl^{\gamma_2} \tag{5.5.10}$$

式中：E, F 为待定常数。

待定常数与转矩的输入条件有关，如扭矩同时由两半联轴器外端输入输出，设 L_0 为内端半径，L 为外端半径，则有：

$$r = L_0\,,\quad \frac{\mathrm{d}\phi_1}{\mathrm{d}r_1} = 0\,,\quad \frac{\mathrm{d}\phi_2}{\mathrm{d}r_2} = 0\,,\quad \frac{\mathrm{d}\phi_1}{\mathrm{d}r} = 0\,,\quad \frac{\mathrm{d}\phi_2}{\mathrm{d}r} = 0$$

根据式(5.5.4)，有：

$$\left(\frac{p}{r}\right)'\Bigg|_{r=L_0} = 0$$

$$\gamma_1 E{L_0}^{\gamma_1 - 1} + \gamma_2 F{L_0}^{\gamma_2 - 1} = 0 \tag{5.5.11}$$

$$r = L\,,\quad \frac{\mathrm{d}\phi_1}{\mathrm{d}r_1} = \frac{M_1}{G_1 J_1}\,,\quad \frac{\mathrm{d}\phi_2}{\mathrm{d}r_2} = \frac{M_2}{G_2 J_2}$$

$$\frac{\mathrm{d}\phi_1}{\mathrm{d}r_1} = \frac{M_1}{G_1 J_1}\,,\quad \frac{\mathrm{d}\phi_2}{\mathrm{d}r_2} = \frac{M_2}{G_2 J_2}$$

$$\frac{\mathrm{d}\phi_1}{\mathrm{d}r_1} + \frac{\mathrm{d}\phi_2}{\mathrm{d}r_2} = \frac{M_1}{G_1 J_1} + \frac{M_2}{G_2 J_2}$$

$$\left(\frac{p}{r}\right)'\Bigg|_{r=L} = C\left(\frac{\mathrm{d}\phi_1}{\mathrm{d}r_1} + \frac{\mathrm{d}\phi_2}{\mathrm{d}r_2}\right)\Bigg|_{r=L} \cos\alpha = \frac{2C\cos\alpha}{\pi L^4}\left(\frac{M_1}{G_1} + \frac{M_2}{G_2}\right)$$

平衡条件为：

$$M_1 = p_{\mathrm{m}} \cdot \frac{L+L_0}{2}(L - L_0) = p_{\mathrm{m}} \cdot \frac{L^2 - {L_0}^2}{2}$$

$$M_2 = p_{\mathrm{m}} \cdot \frac{L^2 - {L_0}^2}{2} \cos\alpha$$

$$\left(\frac{p}{r}\right)'\Bigg|_{r=L} = \frac{2C\cos\alpha}{\pi L^4}\left(\frac{1}{G_1}+\frac{1}{G_2}\right)p_{\mathrm{m}}\frac{L^2 - L_0^2}{2} = \frac{p_{\mathrm{m}}\left(L^2 - L_0^2\right)}{2L^4}\beta$$

$$\gamma_1 E L^{\gamma_1 - 1} + \gamma_2 F L^{\gamma_2 - 1} = \frac{p_{\mathrm{m}}\left(L^2 - L_0^2\right)}{2L^4}\beta \tag{5.5.12}$$

由式(5.5.11)和式(5.5.12)联解算出 E, F 便得方程的解。如扭矩作用在半联轴器 1 的内端和半联轴器 2 的外端，则有：

$$r = L_0\text{，}\quad \frac{\mathrm{d}\phi_1}{\mathrm{d}r_1} = -\frac{M_1}{G_1 J_1}\text{，}\quad \frac{\mathrm{d}\phi_2}{\mathrm{d}r_2} = 0$$

$$\frac{\mathrm{d}\phi_1}{\mathrm{d}r} = -\frac{M_1}{G_1 J_1}\quad\text{，}\quad \frac{\mathrm{d}\phi_2}{\mathrm{d}r} = 0$$

$$\begin{aligned}\frac{\mathrm{d}}{\mathrm{d}r}\left(\frac{p}{r}\right)\Bigg|_{l=L_0} &= C\cos\alpha\left(\frac{\mathrm{d}\phi_1}{\mathrm{d}r}+\frac{\mathrm{d}\phi_2}{\mathrm{d}r}\right)\Bigg|_{l=L_0}\\ &= -C\frac{M_1}{G_1 J_1}\cos\alpha\\ &= -\frac{2C}{\pi {L_0}^4 G_1}p_{\mathrm{m}}\frac{L^2 - L_0^2}{2}\cos^2\alpha\end{aligned}$$

$$\gamma_1 E {L_0}^{\gamma_1 - 1} + \gamma_2 F {L_0}^{\gamma_2 - 1} = -\frac{p_{\mathrm{m}}\left(L^2 - L_0^2\right)}{2{L_0}^4}\beta_1$$

$$r = L\text{，}\quad \frac{\mathrm{d}\phi_1}{\mathrm{d}r_1} = 0\text{，}\quad \frac{\mathrm{d}\phi_2}{\mathrm{d}r_2} = \frac{M_2}{G_2 J_2}$$

$$\frac{\mathrm{d}\phi_1}{\mathrm{d}r} = 0\text{，}\quad \frac{\mathrm{d}\phi_2}{\mathrm{d}r} = \frac{M_2}{G_2 J_2}$$

$$\begin{aligned}\frac{\mathrm{d}}{\mathrm{d}r}\left(\frac{p}{r}\right)\Bigg|_{l=L} &= C\cos\alpha\left(\frac{\mathrm{d}\phi_1}{\mathrm{d}r}+\frac{\mathrm{d}\phi_2}{\mathrm{d}r}\right)\Bigg|_{l=L}\\ &= C\frac{M_2}{G_2 J_2}\cos\alpha\\ &= \frac{2C}{\pi {L_0}^4 G_2}p_{\mathrm{m}}\frac{L^2 - L_0^2}{2}\cos^2\alpha\end{aligned}$$

$$\gamma_1 E {L_0}^{\gamma_1 - 1} + \gamma_2 F {L_0}^{\gamma_2 - 1} = \frac{p_{\mathrm{m}}\left(L^2 - L_0^2\right)}{2L^4}\beta_2$$

解出常数 E, F，即为所求的解：

$$p=\frac{p_{\mathrm{m}}\left(L^2-L_0^2\right)}{2}\cdot\frac{1}{\gamma_1\gamma_2\left(L^{\gamma_2}L_0^{\gamma_1}-L_0^{\gamma_2}L^{\gamma_1}\right)}\left[-\left(\frac{\gamma_2 L^{\gamma_2}\beta_1}{L_0^{3}}+\frac{\gamma_1 L_0^{\gamma_1}\beta_2}{L^3}\right)r^{\gamma_1+1}\right.$$

$$\left.+\left(\frac{\gamma_1 L_0^{\gamma_1}\beta_2}{L^3}+\frac{\gamma_2 L^{\gamma_2}\beta_1}{L_0^{3}}\right)r^{\gamma_2+1}\right]$$

对前一种载荷情况：

$$p=\frac{p_{\mathrm{m}}\left(L^2-L_0^2\right)}{2L^4}\beta\left[\frac{L^{1-\gamma_2}}{\gamma_1\left(L^{\gamma_1-\gamma_2}-L_0^{\gamma_1-\gamma_2}\right)}r^{\gamma_1+1}+\frac{L^{1-\gamma_1}}{\gamma_2\left(L^{\gamma_2-\gamma_1}-L_0^{\gamma_2-\gamma_1}\right)}r^{\gamma_2+1}\right]$$

5.5.2 考虑齿形误差的端面(扁头)联轴器的偏载

如果齿半联轴器在加载荷前便存在齿向误差，那么两齿面加载前就有微小分离，分离量为$\delta(l)$。假定$\delta(l)$二阶系数存在，如$\delta(l)$不可用连续可导函数表示，可以用二阶可导函数拟合，则变形协调条件为：

$$\left(r_1\phi_1+r_2\phi_2\right)\cos\alpha=\frac{p}{C}+\delta \tag{5.5.13}$$

$$C(\phi_1+\phi_2)\cos\alpha=\frac{p}{r}+C\left(\frac{\delta}{r}\right) \tag{5.5.14}$$

$$C\left(\frac{\mathrm{d}\phi_1}{\mathrm{d}r}+\frac{\mathrm{d}\phi_2}{\mathrm{d}r}\right)\cos\alpha=\frac{\mathrm{d}}{\mathrm{d}r}\left(\frac{p}{r}\right)+C\frac{\mathrm{d}}{\mathrm{d}r}\left(\frac{\delta}{r}\right) \tag{5.5.15}$$

$$C\left(\frac{\mathrm{d}^2\phi_1}{\mathrm{d}r^2}+\frac{\mathrm{d}^2\phi_2}{\mathrm{d}r^2}\right)\cos\alpha=\frac{\mathrm{d}^2}{\mathrm{d}r^2}\left(\frac{p}{r}\right)+C\frac{\mathrm{d}^2}{\mathrm{d}r^2}\left(\frac{\delta}{r}\right) \tag{5.5.16}$$

式(5.5.7)成为：

$$r^2\left(\frac{p}{r}\right)''+4r\left(\frac{p}{r}\right)'-\beta\left(\frac{p}{r}\right)=-Cr^2\left(\frac{\delta}{r}\right)''-4Cr\left(\frac{\delta}{r}\right)'$$

令$y=\dfrac{p}{r}$，$r=\mathrm{e}^t$，则：

$$\frac{\mathrm{d}}{\mathrm{d}t}\left(\frac{\mathrm{d}}{\mathrm{d}t}-1\right)y+4\frac{\mathrm{d}}{\mathrm{d}t}y-\beta y=-C\left[\frac{\mathrm{d}}{\mathrm{d}t}\left(\frac{\mathrm{d}}{\mathrm{d}t}-1\right)+4\frac{\mathrm{d}}{\mathrm{d}t}\right]\left(\frac{\delta\left(\mathrm{e}^t\right)}{\mathrm{e}^t}\right)$$

设：

$$-C\left[\frac{\mathrm{d}}{\mathrm{d}t}\left(\frac{\mathrm{d}}{\mathrm{d}t}-1\right)+4\frac{\mathrm{d}}{\mathrm{d}t}\right]\left(\frac{\delta\left(\mathrm{e}^t\right)}{\mathrm{e}^t}\right)=\Delta(t)$$

为方程的非齐次项，对应齐次方程的特征根仍为 γ_1,γ_2，利用非齐次方程的常数变异法，得到方程的特解：

$$y^* = E(t)\mathrm{e}^{\gamma_1 t} + F(t)\mathrm{e}^{\gamma_2 t}$$

式中：$E(t),F(t)$为待定函数。

待定函数满足：

$$E'(t)\mathrm{e}^{\gamma_1 t} + F'(t)\mathrm{e}^{\gamma_2 t} = 0$$

$$E'(t)\gamma_1\mathrm{e}^{\gamma_1 t} + F'(t)\gamma_2\mathrm{e}^{\gamma_2 t} = \Delta(t)$$

解得：

$$E'(t) = \frac{\Delta(t)\mathrm{e}^{-\gamma_2 t}}{\gamma_1-\gamma_2}，\quad E(t) = \frac{1}{\gamma_1-\gamma_2}\int\Delta(t)\mathrm{e}^{-\gamma_2 t}\mathrm{d}t$$

$$F'(t) = \frac{-\Delta(t)\mathrm{e}^{-\gamma_1 t}}{\gamma_1-\gamma_2}，\quad F(t) = -\frac{1}{\gamma_1-\gamma_2}\int\Delta(t)\mathrm{e}^{-\gamma_1 t}\mathrm{d}t$$

y 的通解为：

$$y = C_1\mathrm{e}^{\gamma_1 t} + C_2\mathrm{e}^{\gamma_2 t} + \frac{\mathrm{e}^{\gamma_1 t}}{\gamma_1-\gamma_2}\int\Delta(t)\mathrm{e}^{-\gamma_2 t}\mathrm{d}t - \frac{\mathrm{e}^{\gamma_2 t}}{\gamma_1-\gamma_2}\int\Delta(t)\mathrm{e}^{-\gamma_1 t}\mathrm{d}t$$

$$\frac{p}{r} = C_1 r^{\gamma_1} + C_2 r^{\gamma_2} + \frac{Cr^{\gamma_1}}{\gamma_1-\gamma_2}\int\left[r^2\left(\frac{\delta}{r}\right)'' + 4r\left(\frac{\delta}{r}\right)'\right]r^{-\gamma_2}\frac{\mathrm{d}r}{r}$$

$$+\frac{-r^{\gamma_2}C}{\gamma_1-\gamma_2}\int\left[r^2\left(\frac{p}{r}\right)'' + 4r\left(\frac{p}{r}\right)'\right]r^{-\gamma_1}\frac{\mathrm{d}r}{r}$$

齿面载荷分布还取决于齿面原始误差。

5.5.3 端面(扁头)联轴器的修形

由于齿面载荷分布还取决于齿面原始误差，因而很自然地产生这样的想法，可以人为地改变齿面原始廓形，相当于将弹簧片从原来沿母线排列循循错开，以抵消偏载影响，使载荷沿齿面均匀分布，这个恰当的函数 $\delta(l)$ 就是齿廓修形量。设：

$$\varPhi = C(\phi_1+\phi_2)\cos\alpha$$

则式(5.5.14)成为

$$\varPhi = \frac{p}{r} + C\left(\frac{\delta}{r}\right) \tag{5.5.17}$$

将式(5.5.1)和式(5.5.2)相加得：

$$r^2\Phi'' + 4r\Phi' = \beta\left(\frac{p}{r}\right) \tag{5.5.18}$$

因为 p=常量 p_{m}，令 $r = \mathrm{e}^t$，那么微分方程(5.5.18)成为：

$$\left[\frac{\mathrm{d}}{\mathrm{d}t}\left(\frac{\mathrm{d}}{\mathrm{d}t}-1\right)+4\frac{\mathrm{d}}{\mathrm{d}t}\right]\Phi = \beta p_{\mathrm{m}}\mathrm{e}^{-t}$$

对应齐次方程的特征方程为：

$$D(D-1)+4D=0$$

特征根为：

$$y^* = A\mathrm{e}^{-t}，\quad y^* = A\mathrm{e}^{-t}$$

再求方程的特解。由于-1 不是特征方程的根，设 $y^* = A\mathrm{e}^{-t}$，代入原方程得：

$$A = -\frac{\beta}{2}p_{\mathrm{m}}$$

方程的通解为：

$$\Phi = C_1 + C_2\mathrm{e}^{-3t} - \frac{\beta}{2}p_{\mathrm{m}}\mathrm{e}^{-t} = C_1 + C_2 r^{-3} - \frac{\beta}{2}p_{\mathrm{m}}r^{-1}$$

$$C\left(\frac{\delta}{r}\right) = \Phi - \left(\frac{p_{\mathrm{m}}}{r}\right) = C_1 + C_2 r^{-3} - \left(\frac{\beta}{2}+1\right)\frac{p_{\mathrm{m}}}{2}$$

仍然分两种情况讨论，先假设扭矩在两半联轴器外端作用，由式(5.5.15)：

$$C\left(\frac{\delta}{r}\right)'\Bigg|_{l=L_0} = C\left(\frac{\mathrm{d}\phi_1}{\mathrm{d}r}+\frac{\mathrm{d}\phi_2}{\mathrm{d}r}\right)\cos\alpha - \frac{\mathrm{d}}{\mathrm{d}r}\left(\frac{p_{\mathrm{m}}}{r}\right) = p_{\mathrm{m}}\frac{1}{L^2}$$

$$-3C_2{L_0}^{-4} + \left(\frac{\beta}{2}+1\right)p_{\mathrm{m}}{L_0}^{-2} = p_{\mathrm{m}}{L_0}^{-2}$$

$$C_2 = \frac{p_{\mathrm{m}}{L_0}^2\beta}{6}$$

$$C\left(\frac{\delta}{r}\right)'\Bigg|_{r=L_0} = C\left(\frac{\mathrm{d}\phi_1}{\mathrm{d}r}+\frac{\mathrm{d}\phi_2}{\mathrm{d}r}\right)\cos\alpha - \frac{\mathrm{d}}{\mathrm{d}r}\left(\frac{p_{\mathrm{m}}}{r}\right)$$

$$= \frac{2C}{\pi L^4}\left(\frac{M_1}{G_1}+\frac{M_2}{G_2}\right)\cos\alpha + p_{\mathrm{m}}L^{-2}$$

$$= \frac{p_{\mathrm{m}}\left(L^2 - L_0^2\right)}{2L^4}\beta + p_{\mathrm{m}}L^{-2}$$

$$-3C_2L^{-4}+\left(\frac{\beta}{2}+1\right)p_{\mathrm{m}}L^{-2}=\frac{p_{\mathrm{m}}\left(L^2-L_0^2\right)}{2L^4}\beta+p_{\mathrm{m}}L^{-2}$$

$$C_2=\frac{p_{\mathrm{m}}{L_0}^2\beta}{6}$$

两个边界条件不独立。由于所谓修形量是指齿廓相对于理想形状的减少量，因此至少应使齿面一点修形量为零。通常应使载荷最小的点修形量为零，故令远离扭矩加载端的齿半联轴器内端的修形量为零，即：

$$r=L_0\,,\quad \delta=0$$

$$C_1+C_2{L_0}^{-3}-\left(\frac{\beta}{2}+1\right)p_{\mathrm{m}}{L_0}^{-1}=0$$

$$C_1=\frac{p_{\mathrm{m}}\left(\dfrac{\beta}{3}+1\right)}{L_0}$$

当扭矩作用在半联轴器 1 的内端和半联轴器 2 的外端，则有：

$$r=L_0\,,\quad \frac{\mathrm{d}\phi_1}{\mathrm{d}r_1}=-\frac{M_1}{G_1J_1}\,,\quad \frac{\mathrm{d}\phi_2}{\mathrm{d}r_2}=0$$

$$C\left(\frac{\delta}{r}\right)'\Bigg|_{r=L_0}=C\frac{\mathrm{d}\phi_1}{\mathrm{d}l}\cos\alpha-\frac{\mathrm{d}}{\mathrm{d}l}\left(\frac{p_{\mathrm{m}}}{r}\right)$$

$$-3C_2{L_0}^{-4}+\left(\frac{\beta}{2}+1\right)p_{\mathrm{m}}{L_0}^{-2}=-\beta_1\frac{p_{\mathrm{m}}\left(L^2-L_0^2\right)}{2{L_0}^4}+p_{\mathrm{m}}{L_0}^{-2}$$

$$3C_2=\frac{\beta}{2}p_{\mathrm{m}}{L_0}^2+\beta_1p_{\mathrm{m}}\frac{L^2-L_0^2}{2}=\frac{p_{\mathrm{m}}}{2}(\beta_2{L_0}^2+\beta_1L^{-2})$$

$$r=L\,,\quad \frac{\mathrm{d}\phi_1}{\mathrm{d}r_1}=0\,,\quad \frac{\mathrm{d}\phi_2}{\mathrm{d}r_2}=\frac{M_2}{G_2J_2}$$

$$-3C_2L^{-4}+\left(\frac{\beta}{2}+1\right)p_{\mathrm{m}}L^{-2}=\beta_2\frac{p_{\mathrm{m}}\left(L^2-L_0^2\right)}{L^4}+p_{\mathrm{m}}L^{-2}$$

$$3C_2=\frac{\beta}{2}p_{\mathrm{m}}L^2-\beta_2p_{\mathrm{m}}\frac{L^2-L_0^2}{2}=\frac{p_{\mathrm{m}}}{2}(\beta_2{L_0}^2+\beta_1L^2)$$

两边界条件也不独立。求修形曲线极小值点，有：

$$C\delta=C_1r+C_2r^{-2}-\frac{\beta}{2}p_{\mathrm{m}}$$

$$(C\delta)' = 0$$

$$C_1 - 3C_2 r^{-3} = 0$$

设对应半径为 r^* ，则：

$$C_1 = 3C_2 r^{*-3}$$

令最小极值修形量为 0，则：

$$c_1 r^* + c_2 r^{*-2} - \frac{\beta}{2} p_{\mathrm{m}} = 0$$

$$4C_2 r^{*-2} = \frac{\beta}{2} p_{\mathrm{m}}$$

$$r^{*2} = \frac{8C_2}{\beta p_{\mathrm{m}}} = \frac{4\left(\beta_2 {L_0}^2 + \beta_1 L^2\right)}{3\beta}$$

$$C_1 l^* = \frac{\beta}{2} p_{\mathrm{m}} - \frac{C_2}{r^{*2}} = \frac{\beta}{2} p_{\mathrm{m}} - \frac{1}{8}\beta p_{\mathrm{m}} = \frac{3}{8}\beta p_{\mathrm{m}}$$

$$C_1 = -\frac{3\beta p_{\mathrm{m}}}{8r^*}$$

第 6 章　螺旋的偏载与修形

本章内容：研究螺旋的偏载问题，这是机械偏载最基本的形态。

本章目的：从分析螺旋偏载这种最基本的形态出发，让读者了解本书的理论基础，因为对应的推导最简单易懂。

本章特色：将螺杆与螺纹齿变形一起考虑，把螺旋的偏载当成超静定问题，在一个方程里统一解决。数学与力学上是完全严格的，没有做不必要的假设。与齿轮的区别仅在于一为扭转，另一为轴向拉伸。

本章从分析螺旋轴向拉压变形出发，导出螺旋螺纹表面分布载荷所应满足的二阶微分方程，并提出相应的抛物线修形方案。修形量不仅取决于螺杆螺母变形，还取决于螺杆螺母变形和轴向力的传递方式。

6.1　一对普通螺旋的偏载与修形

6.1.1　普通螺旋的偏载

螺纹啮合如图 6.1.1 所示，牙型如图 6.1.2 所示。相对前文论述的情形，有类比关系：T 换成 N，J 换成 A，G 换成 E，φ 换成 l，M 换成 F。

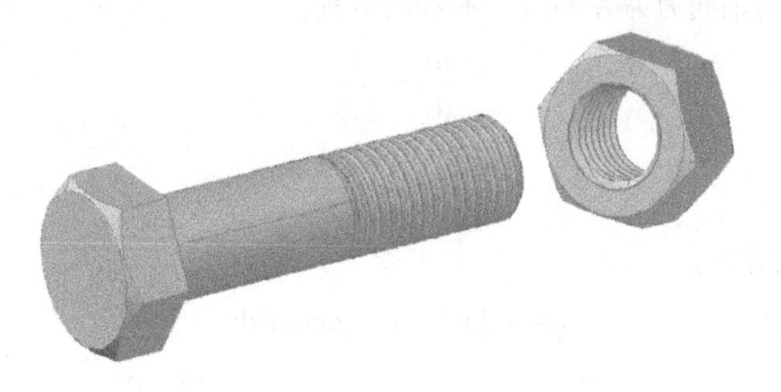

图 6.1.1　螺纹啮合

如果螺旋的螺杆和螺母都是绝对刚体，只要螺纹牙形状大约精确，载荷必然沿齿宽均匀分布，但实际螺旋材料在受载后有弹性变形，接触线上各点的弹性变形不同，就造成载荷沿接触线不均匀分布，如图 6.1.2 所示。

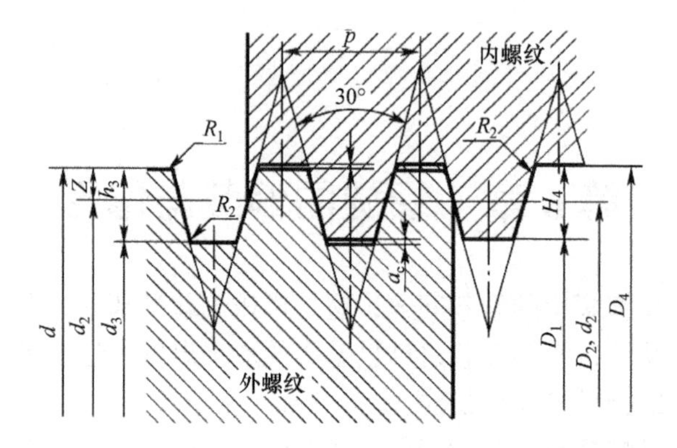

图 6.1.2　螺纹啮合牙型

图 6.1.3 为螺纹牙载荷集中的模型，类似于图 2.1.2，在未加载时两轴面上的母线是平行的，加载后由于拉伸变形母线相对拉伸而到了新的位置，母线也变到新的位置,下端的拉伸量大于上端,即垂直于轴线的各断面内的拉伸量并不相等。

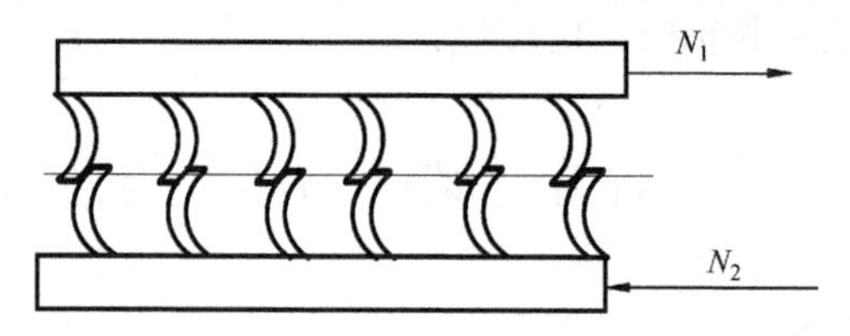

图 6.1.3　螺纹牙载荷集中的模型

在任意一个轴向位置截取一微段，如图 6.1.4 所示，设左截面内力轴向力为 N，右截面内力轴向力为 $N+\mathrm{d}N$，有物理方程：

$$\frac{\mathrm{d}l}{\mathrm{d}x}=\frac{N}{EA}$$

$$\frac{\mathrm{d}^2 l}{\mathrm{d}x^2}=\frac{\mathrm{d}N}{\mathrm{d}x}\cdot\frac{1}{EA}$$

有力平衡关系：

$$(N+\mathrm{d}N)-N=p\cos\alpha\mathrm{d}x$$

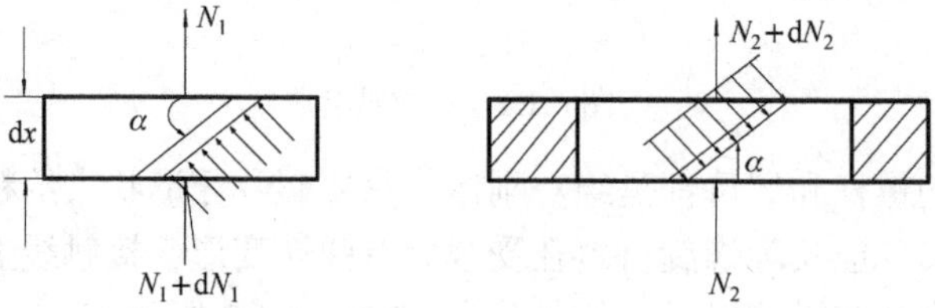

图 6.1.4　螺母微截面段的受力

$$\frac{\mathrm{d}N}{\mathrm{d}x}=p\cos\alpha$$

$$\frac{\mathrm{d}^2 l}{\mathrm{d}x^2}=\frac{p\cos\alpha}{EA}$$

这里的 l 应理解为两螺旋的相对附加轴向拉压的线变形量，对螺杆 1 和螺母 2 分别有：

$$\frac{\mathrm{d}^2 l_1}{\mathrm{d}x^2}=\frac{p\cos\alpha}{E_1A_1}, \quad \frac{\mathrm{d}^2 l_2}{\mathrm{d}x^2}=\frac{p\cos\alpha}{E_2A_2}$$

均乘以 $\cos\alpha$，再相加，得：

$$\left(\frac{\mathrm{d}^2 l_1}{\mathrm{d}x^2}+\frac{\mathrm{d}^2 l_2}{\mathrm{d}x^2}\right)\cos\alpha=\left(\frac{1}{E_1A_1}+\frac{1}{E_2A_2}\right)p\cos^2\alpha \tag{6.1.1}$$

设螺纹牙综合刚度为 C，有：

$$\frac{1}{C}=\frac{1}{C_1}+\frac{1}{C_2}$$

式中：C_1,C_2 分别为螺杆 1 和螺杆 2 的螺纹牙刚度。

则齿向弹性变形为：

$$\frac{p}{C}=p\left(\frac{1}{C_1}+\frac{1}{C_2}\right)$$

由于螺杆螺母变形后螺纹表面仍然保持接触，螺纹表面弹性变形应由两轴的相对附加轴向位移弥补，故有变形协调条件：

$$(l_1+l_2)\cos\alpha=\frac{p}{C}$$

因此螺纹表面载荷分布问题实际上是螺纹牙变形与螺杆螺母轴向拉压变形的超静定问题，对上式微分两次，得：

$$(l_1''+l_2'')\cos\alpha=\frac{p''}{C}$$

代入式(6.1.1)，得到：

$$\frac{p''}{C}=\left(\frac{1}{E_1A_1}+\frac{1}{E_2A_2}\right)p\cos^2\alpha$$

可以简写成：

$$p''-\beta^2 p=0 \tag{6.1.2}$$

式中：

$$\beta^2=\beta_1^2+\beta_2^2\ ,\quad \beta_1^2=\frac{C\cos^2\alpha}{E_1A_1}\quad ,\quad \beta_2^2=\frac{C\cos^2\alpha}{E_2A_2}$$

式(6.1.2)为螺旋偏载基本微分方程，解此微分方程，得：

$$p=E\sinh(\beta x)+F\cosh(\beta x)$$

式中：E, F 为待定常数。

待定常数与螺纹的固定方式有关，如轴向力同时由螺旋 1 和 2 上端输入输出，则有边界条件：

$$x=0\ ,\quad \frac{\mathrm{d}l_1}{\mathrm{d}x}=\frac{\mathrm{d}l_2}{\mathrm{d}x}=0$$

$$x=B\ ,\quad \frac{\mathrm{d}l_1}{\mathrm{d}x}=\frac{F_1}{E_1A_1}\ ,\quad \frac{\mathrm{d}l_2}{\mathrm{d}x}=\frac{F_2}{E_2A_2}$$

对变形协调条件 $(l_1+l_2)\cos\alpha=\frac{p}{C}$ 微分一次，得：

$$\left(\frac{\mathrm{d}l_1}{\mathrm{d}x}+\frac{\mathrm{d}l_2}{\mathrm{d}x}\right)\cos\alpha=\frac{\mathrm{d}p}{\mathrm{d}x}\frac{1}{C}$$

故：

$$x=0\ ,\quad \frac{\mathrm{d}p}{\mathrm{d}x}=0$$

$$x=B\ ,\quad \frac{\mathrm{d}p}{\mathrm{d}x}=C\left(\frac{F_1}{E_1A_1}+\frac{F_2}{E_2A_2}\right)\cos\alpha$$

由于 $F_1=F_2=p_{\mathrm{m}}B\cos\alpha$，$p_{\mathrm{m}}$ 为平均载荷，故又有：

$$x=B\ ,\quad \frac{\mathrm{d}p}{\mathrm{d}x}=C\left(\frac{1}{E_1A_1}+\frac{1}{E_2A_2}\right)p_{\mathrm{m}}B\cos^2\alpha=\beta^2p_{\mathrm{m}}B$$

微分方程的解为：

$$p(x)=p_{\mathrm{m}}\beta^2B\left[\frac{\cosh(\beta B)}{\sinh(\beta B)}\cosh(\beta x)-\sinh(\beta x)\right] \tag{6.1.3}$$

载荷分布如图 6.1.5 所示。如轴向力由螺旋 1 左端传入，由螺旋 2 右端传出，如图 6.1.6 所示，则边界条件为：

$$x=0\ ,\quad \frac{\mathrm{d}l_1}{\mathrm{d}x}=-\frac{F_1}{E_1A_1}\ ,\quad \frac{\mathrm{d}l_2}{\mathrm{d}x}=0$$

$$x=B\ ,\quad \frac{\mathrm{d}l_1}{\mathrm{d}x}=0\ ,\quad \frac{\mathrm{d}l_2}{\mathrm{d}x}=\frac{F_2}{E_2A_2}$$

即：

$$x=0\,,\quad \frac{\mathrm{d}p}{\mathrm{d}x}=-C\frac{F_1}{E_1A_1}\cos\alpha=-\beta_1^2 p_{\mathrm{m}}B$$

$$x=B\,,\quad \frac{\mathrm{d}p}{\mathrm{d}x}=C\frac{F_2}{E_2A_2}\cos\alpha=\beta_2^2 p_{\mathrm{m}}B$$

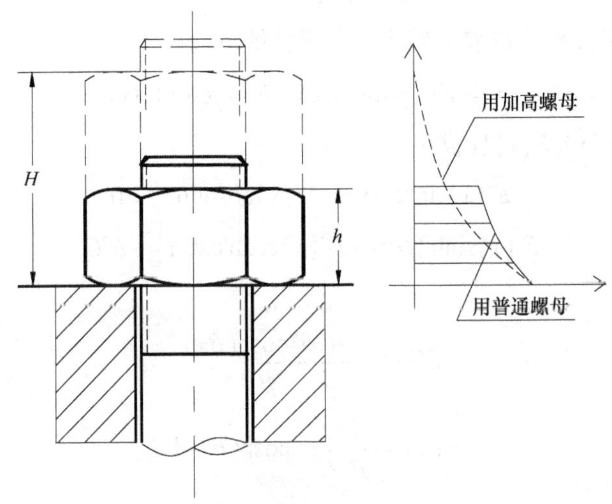

图 6.1.5　一般螺母螺纹牙的载荷分布

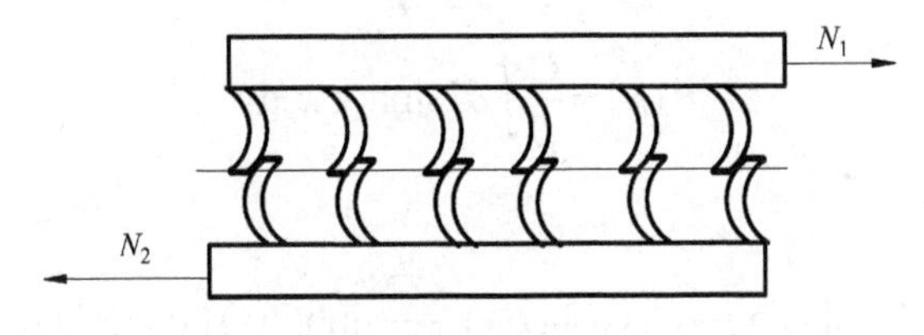

图 6.1.6　螺母作用力的不同位置

微分方程的解为：

$$p(x)=p_{\mathrm{m}}B\left(\frac{\beta_2^2+\beta_1^2\cosh(\beta B)}{\sinh(\beta B)}\cosh(\beta x)-\beta_1^2\sinh(\beta x)\right)\frac{1}{\beta} \tag{6.1.4}$$

6.1.2　考虑螺纹牙齿面误差

如果螺旋在加载前便存在齿向误差，这种误差可能由加工过程机床传动系统或其他因素引起，那么两螺纹表面加载前就有微小分离，分离量为$\delta(x)$。假定$\delta(x)$二阶导数存在，如$\delta(x)$不可用连续函数表示，可以先用二阶可导函数拟合，则变形协调条件式增加了一项，为：

$$(l_1+l_2)\cos\alpha=\frac{p}{C}+\delta(x) \tag{6.1.5}$$

$$(l_1'' + l_2'')\cos\alpha = \frac{p''}{C} + \delta''(x) \tag{6.1.6}$$

微分方程(6.1.2)增加了一项，变成非齐次微分方程：

$$p'' - \beta^2 p = -\delta'' C$$

利用非齐次方程的常数变异法，方程特解 p^* 为：

$$p^* = E(x)\sinh(\beta x) + F(x)\cosh(\beta x)$$

待定函数 $E(x), F(x)$ 应满足：

$$E'(x)\sinh(\beta x) + F'(x)\cosh(\beta x) = 0$$

$$E'(x)\sinh'(\beta x) + F'(x)\cosh'(\beta x) = -\delta'' C$$

解得：

$$E'(x) = \frac{-C\delta''\cosh(\beta x)}{\beta}$$

$$E(x) = \frac{-C}{\beta}\int \delta''\cosh(\beta x)\mathrm{d}x$$

$$F'(x) = \frac{C\delta''\sinh(\beta x)}{\beta}$$

$$F(x) = \frac{C}{\beta}\int \delta''\sinh(\beta x)\mathrm{d}x$$

p 的通解为：

$$\begin{aligned} p = {} & C_1\sinh(\beta x) + C_2\cosh(\beta x) - \frac{C}{\beta}\sinh(\beta x)\int \delta''\cosh(\beta x)\mathrm{d}x \\ & + \frac{C}{\beta}\cosh(\beta x)\int \delta''\sinh(\beta x)\mathrm{d}x \end{aligned} \tag{6.1.7}$$

6.1.3　螺纹表面修形

由于螺纹表面载荷分布还取决于螺纹表面原始误差，因而很自然地产生这样的想法，可以人为地改变螺纹表面原始廓形，抵消偏载的影响，使偏载沿齿宽均匀分布，这个恰当的函数 $\delta(x)$ 就是螺纹牙修形量。在式(6.1.1)两边乘以 C，再令：

$$\varPhi = C(l_1 + l_2)\cos\alpha$$

则式(6.1.6)成为：

$$\varPhi'' = \beta^2 p \tag{6.1.8}$$

而式(6.1.5)成为

$$\Phi = p + C\delta \tag{6.1.9}$$

对式(6.1.6)积分两次，因 p 为常数 $p \equiv p_{\mathrm{m}}$，所以：

$$\Phi = \frac{\beta^2 p_{\mathrm{m}} x^2}{2} + C_1 x + C_2$$

由此可得：

$$C\delta = \Phi - p_{\mathrm{m}} = \frac{\beta^2 p_{\mathrm{m}} x^2}{2} + C_1 x + C_2 - p_{\mathrm{m}}$$

仍然分两种情况讨论，先假定轴向力在螺杆螺母右端作用，则有：

$$x = 0\,,\quad \frac{\mathrm{d}l_1}{\mathrm{d}x} = 0\,,\quad \frac{\mathrm{d}l_2}{\mathrm{d}x} = 0$$

即：

$$x = 0\,,\quad \frac{\mathrm{d}\Phi}{\mathrm{d}x} = 0$$

$$C_1 = 0$$

$$x = B\,,\quad \frac{\mathrm{d}l_1}{\mathrm{d}x} = \frac{F_1}{E_1 A_1}\,,\quad \frac{\mathrm{d}l_2}{\mathrm{d}x} = \frac{F_2}{E_2 A_2}$$

$$\begin{aligned} C(l_1' + l_2')|_{x=B} \cos\alpha &= C\left(\frac{F_1}{E_1 A_1} + \frac{F_2}{E_2 A_2}\right)\cos\alpha \\ &= C\left(\frac{1}{E_1 A_1} + \frac{1}{E_2 A_2}\right) p_{\mathrm{m}} B \cos\alpha \\ &= \beta^2 p_{\mathrm{m}} B \end{aligned}$$

对 $\Phi''=\beta^2 p$ 积分一次，因为 $p_{\mathrm{m}}=$ 常数，所以：

$$C\delta'|_{x=B} = \Phi|_{x=B}$$

$$\beta^2 p_{\mathrm{m}} B + C_1 = \beta^2 p_{\mathrm{m}} B$$

$$C_1 = 0$$

两个边界条件不独立。由于所谓修形量是指螺纹牙相对于理想螺纹牙的减少量，在整个螺纹表面上统统刨去一层等于没修形，因此至少应使螺纹表面一边修形量为零。通常应使载荷最小的边修形量为零，否则势必出现负修形量，故令远离轴向力加载端的左端面的修形量为零，即：

$$x = 0\,,\quad \delta = 0$$

$$C_2 - p_{\mathrm{m}} = 0$$

$$C\delta = \frac{\beta^2 p_{\mathrm{m}} x^2}{2}$$

螺纹牙曲面与分度圆柱的交线展开后是一条抛物线。再假定轴向力分别从两端传入，有：

$$x = 0\ ,\quad \frac{\mathrm{d}l_1}{\mathrm{d}x} = -\frac{F_1}{E_1 A_1}\ ,\quad \frac{\mathrm{d}l_2}{\mathrm{d}x} = 0$$

$$x = B\ ,\quad \frac{\mathrm{d}l_1}{\mathrm{d}x} = 0\ ,\quad \frac{\mathrm{d}l_2}{\mathrm{d}x} = \frac{F_2}{E_2 A_2}$$

即：

$$x = 0\ ,\quad C(l_1' + l_2')\cos\alpha = -C\frac{F_1}{E_1 A_1}\cos\alpha = -\beta_1^2 p_{\mathrm{m}} B$$

$$x = B\ ,\quad C(l_1' + l_2')\cos\alpha = C\frac{F_2}{E_2 A_2}\cos\alpha = \beta_{21}^2 p_{\mathrm{m}} B$$

$$C\delta' |_{x=B} = \beta^2 p_{\mathrm{m}} B + C_1 = -\beta_1^2 p_{\mathrm{m}} B$$

$$C_1 = -\beta_1^2 p_{\mathrm{m}} B$$

$$C\delta' |_{x=B} = \beta^2 p_{\mathrm{m}} B + C_1 = \beta_2^2 p_{\mathrm{m}} B$$

$$C_1 = p_{\mathrm{m}} B\left(\beta_2^2 - \beta_1^2\right) = -p_{\mathrm{m}} B \beta_1^2$$

两个边界条件也不独立，求修形曲线的微小值点，令：

$$C\delta'\left(x\right) = 0$$

$$p_{\mathrm{m}} B \beta^2 - p_{\mathrm{m}} B \beta_1^2 = 0$$

解得：

$$x^* = \frac{B\beta_1^2}{\beta^2}$$

当两螺旋大小相同时，有：

$$\beta_1^2 = \beta_2^2 = \frac{\beta^2}{2}$$

$$x^* = \frac{B}{2}$$

令修形量曲线极小值点处修形量为零，得：

$$C\delta'(x)=\beta^2 p_{\mathrm{m}}\cdot\frac{1}{2}\left(\frac{\beta_1^2 B}{\beta^2}\right)-\beta_1^2 p_{\mathrm{m}} B\left(\frac{\beta_1^2 B}{\beta^2}\right)+C_2-p_{\mathrm{m}}=0$$

$$C_2-p_{\mathrm{m}}=\frac{\beta_1^4 p_{\mathrm{m}} B}{2\beta^2}$$

$$C\delta=\beta^2 p_{\mathrm{m}}\cdot\frac{x^2}{2}-\beta_1^2 p_{\mathrm{m}} Bx+\frac{\beta_1^4 p_{\mathrm{m}} B}{2\beta^2}$$

反之可以验证按抛物线方案修形螺纹表面载荷为常数。当 $\delta''=$ 常数时式(6.1.7)可改写为：

$$\begin{aligned}p&=C_1\sinh(\beta x)+C_2\cosh(\beta x)-\frac{C\delta''}{\beta}\sinh(\beta x)\int\cosh(\beta x)\mathrm{d}x\\&\quad+\frac{C\delta''}{\beta}\cosh(\beta x)\int\sinh(\beta x)\mathrm{d}x\\&=C_1\sinh(\beta x)+C_2\cosh(\beta x)+\frac{C\delta''}{\beta}\left(-\sinh^2(\beta x)+\cosh^2(\beta x)\right)\\&=C_1\sinh(\beta x)+C_2\cosh(\beta x)+\frac{C\delta''}{\beta}\\&=C_1\sinh(\beta x)+C_2\cosh(\beta x)+p_{\mathrm{m}}\end{aligned}$$

边界条件为：

$$p'|_{x=0}=C(l_1'+l_2')|_{x=0}\cos\alpha-C\delta'|_{x=0}$$

$$C_1=0$$

$$p'|_{x=B}=C(l_1'+l_2')|_{x=B}\cos\alpha-C\delta'|_{x=B}$$

$$C_2\beta\sinh(\beta x)=C\left(\frac{F_1}{E_1A_1}+\frac{F_2}{E_2A_2}\right)\cos^2\alpha-\beta p_{\mathrm{m}}B=0$$

$$C_2=0$$

故 $p=p_{\mathrm{m}}$，即螺纹表面载荷恒等于平均载荷，证毕。

6.2　螺旋在组合旋合下的偏载与修形

6.2.1　第一种组合旋合情形

组合旋合是指两个以上螺旋相互旋合，如图 6.2.1 所示，由螺旋 2 驱动螺旋 1

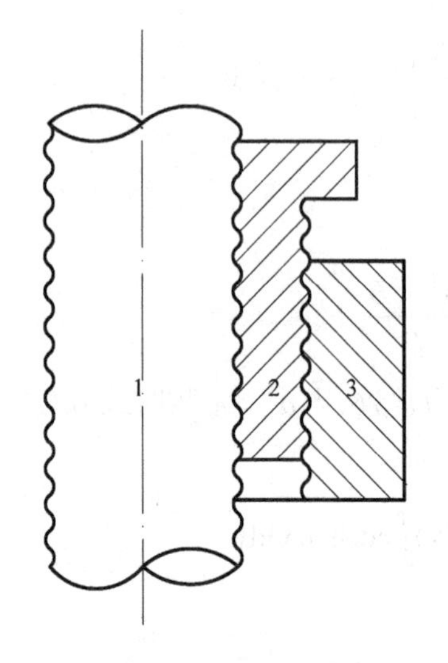

图 6.2.1　组合螺旋

和螺旋 3，对螺旋 1 螺旋 3 依然有：

$$\frac{\mathrm{d}^2 l_1}{\mathrm{d}x^2}=\frac{p_{12}\cos\alpha}{E_1 A_1} \tag{6.2.1}$$

$$\frac{\mathrm{d}^2 l_3}{\mathrm{d}x^2}=\frac{p_{23}\cos\alpha}{E_3 A_3} \tag{6.2.2}$$

式中：p_{12},p_{23} 分别为螺旋 1 与螺旋 2，螺旋 3 与螺旋 2 之间的旋合力。

在螺旋 2 任意一个轴向位置截取一微段，如图 6.1.4 所示，列出力的平衡条件：

$$(N+\mathrm{d}N)-N=\cos\alpha(p_{12}+p_{23})\mathrm{d}x$$

$$\frac{\mathrm{d}N}{\mathrm{d}x}=(p_{12}+p_{23})\cos\alpha$$

$$\frac{\mathrm{d}^2 l}{\mathrm{d}x^2}=\frac{p_{12}+p_{23}}{E_2 A_2}\cos\alpha \tag{6.2.3}$$

变形协调条件为：

$$(l_1+l_2)\cos\alpha=\frac{p_{12}}{C} \tag{6.2.4}$$

$$(l_2+l_3)\cos\alpha=\frac{p_{23}}{C} \tag{6.2.5}$$

$$(l_1''+l_2'')\cos\alpha=\frac{p_{12}''}{C} \tag{6.2.6}$$

$$(l_2''+l_3'')\cos\alpha=\frac{p_{23}''}{C} \tag{6.2.7}$$

式(6.2.1)和式(6.2.2)均乘以 $\cos\alpha$，再相加，考虑式(6.2.6)，有：

$$p_{12}''=\beta_1^2 p_{12}+\beta_2^2(p_{12}+p_{23}) \tag{6.2.8}$$

同理可得：

$$p_{23}''=\beta_3^2 p_{23}+\beta_2^2(p_{12}+p_{23}) \tag{6.2.9}$$

引入算式符号 $\frac{\mathrm{d}}{\mathrm{d}x}=D$，式(6.2.8)和式(6.2.9)写成矩阵形式：

$$\begin{bmatrix} D^2-\left(\beta_1^2+\beta_2^2\right) & -\beta_2^2 \\ -\beta_2^2 & D^2-\left(\beta_2^2+\beta_3^2\right) \end{bmatrix}\begin{bmatrix} p_{12} \\ p_{23} \end{bmatrix}=0 \tag{6.2.10}$$

为求微分方程组的特征根，令系数矩阵行列式为 0，有：

$$\begin{vmatrix} D^2-\left(\beta_1^2+\beta_2^2\right) & -\beta_2^2 \\ -\beta_2^2 & D^2-\left(\beta_2^2+\beta_3^2\right) \end{vmatrix}=0 \tag{6.2.11}$$

展开，得：

$$D^4-\left(2\beta_2^2+\beta_1^2+\beta_3^2\right)D^2+\left(\beta_1^2\beta_2^2+\beta_1^2\beta_3^2+\beta_2^2\beta_3^2\right)=0$$

特征根为：

$$D^2=\gamma_1\text{，}\quad D^2=\gamma_2$$

$$D=\pm\sqrt{\gamma_1}\text{，}\quad D=\pm\sqrt{\gamma_2} \tag{6.2.12}$$

设式(6.2.10)对应于特征值 γ_1 的特征向量为：

$$\vec{e}^{(1)}=\left(e_1^{(1)},e_2^{(1)}\right)$$

对应于特征值 γ_2 的特征向量为：

$$\vec{e}^{(2)}=\left(e_1^{(2)},e_2^{(2)}\right)$$

则微分方程组的通解为：

$$\begin{aligned}\begin{bmatrix} p_{12} \\ p_{23} \end{bmatrix}&=\begin{bmatrix} e_1^{(1)} \\ e_2^{(1)} \end{bmatrix}\left(E\sinh\sqrt{\gamma_1 x}+F\cosh\sqrt{\gamma_2 x}\right)\\ &+\begin{bmatrix} e_1^{(2)} \\ e_2^{(2)} \end{bmatrix}\left(G\sinh\sqrt{\gamma_1 x}+H\cosh\sqrt{\gamma_2 x}\right)\end{aligned} \tag{6.2.13}$$

特殊地，当：

$$\gamma_1=\gamma_2=\gamma_3=\gamma\text{，}\quad \beta_1^2=\beta_2^2=\beta_3^2=\beta^2$$

特征方程为：

$$D^4-4\beta^2D^2+3\beta^4=0$$

特征根为：

$$r_{1,2}=\begin{matrix} 3\beta^2 \\ \beta^2 \end{matrix}$$

对应特征根为：

$$D=\sqrt{3}\beta\text{，}\quad D=-\sqrt{3}\beta\text{，}\quad D=\beta\text{，}\quad D=-\beta$$

对应特征根 $\gamma_1=3\beta^2$ 的特征向量满足：

$$\begin{bmatrix} 3\beta^2-2\beta^2 & -\beta^2 \\ -\beta^2 & 3\beta^2-2\beta^2 \end{bmatrix}\begin{bmatrix} e_1^{(1)} \\ e_2^{(1)} \end{bmatrix}=0 \tag{6.2.14}$$

对应特征向量为：

$$\left(e_1^{(1)},e_2^{(1)}\right)=(1,1) \tag{6.2.15}$$

对应特征根$\gamma_2=\beta^2$的特征向量满足：

$$\begin{bmatrix} \beta^2-2\beta^2 & -\beta^2 \\ -\beta^2 & \beta^2-2\beta^2 \end{bmatrix}\begin{bmatrix} e_1^{(2)} \\ e_2^{(2)} \end{bmatrix}=0 \tag{6.2.16}$$

对应特征向量为：

$$\left(e_1^{(2)},e_2^{(2)}\right)=(1,-1) \tag{6.2.17}$$

微分方程组的解为：

$$\begin{aligned}\begin{bmatrix} p_{12} \\ p_{23} \end{bmatrix}&=\begin{bmatrix} 1 \\ 1 \end{bmatrix}\left(E\sinh(\sqrt{3}\beta x)+F\cosh(\sqrt{3}\beta x)\right)\\ &\quad+\begin{bmatrix} 1 \\ -1 \end{bmatrix}\left(G\sinh(\sqrt{3}\beta x)+H\cosh(\beta x)\right)\end{aligned} \tag{6.2.18}$$

式中：E,F,G,H为待定常数。

待定常数由边界条件决定，对式(6.2.4)和式(6.2.5)微分一次，得：

$$\frac{\mathrm{d}p_{12}}{\mathrm{d}x}=C\left(l_1'+l_2'\right)\cos\alpha \tag{6.2.19}$$

$$\frac{\mathrm{d}p_{23}}{\mathrm{d}x}=C\left(l_2'+l_3'\right)\cos\alpha \tag{6.2.20}$$

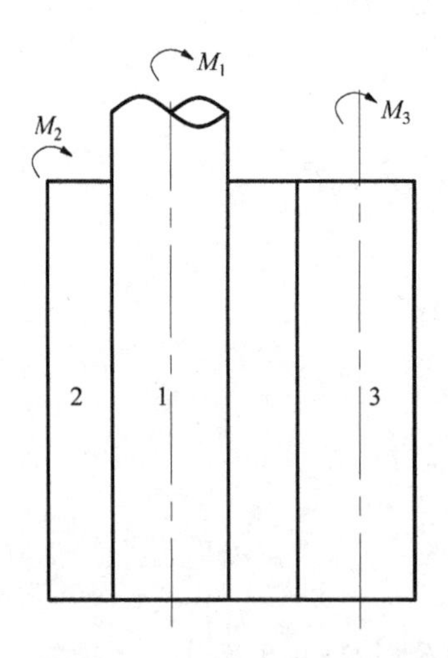

图 6.2.2　第一种组合旋合情形

第一种组合旋合情形如图 6.2.2 所示，M_1,M_2,M_3都作用于上侧，有边界条件：

$$\begin{gathered} x=0\,,\quad \frac{\mathrm{d}l_1}{\mathrm{d}x}=0\,,\quad \frac{\mathrm{d}l_2}{\mathrm{d}x}=0\,,\quad \frac{\mathrm{d}l_3}{\mathrm{d}x}=0 \\ \frac{\mathrm{d}p_{12}}{\mathrm{d}x}=0\,,\quad \frac{\mathrm{d}p_{23}}{\mathrm{d}x}=0 \\ x=B\,,\quad \frac{\mathrm{d}l_1}{\mathrm{d}x}=\frac{F_1}{E_1A_1}\,,\quad \frac{\mathrm{d}l_2}{\mathrm{d}x}=\frac{F_2}{E_2A_2}\,, \\ \frac{\mathrm{d}l_3}{\mathrm{d}x}=\frac{F_3}{E_3A_3} \end{gathered} \tag{6.2.21}$$

$$\left.\frac{\mathrm{d}p_{12}}{\mathrm{d}x}\right|_{x=B}=C\left(\frac{F_1}{E_1A_1}+\frac{F_2}{E_2A_2}\right)\cos\alpha$$

$$=C\left[\frac{Bp_{12}''}{E_1A_1}+\frac{B}{E_2A_2}\left(p_{12}''+p_{23}''\right)\right]\cos^2\alpha \tag{6.2.22}$$

$$=Bp_{12}^{\mathrm{m}}\left(\beta_1^2+\beta_2^2\right)+Bp_{23}^{\mathrm{m}}\beta_2^2$$

$$\frac{\mathrm{d}p_{23}}{\mathrm{d}x}\Big|_{x=B}=C\left(\frac{F_2}{E_2A_2}+\frac{F_3}{E_3A_3}\right)\cos\alpha$$

$$=C\left[\frac{Bp_{23}''}{E_3A_3}+\frac{B}{E_2A_2}\left(p_{12}''+p_{23}''\right)\right]\cos^2\alpha \tag{6.2.23}$$

$$=Bp_{12}''\beta_2^2+Bp_{23}''\left(\beta_3^2+\beta_2^2\right)$$

式中：$p_{12}^{\mathrm{m}},p_{23}^{\mathrm{m}}$ 分别为螺旋 1 与螺旋 2，螺旋 2 与螺旋 3 之间的平均旋合力。将式(6.2.21)、式(6.2.22)、式(6.2.23)合写成矩阵形式：

$$\begin{bmatrix}\sqrt{3}\beta & 0 & +\beta & 0\\ \sqrt{3}\beta & 0 & -\beta & 0\\ \sqrt{3}\beta\cosh(\sqrt{3}\beta B) & \sqrt{3}\beta\sinh(\sqrt{3}\beta B) & \beta\cosh(\beta B) & \beta\sinh(\beta B)\\ \sqrt{3}\beta\cosh(\sqrt{3}\beta B) & \sqrt{3}\beta\sinh(\sqrt{3}\beta B) & -\beta\cosh(\beta B) & -\beta\sinh(\beta B)\end{bmatrix}\begin{bmatrix}E\\F\\G\\H\end{bmatrix}$$

$$=\begin{bmatrix}0\\0\\2p_{12}''\beta^2+p_{23}''\beta^2\\2p_{23}''\beta+p_{12}''\beta\end{bmatrix}B \tag{6.2.24}$$

解出 E, F, G, H 便可求出方程的解。

6.2.2　第二种组合旋合情形

第二种组合旋合情形如图 6.2.3 所示，由螺旋 1 驱动螺旋 2 和螺旋 3，但主动轴向拉力和两个从动轴向拉力作用于不同侧，边界条件为：

$$x=0\,,\quad \frac{\mathrm{d}l_1}{\mathrm{d}x}=0\,,\quad \frac{\mathrm{d}l_2}{\mathrm{d}x}=-\frac{F_2}{E_2A_2}\,,\quad \frac{\mathrm{d}l_3}{\mathrm{d}x}=0$$

$$\frac{\mathrm{d}p_{12}}{\mathrm{d}x}\Big|_{x=0}=C\left(-\frac{F_2}{E_2A_2}\right)\cos\alpha=-B(p_{12}^{\mathrm{m}}+p_{23}^{\mathrm{m}})\beta_2^2 \tag{6.2.25}$$

$$\left.\frac{\mathrm{d}p_{23}}{\mathrm{d}x}\right|_{x=0}=-B(p_{12}^{\mathrm{m}}+p_{23}^{\mathrm{m}})\beta_3^2 \tag{6.2.26}$$

$$x = B\ ,\quad \frac{\mathrm{d}l_1}{\mathrm{d}x} = \frac{F_1}{E_1 A_1}\ ,\quad \frac{\mathrm{d}l_2}{\mathrm{d}x} = 0\ ,\quad \frac{\mathrm{d}l_3}{\mathrm{d}x} = \frac{F_3}{E_3 A_3}$$

$$\left.\frac{\mathrm{d}p_{12}}{\mathrm{d}x}\right|_{x=B} = C\frac{F_1}{E_1 A_1}\cos\alpha = p_{12}^{\mathrm{m}} B \beta_1^2 \tag{6.2.27}$$

$$\left.\frac{\mathrm{d}p_{23}}{\mathrm{d}x}\right|_{x=B} = C\frac{F_3}{E_3 A_3}\cos\alpha = B p_{23}^{\mathrm{m}} \beta_3^2 \tag{6.2.28}$$

6.2.3　第三种组合旋合情形

第三种组合旋合情形如图 6.2.4 所示，由螺旋 2 驱动螺旋 1 和螺旋 3，从动轴向拉力一个作用在主动轴向拉力同侧，一个作用在异侧，边界条件为：

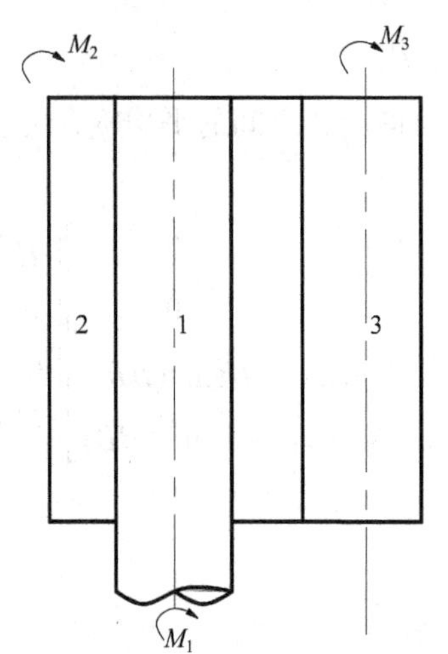

图 6.2.3　第二种组合旋合情形

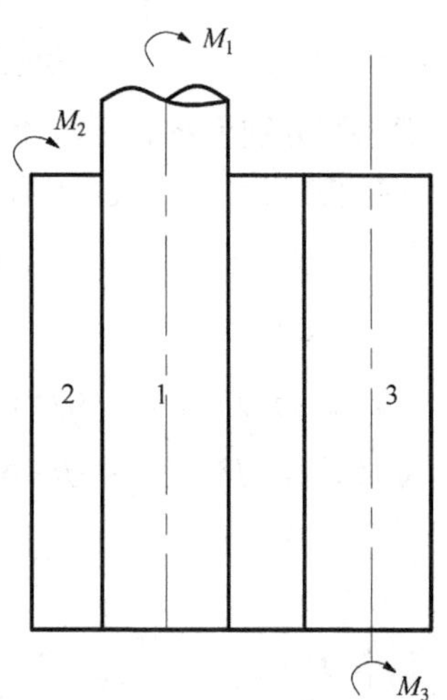

图 6.2.4　第三种组合旋合情形

$$x = 0\ ,\quad \frac{\mathrm{d}l_1}{\mathrm{d}x} = 0\ ,\quad \frac{\mathrm{d}l_2}{\mathrm{d}x} = 0\ ,\quad \frac{\mathrm{d}l_3}{\mathrm{d}x} = -\frac{F_3}{E_3 A_3}$$

$$\frac{\mathrm{d}p_{12}}{\mathrm{d}x}\Big|_{x=0} = 0 \tag{6.2.29}$$

$$\frac{\mathrm{d}p_{23}}{\mathrm{d}x}\Big|_{x=0} = C\left(-\frac{F_3}{E_3 A_3}\right)\cos\alpha = -B p_{23}^{\mathrm{m}} \beta_3^2 \tag{6.2.30}$$

$$x = B\ ,\quad \frac{\mathrm{d}l_1}{\mathrm{d}x} = \frac{F_1}{E_1 A_1}\ ,\quad \frac{\mathrm{d}l_2}{\mathrm{d}x} = \frac{F_2}{E_2 A_2}\ ,\quad \frac{\mathrm{d}l_3}{\mathrm{d}x} = 0$$

$$\left.\frac{\mathrm{d}p_{12}}{\mathrm{d}x}\right|_{x=B} = B p_{12}^{\mathrm{m}}\left(\beta_1^2 + \beta_2^2\right) + B p_{23}^{\mathrm{m}} \beta_2^2 \tag{6.2.31}$$

$$\left.\frac{\mathrm{d}p_{12}}{\mathrm{d}x}\right|_{x=B}=B(p_{12}^{\mathrm{m}}+p_{23}^{\mathrm{m}})\beta_2^2 \tag{6.2.32}$$

6.2.4　第四种组合旋合情形

第四种组合旋合情形如图 6.2.5 所示，螺旋 2 只作为过渡螺旋，由螺旋 1 驱动螺旋 3，M_1,M_3 作用于两螺旋同侧，对螺旋 1 和螺旋 3 依然有边界条件：

$$\frac{\mathrm{d}^2 l_1}{\mathrm{d}x^2}=\frac{p_{12}\cos\alpha}{E_1A_1} \tag{6.2.33}$$

$$\frac{\mathrm{d}^2 l_3}{\mathrm{d}x^2}=\frac{p_{12}\cos\alpha}{E_3A_3} \tag{6.2.34}$$

在螺旋 2 任意一个轴向位置截取一微段，列出力平衡条件：

$$(N+\mathrm{d}N)-N=(p_{12}-p_{23})\cos\alpha\mathrm{d}x$$

$$\frac{\mathrm{d}N}{\mathrm{d}x}=(p_{12}-p_{23})\cos\alpha$$

$$\frac{\mathrm{d}^2 l}{\mathrm{d}x^2}=\frac{p_{12}-p_{23}}{E_2A_2}\cos\alpha \tag{6.2.35}$$

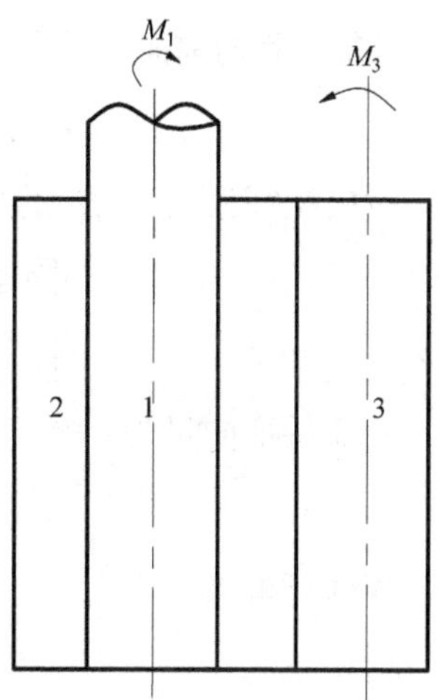

图 6.2.5　第四种组合旋合情形

变形协调条件为：

$$(l_1+l_2)\cos\alpha=\frac{p_{12}}{C} \tag{6.2.36}$$

$$(l_3-l_2)\cos\alpha=\frac{p_{23}}{C} \tag{6.2.37}$$

$$(l_1''+l_2'')\cos\alpha=\frac{p_{12}''}{C} \tag{6.2.38}$$

$$(l_3''-l_2'')\cos\alpha=\frac{p_{23}''}{C} \tag{6.2.39}$$

式(6.2.33)和式(6.2.36)均乘以 $\cos\alpha$，再相加，考虑到式(6.2.38)，有：

$$p_{12}''=\beta_1^2 p_{12}+\beta_2^2(p_{12}-p_{23}) \tag{6.2.40}$$

式(6.2.34)和式(6.2.36)均乘以 $\cos\alpha$，再相加，考虑式(6.2.39)，有：

$$p_{23}''=\beta_3^2 p_{23}+\beta_2^2 p_{23}-\beta_2^2 p_{12} \tag{6.2.41}$$

引入算式符号 $\frac{\mathrm{d}}{\mathrm{d}x}=D$，将式(6.2.40)和式(6.2. 41)写成矩阵形式：

$$\begin{bmatrix} D^2-\left(\beta_1^2+\beta_2^2\right) & \beta_2^2 \\ \beta_2^2 & D^2-\left(\beta_2^2+\beta_3^2\right) \end{bmatrix}\begin{bmatrix} p_{12} \\ p_{23} \end{bmatrix}=0 \tag{6.2.42}$$

特征方程为：

$$\left[D^2-\left(\beta_1^2+\beta_2^2\right)\right]\left[D^2-\left(\beta_2^2+\beta_3^2\right)\right]-\beta_2^4=0$$

特征方程与前面一样，但特征行列式不一样，因而特征向量不一样。例如，当：

$$r_1=r_2=r_3=r\,,\quad \beta_1^2=\beta_2^2=\beta_3^2=\beta^2$$

对应特征根 $\gamma_1=3\beta^2$ 的特征向量满足：

$$\begin{bmatrix} 3\beta^2-2\beta^2 & \beta^2 \\ \beta^2 & 3\beta^2-2\beta^2 \end{bmatrix}\begin{bmatrix} e_1^{(1)} \\ e_2^{(1)} \end{bmatrix}=0 \tag{6.2.43}$$

对应特征向量为：

$$\vec{e}^{(1)}=\left(1,-1\right)$$

同样可求得：

$$\vec{e}^{(2)}=\left(1,1\right) \tag{6.2.44}$$

微分方程组的解为：

$$\begin{aligned}\begin{bmatrix} p_{12} \\ p_{23} \end{bmatrix}=&\begin{bmatrix} 1 \\ -1 \end{bmatrix}\left(E\sinh(\sqrt{3}\beta x)+F\cosh(\sqrt{3}\beta x)\right)\\ &+\begin{bmatrix} 1 \\ 1 \end{bmatrix}\left(G\sinh(\beta x)+H\cosh(\beta x)\right)\end{aligned} \tag{6.2.45}$$

式中：E, F, G, H 为待定常数。

待定常数由边界条件决定，如 M_1, M_3 都作用于上侧，则边界条件：

$$x=0\,,\quad \frac{\mathrm{d}l_1}{\mathrm{d}x}=0\,,\quad \frac{\mathrm{d}l_2}{\mathrm{d}x}=0\,,\quad \frac{\mathrm{d}l_3}{\mathrm{d}x}=0$$

$$\left.\frac{\mathrm{d}p_{12}}{\mathrm{d}x}\right|_{x=0}=0\,,\quad \left.\frac{\mathrm{d}p_{23}}{\mathrm{d}x}\right|_{x=0}=0 \tag{6.2.46}$$

$$x=B\,,\quad \frac{\mathrm{d}l_1}{\mathrm{d}x}=\frac{F_1}{E_1A_1}\,,\quad \frac{\mathrm{d}l_2}{\mathrm{d}x}=0\,,\quad \frac{\mathrm{d}l_3}{\mathrm{d}x}=\frac{F_3}{E_3A_3}$$

$$\left.\frac{\mathrm{d}p_{12}}{\mathrm{d}x}\right|_{x=B}=C\frac{F_1}{E_1A_1}\cos\alpha=p_{12}^{\mathrm{m}}B\beta_1^2$$

$$\left.\frac{\mathrm{d}p_{23}}{\mathrm{d}x}\right|_{x=B}=C\frac{F_3}{E_3A_3}\cos\alpha=Bp_{23}^{\mathrm{m}}\beta_3^2$$

对于 $\beta_1^2=\beta_2^2=\beta_3^2=\beta^2$ 的情况，有：

$$\begin{bmatrix}\sqrt{3}\beta & 0 & \beta & 0\\ -\sqrt{3}\beta & 0 & \beta & 0\\ \sqrt{3}\beta\cosh(\sqrt{3}\beta B) & \sqrt{3}\beta\sinh(\sqrt{3}\beta B) & \beta\cosh(\beta B) & \beta\sinh(\beta B)\\ -\sqrt{3}\beta\cosh(\sqrt{3}\beta B) & -\sqrt{3}\beta\sinh(\sqrt{3}\beta B) & \beta\cosh(\beta B) & \beta\sinh(\beta B)\end{bmatrix}\begin{bmatrix}E\\F\\G\\H\end{bmatrix}$$

$$-\begin{bmatrix}0\\0\\p_{12}^{m}\beta_1^{2}B\\p_{23}^{m}\beta_3^2B\end{bmatrix}$$

6.2.5　第五种组合旋合情形

第五种组合旋合情形如图 6.2.6 所示，螺旋 2 为过渡螺旋，轴向拉力 F_1,F_3 作用与不同侧。有边界条件：

$$x=0\text{，}\ \frac{\mathrm{d}l_1}{\mathrm{d}x}=-\frac{F_1}{E_1A_1}\text{，}\ \frac{\mathrm{d}l_2}{\mathrm{d}x}=0\text{，}\ \frac{\mathrm{d}l_3}{\mathrm{d}x}=0$$

$$\left.\frac{\mathrm{d}p_{12}}{\mathrm{d}x}\right|_{x=0}=-C\frac{F_1}{E_1A_1}\cos\alpha=-p_{12}''B\beta_1^2\quad(6.2.47)$$

$$\frac{\mathrm{d}p_{23}}{\mathrm{d}x}=0\quad(6.2.48)$$

$$x=B\text{，}\ \frac{\mathrm{d}l_1}{\mathrm{d}x}=0\text{，}\ \frac{\mathrm{d}l_2}{\mathrm{d}x}=0\text{，}\ \frac{\mathrm{d}l_3}{\mathrm{d}x}=\frac{F_3}{E_3A_3}$$

$$\frac{\mathrm{d}p_{12}}{\mathrm{d}x}=0\quad(6.2.49)$$

$$\left.\frac{\mathrm{d}p_{23}}{\mathrm{d}x}\right|_{x=B}=C\frac{F_3}{E_3A_3}\cos\alpha=Bp_{23}^{\mathrm{m}}\beta_3^2\quad(6.2.50)$$

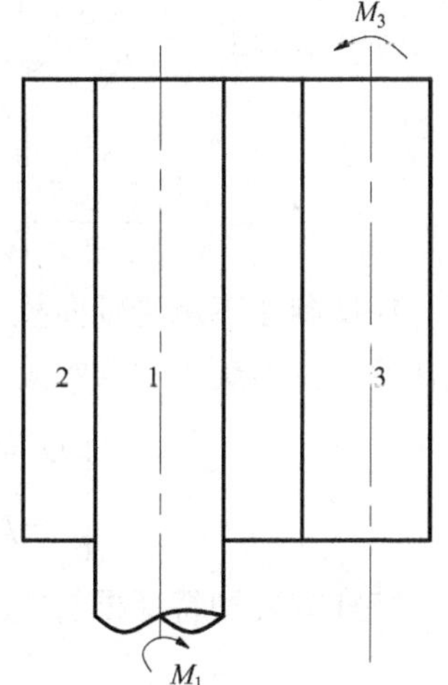

图 6.2.6　第五种组合旋合情形

对于内螺旋的机体很大的组合旋合，由于内螺旋 1 的轴向拉伸面积 A_1 相对于其他两螺旋轴向拉伸面积大得多，$A_1\to 0$，$\beta_1^2\to 0$，式(6.2.42)应为：

$$\begin{bmatrix}D^2-\beta_2^2 & \beta_2^2\\ \beta_2^2 & D^2-\left(\beta_2^2+\beta_3^2\right)\end{bmatrix}\begin{bmatrix}p_{12}\\p_{23}\end{bmatrix}=0\quad(6.2.51)$$

特征方程为：

$$\left(D^2-\beta_2^2\right)\left[D^2-\left(\beta_2^2+\beta_3^2\right)\right]-\beta_2^4=0 \tag{6.2.52}$$

边界条件可由前面式(6.2.21)～式(6.2.32)里令 $\beta_1^2=0$ 而得。特殊地，如 $\beta_2=\beta_3=\beta$，特征方程成为：

$$\left(D^2-\beta^2\right)\left(D^2-2\beta^2\right)-\beta^4=0 \tag{6.2.53}$$

特征根为：

$$D_{1,2}^2=\left(\frac{3\pm\sqrt{5}}{2}\right)\beta^2$$

对应特征向量分别为：

$$\vec{e}^{(1)}=\left(1,\frac{1+\sqrt{5}}{2}\right),\quad \vec{e}^{(2)}=\left(1,\frac{1-\sqrt{5}}{2}\right) \tag{6.2.54}$$

方程的通解为：

$$\begin{aligned}\begin{bmatrix}p_{12}\\p_{23}\end{bmatrix}=&\begin{bmatrix}1\\\frac{1+\sqrt{5}}{2}\end{bmatrix}\left(E\sinh\left(\frac{\sqrt{3+\sqrt{5}}}{2}\beta x\right)+F\cosh\left(\frac{\sqrt{3+\sqrt{5}}}{2}\beta x\right)\right)\\&+\begin{bmatrix}1\\\frac{1-\sqrt{5}}{2}\end{bmatrix}\left(G\sinh\left(\frac{\sqrt{3-\sqrt{5}}}{2}\beta x\right)+H\cosh\left(\frac{\sqrt{3-\sqrt{5}}}{2}\beta x\right)\right)\end{aligned} \tag{6.2.55}$$

如螺旋 2 不承受轴向拉力，只相当于一个过渡螺旋，例如周转螺旋系中的行星螺旋，由螺旋 1 驱动螺旋 3。则式(6.2.42)应为：

$$\begin{bmatrix}D^2-\beta_2^2 & -\beta_2^2\\-\beta_2^2 & D^2-\left(\beta_2^2+\beta_3^2\right)\end{bmatrix}\begin{bmatrix}p_{12}\\p_{23}\end{bmatrix}=0 \tag{6.2.56}$$

特征方程和特征根与式(6.2.61)都一样，但特征向量不一样，例如当：

$$\beta_2=\beta_3=\beta$$

对应于特征根 $\frac{3+\sqrt{5}}{2}$ 的特征向量为：

$$\left(1,-\frac{1+\sqrt{5}}{2}\right)$$

对应于特征根 $\frac{3-\sqrt{5}}{2}$ 的特征向量为：

$$\left(1,\frac{\sqrt{5}-1}{2}\right)$$

方程的通解为：

$$\begin{bmatrix} p_{12} \\ p_{23} \end{bmatrix}=\begin{bmatrix} 1 \\ -\frac{1+\sqrt{5}}{2} \end{bmatrix}\left(E\sinh\left(\frac{\sqrt{3+\sqrt{5}}}{2}\beta x\right)+F\cosh\left(\frac{\sqrt{3+\sqrt{5}}}{2}\beta x\right)\right) \\ +\begin{bmatrix} 1 \\ \frac{\sqrt{5}-1}{2} \end{bmatrix}\left(G\sinh\left(\frac{\sqrt{3-\sqrt{5}}}{2}\beta x\right)+H\cosh\left(\frac{\sqrt{3-\sqrt{5}}}{2}\beta x\right)\right) \tag{6.2.57}$$

边界条件由(6.2.46)~式(6.2.60)里令 $\beta_1=0$ 而得，同样分为轴向拉力作用于螺旋1和螺旋3同侧和异侧两种情形。

6.2.6 螺旋在加载前便存在齿向误差

如果螺旋在加载前便存在齿向误差，那么相旋合的两齿向加载前就有微小分离，分离量分别为 $\delta_{12}(x),\delta_{23}(x)$。假定 $\delta_{12}(x),\delta_{23}(x)$ 四阶导数存在，如不可用连续函数表示，可以先用四阶可导函数拟合，则变形协调方程式(6.2.4)、式(6.2.5)成为：

$$(l_1+l_2)\cos\alpha=\frac{p_{12}}{C}+\delta_{12} \tag{6.2.58}$$

$$(l_3+l_2)\cos\alpha=\frac{p_{23}}{C}+\delta_{23} \tag{6.2.59}$$

式(6.2. 10)成为：

$$\begin{bmatrix} D^2-\left(\beta_1^2+\beta_2^2\right) & -\beta_2^2 \\ -\beta_2^2 & D^2-\left(\beta_2^2+\beta_3^2\right) \end{bmatrix}\begin{bmatrix} p_{12} \\ p_{23} \end{bmatrix}=-C\begin{bmatrix} \delta_{12}'' \\ \delta_{23}'' \end{bmatrix} \tag{6.2.60}$$

利用算子法解该非齐次微分方程组，把这个方程组看成两个未知数 p_{12},p_{23} 的代数方程组，利用消去法依次解出：

$$\begin{vmatrix} D^2-\left(\beta_1^2+\beta_2^2\right) & -\beta_2^2 \\ -\beta_2^2 & D^2-\left(\beta_2^2+\beta_3^2\right) \end{vmatrix} p_{12}=\begin{vmatrix} -C\delta_{12}'' & -\beta_2^2 \\ -C\delta_{23}'' & D^2-\left(\beta_2^2+\beta_3^2\right) \end{vmatrix} \tag{6.2.61}$$

$$\begin{vmatrix} D^2-\left(\beta_1^2+\beta_2^2\right) & -\beta_2^2 \\ -\beta_2^2 & D^2-\left(\beta_2^2+\beta_3^2\right) \end{vmatrix} p_{23}=\begin{vmatrix} D^2-\left(\beta_1^2+\beta_2^2\right) & -C\delta_{12}'' \\ -\beta_2^2 & -C\delta_{23}'' \end{vmatrix} \tag{6.2.62}$$

$$\left\{\left[D^2-\left(\beta_1^2+\beta_2^2\right)\right]\left[D^2-\left(\beta_2^2+\beta_3^2\right)\right]-\beta_2^4\right\}p_{12} \\ =-C\left[D^2-\left(\beta_2^2+\beta_3^2\right)\right]\delta_{12}''-\beta_2^2C\delta_{23}'' \tag{6.2.63}$$

对应齐次方程的特征值仍为$\pm\sqrt{\gamma_1},\pm\sqrt{\gamma_2}$，齐次方程的通解为：

$$\tilde{p}_{12}=C_1\sinh(\sqrt{\gamma_1}x)+C_2\cosh(\sqrt{\gamma_1}x) \\ +C_3\sinh(\sqrt{\gamma_2}x)+C_4\cosh(\sqrt{\gamma_2}x) \tag{6.2.64}$$

对应齐次方程的一个特解为：

$$p_{12}^*=\frac{-C\left[D^2-\left(\beta_2^2+\beta_3^2\right)\right]\delta_{12}''-\beta_2^2C\delta_{23}''}{\left[D^2-\left(\beta_1^2+\beta_2^2\right)\right]\left[D^2-\left(\beta_2^2+\beta_3^2\right)\right]-\beta_2^4} \tag{6.2.65}$$

式(6.2.63)的通解为：

$$p_{12}=C_1\sinh(\sqrt{\gamma_1}x)+C_2\cosh(\sqrt{\gamma_1}x)+C_3\sinh(\sqrt{\gamma_2}x) \\ +C_4\cosh(\sqrt{\gamma_2}x)+p_{12}^* \tag{6.2.66}$$

对式(6.2.60)的前一式微分两次，得：

$$D^2\left[D^2-\left(\beta_1^2+\beta_2^2\right)\right]p_{12}-\beta_2^2Dp_{23}=-C\delta_{12}^{(4)} \tag{6.2.67}$$

对式(6.2.60)的后一式乘以β_2^2，得：

$$-\beta_2^4p_{12}+\beta_2^2\left[D^2-\left(\beta_2^2+\beta_3^2\right)\right]p_{23}=-C\delta_{23}''\beta_2^2 \tag{6.2.68}$$

将式(6.2.67)和式(6.2.68)相加，经整理得：

$$p_{23}=\frac{1}{\beta_2^2\left(\beta_2^2+\beta_3^2\right)}\left\{D^2\left[D^2-\left(\beta_1^2+\beta_2^2\right)\right]p_{12}\right. \\ \left.-\beta_2^4p_{12}+C\left(\delta_{12}^{(4)}+\delta_{23}''\beta_2^2\right)\right\} \tag{6.2.69}$$

仍然由四个边界条件确定系数C_1,C_2,C_3,C_4。同样考虑齿向误差，变形协调条件式(6.2.36)和式(6.2.37)成为：

$$(l_1+l_2)\cos\alpha=\frac{p_{12}}{C}+\delta_{12} \tag{6.2.70}$$

$$(l_3-l_2)\cos\alpha=\frac{p_{23}}{C}+\delta_{23} \tag{6.2.71}$$

式(6.2.42)成为：

$$\begin{bmatrix} D^2-\left(\beta_1^2+\beta_2^2\right) & \beta_2^2 \\ \beta_2^2 & D^2-\left(\beta_2^2+\beta_3^2\right) \end{bmatrix}\begin{bmatrix} p_{12} \\ p_{23} \end{bmatrix}=-C\begin{bmatrix} \delta_{12}'' \\ \delta_{23}'' \end{bmatrix} \tag{6.2.72}$$

仍利用算示法解上式，得

$$\begin{aligned}&\left\{\left[D^2-\left(\beta_1^2+\beta_2^2\right)\right]\left[D^2-\left(\beta_2^2+\beta_3^2\right)\right]-\beta_2^4\right\}p_{12}\\&=-C\left[D^2-\left(\beta_2^2+\beta_3^2\right)\right]\delta_{12}''+\beta_2^2C\delta_{23}''\end{aligned} \tag{6.2.73}$$

对应齐次方程的特征值仍为 $\pm\sqrt{\gamma_1},\pm\sqrt{\gamma_2}$，齐次方程的通解为(6.2.64)，对应齐次方程的一个特解为：

$$p_{12}^*=\frac{-C\left[D^2-\left(\beta_2^2+\beta_3^2\right)\right]\delta_{12}''+\beta_2^2C\delta_{23}''}{\left[D^2-\left(\beta_1^2+\beta_2^2\right)\right]\left[D^2-\left(\beta_2^2+\beta_3^2\right)\right]} \tag{6.2.74}$$

式(6.2.73)的通解为：

$$\begin{aligned}p_{12}&=C_1\sinh(\sqrt{\gamma_1}x)+C_2\cosh(\sqrt{\gamma_1}x)+C_3\sinh(\sqrt{\gamma_2}x)\\&\quad+C_4\cosh(\sqrt{\gamma_2}x)+p_{12}^*\end{aligned} \tag{6.2.75}$$

对式(6.2.72)的前一式微分一次，得：

$$D^2\left[D^2-\left(\beta_1^2+\beta_2^2\right)\right]p_{12}+\beta_2^2Dp_{23}=-C\delta_{12}^{(4)} \tag{6.2.76}$$

对式(6.2.72)的后一式乘以 β_2^2，得：

$$\beta_2^4p_{12}+\beta_2^2\left[D^2-\left(\beta_2^2+\beta_3^2\right)\right]p_{23}=-C\delta_{23}''\beta_2^2 \tag{6.2.77}$$

式(6.2.72)减式(6.2.77)，再经整理，得：

$$\begin{aligned}p_{23}&=\frac{1}{\beta_2^2\left(\beta_2^2+\beta_3^2\right)}\left\{-D^2\left[D^2-\left(\beta_1^2+\beta_2^2\right)\right]p_{12}\right.\\&\quad\left.+\beta_2^4p_{12}+C\left(-\delta_{12}^{(4)}+\delta_{23}''\beta_2^2\right)\right\}\end{aligned} \tag{6.2.78}$$

螺旋面载荷分布还取决于齿面原始误差。

6.2.7　螺旋的修形

由于螺旋载荷分布还取决于齿面原始误差，因而很自然地产生这样的想法，可以人为地改变螺纹面原始廓形，抵消偏载影响，使载荷沿齿宽均匀分布，这两个恰当的函数 $\delta_{12}(x),\delta_{23}(x)$ 就是齿廓修形量。在式(6.2.58)和式(6.2.59)两边乘以 C，并令：

$$C(l_1+l_2)\cos\alpha=\Phi_{12} \tag{6.2.79}$$

则：

$$\Phi_{12}''=\beta_1^2p_{12}+\beta_2^2\left(p_{12}+p_{23}\right) \tag{6.2.80}$$

式(6.2.58)成为：

$$\Phi_{12}=p_{12}+C\delta_{12} \tag{6.2.81}$$

对式(6.2.80)积分两次，因 p_{12},p_{23} 均为常数， $p_{12}=p_{12}^{\mathrm{m}},p_{23}=p_{23}^{\mathrm{m}}$，则：

$$\Phi_{12}=\left[\beta_1^2 p_{12}^{\mathrm{m}}+\beta_2^2\left(p_{12}^{\mathrm{m}}+p_{23}^{\mathrm{m}}\right)\right]\cdot\frac{x^2}{2}+C_1x+C_2 \tag{6.2.82}$$

类似地可以定义：

$$C(l_2+l_3)\cos\alpha=\Phi_{23} \tag{6.2.83}$$

则：

$$\Phi_{23}''=\beta_3^2 p_{23}^{\mathrm{m}}+\beta_2^2\left(p_{12}^{\mathrm{m}}+p_{23}^{\mathrm{m}}\right) \tag{6.2.84}$$

$$\Phi_{23}=p_{23}^{\mathrm{m}}+C\delta_{23}\text{，}\ \Phi_{23}''=C\delta_{23}' \tag{6.2.85}$$

对式(6.2.84)积分两次，得：

$$\Phi_{23}=\left[\beta_3^2 p_{23}^{\mathrm{m}}+\beta_2^2\left(p_{12}^{\mathrm{m}}+p_{23}^{\mathrm{m}}\right)\right]\cdot\frac{x^2}{2}+C_3x+C_4 \tag{6.2.86}$$

最后得：

$$C\delta_{12}=\left[\beta_1^2 p_{12}^{\mathrm{m}}+\beta_2^2\left(p_{12}^{\mathrm{m}}+p_{23}^{\mathrm{m}}\right)\right]\cdot\frac{x^2}{2}+C_1x+C_2-p_{12}^{\mathrm{m}} \tag{6.2.87}$$

$$C\delta_{23}=\left[\beta_3^2 p_{23}^{\mathrm{m}}+\beta_2^2\left(p_{12}^{\mathrm{m}}+p_{23}^{\mathrm{m}}\right)\right]\cdot\frac{x^2}{2}+C_3x+C_4-p_{23}^{\mathrm{m}} \tag{6.2.88}$$

仍然对不同的旋合情形进行讨论。对第一种旋合情形，轴向拉力作用在各螺旋右侧，有：

$$x=0\text{，}\ \frac{\mathrm{d}l_1}{\mathrm{d}x}=0\text{，}\ \frac{\mathrm{d}l_2}{\mathrm{d}x}=0\text{，}\ \frac{\mathrm{d}l_3}{\mathrm{d}x}=0$$

即：

$$\frac{\mathrm{d}}{\mathrm{d}x}\Phi_{12}\bigg|_{x=0}=0\text{，}\ \frac{\mathrm{d}}{\mathrm{d}x}\Phi_{23}\bigg|_{x=0}=0$$

得：

$$C_1=0\text{，}\ C_3=0$$

$$x=B\text{，}\ \frac{\mathrm{d}l_1}{\mathrm{d}x}=\frac{F_1}{E_1A_1}\text{，}\ \frac{\mathrm{d}l_2}{\mathrm{d}x}=\frac{F_2}{E_2A_2}\text{，}\ \frac{\mathrm{d}l_3}{\mathrm{d}x}=\frac{F_3}{E_3A_3}$$

$$\Phi_{12}'\big|_{x=B}=C\left(\frac{F_1}{E_1A_1}+\frac{F_2}{E_2A_2}\right)\cos\alpha$$

$$\beta_1^2 p_{12}^{\mathrm{m}}+\beta_2^2\left(p_{12}^{\mathrm{m}}+p_{23}^{\mathrm{m}}\right)B+C_1=\left[p_{12}^{\mathrm{m}}\left(\beta_1^2+\beta_2^2\right)+\beta_2^2 p_{23}^{\mathrm{m}}\right]B$$

$$C_1=0$$

$$\Phi'_{23}|_{x=B}=C\left(\frac{F_2}{E_2A_2}+\frac{F_3}{E_3A_3}\right)\cos\alpha$$

$$\beta_3^2p_{23}^{\mathrm{m}}+\beta_2^2\left(p_{12}^{\mathrm{m}}+p_{23}^{\mathrm{m}}\right)B+C_3=\left[p_{23}^{\mathrm{m}}\left(\beta_2^2+\beta_3^2\right)+\beta_2^2p_{12}^{\mathrm{m}}\right]B$$

$$C_3=0$$

两个边界条件不独立，令远离轴向拉力加载端的左端面修形量为零，有：

$$x=0\text{ ，}\ \delta_{12}=0\text{ ，}\ \delta_{23}=0\text{ ，}\ C_2-p_{12}^{\mathrm{m}}=0\text{ ，}\ C_4-p_{23}^{\mathrm{m}}=0$$

最后得：

$$C\delta_{12}=\left[\beta_1^2p_{12}^{\mathrm{m}}+\beta_2^2\left(p_{12}^{\mathrm{m}}+p_{23}^{\mathrm{m}}\right)\right]\cdot\frac{x^2}{2}\tag{6.2.89}$$

$$C\delta_{23}=\left[\beta_3^2p_{23}^{\mathrm{m}}+\beta_2^2\left(p_{12}^{\mathrm{m}}+p_{23}^{\mathrm{m}}\right)\right]\cdot\frac{x^2}{2}\tag{6.2.90}$$

对第二种旋合情况，有：

$$x=0\text{ ，}\ \frac{\mathrm{d}l_1}{\mathrm{d}x}=0\text{ ，}\ \frac{\mathrm{d}l_2}{\mathrm{d}x}=-\frac{F_2}{E_2A_2}\text{ ，}\ \frac{\mathrm{d}l_3}{\mathrm{d}x}=0$$

$$\frac{\mathrm{d}}{\mathrm{d}x}\Phi_{12}|_{x=0}=C\left(-\frac{F_2}{E_2A_2}\right)\cos\alpha=-\beta_2^2\left(p_{12}^{\mathrm{m}}+p_{23}^{\mathrm{m}}\right)B$$

$$\frac{\mathrm{d}}{\mathrm{d}x}\Phi_{23}|_{x=0}=-\beta_2^2\left(p_{12}^{\mathrm{m}}+p_{23}^{\mathrm{m}}\right)B$$

$$C_1=C_3=-\beta_2^2\left(p_{12}^{\mathrm{m}}+p_{23}^{\mathrm{m}}\right)B$$

$$x=B\text{ ，}\ \frac{\mathrm{d}l_1}{\mathrm{d}x}=\frac{F_1}{E_1A_1}\text{ ，}\ \frac{\mathrm{d}l_2}{\mathrm{d}x}=0\text{ ，}\ \frac{\mathrm{d}l_3}{\mathrm{d}x}=\frac{F_3}{E_3A_3}$$

$$\frac{\mathrm{d}}{\mathrm{d}x}\Phi_{12}|_{x=B}=C\cos\alpha\left(\frac{F_1}{E_1A_1}\right)$$

$$\beta_1^2p_{12}^{\mathrm{m}}+\beta_2^2\left(p_{12}^{\mathrm{m}}+p_{23}^{\mathrm{m}}\right)B+C_1=\beta_1^2p_{12}^{\mathrm{m}}B$$

$$C_1=-\beta_2^2\left(p_{12}^{\mathrm{m}}+p_{23}^{\mathrm{m}}\right)B$$

$$\frac{\mathrm{d}}{\mathrm{d}x}\Phi_{23}|_{x=B}=C\cos\alpha\left(\frac{F_3}{E_3A_3}\right)$$

$$\beta_3^2p_{23}^{\mathrm{m}}+\beta_2^2\left(p_{12}^{\mathrm{m}}+p_{23}^{\mathrm{m}}\right)B+C_3=\beta_3^2p_{23}^{\mathrm{m}}B$$

$$C_3=-\beta_2^2\left(p_{12}^{\mathrm{m}}+p_{23}^{\mathrm{m}}\right)B$$

边界条件也不独立，求修形曲线的极小值点，令：

$$C\delta'_{12}=0$$

$$\left[\beta_1^2 p_{12}^{\mathrm{m}}+\beta_2^2\left(p_{12}^{\mathrm{m}}+p_{23}^{\mathrm{m}}\right)\right]\cdot x^2+C_1=0$$

解得：

$$x_{12}^*=\frac{\beta_2^2\left(p_{12}^{\mathrm{m}}+p_{23}^{\mathrm{m}}\right)B}{\beta_1^2 p_{12}^{\mathrm{m}}+\beta_2^2\left(p_{12}^{\mathrm{m}}+p_{23}^{\mathrm{m}}\right)}$$

令：

$$C\delta'_{23}=0$$

$$\left[\beta_3^2 p_{23}^{\mathrm{m}}+\beta_2^2\left(p_{12}^{\mathrm{m}}+p_{23}^{\mathrm{m}}\right)\right]\cdot x+C_3=0$$

解得：

$$x_{23}^*=\frac{\beta_2^2\left(p_{12}^{\mathrm{m}}+p_{23}^{\mathrm{m}}\right)B}{\beta_3^2 p_{12}^{\mathrm{m}}+\beta_2^2\left(p_{12}^{\mathrm{m}}+p_{23}^{\mathrm{m}}\right)} \tag{6.2.91}$$

当：

$$\beta_1^2=\beta_2^2=\beta_3^2=\beta^2$$

解得：

$$x_{12}^*=x_{23}^*=\frac{2}{3}B \tag{6.2.92}$$

令修形曲线极小值点处修形量为零，即：

$$C\delta_{12}\left(x_{12}^*\right)=0$$

$$C_2-p_{12}^{\mathrm{m}}=\beta_2^2\left(p_{12}^{\mathrm{m}}+p_{23}^{\mathrm{m}}\right)Bx_{12}^*-\frac{1}{2}\left[\beta_1^2 p_{12}^{\mathrm{m}}+\beta_2^2\left(p_{12}^{\mathrm{m}}+p_{23}^{\mathrm{m}}\right)\right]x_{12}^{*\,2}$$

$$\begin{aligned}C\delta_{12}=&\left[\beta_1^2 p_{12}^{\mathrm{m}}+\beta_2^2\left(p_{12}^{\mathrm{m}}+p_{23}^{\mathrm{m}}\right)\right]\cdot\frac{x^2}{2}-\beta_2^2\left(p_{12}^{\mathrm{m}}+p_{23}^{\mathrm{m}}\right)Bx\\&+\frac{\frac{1}{2}\beta_2^4\left(p_{12}^{\mathrm{m}}+p_{23}^{\mathrm{m}}\right)B^2}{\beta_1^2 p_{12}^{\mathrm{m}}+\beta_2^2\left(p_{12}^{\mathrm{m}}+p_{23}^{\mathrm{m}}\right)}\end{aligned} \tag{6.2.93}$$

同理，令：

$$C\delta_{23}\left(x_{23}^*\right)=0$$

$$C_2-p_{23}^{\mathrm{m}}=\beta_3^2\left(p_{12}^{\mathrm{m}}+p_{23}^{\mathrm{m}}\right)Bx_{23}^*-\frac{1}{2}\left[\beta_3^2 p_{23}^{\mathrm{m}}+\beta_2^2\left(p_{12}^{\mathrm{m}}+p_{23}^{\mathrm{m}}\right)\right]x_{23}^{*\,2}$$

$$C\delta_{23}=\left[\beta_3^2 p_{23}^{\mathrm{m}}+\beta_2^2\left(p_{12}^{\mathrm{m}}+p_{23}^{\mathrm{m}}\right)\right]\cdot\frac{x^2}{2}-\beta_2^2\left(p_{12}^{\mathrm{m}}+p_{23}^{\mathrm{m}}\right)Bx+\frac{\frac{1}{2}\beta_2^4\left(p_{12}^{\mathrm{m}}+p_{23}^{\mathrm{m}}\right)B^2}{\beta_3^2 p_{23}^{\mathrm{m}}+\beta_2^2\left(p_{12}^{\mathrm{m}}+p_{23}^{\mathrm{m}}\right)} \tag{6.2.94}$$

第三种旋合情形是前两种旋合情形的结合，故修形曲线方程是前两种情形的结合，分别为：

$$C\delta_{12}=\left[\beta_1^2 p_{12}^{\mathrm{m}}+\beta_2^2\left(p_{12}^{\mathrm{m}}+p_{23}^{\mathrm{m}}\right)\right]\cdot\frac{x^2}{2} \tag{6.2.95}$$

$$C\delta_{23}=\left[\beta_3^2 p_{23}^{\mathrm{m}}+\beta_2^2\left(p_{12}^{\mathrm{m}}+p_{23}^{\mathrm{m}}\right)\right]\cdot\frac{x^2}{2}-\beta_2^2\left(p_{12}^{\mathrm{m}}+p_{23}^{\mathrm{m}}\right)Bx+\frac{\frac{1}{2}\beta_2^4\left(p_{12}^{\mathrm{m}}+p_{23}^{\mathrm{m}}\right)B^2}{\beta_3^2 p_{23}^{\mathrm{m}}+\beta_2^2\left(p_{12}^{\mathrm{m}}+p_{23}^{\mathrm{m}}\right)} \tag{6.2.96}$$

对于第四种旋合情形，如螺旋 2 是过渡螺旋，由螺旋 1 驱动螺旋 3，在式(6.2.70)和式(6.2.71)两边乘以 C，并令：

$$C(l_1+l_2)\cos\alpha=\varPhi_{12} \tag{6.2.97}$$

$$C(l_3-l_2)\cos\alpha=\varPhi_{23} \tag{6.2.98}$$

则：

$$\varPhi_{12}''=\beta_1^2 p_{12}+\beta_2^2\left(p_{12}-p_{23}\right) \tag{6.2.99}$$

$$\varPhi_{23}''=p_{23}^{\mathrm{m}}\left(\beta_2^2+\beta_3^2\right)-\beta_2^2 p_{12}^{\mathrm{m}} \tag{6.2.100}$$

式(6.2.70)和式(6.2.71)成为：

$$\varPhi_{12}=p_{12}+C\delta_{12} \tag{6.2.101}$$

$$\varPhi_{23}=p_{23}+C\delta_{23} \tag{6.2.102}$$

对式(6.2.99)和式(6.2.100)积分两次，考虑到 $p_{12}=p_{12}^{\mathrm{m}}, p_{23}=p_{23}^{\mathrm{m}}$ 为常数，有：

$$\varPhi_{12}=\left[p_{12}^{\mathrm{m}}\left(\beta_1^2+\beta_2^2\right)-\beta_2^2 p_{23}^{\mathrm{m}}\right]\cdot\frac{x^2}{2}+C_1x+C_2 \tag{6.2.103}$$

$$\varPhi_{23}=\left[p_{23}^{\mathrm{m}}\left(\beta_2^2+\beta_3^2\right)-\beta_2^2 p_{12}^{\mathrm{m}}\right]\cdot\frac{x^2}{2}+C_3x+C_4 \tag{6.2.104}$$

$$C\delta_{12}=\left[p_{12}^{\mathrm{m}}\left(\beta_1^2+\beta_2^2\right)-\beta_2^2 p_{23}^{\mathrm{m}}\right]\cdot\frac{x^2}{2}+C_1x+C_2-p_{12}^{\mathrm{m}} \tag{6.2.105}$$

$$C\delta_{23}=\left[p_{23}^{\mathrm{m}}\left(\beta_2^2+\beta_3^2\right)-\beta_2^2 p_{12}^{\mathrm{m}}\right]\cdot\frac{x^2}{2}+C_3x+C_4-p_{23}^{\mathrm{m}} \tag{6.2.106}$$

如 M_1,M_3 都作用于上侧，有：

$$x=0\ ,\quad \frac{\mathrm{d}l_1}{\mathrm{d}x}=0\ ,\quad \frac{\mathrm{d}l_2}{\mathrm{d}x}=0\ ,\quad \frac{\mathrm{d}l_3}{\mathrm{d}x}=0$$

$$\frac{\mathrm{d}}{\mathrm{d}x}\varPhi_{12}=C\delta_{12}'|_{x=0}=0$$

$$C_1=0$$

$$\frac{\mathrm{d}}{\mathrm{d}x}\varPhi_{23}=C\delta_{23}'|_{x=0}=0$$

$$C_3=0$$

$$x=B\ ,\quad \frac{\mathrm{d}l_1}{\mathrm{d}x}=\frac{F_1}{E_1A_1}\ ,\quad \frac{\mathrm{d}l_2}{\mathrm{d}x}=0\ ,\quad \frac{\mathrm{d}l_3}{\mathrm{d}x}=\frac{F_3}{E_3A_3}$$

$$\frac{\mathrm{d}}{\mathrm{d}x}\varPhi_{12}|_{x=B}=C\delta_{12}'|_{x=0}=C\left(\frac{F_1}{E_1A_1}\right)\cos\alpha=\beta_1^2 p_{12}^{\mathrm{m}}B$$

$$\frac{\mathrm{d}}{\mathrm{d}x}\varPhi_{23}|_{x=B}=C\delta_{23}'|_{x=0}=C\left(\frac{F_3}{E_2A_2}\right)\cos\alpha=\beta_3^2 p_{23}^{\mathrm{m}}B$$

$$\left[p_{12}^{\mathrm{m}}\left(\beta_1^2+\beta_2^2\right)-\beta_2^2 p_{23}^{\mathrm{m}}\right]\cdot B+C_1=\beta_1^2 p_{12}^{\mathrm{m}}B$$

当螺旋 2 不受轴向拉力时，有：

$$p_{12}^{\mathrm{m}}=p_{23}^{\mathrm{m}}$$

$$C_1=0$$

$$\left[p_{23}^{\mathrm{m}}\left(\beta_2^2+\beta_3^2\right)-\beta_2^2 p_{12}^{\mathrm{m}}\right]\cdot B+C_3=\beta_3^2 p_{23}^{\mathrm{m}}B$$

$$C_3=0$$

边界条件不独立，令远离轴向拉力加载端的下端面修形量为零，则：

$$x=0\ ,\quad \delta_{12}=0\ ,\quad \delta_{23}=0$$

$$C_2-p_{12}^{\mathrm{m}}=0$$

$$C_4-p_{23}^{\mathrm{m}}=0$$

$$C\delta_{12}=\left[p_{12}^{\mathrm{m}}\left(\beta_1^2+\beta_2^2\right)-\beta_2^2 p_{23}^{\mathrm{m}}\right]\cdot\frac{x^2}{2} \tag{6.2.107}$$

$$C\delta_{23}=\left[p_{23}^{\mathrm{m}}\left(\beta_2^2+\beta_3^2\right)-\beta_2^2 p_{12}^{\mathrm{m}}\right]\cdot\frac{x^2}{2} \tag{6.2.108}$$

如轴向拉力作用于两螺旋不同侧，有：

$$x=0\ ,\quad \frac{\mathrm{d}l_1}{\mathrm{d}x}=-\frac{F_1}{E_1A_1}\ ,\quad \frac{\mathrm{d}l_2}{\mathrm{d}x}=0\ ,\quad \frac{\mathrm{d}l_3}{\mathrm{d}x}=0$$

$$\frac{\mathrm{d}}{\mathrm{d}x}\Phi_{12}\,|_{x=0}=C\delta'_{12}\,|_{x=0}=-C\left(\frac{F_1}{E_1A_1}\right)\cos\alpha=-\beta_1^2p_{12}^{\mathrm{m}}B$$

$$\frac{\mathrm{d}}{\mathrm{d}x}\Phi_{23}\,|_{x=0}=C\delta'_{23}\,|_{x=0}=0$$

$$C_1=-\beta_1^2p_{12}^{\mathrm{m}}B\ ,\quad C_3=0$$

$$x=B\ ,\quad \frac{\mathrm{d}l_1}{\mathrm{d}x}=0\ ,\quad \frac{\mathrm{d}l_2}{\mathrm{d}x}=0\ ,\quad \frac{\mathrm{d}l_3}{\mathrm{d}x}=\frac{F_3}{E_3A_3}$$

$$\frac{\mathrm{d}}{\mathrm{d}x}\Phi_{12}\,|_{x=B}=C\delta'_{12}\,|_{x=0}=0$$

$$\frac{\mathrm{d}}{\mathrm{d}x}\Phi_{23}\,|_{x=B}=C\delta'_{23}\,|_{x=0}=C\left(\frac{F_3}{E_2A_2}\right)\cos\alpha=\beta_3^2p_{12}^{\mathrm{m}}B$$

$$\left[p_{12}^{\mathrm{m}}\left(\beta_1^2+\beta_2^2\right)-\beta_2^2p_{23}^{\mathrm{m}}\right]\cdot B+C_1=0$$

$$C_1=-\beta_1^2p_{12}^{\mathrm{m}}B$$

$$\left[p_{23}^{\mathrm{m}}\left(\beta_2^2+\beta_3^2\right)-\beta_2^2p_{12}^{\mathrm{m}}\right]\cdot B+C_3=\beta_3^2Bp_{12}^{\mathrm{m}}$$

$$C_3=0$$

边界条件不独立，考虑到 $p_{12}^{\mathrm{m}}=p_{23}^{\mathrm{m}}=p^{\mathrm{m}}$ ，式(6.2.105)和式(6.2.106)为：

$$C\delta_{12}=\beta_1^2p^{\mathrm{m}}\frac{x^2}{2}-\beta_1^2p^{\mathrm{m}}Bx+C_2-p^{\mathrm{m}}$$

$$C\delta_{23}=\beta_3^2p^{\mathrm{m}}\frac{x^2}{2}+C_4-p^{\mathrm{m}}$$

令修形曲线极小值点处修形量为零，有：

$$C\delta_{12}\left(x_{12}^*\right)=C\delta_{12}\left(B\right)=0$$

$$\beta_1^2p^{\mathrm{m}}\frac{B^2}{2}-\beta_1^2p^{\mathrm{m}}B+C_2-p^{\mathrm{m}}=0$$

$$C_2-p^{\mathrm{m}}=\frac{1}{2}\beta_1^2B^2p^{\mathrm{m}}$$

$$C\delta_{12}=\beta_1^2p^{\mathrm{m}}\frac{x^2}{2}-\beta_1^2p^{\mathrm{m}}Bx+\frac{1}{2}\beta_1^2p^{\mathrm{m}}B=\frac{1}{2}\beta_1^2p^{\mathrm{m}}\left(B-x\right)^2 \tag{6.2.109}$$

$$C\delta_{23}\left(x_{23}^*\right)=C\delta_{23}\left(0\right)=0$$

$$C_4-p^{\mathrm{m}}=0$$

$$C\delta_{23}=\frac{1}{2}\beta_3^2 p^{\mathrm{m}} x^2 \tag{6.2.110}$$

推广到一般情况，如果主动螺旋 1 的传动通过一系列过渡螺旋传递给从动螺旋 n，那么有：

$$\frac{\mathrm{d}^2 l_1}{\mathrm{d}x^2}=\frac{p_{12}\cos\alpha}{E_1 A_1}$$

$$\frac{\mathrm{d}^2 l_n}{\mathrm{d}x^2}=\frac{p_{n-1,n}\cos\alpha}{E_n A_n}$$

$$\frac{\mathrm{d}^2 l_i}{\mathrm{d}x^2}=\frac{(p_{i-1,i}+p_{i,i+1})\cos\alpha}{E_i A_i},\quad i=2,\cdots,n-1$$

变形协调条件为：

$$(l_1+l_2)\cos\alpha=\frac{p_{12}}{C}$$

$$(l_{i+1}-l_i)\cos\alpha=\frac{p_{i,i+1}}{C},\quad i=2,\cdots,n-1$$

类似于前面的推导，有：

$$p_{12}''=p_{12}(\beta_1^2+\beta_2^2)-p_{23}\beta_2^2$$

$$p_{i,i+1}''=-\beta_i^2 p_{i-1,i}+(\beta_i^2+\beta_{i+1}^2)p_{i,i+1}-p_{i+1,i+2}\beta_{i+1}^2,\quad i=2,\cdots,n-2$$

$$p_{n-1,n}''=(\beta_{n-1}^2+\beta_n^2)p_{n-1,n}-p_{n-2,n-1}\beta_{n-1}^2$$

写成矩阵形式为：

$$\begin{bmatrix} D^2-(\beta_1^2+\beta_2^2) & \beta_2^2 & & & & \\ \beta_2^2 & D^2-(\beta_2^2+\beta_3^2) & \beta_3^2 & & & \\ & \beta_3^2 & D^2-(\beta_3^2+\beta_4^2) & \beta_4^2 & & \\ & & \ddots & \ddots & & \\ & & & \beta_{n-2}^2 & \ddots & \\ & & & & D^2-(\beta_{n-2}^2+\beta_{n-1}^2) & \beta_{n-1}^2 \\ & & & & \beta_{n-1}^2 & D^2-(\beta_{n-1}^2+\beta_n^2) \end{bmatrix}\begin{bmatrix} p_{12} \\ p_{23} \\ \vdots \\ p_{n-1,n} \end{bmatrix}=0$$

如特征根为：

$$D_1^2=\gamma_1\text{，}\quad D_2^2=\gamma_2\text{，}\quad \cdots\text{，}\quad D_{n-1}^2=\gamma_{n-1}$$

则微分方程组的通解为：

$$\{p\}=\sum_{i=1}^{n-1}\left\{e^{(i)}\right\}\left(E_i\sinh(\sqrt{\gamma_i}x)+F_i\cosh(\sqrt{\gamma_i}x)\right)$$

式中：$\left\{e^{(i)}\right\}$为对应特征根的特征向量。

如F_1,F_n作用于同侧，则边界条件为：

$$x=0\text{，}\quad \frac{\mathrm{d}l_1}{\mathrm{d}x}=0\text{，}\quad \frac{\mathrm{d}l_2}{\mathrm{d}x}=0\text{，}\quad \cdots\text{，}\quad \frac{\mathrm{d}l_n}{\mathrm{d}x}=0$$

$$\frac{\mathrm{d}p_{12}}{\mathrm{d}x}=0\text{，}\quad \frac{\mathrm{d}p_{23}}{\mathrm{d}x}=0\text{，}\quad \cdots\text{，}\quad \frac{\mathrm{d}p_{n-1,n}}{\mathrm{d}x}=0$$

$$x=B\text{，}\quad \frac{\mathrm{d}l_1}{\mathrm{d}x}=\frac{F_1}{E_1A_1}\text{，}\quad \frac{\mathrm{d}l_2}{\mathrm{d}x}=0\text{，}\quad \cdots\text{，}\quad \frac{\mathrm{d}l_{n-1}}{\mathrm{d}x}=0\text{，}\quad \frac{\mathrm{d}l_n}{\mathrm{d}x}=\frac{F_n}{E_nA_n}$$

$$\frac{\mathrm{d}p_{12}}{\mathrm{d}x}=C\left(\frac{F_1}{E_1A_1}\right)\cos\alpha=\beta_1^2Bp_{12}^{\mathrm{m}}$$

$$\frac{\mathrm{d}p_{23}}{\mathrm{d}x}=0\text{，}\quad \frac{\mathrm{d}p_{34}}{\mathrm{d}x}=0\text{，}\quad \cdots\text{，}\quad \frac{\mathrm{d}p_{n-2,n-1}}{\mathrm{d}x}=0$$

$$\frac{\mathrm{d}p_{n-1,n}}{\mathrm{d}x}=C\left(\frac{F_n}{E_nA_n}\right)\cos\alpha=\beta_n^2Bp_{n-1,n}^{\mathrm{m}}$$

如F_1,F_n作用于不同侧，则边界条件为：

$$x=0\text{，}\quad \frac{\mathrm{d}l_1}{\mathrm{d}x}=-\frac{F_1}{E_1A_1}\text{，}\quad \frac{\mathrm{d}l_2}{\mathrm{d}x}=0\text{，}\quad \cdots\text{，}\quad \frac{\mathrm{d}l_n}{\mathrm{d}x}=0$$

$$\frac{\mathrm{d}p_{12}}{\mathrm{d}x}=C\left(-\frac{F_1}{E_1A_1}\right)\cos\alpha=-\beta_1^2Bp_{12}^{\mathrm{m}}$$

$$\frac{\mathrm{d}p_{23}}{\mathrm{d}x}=0\text{，}\quad \cdots\text{，}\quad \frac{\mathrm{d}p_{n-1,n}}{\mathrm{d}x}=0$$

$$x=B\text{，}\quad \frac{\mathrm{d}l_1}{\mathrm{d}x}=0\text{，}\quad \frac{\mathrm{d}l_2}{\mathrm{d}x}=0\text{，}\quad \cdots\text{，}\quad \frac{\mathrm{d}l_{n-1}}{\mathrm{d}x}=0\text{，}\quad \frac{\mathrm{d}l_n}{\mathrm{d}x}=\frac{F_n}{E_nA_n}$$

$$\frac{\mathrm{d}p_{12}}{\mathrm{d}x}=0\text{，}\quad \frac{\mathrm{d}p_{23}}{\mathrm{d}x}=0\text{，}\quad \cdots\text{，}\quad \frac{\mathrm{d}p_{n-2,n-1}}{\mathrm{d}x}=0$$

$$\frac{\mathrm{d}p_{n-1,n}}{\mathrm{d}x}=C\left(\frac{F_n}{E_nA_n}\right)\cos\alpha=\beta_n^2Bp_{n-1,n}^{\mathrm{m}}$$

如主动螺纹在一系列相互啮合的螺纹中间，不妨设螺纹 1 为主动轮，则有：

$$\frac{\mathrm{d}^2l_1}{\mathrm{d}x^2}=\frac{p_{12}\cos\alpha}{E_1A_1}$$

$$\frac{\mathrm{d}^2l_n}{\mathrm{d}x^2}=\frac{p_{n-1,n}\cos\alpha}{E_nA_n}$$

$$\frac{\mathrm{d}^2l_j}{\mathrm{d}x^2}=\frac{p_{j-1,j}+p_{j,j+1}}{E_jA_j}\cos\alpha$$

$$\frac{\mathrm{d}l_i}{\mathrm{d}x^2}=\frac{p_{i+1,i}-p_{i-1,i}}{E_iA_i}\cos\alpha\ ,\quad i\leqslant j-1$$

$$\frac{\mathrm{d}^2l_i}{\mathrm{d}x^2}=\frac{p_{i-1,i}-p_{i,i+1}}{E_iA_i}\cos\alpha\ ,\quad i\geqslant j+1$$

变形协调条件为：

$$(l_{i-1}-l_i)\cos\alpha=\frac{p_{i-1,i}}{C},\quad i\leqslant j-1$$

$$(l_{j-1}+l_j)\cos\alpha=\frac{p_{j-1,j}}{C}$$

$$(l_j+l_{j+1})\cos\alpha=\frac{p_{j,j+1}}{C}$$

$$(l_{i+1}-l_i)\cos\alpha=\frac{p_{i,i+1}}{C},\quad i\geqslant j+1$$

类似于前面的推导，有：

$$p''_{12}=p_{12}(\beta_1^2+\beta_2^2)-p_{23}\beta_2^2$$

$$p''_{i,i+1}=-\beta_i^2p_{i-1,i}+(\beta_i^2+\beta_{i+1}^2)p_{i,i+1}-p_{i+1,i+2}\beta_{i+1}^2,\quad i=2,\cdots,j-1,j+1,\cdots,n-2$$

$$p''_{j-1,j}=-\beta_{j-1}^2p_{j-2,j-1}+(\beta_{j-1}^2+\beta_j^2)p_{j-1,j}+p_{j,j+1}\beta_j^2$$

$$p''_{j,j+1}=\beta_j^2p_{j-1,j}+(\beta_j^2+\beta_{j+1}^2)p_{j,j+1}-p_{j+1,j+2}\beta_{j+1}^2$$

$$p''_{n-1,n}=(\beta_{n-1}^2+\beta_n^2)p_{n-1,n}-p_{n-2,n-1}\beta_{n-1}^2$$

写成矩阵形式：

$$
\begin{bmatrix}
D^2-(\beta_1^2+\beta_2^2) & \beta_2^2 & & & & & & \\
\beta_2^2 & D^2-(\beta_2^2+\beta_3^2) & \beta_3^2 & & & & & \\
 & \ddots & \ddots & \ddots & & & & \\
 & & \beta_{j-1}^2 & D^2-(\beta_{j-1}^2+\beta_j^2) & -\beta_j^2 & & & \\
 & & & -\beta_j^2 & D^2-(\beta_j^2+\beta_{j+1}^2) & \beta_{j+1}^2 & & \\
 & & & & \ddots & \ddots & \ddots & \\
 & & & & & \beta_{n-2}^2 & D^2-(\beta_{n-2}^2+\beta_{n-1}^2) & \beta_{n-1}^2 \\
 & & & & & & \beta_{n-1}^2 & D^2-(\beta_{n-1}^2+\beta_n^2)
\end{bmatrix}
\begin{bmatrix}
p_{12} \\ p_{23} \\ \vdots \\ p_{j-1,j} \\ p_{j,j+1} \\ \vdots \\ p_{n-2,n-1} \\ p_{n-1,n}
\end{bmatrix}=0
$$

特征根仍然同前一种情况一样，但特征向量不一样。

如 F_1,F_j,F_n 都作用于上侧，则边界条件为：

$$x=0\ ,\quad \frac{\mathrm{d}l_1}{\mathrm{d}x}=0\ ,\quad \frac{\mathrm{d}l_2}{\mathrm{d}x}=0\ ,\quad \cdots,\quad \frac{\mathrm{d}l_n}{\mathrm{d}x}=0$$

$$\frac{\mathrm{d}p_{12}}{\mathrm{d}x}=0\ ,\quad \frac{\mathrm{d}p_{23}}{\mathrm{d}x}=0\ ,\quad \cdots,\quad \frac{\mathrm{d}p_{n-1,n}}{\mathrm{d}x}=0$$

$$x=B\ ,\quad \frac{\mathrm{d}l_1}{\mathrm{d}x}=\frac{F_1}{E_1A_1}\ ,\quad \frac{\mathrm{d}l_2}{\mathrm{d}x}=0\ ,\quad \cdots,\quad \frac{\mathrm{d}l_{j-1}}{\mathrm{d}x}=0\ ,\quad \frac{\mathrm{d}l_j}{\mathrm{d}x}=\frac{F_j}{E_jA_j}$$

$$\frac{\mathrm{d}l_{j+1}}{\mathrm{d}x}=0\ ,\quad \cdots,\quad \frac{\mathrm{d}l_{n-1}}{\mathrm{d}x}=0\ ,\quad \frac{\mathrm{d}\phi_n}{\mathrm{d}x}=\frac{F_n}{E_nA_n}$$

$$\frac{\mathrm{d}p_{12}}{\mathrm{d}x}=\beta_1^2Bp_{12}^{\mathrm{m}}\ ,\quad \frac{\mathrm{d}p_{23}}{\mathrm{d}x}=0\ ,\quad \cdots,\quad \frac{\mathrm{d}p_{j-2,j-1}}{\mathrm{d}x}=0$$

$$\frac{\mathrm{d}p_{j-1,j}}{\mathrm{d}x}=\beta_j^2(p_{j-1,j}^{\mathrm{m}}+p_{j,j+1}^{\mathrm{m}})B$$

$$\frac{\mathrm{d}p_{j,j+1}}{\mathrm{d}x}=\beta_j^2(p_{j-1,j}^{\mathrm{m}}+p_{j,j+1}^{\mathrm{m}})B$$

$$\frac{\mathrm{d}p_{j+1,j+2}}{\mathrm{d}x}=0\ ,\ \cdots,\ \frac{\mathrm{d}p_{n-2,n-1}}{\mathrm{d}x}=0$$

$$\frac{\mathrm{d}p_{n-1,n}}{\mathrm{d}x}=\beta_n^2 B p_{n-1,n}^{\mathrm{m}}$$

如 F_1,F_n 作用于上侧，F_j 作用于左侧，则边界条件为：

$$x=0\ ,\ \frac{\mathrm{d}l_1}{\mathrm{d}x}=0\ ,\ \frac{\mathrm{d}l_2}{\mathrm{d}x}=0\ ,\ \cdots,\ \frac{\mathrm{d}l_j}{\mathrm{d}x}=-\frac{F_j}{E_j A_j}\ ,\ \frac{\mathrm{d}l_{j+1}}{\mathrm{d}x}=0\ ,\ \cdots,\ \frac{\mathrm{d}l_n}{\mathrm{d}x}=0$$

$$\frac{\mathrm{d}p_{12}}{\mathrm{d}x}=0\ ,\ \frac{\mathrm{d}p_{23}}{\mathrm{d}x}=0\ ,\ \cdots,\ \frac{\mathrm{d}p_{j-2,j-1}}{\mathrm{d}x}=0$$

$$\frac{\mathrm{d}p_{j-1,j}}{\mathrm{d}x}=\frac{\mathrm{d}p_{j,j+1}}{\mathrm{d}x}=-\beta_j^2(p_{j-1,j}^{\mathrm{m}}+p_{j,j+1}^{\mathrm{m}})B$$

$$\frac{\mathrm{d}p_{j+1,j+2}}{\mathrm{d}x}=0\ ,\ \cdots,\ \frac{\mathrm{d}p_{n-1,n}}{\mathrm{d}x}=0\ ,\ \frac{\mathrm{d}p_n}{\mathrm{d}x}=\beta_n^2 B p_{n-1,n}^{\mathrm{m}}$$

$$x=B\ ,\ \frac{\mathrm{d}l_1}{\mathrm{d}x}=\frac{F_1}{E_1 A_1}\ ,\ \frac{\mathrm{d}l_2}{\mathrm{d}x}=0\ ,\ \cdots,\ \frac{\mathrm{d}l_{n-1}}{\mathrm{d}x}=0\ ,\ \frac{\mathrm{d}l_n}{\mathrm{d}x}=\frac{F_n}{E_n A_n}$$

$$\frac{\mathrm{d}p_{12}}{\mathrm{d}x}=\beta_1^2 B p_{12}^{\mathrm{m}}\ ,\ \frac{\mathrm{d}p_{23}}{\mathrm{d}x}=0\ ,\ \cdots,\ \frac{\mathrm{d}p_{n-2,n-1}}{\mathrm{d}x}=0$$

$$\frac{\mathrm{d}p_{n-1,n}}{\mathrm{d}x}=\beta_n^2 B p_{n-1,n}^{\mathrm{m}}$$

如 F_1 作用于下侧，F_j,F_n 作用于右侧，则边界条件为：

$$x=0\ ,\ \frac{\mathrm{d}l_1}{\mathrm{d}x}=-\frac{F_1}{E_1 A_1}\ ,\ \frac{\mathrm{d}l_2}{\mathrm{d}x}=0\ ,\ \cdots,\ \frac{\mathrm{d}l_n}{\mathrm{d}x}=0$$

$$\frac{\mathrm{d}p_{12}}{\mathrm{d}x}=-\beta_1^2 B p_{12}^{\mathrm{m}}\ ,\ \frac{\mathrm{d}p_{23}}{\mathrm{d}x}=0\ ,\ \cdots,\ \frac{\mathrm{d}p_{n-1,n}}{\mathrm{d}x}=0$$

$$x=B\ ,\ \frac{\mathrm{d}l_1}{\mathrm{d}x}=0\ ,\ \cdots,\ \frac{\mathrm{d}l_{j-1}}{\mathrm{d}x}=0\ ,\ \frac{\mathrm{d}l_j}{\mathrm{d}x}=\frac{F_j}{E_j A_j}$$

$$\frac{\mathrm{d}l_{j+1}}{\mathrm{d}x}=0\ ,\ \cdots,\ \frac{\mathrm{d}p_{n-1,n}}{\mathrm{d}x}=0\ ,\ \frac{\mathrm{d}l_n}{\mathrm{d}x}=\frac{F_n}{E_n A_n}$$

$$\frac{\mathrm{d}p_{12}}{\mathrm{d}x}=0\ ,\ \cdots,\ \frac{\mathrm{d}p_{j-2,j-1}}{\mathrm{d}x}=0$$

$$\frac{\mathrm{d}p_{j-1,j}}{\mathrm{d}x}=\frac{\mathrm{d}p_{j,j+1}}{\mathrm{d}x}=\beta_j^2(p_{j-1,j}^{\mathrm{m}}+p_{j,j+1}^{\mathrm{m}})B$$

$$\frac{\mathrm{d}p_{j+1,j+2}}{\mathrm{d}x}=0\ ,\ \cdots,\ \frac{\mathrm{d}p_{n-2,n-1}}{\mathrm{d}x}=0\ ,\ \frac{\mathrm{d}p_{n-1,n}}{\mathrm{d}x}=\beta_n^2 B p_{n-1,n}^{m}$$

归纳起来，如有 n 个螺旋复合啮合，那么有 $n-1$ 对啮合力，满足 $n-1$ 个微分方程的二阶微分方程组，有 $2(n-1)$个特征根，由 $2(n-1)$个边界条件可确定 $2(n-1)$ 个未知常数。

6.3　悬置螺母的偏载

6.3.1　螺纹连接的力学模型

综合考虑螺杆悬置螺母的牙的变形，导出螺纹上分布载荷所应满足的二阶微分方程及其解。根据载荷的均匀接触条件求出悬置螺母的最佳轴截面曲线。

螺纹连接的力学模型如图 6.3.1 所示，如果螺杆普通螺母都是绝对刚体，只要几何形状足够精确，载荷将沿螺纹表面均匀分布。但实际上螺杆悬置螺母材料在受载后都有弹性变形，螺杆和螺母受力状况不同，造成载荷沿螺纹牙不均匀分布。如图 6.3.2 所示，沿螺杆轴向截取任意一微段，设微段上表面内力为 N_1，微段下表面内力为 N_1+dN_1，有物理方程：

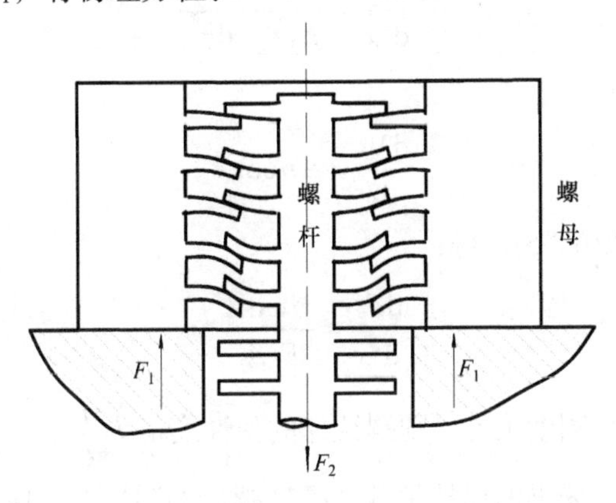

图 6.3.1　普通螺纹牙的受力变形与偏载

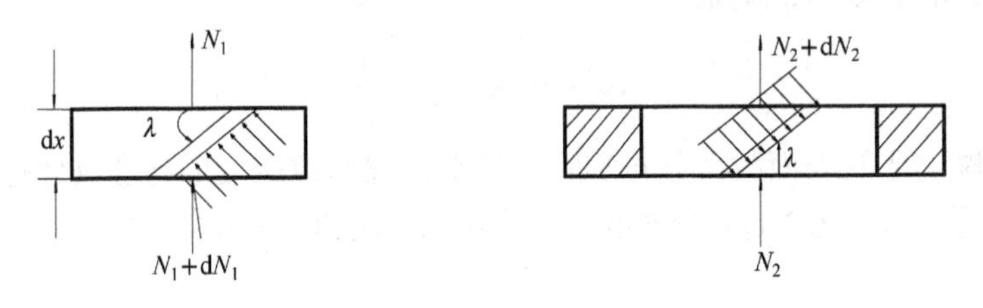

图 6.3.2　螺母微截面段的受力

$$-\frac{d\delta_1}{dx}=\frac{N_1}{E_1A_1}$$

$$-\frac{\mathrm{d}\delta_1^2}{\mathrm{d}^2x}=\frac{1}{E_1A_1}\frac{\mathrm{d}N_1}{\mathrm{d}x} \tag{6.3.1}$$

有力平衡关系：

$$\frac{\mathrm{d}N_1}{\mathrm{d}x}=-p\tan\lambda \tag{6.3.2}$$

式中：p 为螺纹牙上的分布载荷。

将式(6.3.1)代入(6.3.2)，得：

$$\frac{\mathrm{d}\delta_1^2}{\mathrm{d}^2x}=\frac{p\tan\lambda}{E_1A_1} \tag{6.3.3}$$

同理沿螺母轴向截取任意一微段，设微段下表面内力为 N_2，微段上表面内力为 $N_2+\mathrm{d}N_2$，则有物理方程：

$$-\frac{\mathrm{d}\delta_2}{\mathrm{d}x}=\frac{N_2}{E_2A_2}$$

$$-\frac{\mathrm{d}\delta_2^2}{\mathrm{d}^2x}=\frac{1}{E_2A_2}\frac{\mathrm{d}N_2}{\mathrm{d}x} \tag{6.3.4}$$

有力平衡关系：

$$\frac{\mathrm{d}N_2}{\mathrm{d}x}=-p\cot\lambda \tag{6.3.5}$$

将式(6.3.4)代入(6.3.5)，得：

$$\frac{\mathrm{d}\delta_2^2}{\mathrm{d}^2x}=\frac{p\tan\lambda}{E_2A_2} \tag{6.3.6}$$

设螺纹牙的综合刚度为 C，则螺纹牙的弹性变形为 $\frac{p}{C}$。

由于变形后螺纹牙仍旧保持偏载，螺杆螺母的弹性变形应该由螺纹牙的弹性变形弥补，故有变形协调条件：

$$(\delta_1+\delta_2)\cos\lambda=\frac{p}{C} \tag{6.3.7}$$

因此螺纹牙的表面载荷分布实际上是螺杆螺母拉压变形与螺纹牙挠曲变形的超静定问题。对式(6.3.7)微分两次后代入(6.3.3)式和(6.3.6)式，得：

$$C\left(\frac{1}{E_1A_1}+\frac{1}{E_2A_2}\right)p\cos\lambda\tan\lambda=p''$$

$$P''-\beta^2p=0 \tag{6.3.8}$$

解得：

$$p = C_1 \sinh(\beta x) + C_2 \cosh(\beta x)$$

式中：C_1, C_2 为待定常数。

待定常数由边界条件确定，与螺母的支承条件有关，对于受压悬置螺母：

$$x = 0,\ \frac{\mathrm{d}\delta_1}{\mathrm{d}x} = -\frac{Q}{E_1 A_1},\ \frac{\mathrm{d}\delta_2}{\mathrm{d}x} = -\frac{Q}{E_2 A_2}$$

$$x = H,\ \frac{\mathrm{d}\delta_1}{\mathrm{d}x} = 0\ ,\ \ \frac{\mathrm{d}\delta_2}{\mathrm{d}x} = 0$$

对式(6.3.7)微分一次后代入边界条件，得：

$$x = 0,\ \frac{\mathrm{d}p}{\mathrm{d}x} = -QC\left(\frac{1}{E_1 A_1} + \frac{1}{E_2 A_2}\right)\cos\lambda = p_{\mathrm{m}} H \beta^2$$

$$x = H,\ \frac{\mathrm{d}p}{\mathrm{d}x} = 0$$

式中：p_{m} 为螺纹牙上的平均载荷。

解得：

$$p = p_{\mathrm{m}} H \beta^2 [\tan(\beta H) - 1] \tag{6.3.9}$$

载荷分布如图 6.3.1，当螺母高度 H 过大，则：

$$\tan \beta H = 1,\ \ p = 0$$

最上一层螺纹实际上不受载，即最上一层螺纹实际不受力。

6.3.2　等截面悬置螺母

等截面悬置螺母的螺纹载荷分布如图 6.3.3 所示，其变形协调条件如图 6.3.4 所示，则有：

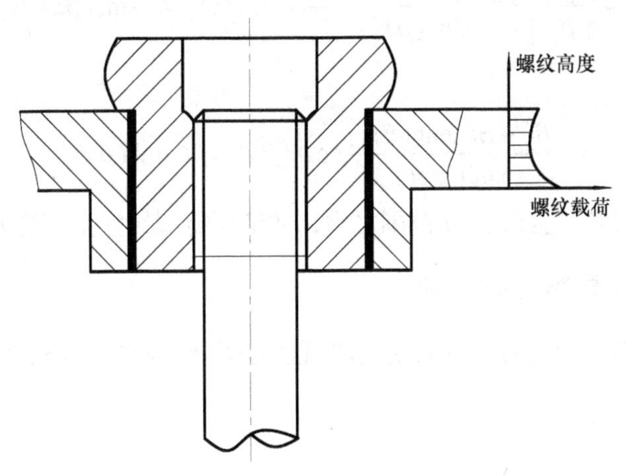

图 6.3.3　等截面悬置螺母的螺纹载荷分布

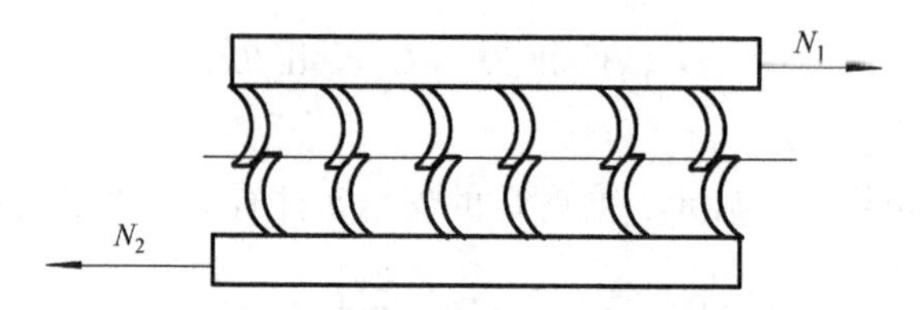

图 6.3.4　等截面悬置螺母螺纹体与螺纹牙变形协调条件

$$x=0\ ,\ \ \frac{\mathrm{d}\delta_1}{\mathrm{d}x}=-\frac{Q}{E_1A_1}\ ,\ \ \frac{\mathrm{d}\delta_2}{\mathrm{d}x}=0$$

$$x=H\ ,\ \ \frac{\mathrm{d}\delta_1}{\mathrm{d}x}=0\ ,\ \ \frac{\mathrm{d}\delta_2}{\mathrm{d}x}=-\frac{Q}{E_2A_2}$$

对式(6.3.7)微分一次后代入边界条件，得：

$$x=0\ ,\ \ \frac{\mathrm{d}p}{\mathrm{d}x}=-QC\left(\frac{1}{E_1A_1}\right)\cos\lambda=p_{\mathrm{m}}H\beta_1^2$$

$$x=H\ ,\ \ \frac{\mathrm{d}p}{\mathrm{d}x}=QC\left(\frac{1}{E_2A_2}\right)\cos\lambda=p_{\mathrm{m}}H\beta_2^2$$

式中：p_{m}为螺纹牙上的平均载荷。

解得：

$$p=\frac{p_{\mathrm{m}}H}{\beta}\left[\frac{\beta_2^2+\beta_1^2\tanh(\beta H)}{\sinh(\beta H)}\cosh(\beta x)-\beta_1^2\sinh(\beta x)\right]$$

载荷分布如图 6.3.3，比前一种情形好些。当悬置螺母太厚，可能中部有的螺纹不受力，令：

$$p=\frac{p_{\mathrm{m}}H}{\beta}\left[\frac{\beta_2^2+\beta_1^2\tanh(\beta H)}{\sinh(\beta H)}\cosh(\beta x)-\beta_1^2\sinh(\beta x)\right]=0$$

则有：

$$\frac{\beta_2^2+\beta_1^2\tanh(\beta H)}{\sinh(\beta H)}\cosh(\beta x)=\beta_1^2\sinh(\beta x)$$

如果上式有解，且解在 H 范围之内，才证明有螺纹完全不受力。

6.3.3　变截面悬置螺母偏载分析

为了改善螺母的受力，可采用变截面悬置螺母，如图 6.3.5 所示。

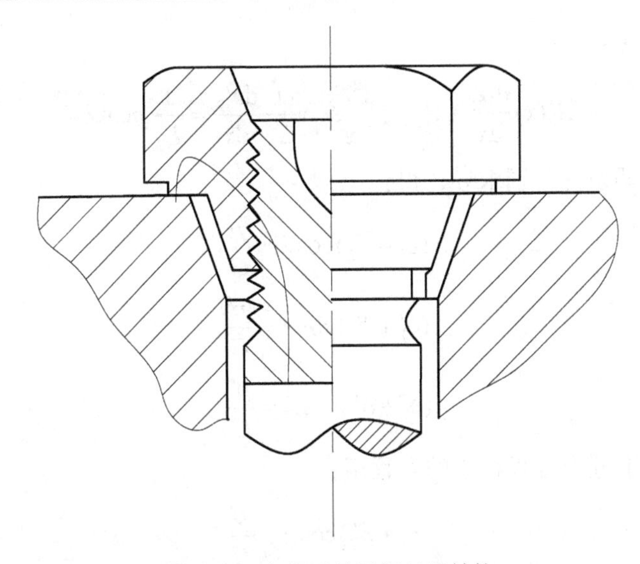

图 6.3.5　变截面悬置螺母的结构

为了改善悬置螺母和螺纹的受力分布，悬置螺母应该做成变截面形状。对于螺杆有物理方程：

$$-\frac{\mathrm{d}\delta_1}{\mathrm{d}x}=\frac{N_1}{E_1A_1}$$

$$-\frac{\mathrm{d}\delta_1^2}{\mathrm{d}^2x}=\frac{1}{E_1A_1}\frac{\mathrm{d}N_1}{\mathrm{d}x}=\frac{p\cot\lambda}{E_1A_1}$$

对于悬置螺母有物理方程：

$$-\frac{\mathrm{d}\delta_2}{\mathrm{d}x}=\frac{N_2}{E_2A_2(x)}$$

式中：$A_2(x)$ 为悬置螺母的变截面面积。

根据悬置螺母和螺杆的受力特点，有：

$$N_1(x)=F-N_2(x)$$

其中 F 为总载荷：

$$F=p_{\mathrm{m}}\cot\lambda H$$

得：

$$N_1=E_1A_1\delta_1'=F-E_2A_2\delta_2'=F-N_2$$

上式写成：

$$A_2(x)\frac{\mathrm{d}\delta_2}{\mathrm{d}x}=\frac{N_2}{E_2}$$

再两边求导：

$$A_2'(x)\frac{\mathrm{d}\delta_2}{\mathrm{d}x}+A_2(x)\frac{\mathrm{d}^2\delta_2}{\mathrm{d}x^2}=\frac{1}{E_2}\frac{\mathrm{d}N_2}{\mathrm{d}x}=\frac{1}{E_2}p\cot\lambda$$

对变形协调条件分别求导，得：

$$(\delta_1+\delta_2)\cos\lambda=\frac{p}{C} \tag{6.3.10}$$

$$(\delta_1'+\delta_2')\cos\lambda=\frac{p'}{C} \tag{6.3.11}$$

$$(\delta_1''+\delta_2'')\cos\lambda=\frac{p''}{C} \tag{6.3.12}$$

可构成如下五个方程组成的方程组：

$$(\delta_1'+\delta_2')\cos\lambda=\frac{p'}{C} \tag{6.3.13}$$

$$E_1A_1\delta_1'-E_2A_2\delta_2'=F \tag{6.3.14}$$

$$(\delta_1''+\delta_2'')\cos\lambda=\frac{p''}{C} \tag{6.3.15}$$

$$A_2'(x)\delta_2'+A_2(x)\delta_2''=\frac{1}{E_2}p\cot\lambda \tag{6.3.16}$$

$$\delta_1''=\frac{p\cot\lambda}{E_1A_1} \tag{6.3.17}$$

式(6.3.14)写成：

$$E_1A_1\delta_1'+E_1A_1\delta_2'=\frac{p'E_1A_1}{C\cos\lambda}$$

式(6.3.15)写成：

$$-E_1A_1\delta_1'+E_2A_2\delta_2'=-F$$

消去δ_1'，得：

$$\delta_2'=\left(\frac{p'E_1A_1}{C\cos\lambda}-F\right)\frac{1}{A_1E_1+A_2E_2}$$

式(6.3.16)改写成：

$$\delta_1''+\delta_2''=\frac{p''}{C\cos\lambda}$$

$$\delta_2''=\frac{p''}{C\cos\lambda}-\delta_1''=\frac{p''}{C\cos\lambda}+\frac{p\cot\lambda}{E_1A_1}$$

将 δ_2', δ_2'' 的表达式代入式(6.3.16)，得：

$$A_2'(x)\left(\frac{p'E_1A_1}{C\cos\lambda}-F\right)\frac{1}{A_1E_1+A_2E_2}+A_2(x)\left(\frac{p''}{C\cos\lambda}+\frac{p\cot\lambda}{E_1A_1}\right)=\frac{1}{E_2}p\cot\lambda$$

$$\frac{A_2'(x)}{A_2(x)}\left(\frac{p'E_1A_1}{C\cos\lambda}-F\right)\frac{1}{A_1E_1+A_2E_2}+\left(\frac{p''}{C\cos\lambda}+\frac{p\cot\lambda}{E_1A_1}\right)=\frac{1}{E_2A_2(x)}p\cot\lambda$$

$$\frac{A_2'(x)}{A_2(x)}\left(\frac{p'E_1A_1}{C\cos\lambda}-F\right)\frac{1}{A_1E_1+A_2E_2}+\frac{p''}{C\cos\lambda}+\left(\frac{1}{E_1A_1}-\frac{1}{E_2A_2(x)}\right)p\cot\lambda=0$$

以上三式为关于 p'', p', p 的变系数线性微分方程。

6.3.4　按照载荷均匀分布确定悬置螺母的变截面

为进一步改善螺纹牙的受力分布，将悬置螺母做成变截面的，仿照上述过程，可导出螺纹载荷 p 所应满足的变系数二阶微分方程：

$$C\cos\lambda\cot\lambda\left(\frac{1}{E_1A_1}+\frac{1}{E_2A_2}\right)p=p'' \tag{6.3.18}$$

$$C\cos\lambda\cot\lambda\left(\frac{1}{E_1A_1}+\frac{2}{E_2\pi r_2^2(x)}\right)p=p'' \tag{6.3.19}$$

反之，可以假定载荷沿螺纹均匀分布，再求出最佳悬置螺母截面曲线。令悬置螺母截面面积为：

$$A_2=A_2(x)$$

方程(6.3.4)成为：

$$A_2(x)\frac{\mathrm{d}\delta_2}{\mathrm{d}x}=\frac{N_2}{E_2} \tag{6.3.20}$$

$$A_2'(x)\frac{\mathrm{d}\delta_2}{\mathrm{d}x}+A_2(x)\frac{\mathrm{d}\delta_2^2}{\mathrm{d}^2x}=\frac{\frac{\mathrm{d}N_2}{\mathrm{d}x}}{E_2} \tag{6.3.21}$$

式(6.3.21)成为：

$$\frac{\mathrm{d}N_2}{\mathrm{d}x}=p_\mathrm{m}\cot\lambda=常数$$

$$N_2=xp_\mathrm{m}\cot\lambda+C$$

当 x=0，N_2=0，C=0，则：

$$N_2=xp_\mathrm{m}\cot\lambda$$

$$\frac{\mathrm{d}\delta_2}{\mathrm{d}x}=\frac{N_2}{E_2Q_2(x)}=\frac{xp_{\mathrm{m}}\cot\lambda}{E_2A_2(x)}$$

由式(6.3.10)微分二次得到：

$$\delta_1'+\delta_2'=0$$

$$\delta_2'=-\delta_1'=\frac{p_{\mathrm{m}}\cot\lambda}{E_1A_1}$$

将以上诸式代入式(6.3.21)，得：

$$\frac{\mathrm{d}A_2(x)}{\mathrm{d}x}\frac{xp_{\mathrm{m}}\cot\lambda}{E_2A_2(x)}-\frac{A_2(x)p_{\mathrm{m}}\cot\lambda}{E_1A_1}=\frac{p_{\mathrm{m}}\cot\lambda}{E_2}$$

如 E_1=E_2，化简得：

$$x\frac{A_2'(x)}{A_1}-\frac{A_2^2(x)}{A_1^2}-\frac{A_2(x)}{A_1}=0$$

设：

$$\frac{A_2(x)}{A_1}=\mu(x)$$

$$\mu'(x)-\frac{\mu^2(x)}{x}-\frac{\mu(x)}{x}=0$$

变为伯努利方程的形式：

$$\frac{\mathrm{d}\mu(x)}{\mathrm{d}x}+p(x)\mu(x)=Q(x)\mu^2(x)$$

其中：

$$p(x)=-\frac{1}{x},\ \ q(x)=\frac{1}{x},\ \ n=2$$

利用变量代换：

$$z=\mu^{1-n}=\frac{1}{\mu}$$

原方程化成关于新未知函数 z 的线性方程：

$$\frac{\mathrm{d}z}{\mathrm{d}x}+p(x)\mu(x)=q(x)$$

求伯努利方程的解：

$$\mu^{(1-n)}\mathrm{e}^{(1-n)\int p(x)\mathrm{d}x}=(1-n)\int q(x)\mathrm{e}^{(1-n)\int p(x)\mathrm{d}x}+C$$

$$\mu^{-1}\mathrm{e}^{-n\int\frac{1}{x}\mathrm{d}x}=(1-2)\int\frac{1}{x}\mathrm{e}^{-n\int\frac{1}{x}\mathrm{d}x}+C$$

$$\mu=\frac{x}{C-x}$$

$$A_2(x)=\frac{A_1x}{C-x}$$

当 $x=H$，则：

$$A_2(H)=\frac{A_1H}{C-H}$$

$$C=\frac{A_1H}{A_2(H)}+H$$

$$A_2(x)=\frac{A_1x}{C-x}=\frac{A_1x}{\dfrac{A_1H}{A_2(H)}-x+H}$$

螺纹偏载应力为常数，并不意味悬置螺母横截面应力也为常数。对式(6.3.21)积分，由于已假定螺纹表面压力分布是常数，那么：

$$N_2=xp_{\mathrm{m}}\cot\lambda$$

悬置螺母横截面应力为：

$$\sigma_2=\frac{N_2}{A_2}=\frac{p_{\mathrm{m}}x\cot\lambda}{A_2}=\frac{p_{\mathrm{m}}x\cot\lambda}{A_1\dfrac{x}{C-x}}=\frac{p_{\mathrm{m}}\cot\lambda}{A_1}(C-x)$$

按等螺纹表面偏载力推导的悬置螺母横截面应力，其最大应力在下部，则：

$$\sigma_{2\max}=\sigma_2(0)=\frac{Cp_{\mathrm{m}}\cot\lambda}{A_1}=\frac{p_{\mathrm{m}}\cot\lambda}{A_1}\left(\frac{A_1H}{A_2(H)}+H\right)\leqslant[\sigma]$$

$A_2(H)$为悬置螺母上部的截面积，有：

$$A_2(H)\geqslant\frac{A_1H}{\dfrac{[\sigma]}{p_{\mathrm{m}}\cot\lambda}-H}$$

$$A_2=\frac{\pi}{4}[D^2(x)-d^2]=\frac{xA_1}{C-x}$$

式中：$D(x)$为悬置螺母截面直径；d 为螺杆直径。

$$D(x)=\sqrt{\frac{4A_1x}{\pi(C-x)}+d^2}$$

6.3.5　变截面悬置螺母的最佳截面曲线

如前文所述，按照载荷沿螺纹均匀分布确定悬置螺母的变截面并不能保证悬置螺母各截面的应力相等。那么显然最理想的情况是既保证悬置螺母各截面的应力相等又保证载荷沿螺纹均匀分布。

其基本思路是：先假定螺纹载荷沿螺纹表面均匀分布，按等强度条件确定悬置螺母的变截面曲线。这样确定的变截面悬置螺母不能保证螺纹载荷沿螺纹表面均匀分布。再对螺纹加以修正，使得螺纹载荷沿螺纹表面均匀分布。

按等强度条件确定悬置螺母的变截面曲线。由于：

$$p=p_{\mathrm{m}}=\text{常数}$$

$$\frac{\mathrm{d}N}{\mathrm{d}x}=p_{\mathrm{m}}\cot\lambda=\text{常数}$$

$$N_2=xp_{\mathrm{m}}\cot\lambda+C$$

当 $x=0$，$N_2=0$，$C=0$，则：

$$N_2=xp_{\mathrm{m}}\cot\lambda$$

$$\frac{N_2(x)}{A_2(x)}=[\sigma]=\text{常数}$$

$$A_2(x)=\frac{xp_{\mathrm{m}}\cot\lambda}{[\sigma]}$$

$$A_2=\frac{\pi}{4}[D^2(x)-d^2]=\frac{xp_{\mathrm{m}}\cot\lambda}{[\sigma]}$$

式中：$D(x)$为悬置螺母截面直径；d 为螺杆直径。

$$D(x)=\sqrt{\frac{xp_{\mathrm{m}}\cot\lambda}{[\sigma]}+d^2}$$

变截面悬置螺母的最佳截面曲线如图 6.3.6 所示。

对变形协调条件分别求导：

$$(\delta_1+\delta_2)\cos\lambda=\frac{p}{C}+\varepsilon(x)$$

$$(\delta_1'+\delta_2')\cos\lambda=\frac{p'}{C}+\varepsilon'(x)$$

$$(\delta_1''+\delta_2'')\cos\lambda=\frac{p''}{C}+\varepsilon''(x)$$

可构成如下五个方程组成的方程组：

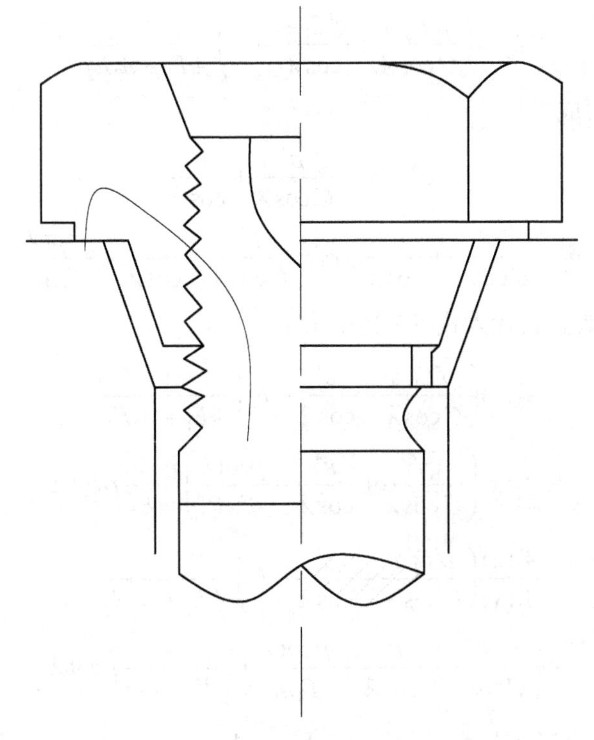

图 6.3.6　变截面悬置螺母的最佳截面曲线

$$(\delta_1'+\delta_2')\cos\lambda=\frac{p'}{C}+\varepsilon' \tag{6.3.22}$$

$$E_1A_1\delta_1'-E_2A_2\delta_2'=F \tag{6.3.23}$$

$$(\delta_1''+\delta_2'')\cos\lambda=\frac{p''}{C}+\varepsilon'' \tag{6.3.24}$$

$$A_2'(x)\delta_2'+A_2(x)\delta_2''=\frac{1}{E_2}p\cot\lambda \tag{6.3.25}$$

$$\delta_1''=\frac{p\cot\lambda}{E_1A_1} \tag{6.3.26}$$

式(6.3.24)写成:

$$E_1A_1\delta_1'+E_1A_1\delta_2'=\frac{p'E_1A_1}{C\cos\lambda}+\varepsilon'E_1A_1$$

式(6.3.25)写成:

$$-E_1A_1\delta_1'+E_2A_2\delta_2'=-F$$

消去 δ_1'，得:

$$\delta_2' = \left(\frac{p'E_1A_1}{C\cos\lambda} + \frac{\varepsilon'E_1A_1}{\cos\lambda} - F \right) \frac{1}{A_1E_1 + A_2E_2}$$

式(6.3.26)写成：

$$\delta_1'' + \delta_2'' = \frac{p''}{C\cos\lambda} + \frac{\varepsilon''}{\cos\lambda}$$

$$\delta_2'' = \frac{p''}{C\cos\lambda} + \frac{\varepsilon''}{\cos\lambda} - \delta_1'' = \frac{p''}{C\cos\lambda} + \frac{\varepsilon''}{\cos\lambda} + \frac{p\cot\lambda}{E_1A_1}$$

将δ_2', δ_2''的表达式代入式(6.3.26)，得：

$$A_2'(x)\left(\frac{p'E_1A_1}{C\cos\lambda} + \frac{\varepsilon'}{\cos\lambda} - F \right)\frac{1}{A_1E_1 + A_2E_2} + A_2(x)\left(\frac{p''}{C\cos\lambda} + \frac{\varepsilon''}{\cos\lambda} + \frac{p\cot\lambda}{E_1A_1} \right) = \frac{1}{E_2} p\cot\lambda$$

$$\frac{A_2'(x)}{A_2(x)}\left(\frac{p'E_1A_1}{C\cos\lambda} + \frac{\varepsilon'}{\cos\lambda} - F \right)\frac{1}{A_1E_1 + A_2E_2} + \left(\frac{p''}{C\cos\lambda} + \frac{\varepsilon''}{\cos\lambda} + \frac{p\cot\lambda}{E_1A_1} \right) = \frac{1}{E_2A_2(x)} p\cot\lambda$$

$$\frac{A_2'(x)}{A_2(x)}\left(\frac{p'E_1A_1}{C\cos\lambda} + \frac{\varepsilon'}{\cos\lambda} - F \right)\frac{1}{A_1E_1 + A_2E_2} + \frac{p''}{C\cos\lambda} + \frac{\varepsilon''}{\cos\lambda} + \left(\frac{1}{E_1A_1} - \frac{1}{E_2A_2(x)} \right) p\cot\lambda = 0$$

以上三式为关于p'', p', p的变系数线性微分方程。由于：

$$p' = 0,\ p'' = 0,\ p = p_{\mathrm{m}}$$

$$\frac{A_2'(x)}{A_2(x)}\left(\frac{\varepsilon'}{\cos\lambda} - F \right)\frac{1}{A_1E_1 + A_2(x)E_2} + \frac{\varepsilon''}{\cos\lambda} + \left(\frac{1}{E_1A_1} - \frac{1}{E_2A_2(x)} \right) p_{\mathrm{m}}\cot\lambda = 0$$

根据上式求解关于ε的微分方程，便可求得螺纹的修形量函数。

6.4　圆锥管螺纹的偏载

圆锥管螺纹的偏载广泛应用于各种挥发性液态容器的密封盖，如图 6.4.1 所示。相对前文论述的情形，有类比关系：T换成N，J换成A，G换成E，φ换成λ，M换成F。

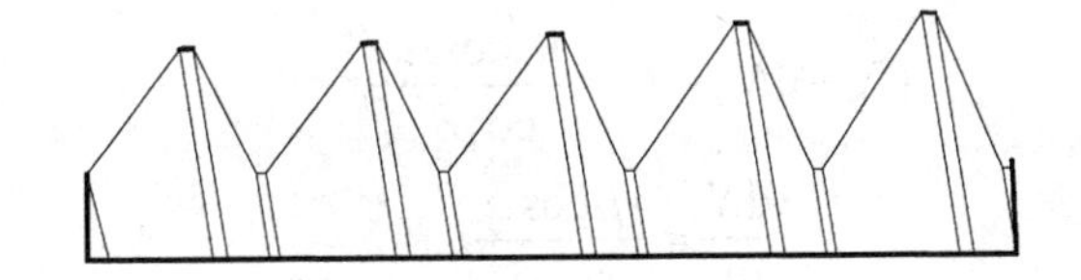

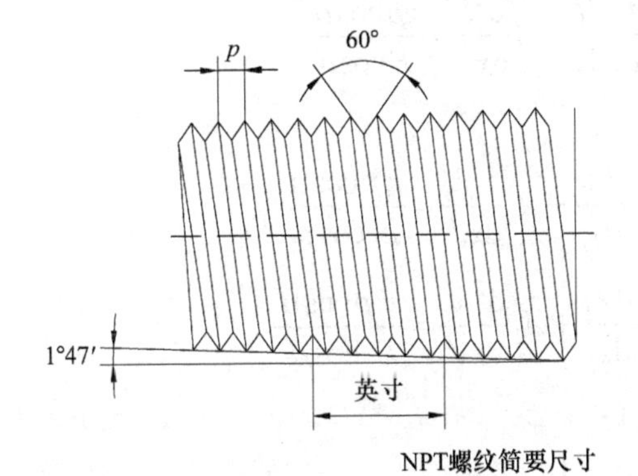

- 60°牙型角
- 螺距用英制表示
- 牙型是平顶平底
- 锥角1°47′

美国标准管螺纹 (NPT)

图 6.4.1　圆锥管螺纹的标准

6.4.1　圆锥管螺纹的偏载

两圆锥形拉杆沿圆锥母线分布一系列弹性簧片，两圆锥体通过这些弹性簧片接触，在任意一个轴向位置截取一微段，如图 6.4.2 所示，有物理方程：

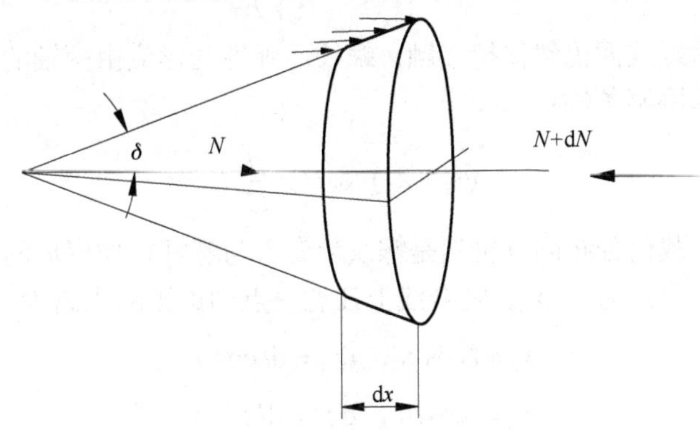

图 6.4.2　圆锥管螺纹微单元受力图

$$A(x)\frac{\mathrm{d}\lambda}{\mathrm{d}x}=\frac{N}{E}$$

$$\frac{\mathrm{d}A}{\mathrm{d}x}\cdot\frac{\mathrm{d}\lambda}{\mathrm{d}x}+A\frac{\mathrm{d}^2\lambda}{\mathrm{d}x^2}=\frac{\mathrm{d}N}{\mathrm{d}x}\frac{1}{E}$$

有力平衡关系：

$$(N+\mathrm{d}N)-N=\frac{rp\cos\alpha}{\cos\delta}\mathrm{d}x$$

$$\frac{\mathrm{d}N}{\mathrm{d}x}=\frac{rp\cos\alpha}{\cos\delta}$$

$$\frac{\mathrm{d}A}{\mathrm{d}x}\cdot\frac{\mathrm{d}l}{\mathrm{d}x}+A\frac{\mathrm{d}^2 l}{\mathrm{d}x^2}=\frac{rp\cos\alpha}{E\cos\delta}$$

对轮 1 和轮 2 分别有：

$$\frac{\mathrm{d}A_1}{\mathrm{d}x_1}\cdot\frac{\mathrm{d}\lambda_1}{\mathrm{d}x_1}+A_1\frac{\mathrm{d}^2\lambda_1}{\mathrm{d}x_1{}^2}=\frac{r_1 p\cos\alpha}{E_1\cos\delta_1} \tag{6.4.1}$$

$$\frac{\mathrm{d}A_2}{\mathrm{d}x_2}\cdot\frac{\mathrm{d}\lambda_2}{\mathrm{d}x_2}+A_2\frac{\mathrm{d}^2\lambda_2}{\mathrm{d}x_2{}^2}=\frac{r_2 p\cos\alpha}{E_2\cos\delta_2} \tag{6.4.2}$$

设螺纹齿综合刚度为 C，有：

$$\frac{1}{C}=\frac{1}{C_1}+\frac{1}{C_2}$$

式中：C_1,C_2 分别为轮 1 和轮 2 的轮齿刚度。

则齿向弹性变形为：

$$\frac{p}{C}=p\left(\frac{1}{C_1}+\frac{1}{C_2}\right)$$

由于变形后螺纹面仍然保持接触，螺纹面弹性变形应由两轴的相对附加移动弥补，故有变形协调条件：

$$(\lambda_1+\lambda_2)\cos\alpha=\frac{p}{C} \tag{6.4.3}$$

因此螺纹面载荷分布问题仍然是螺纹牙变形与螺杆拉伸变形的超静定问题，设两螺杆锥顶角分别为 δ_1,δ_2，啮合线上任意一点到锥顶的距离为 l，则：

$$x_1=l\cos\delta_1，\ \mathrm{d}x_1=\mathrm{d}l\cos\delta_1$$

$$x_2=l\cos\delta_2，\ \mathrm{d}x_2=\mathrm{d}l\cos\delta_2$$

$$r_1=l\sin\delta_1，\ r_2=l\sin\delta_2$$

$$A_1=\frac{\pi l^2\sin^2\delta_1}{2}，\ A_2=\frac{\pi l^2\sin^2\delta_2}{2}$$

对以上诸方程作变量代换：

$$\left(\frac{\mathrm{d}A_1}{\mathrm{d}l}\cdot\frac{\mathrm{d}\lambda}{\mathrm{d}l}+A_1\frac{\mathrm{d}^2\lambda_2}{\mathrm{d}l^2}\right)\frac{1}{\cos^2\delta}=\frac{pl\sin\delta\cos\alpha}{E\cos\delta}$$

$$\sin\delta_1\left(l\frac{\mathrm{d}\lambda_1}{\mathrm{d}l}+l\frac{\mathrm{d}^2\lambda_1}{\mathrm{d}l^2}\right)=\frac{2p\cos\alpha\cos\delta_1}{\pi E_1 l^2\sin^2\delta_1} \tag{6.4.4}$$

$$\sin\delta_2\left(l\frac{\mathrm{d}\lambda_2}{\mathrm{d}l}+l\frac{\mathrm{d}^2\lambda_2}{\mathrm{d}l^2}\right)=\frac{2p\cos\alpha\cos\delta_2}{\pi E_2 l^2\sin^2\delta_2} \tag{6.4.5}$$

$$\lambda_1\sin\delta_1+\lambda_2\sin\delta_2=\left(\frac{p}{l}\right)\frac{1}{C\cos\alpha}$$

$$\frac{\mathrm{d}\lambda_1}{\mathrm{d}l}\sin\delta_1+\frac{\mathrm{d}\lambda_2}{\mathrm{d}l}\sin\delta_2=\left(\frac{p}{l}\right)'\frac{1}{C\cos\alpha} \tag{6.4.6}$$

$$\frac{\mathrm{d}^2\lambda_1}{\mathrm{d}l^2}\sin\delta_1+\frac{\mathrm{d}^2\lambda_2}{\mathrm{d}l^2}\sin\delta_2=\left(\frac{p}{l}\right)''\frac{1}{C\cos\alpha} \tag{6.4.7}$$

将式(6.4.4)和式(6.4.5)相加，再将式(6.4.6)和式(6.4.7)代入经整理得：

$$4\left(\frac{p}{l}\right)'+l\left(\frac{p}{l}\right)''=\frac{2C\cos^2\alpha}{\pi}\left(\frac{\cos\delta_1}{E_1\sin^2\delta_1}+\frac{\cos\delta_2}{E_2\sin^2\delta_2}\right)\frac{p}{l^2} \tag{6.4.8}$$

设：

$$\beta_1=\frac{2C\cos^2\alpha}{\pi}\cdot\frac{\cos\delta_1}{E_1\sin^2\delta_1}$$

$$\beta_2=\frac{2C\cos^2\alpha}{\pi}\cdot\frac{\cos\delta_2}{E_2\sin^2\delta_2}$$

$$\beta=\beta_1+\beta_2$$

则式(6.4.6)成为：

$$l^2\left(\frac{p}{l}\right)''+4l\left(\frac{p}{l}\right)'-\beta\left(\frac{p}{l}\right)=0$$

再设$\dfrac{p}{l}=y$，则有：

$$l^2y''+4ly'-\beta y=0$$

该式为欧拉方程。再令：

$$l=\mathrm{e}^t$$

特征方程为：

$$D(D-1)+4D-\beta=0$$

特征根为：

$$\gamma_{1,2}=\frac{-3\pm\sqrt{9+4\beta}}{2}$$

$$y=E\mathrm{e}^{\gamma_1 t}+F\mathrm{e}^{\gamma_2 t}=El^{\gamma_1}+Fl^{\gamma_2} \tag{6.4.9}$$

$$\frac{p}{l}=El^{\gamma_1}+Fl^{\gamma_2} \tag{6.4.10}$$

式中：E, F 为待定常数。

待定常数与力的输入条件有关，如力同时由两螺杆螺母大端输入输出，设 L_0 为小端锥距，L 为大端锥距，则有：

$$l=L_0\,,\quad \frac{\mathrm{d}\lambda_1}{\mathrm{d}x_1}=0\,,\quad \frac{\mathrm{d}\lambda_2}{\mathrm{d}x_2}=0\,,\quad \frac{\mathrm{d}\lambda_1}{\mathrm{d}l}=0\,,\quad \frac{\mathrm{d}\lambda_2}{\mathrm{d}l}=0$$

根据式(6.4.4)，有：

$$\left.\left(\frac{p}{l}\right)'\right|_{l=L_0}=0$$

$$\gamma_1 E{L_0}^{\gamma_1-1}+\gamma_2 F{L_0}^{\gamma_2-1}=0 \tag{6.4.11}$$

$$\frac{\mathrm{d}\lambda_1}{\mathrm{d}x_1}=\frac{F_1}{E_1A_1}\,,\quad \frac{\mathrm{d}\lambda_2}{\mathrm{d}x_2}=\frac{F_2}{E_2A_2}$$

$$\frac{\mathrm{d}\lambda_1}{\mathrm{d}l}=\frac{F_1\cos\delta_1}{E_1A_1}\,,\quad \frac{\mathrm{d}\lambda_2}{\mathrm{d}l}=\frac{F_2\cos\delta_2}{E_2A_2}$$

$$\frac{\mathrm{d}\lambda_1}{\mathrm{d}l}\sin\delta_1+\frac{\mathrm{d}\lambda_2}{\mathrm{d}l}\sin\delta_2=\frac{F_1}{E_1A_1}\cos\delta_1\sin\delta_1+\frac{F_2}{E_2A_2}\cos\delta_2\sin\delta_2$$

$$\left.\left(\frac{p}{l}\right)'\right|_{l=L}=C\cdot\cos\alpha\left.\left(\frac{\mathrm{d}\lambda_1}{\mathrm{d}l}\sin\delta_1+\frac{\mathrm{d}\lambda_2}{\mathrm{d}l}\sin\delta_2\right)\right|_{l=L}=\frac{2C\cdot\cos\alpha}{\pi L^4}\left(\frac{F_1\cos\delta_1}{E_1\sin^3\delta_1}+\frac{F_2\cos\delta_2}{E_2\sin^3\delta_2}\right)$$

平衡条件为：

$$F_1=p_{\mathrm{m}}\cdot\frac{L+L_0}{2}(L-L_0)\sin\delta_1\cos\alpha=p_{\mathrm{m}}\cdot\frac{L^2-{L_0}^2}{2}\sin\delta_1\cos\alpha$$

$$F_2=p_{\mathrm{m}}\cdot\frac{L^2-{L_0}^2}{2}\sin\delta_2\cos\alpha$$

$$\left.\left(\frac{p}{l}\right)'\right|_{l=L}=\frac{2C\cos\alpha}{\pi L^4}\left(\frac{\cos\delta_1}{G_1\sin^2\delta_1}+\frac{\cos\delta_2}{G_2\sin^2\delta_2}\right)p_{\mathrm{m}}\frac{L^2-L_0^2}{2}=\frac{p_{\mathrm{m}}\left(L^2-L_0^2\right)}{2L^4}\beta$$

$$\gamma_1 EL^{\gamma_1-1}+\gamma_2 FL^{\gamma_2-1}=\frac{p_{\mathrm{m}}\left(L^2-L_0^2\right)}{2L^4}\beta \tag{6.4.12}$$

由式(6.4.11)和式(6.4.12)联解算出 E, F 便得方程的解。如扭矩作用在轮 1 的小端和轮 2 的大端，则：

$$l=L_0\,,\quad \frac{\mathrm{d}\lambda_1}{\mathrm{d}x_1}=-\frac{F_1}{E_1A_1}\,,\quad \frac{\mathrm{d}\lambda_2}{\mathrm{d}x_2}=0$$

$$\frac{\mathrm{d}\lambda_1}{\mathrm{d}l}=-\frac{F_1\cos\delta_1}{E_1A_1}\,,\quad \frac{\mathrm{d}\lambda_2}{\mathrm{d}l}=0$$

$$\left.\frac{\mathrm{d}}{\mathrm{d}l}\left(\frac{p}{l}\right)\right|_{l=L_0}=C\cos\alpha\left.\left(\frac{\mathrm{d}\lambda_1}{\mathrm{d}l}\sin\delta_1+\frac{\mathrm{d}\lambda_2}{\mathrm{d}l}\sin\delta_2\right)\right|_{l=L_0}$$

$$=-C\cos\alpha\frac{F_1\cos\delta_1}{E_1A_1}$$

$$=-\frac{2C\cos^2\alpha\cos\delta_1}{\pi L_0{}^4E_1\sin^2\delta_1}p_{\mathrm{m}}\frac{L^2-L_0^2}{2}$$

$$\gamma_1EL_0{}^{\gamma_1-1}+\gamma_2FL_0{}^{\gamma_2-1}=-\frac{p_{\mathrm{m}}\left(L^2-L_0^2\right)}{2L_0{}^4}\beta_1$$

$$\frac{\mathrm{d}\phi_1}{\mathrm{d}x_1}=0\,,\quad \frac{\mathrm{d}\lambda_1}{\mathrm{d}x_1}=0\,,\quad \frac{\mathrm{d}\lambda_2}{\mathrm{d}x_2}=\frac{F_2}{E_2A_2}$$

$$\frac{\mathrm{d}\lambda_1}{\mathrm{d}l}=0\,,\quad \frac{\mathrm{d}\lambda_2}{\mathrm{d}l}=\frac{F_2\cos\delta_2}{E_2A_2}$$

$$\left.\frac{\mathrm{d}}{\mathrm{d}l}\left(\frac{p}{l}\right)\right|_{l=L}=C\cos\alpha\left.\left(\frac{\mathrm{d}\lambda_1}{\mathrm{d}l}\sin\delta_1+\frac{\mathrm{d}\lambda_2}{\mathrm{d}l}\sin\delta_2\right)\right|_{l=L}$$

$$=C\cos\alpha\frac{F_2\cos\delta_2}{E_2A_2}$$

$$=\frac{2C\cos^2\alpha\cos\delta_2}{\pi L_0{}^4E_2\sin^2\delta_2}p_{\mathrm{m}}\frac{L^2-L_0^2}{2}$$

$$\gamma_1EL_0{}^{\gamma_1-1}+\gamma_2FL_0{}^{\gamma_2-1}=\frac{p_{\mathrm{m}}\left(L^2-L_0^2\right)}{2L^4}\beta_2$$

解出常数 E, F，即为所求的解：

$$p=\frac{p_{\mathrm{m}}\left(L^2-L_0^2\right)}{2}\cdot\frac{1}{\gamma_1\gamma_2\left(L^{\gamma_2}L_0{}^{\gamma_1}-L_0{}^{\gamma_2}L^{\gamma_1}\right)}\left[-\left(\frac{\gamma_2L^{\gamma_2}\beta_1}{L_0{}^3}+\frac{\gamma_1L_0{}^{\gamma_1}\beta_2}{L^3}\right)l^{\gamma_1+1}\right.$$
$$\left.+\left(\frac{\gamma_1L_0{}^{\gamma_1}\beta_2}{L^3}+\frac{\gamma_2L^{\gamma_2}\beta_1}{L_0{}^3}\right)l^{\gamma_2+1}\right]$$

对前一种载荷情况：

$$p=\frac{p_{\mathrm{m}}\left(L^2-L_0^2\right)}{2L^4}\beta\left[\frac{L^{1-\gamma_2}}{\gamma_1\left(L^{\gamma_1-\gamma_2}-L_0^{\gamma_1-\gamma_2}\right)}l^{\gamma_1+1}+\frac{L^{1-\gamma_1}}{\gamma_2\left(L^{\gamma_2-\gamma_1}-L_0^{\gamma_2-\gamma_1}\right)}l^{\gamma_2+1}\right]$$

6.4.2　考虑螺纹误差的圆锥管螺纹的偏载

如果螺杆在加载荷前便存在齿向误差，那么两螺纹面加载前就有微小分离，分离量为$\delta(l)$。假定$\delta(l)$二阶系数存在，如$\delta(l)$不可用连续可导函数表示，可以用二阶可导函数拟合，则变形协调条件为：

$$(r_1\lambda_1+r_2\lambda_2)\cos\alpha=\frac{p}{l}+\delta \tag{6.4.13}$$

$$C(\lambda_1\sin\delta_1+\lambda_2\sin\delta_2)\cos\alpha=\frac{p}{l}+C\left(\frac{\delta}{l}\right) \tag{6.4.14}$$

$$C\left(\frac{\mathrm{d}\lambda_1}{\mathrm{d}l}\sin\delta_1+\frac{\mathrm{d}\lambda_2}{\mathrm{d}l}\sin\delta_2\right)\cos\alpha=\frac{\mathrm{d}}{\mathrm{d}l}\left(\frac{p}{l}\right)+C\frac{\mathrm{d}}{\mathrm{d}l}\left(\frac{\delta}{l}\right) \tag{6.4.15}$$

$$C\left(\frac{\mathrm{d}^2\lambda_1}{\mathrm{d}l^2}\sin\delta_1+\frac{\mathrm{d}^2\lambda_2}{\mathrm{d}l^2}\sin\delta_2\right)\cos\alpha=\frac{\mathrm{d}^2}{\mathrm{d}l^2}\left(\frac{p}{l}\right)+C\frac{\mathrm{d}^2}{\mathrm{d}l^2}\left(\frac{\delta}{l}\right) \tag{6.4.16}$$

式(6.4.7)成为：

$$l^2\left(\frac{p}{l}\right)''+4l\left(\frac{p}{l}\right)'-\beta\left(\frac{p}{l}\right)=-Cl^2\left(\frac{\delta}{l}\right)''-4Cl\left(\frac{\delta}{l}\right)'$$

令$y=\frac{p}{l}$，$l=\mathrm{e}^t$，则：

$$\frac{\mathrm{d}}{\mathrm{d}t}\left(\frac{\mathrm{d}}{\mathrm{d}t}-1\right)y+4\frac{\mathrm{d}}{\mathrm{d}t}y-\beta y=-C\left[\frac{\mathrm{d}}{\mathrm{d}t}\left(\frac{\mathrm{d}}{\mathrm{d}t}-1\right)+4\frac{\mathrm{d}}{\mathrm{d}t}\right]\left(\frac{\delta\left(\mathrm{e}^t\right)}{\mathrm{e}^t}\right)$$

设：

$$-C\left[\frac{\mathrm{d}}{\mathrm{d}t}\left(\frac{\mathrm{d}}{\mathrm{d}t}-1\right)+4\frac{\mathrm{d}}{\mathrm{d}t}\right]\left(\frac{\delta\left(\mathrm{e}^t\right)}{\mathrm{e}^t}\right)=\Delta(t)$$

为方程非齐次项，对应齐次方程的特征根仍为γ_1,γ_2，利用非齐次方程的常数变异法，得到方程的特解：

$$y^*=E(t)\mathrm{e}^{\gamma_1 t}+F(t)\mathrm{e}^{\gamma_2 t}$$

式中：$E(t)$, $F(t)$为待定函数

待定函数 $E(t), F(t)$满足：

$$E'(t)\mathrm{e}^{\gamma_1 t}+F'(t)\mathrm{e}^{\gamma_2 t}=0$$

$$E'(t)\gamma_1\mathrm{e}^{\gamma_1 t}+F'(t)\gamma_2\mathrm{e}^{\gamma_2 t}=\Delta(t)$$

解得：

$$E'(t)=\frac{\Delta(t)\mathrm{e}^{-\gamma_2 t}}{\gamma_1-\gamma_2},\quad E(t)=\frac{1}{\gamma_1-\gamma_2}\int\Delta(t)\mathrm{e}^{-\gamma_2 t}\mathrm{d}t$$

$$F'(t)=\frac{-\Delta(t)\mathrm{e}^{-\gamma_1 t}}{\gamma_1-\gamma_2},\quad F(t)=-\frac{1}{\gamma_1-\gamma_2}\int\Delta(t)\mathrm{e}^{-\gamma_1 t}\mathrm{d}t$$

y 的通解为

$$y=C_1\mathrm{e}^{\gamma_1 t}+C_2\mathrm{e}^{\gamma_2 t}+\frac{\mathrm{e}^{\gamma_1 t}}{\gamma_1-\gamma_2}\int\Delta(t)\mathrm{e}^{-\gamma_2 t}\mathrm{d}t-\frac{\mathrm{e}^{\gamma_2 t}}{\gamma_1-\gamma_2}\int\Delta(t)\mathrm{e}^{-\gamma_1 t}\mathrm{d}t$$

$$\begin{aligned}\frac{p}{l}=&C_1 l^{\gamma_1}+C_2 l^{\gamma_2}+\frac{Cl^{\gamma_1}}{\gamma_1-\gamma_2}\int\left[l^2\left(\frac{\delta}{l}\right)''+4l\left(\frac{\delta}{l}\right)'\right]l^{-\gamma_2}\frac{\mathrm{d}l}{l}\\&+\frac{-l^{\gamma_2}C}{\gamma_1-\gamma_2}\int\left[l^2\left(\frac{p}{l}\right)''+4l\left(\frac{p}{l}\right)'\right]l^{-\gamma_1}\frac{\mathrm{d}l}{l}\end{aligned}\tag{6.4.17}$$

6.4.3　圆锥管螺纹的修形

由于螺纹面载荷分布还取决于螺纹面原始误差，因而很自然地产生这样的想法，可以人为地改变螺纹面原始廓形，相当于将弹簧片从原来沿母线排列循循错开，以抵消偏载影响，使载荷沿螺纹面均匀分布，这个恰当的函数$\delta(l)$就是齿廓修形量。设：

$$\varPhi=C\cos\alpha(\lambda_1\sin\delta_1+\lambda_2\sin\delta_2)$$

则式(6.4.14)成为：

$$\varPhi=\frac{p}{l}+C\left(\frac{\delta}{l}\right)\tag{6.4.18}$$

将式(6.4.4)和式(6.4.5)相加，得：

$$l^2\varPhi''+4l\varPhi'=\beta\left(\frac{p}{l}\right)\tag{6.4.19}$$

因为 p=常量 p_{m}，令 $l=\mathrm{e}^t$，那么微分方程(6.4.19)成为：

$$\left[\frac{\mathrm{d}}{\mathrm{d}t}\left(\frac{\mathrm{d}}{\mathrm{d}t}-1\right)+4\frac{\mathrm{d}}{\mathrm{d}t}\right]\varPhi=\beta p_{\mathrm{m}}\mathrm{e}^{-t}$$

对应齐次方程的特征方程为：

$$D(D-1)+4D=0$$

特征根为：

$$y^*=A\mathrm{e}^{-t}\text{，}\quad y^*=A\mathrm{e}^{-t}$$

再求方程的特解。由于−1 不是特征方程的根，设 $y^*=A\mathrm{e}^{-t}$，代入原方程得：

$$A=-\frac{\beta}{2}p_{\mathrm{m}}$$

方程的通解为：

$$\varPhi=C_1+C_2\mathrm{e}^{-3t}-\frac{\beta}{2}p_{\mathrm{m}}\mathrm{e}^{-t}=C_1+C_2l^{-3}-\frac{\beta}{2}p_{\mathrm{m}}l^{-1}$$

$$C\left(\frac{\delta}{l}\right)=\varPhi-\left(\frac{p_{\mathrm{m}}}{l}\right)=C_1+C_2l^{-3}-\left(\frac{\beta}{2}+1\right)\frac{p_{\mathrm{m}}}{2}$$

仍然分两种情况讨论，先假设载荷在螺母螺杆大端作用，由式(6.4.15)：

$$C\left(\frac{\delta}{l}\right)'\Bigg|_{l=L_0}=C\left(\frac{\mathrm{d}\lambda_1}{\mathrm{d}l}\sin\delta_1+\frac{\mathrm{d}\lambda_2}{\mathrm{d}l}\sin\delta_2\right)\cos\alpha-\frac{\mathrm{d}}{\mathrm{d}l}\left(\frac{p_{\mathrm{m}}}{l}\right)=p_{\mathrm{m}}\frac{1}{L^2}$$

$$-3C_2L_0{}^{-4}+\left(\frac{\beta}{2}+1\right)p_{\mathrm{m}}L_0{}^{-2}=p_{\mathrm{m}}L_0{}^{-2}$$

$$C_2=\frac{p_{\mathrm{m}}L_0{}^2\beta}{6}$$

$$C\left(\frac{\delta}{l}\right)'\Bigg|_{l=L_0}=C\cos\alpha\left(\frac{\mathrm{d}\lambda_1}{\mathrm{d}l}\sin\delta_1+\frac{\mathrm{d}\lambda_2}{\mathrm{d}l}\sin\delta_2\right)-\frac{\mathrm{d}}{\mathrm{d}l}\left(\frac{p_{\mathrm{m}}}{l}\right)$$

$$=\frac{2C\cos\alpha}{\pi L^4}\left(\frac{F_1\cos\delta_1}{E_1\sin^3\delta_1}+\frac{F_2\cos\delta_2}{E_2\sin^3\delta_2}\right)+p_{\mathrm{m}}L^{-2}$$

$$=\frac{p_{\mathrm{m}}\left(L^2-L_0^2\right)}{2L^4}\beta+p_{\mathrm{m}}L^{-2}$$

$$-3C_2L^{-4}+\left(\frac{\beta}{2}+1\right)p_{\mathrm{m}}L^{-2}=\frac{p_{\mathrm{m}}\left(L^2-L_0^2\right)}{2L^4}\beta+p_{\mathrm{m}}L^{-2}$$

$$C_2=\frac{p_{\mathrm{m}}L_0{}^2\beta}{6}$$

两个边界条件不独立。由于所谓修形量是指螺纹牙相对于理想形状的减少量，因此至少应使螺纹面一点修形量为零。通常应使载荷最小的点修形量为零，故令远离载荷加载端的螺杆小端的修形量为零，即：

$$l = L_0,\quad \delta = 0$$

$$C_1 + C_2 L_0^{-3} - \left(\frac{\beta}{2}+1\right) p_{\mathrm{m}} L_0^{-1} = 0$$

$$C_1 = \frac{p_{\mathrm{m}}\left(\dfrac{\beta}{3}+1\right)}{L_0}$$

当扭矩作用在轮 1 的小端和轮 2 的大端，则有：

$$l = L_0,\quad \frac{\mathrm{d}\lambda_1}{\mathrm{d}x_1} = -\frac{F_1}{E_1 A_1},\quad \frac{\mathrm{d}\lambda_2}{\mathrm{d}x_2} = 0$$

$$C\left(\frac{\delta}{l}\right)'\Bigg|_{l=L_0} = C\cos\alpha\frac{\mathrm{d}\lambda_1}{\mathrm{d}l}\sin\delta_1 - \frac{\mathrm{d}}{\mathrm{d}l}\left(\frac{p_{\mathrm{m}}}{l}\right)$$

$$-3C_2 L_0^{-4} + \left(\frac{\beta}{2}+1\right) p_{\mathrm{m}} L_0^{-2} = -\beta_1 \frac{p_{\mathrm{m}}\left(L^2 - L_0^2\right)}{2L_0^{4}} + p_{\mathrm{m}} L_0^{-2}$$

$$3C_2 = \frac{\beta}{2} p_{\mathrm{m}} L_0^{2} + \beta_1 p_{\mathrm{m}} \frac{L^2 - L_0^2}{2} = \frac{p_{\mathrm{m}}}{2}(\beta_2 L_0^{2} + \beta_1 L^{-2})$$

$$\frac{\mathrm{d}\phi_1}{\mathrm{d}x_1} = 0,\quad \frac{\mathrm{d}\lambda_1}{\mathrm{d}x_1} = 0,\quad \frac{\mathrm{d}\lambda_2}{\mathrm{d}x_2} = \frac{F_2}{E_2 A_2}$$

$$-3C_2 L^{-4} + \left(\frac{\beta}{2}+1\right) p_{\mathrm{m}} L^{-2} = \beta_2 \frac{p_{\mathrm{m}}\left(L^2 - L_0^2\right)}{L^4} + p_{\mathrm{m}} L^{-2}$$

$$3C_2 = \frac{\beta}{2} p_{\mathrm{m}} L^2 - \beta_2 p_{\mathrm{m}} \frac{L^2 - L_0^2}{2} = \frac{p_{\mathrm{m}}}{2}(\beta_2 L_0^{2} + \beta_1 L^2)$$

两边界条件也不独立。求修形曲线极小值点，有：

$$C\delta = C_1 l + C_2 l^{-2} - \frac{\beta}{2} p_{\mathrm{m}}$$

$$(C\delta)' = 0$$

$$C_1 - 3C_2 l^{-3} = 0$$

设对应锥距为 l^*，则：

$$C_1 = 3C_2 l^{*-3}$$

令最小极值修形量为 0，则：

$$C_1 l^* + C_2 l^{*-2} - \frac{\beta}{2} p_{\mathrm{m}} = 0$$

$$4C_2 l^{*-2} = \frac{\beta}{2} p_{\mathrm{m}}$$

$$l^{*2} = \frac{8C_2}{\beta p_{\mathrm{m}}} = \frac{4\left(\beta_2 L_0{}^2 + \beta_1 L^2\right)}{3\beta}$$

$$C_1 l^* = \frac{\beta}{2} p_{\mathrm{m}} - \frac{C_2}{l^{*2}} = \frac{\beta}{2} p_{\mathrm{m}} - \frac{1}{8}\beta p_{\mathrm{m}} = \frac{3}{8}\beta p_{\mathrm{m}}$$

$$C_1 = -\frac{3\beta p_{\mathrm{m}}}{8l^*}$$

第 7 章　板带轧机轧辊的偏载与凸度补偿

本章内容：研究弯曲变形轧辊的偏载问题，这是偏载的另一形态，因为不需考虑扭转变形。

本章目的：从分析板带轧机轧辊弯曲偏载的形态出发，让读者了解弯曲的影响。

本章特色：将板带轧机轧辊与表面变形一起考虑，弯曲的变形同时记入。把轧辊偏载当成超静定问题，在一个方程里统一解决。数学与力学上是完全严格的，没有做不必要的假设。

本章从分析两辊板带轧机轧辊的挠曲变形和轧辊之间的偏载变形出发，从理论上探讨了板带轧机轧辊所应满足的线性微分方程及其解，并根据均载条件，建立起轧辊最佳凸度的计算式。其后，重点分析了四辊轧机与工作辊之间的挠曲变形和偏载条件，研究了轧辊挠度曲线，以及轧辊凸度所应满足的高阶微分方程及其解。

板带轧机轧辊的弹性变形是确定板带轧机刚度，进行板形控制的重要设计参数。为了改善板材沿轧辊轴线方向的精度，现采取设置轧辊凸度以及弯辊装置等方法，借以改变轧辊的挠曲状态。在以往的文献及设计中，对轧辊挠曲变形多沿用卡氏定理逐辊计算叠加而得。但实际上轧辊系统为一弹性系统，尤其对多辊轧机更是如此。以一个弹性系统作为整体来研究其挠度将更接近真值。本章从这点出发来探讨板带轧机的辊系的挠曲问题。

基本假设：首先，将轧辊系统视为弹性系统，上下左右对称；其次，支承辊与工作辊之间、工作辊与轧件之间构成弹性体，沿轴向有恒定的弹性系数。

假如支承辊与工作辊之间都是绝对刚体，只要形状足够准确，轧件沿轴向厚度应该是均匀的。但实际上工作辊与支承辊在受载后都有弹性变形，沿轧辊轴向各点的弹性变形不同，造成轧件厚度沿轴向不均。由于变形后支承辊与工作辊之间、工作辊与轧件之间仍然保持偏载，轧辊的挠曲变形与辊面的偏载变形应由辊的相对移近弥补。因此辊间的载荷分布实际上是辊的挠曲变形与偏载变形的超静定问题。

7.1　二辊轧机的挠度曲线方程

图 7.1.1 所示为双辊轧机的理想模型，从中间将轧辊截开，由于对称性，轧辊的斜率为 0，可以看做固定端。又由于轧辊可上下运动，用滑动小车表示。作用在轧辊上的分布轧制力用 $p(x)$表示。根据材料力学，对上下轧辊分别有：

$$E_1 I_1 \frac{\mathrm{d}^4 y_1}{\mathrm{d}x^4} = p(x)$$

$$E_2 I_2 \frac{\mathrm{d}^4 y_2}{\mathrm{d}x^4} = p(x) \tag{7.1.1}$$

式中：$p=p(x)$为轧辊上的载荷强度，即单位长度上的载荷。

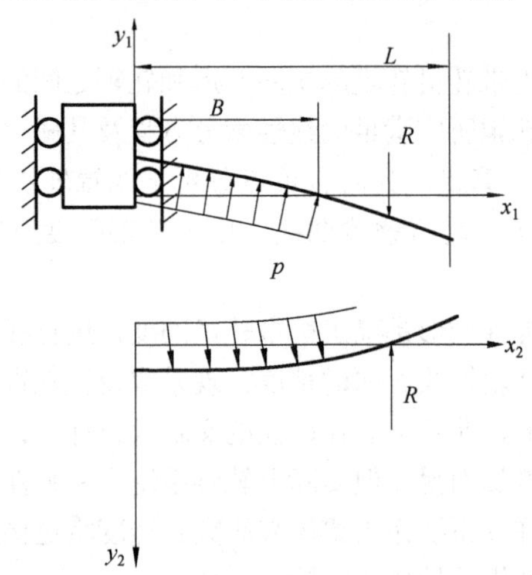

图 7.1.1　双辊轧机的理想模型

轧辊变形量满足：

$$p = -K(y_1 + y_2) \tag{7.1.2}$$

式中：y_1, y_2 为上下两轧辊的挠度曲线，它以两辊刚好偏载，将要压紧而尚未压紧的轴线位置开始度量；K 为工件与两轧辊之间的刚度系数。

由于：

$$E_1=E_2,\ I_1=I_2,\ y_1=y_2$$

故有四阶微分方程：

$$EI\frac{\mathrm{d}^4 y}{\mathrm{d}x^4} + 2Ky = 0 \tag{7.1.3}$$

设：

$$4\beta^4 = \frac{2K}{EI}$$

则微分方程(7.1.3)成为：

$$\frac{\mathrm{d}^4 y}{\mathrm{d}x^4} + 4\beta^2 y = 0 \tag{7.1.4}$$

其特征方程为：

$$\lambda^4 + 4\beta^4 = 0 \tag{7.1.5}$$

其特征根为：

$$\lambda = \pm\beta(1 \pm \mathrm{i}) \tag{7.1.6}$$

式中：

$$\beta = \sqrt[4]{\frac{K}{2EI}}$$

轧辊的挠曲微分方程的解为：

$$y = \mathrm{e}^{\beta x}[A\cos(\beta x) + B\sin(\beta x)] + \mathrm{e}^{-\beta x}[C\cos(\beta x) + D\sin(\beta x)] \tag{7.1.7}$$

为了确定边界条件，考虑两边对称，取轧辊中部为坐标零点，故在中部斜率为零，同时对称中部剪力为零，故有：

$$x = 0\text{，}\frac{\mathrm{d}y}{\mathrm{d}x} = 0\text{，}\frac{\mathrm{d}^3 y}{\mathrm{d}x^3} = 0$$

在轧辊的端部弯矩为零，剪力等于轧制力的一半，故有：

$$x = \frac{B}{2}\text{，}\frac{\mathrm{d}^2 y}{\mathrm{d}x^2} = 0\text{，}\frac{\mathrm{d}^3 y}{\mathrm{d}x^3} = \frac{R}{2}$$

式中：R 为轧制力；B 为轧件宽度。

7.2　轧辊有凸度时的挠曲方程

如果轧辊在加载之前便存在凸度，那么两轧辊在加载之前就有微小分离，分离量用 $\delta = \delta(x)$ 表示。假定 $\delta = \delta(x)$ 的四阶导数存在，如不可用连续函数表示，则可采用四阶可导函数拟合，则式(7.1.2)成为：

$$p = -K(y_1 + y_2 - \delta) \tag{7.2.1}$$

$$EI\frac{\mathrm{d}^4 y}{\mathrm{d}x^4} + 2Ky = 2K\delta \tag{7.2.2}$$

$$EI\frac{\mathrm{d}^4 y}{\mathrm{d}x^4}+2Ky=\frac{2K}{EI}\delta(x) \tag{7.2.3}$$

非齐次方程的解为对应齐次方程的通解与非齐次方程的特解之和。利用非齐次方程的常数变易法，特解可表示为：

$$\begin{aligned} y^* &= \mathrm{e}^{\beta x}[A(x)\cos(\beta x)+B(x)\sin(\beta x)] \\ &\quad +\mathrm{e}^{-\beta x}[C(x)\cos(\beta x)+D(x)\sin(\beta x)] \end{aligned} \tag{7.2.4}$$

式中：$A(x),B(x),C(x),D(x)$ 为待定函数。

其导数满足：

$$A(x)[\mathrm{e}^{\beta x}\cos(\beta x)]+B(x)[\mathrm{e}^{\beta x}\sin(\beta x)]+C(x)[\mathrm{e}^{-\beta x}\cos(\beta x)] \\ +D(x)[\mathrm{e}^{-\beta x}\sin(\beta x)]=0$$

$$A(x)[\mathrm{e}^{\beta x}\cos(\beta x)]'+B(x)[\mathrm{e}^{\beta x}\sin(\beta x)]'+C(x)[\mathrm{e}^{-\beta x}\cos(\beta x)]' \\ +D(x)[\mathrm{e}^{-\beta x}\sin(\beta x)]'=0$$

$$A(x)[\mathrm{e}^{\beta x}\cos(\beta x)]''+B(x)[\mathrm{e}^{\beta x}\sin(\beta x)]''+C(x)[\mathrm{e}^{-\beta x}\cos(\beta x)]'' \\ +D(x)[\mathrm{e}^{-\beta x}\sin(\beta x)]''=0$$

$$A(x)[\mathrm{e}^{\beta x}\cos(\beta x)]'''+B(x)[\mathrm{e}^{\beta x}\sin(\beta x)]'''+C(x)[\mathrm{e}^{-\beta x}\cos(\beta x)]''' \\ +D(x)[\mathrm{e}^{-\beta x}\sin(\beta x)]'''=\frac{2K}{EI}\delta(x)$$

由以上方程组解得 $A(x)',B(x)',C(x)',D(x)'$，再积分，代回式(7.1.7)即求得特解。

对于特殊类型的 $\delta=\delta(x)$，可把特解 $y^*(x)$的特定表达式及其各阶导数代入原微分方程，然后比较同类项的系数，定出 $y^*(x)$的待定式的系数。例如，当 $\delta=\delta(x)$ 用以下多项式表示时：

$$\frac{2K}{EI}\delta(x)=a_1x^k+a_2x^{k-1}+\cdots+a_xx+a_{k-1}$$

特解的表达式为：

$$y^*(x)=A_1x^k+A_2x^{k-1}+\cdots+A_xx+A_{k-1}$$

7.3 按均匀接触条件确定轧辊的最佳凸度

从以上分析可知，轧辊的挠曲量不仅与载荷有关，而且还取决于轧辊的原始凸度。该凸度是板型控制、轧辊加工和设置弯辊力的主要参数。借此可以改变轧辊的廓形，以抵消轧辊的挠曲的影响，使轧制力沿轧辊和轧制件宽度方向均匀分布，这个恰当的函数$\delta=\delta(x)$便是轧辊的最佳凸度。对式(7.2.1)微分四次，且由于：

$$p=p_{\mathrm{m}}=\frac{R}{B}=\text{常数}$$

必有：

$$\delta^{(4)}=y^{(4)}$$

根据材料力学，梁的四阶导数与均匀载荷成正比，即：

$$y^{(4)}=\frac{p_{\mathrm{m}}}{EI}$$

故可知：

$$\delta^{(4)}=\frac{p_{\mathrm{m}}}{EI}$$

对上式积分四次，得到：

$$\delta=\frac{p_{\mathrm{m}}}{EI}\frac{x^4}{4!}+C_3\frac{x^3}{3!}+C_2\frac{x^2}{2!}+C_1\frac{x}{1!}+C_0$$

根据边界条件：

$$x=0\ ,\quad \frac{\mathrm{d}y}{\mathrm{d}x}=0$$

由于$y'=0,\delta'=0$，可得：

$$C_1=0$$

根据边界条件：

$$x=0\ ,\quad \frac{\mathrm{d}^3y}{\mathrm{d}x^3}=0$$

由于$y'''=0,\delta'''=0$，可得：

$$C_3=0$$

$$x=\frac{B}{2}\ ,\quad \frac{\mathrm{d}^2y}{\mathrm{d}x^2}=\delta''=\frac{-p_{\mathrm{m}}}{EI}\frac{x^2}{2}+C_2\ \Big|_{x=\frac{B}{2}}=0$$

可得到：

$$C_2=\frac{-p_{\mathrm{m}}B^2}{8EI}$$

$$x=\frac{B}{2}\ ,\quad \frac{\mathrm{d}^3y}{\mathrm{d}x^3}=\delta'''=\frac{R}{2EI}=\frac{p_{\mathrm{m}}B}{2EI}$$

进而得到：

$$p_m B = R$$

这与平均压力的定义相同，所以边界条件不独立。由于凸度是指轧辊相对于理想柱形的变化量，因此至少可以令轧辊表面一点的凸度为零，不妨令轧辊中部凸度为零，则有：

$$x = 0, \quad \delta = 0$$

可得到：

$$C_0=0$$

由此确定最佳凸度函数为：

$$\delta(x) = \frac{p_m}{EI}\frac{x^4}{4!} + \left(-\frac{p_m B^2}{8EI}\right)\frac{x^2}{2!}$$

7.4 四辊轧机

7.4.1 轧辊挠曲线方程

工作辊与支承辊的受力与变形如图 7.4.1 所示，图是按正弯矩状态给出的。根据材料力学，有：

$$\begin{aligned}
E_1 I_1 \frac{d^4 y_1}{dx^4} &= K_{12}(y_2 - y_1) \\
E_2 I_2 \frac{d^4 y_2}{dx^4} &= K_{12} y_1 - (K_{12} + K_{23}) y_2 - K_{23} y_3 \\
E_3 I_3 \frac{d^4 y_3}{dx^4} &= K_{32} y_2 - (K_{34} + K_{23}) y_3 + K_{43} y_4 \\
E_4 I_4 \frac{d^4 y_4}{dx^4} &= K_{34}(y_3 - y_2)
\end{aligned} \tag{7.4.1}$$

式中：K_{12}, K_{34} 为考虑弹性压扁的支承辊与工作辊的刚性系数；K_{23} 为两工作辊(含工件)之间的偏载刚度；y_1, y_4 为支承辊的挠度；y_2, y_3 为工作辊的挠度；F 为弯辊力。

由于对称性，有：

$$y_1=y_4，\ y_2=y_3$$

$$E_1 I_1 \frac{d^4 y_1}{dx^4} = K_{12}(y_2 - y_1)$$

$$E_2 I_2 \frac{d^4 y_2}{dx^4} = K_{12} y_1 - (K_{12} + 2K_{23}) y_2$$

引入微分算子 $D = \frac{d}{dx}$，并引入矩阵形式，可得：

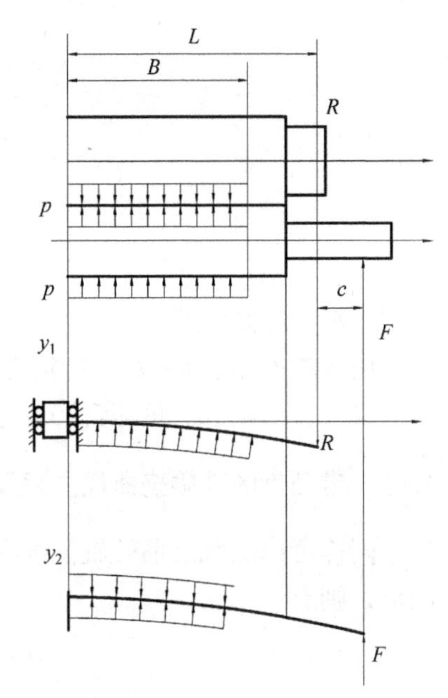

图 7.4.1　四辊轧机的力学模型

$$\begin{bmatrix} E_1 I_1 D^4 + K_{12} & -K_{12} \\ -K_{12} & E_2 I_2 D^4 + (K_{12} + 2K_{23}) \end{bmatrix} \begin{bmatrix} y_1 \\ y_2 \end{bmatrix} = 0 \tag{7.4.2}$$

特征方程为：

$$(E_1 I_1 \lambda^4 + K_{12})(E_2 I_2 \lambda^4 + K_{12} + 2K_{23}) - K_{12}^2 = 0$$

特征根为：

$$\lambda = \begin{bmatrix} \pm\beta(1 \pm \mathrm{i}) \\ \pm\gamma(1 \pm \mathrm{i}) \end{bmatrix}$$

微分方程的解为：

$$\begin{bmatrix} y_1 \\ y_2 \end{bmatrix} = \begin{bmatrix} e_1^{(1)} \\ e_2^{(1)} \end{bmatrix} \{ \mathrm{e}^{\beta x} [A_1 \cos(\beta x) + B_1 \sin(\beta x)] + \mathrm{e}^{-\beta x} [C_1 \cos \beta x + D_1 \sin(\beta x)] \}$$

$$+ \begin{bmatrix} e_1^{(2)} \\ e_2^{(2)} \end{bmatrix} \{ \mathrm{e}^{\gamma x} [A_2 \cos(\gamma x) + B_2 \sin(\gamma x)] + \mathrm{e}^{-\gamma x} [C_2 \cos(\gamma x) + D_2 \sin(\gamma x)] \}$$

式中的 $[e_1^{(1)} \quad e_2^{(1)}]^{\mathrm{T}}, [e_1^{(2)} \quad e_2^{(2)}]^{\mathrm{T}}$ 分别对应于特征值 $-\beta^4, -\gamma^4$ 的特征向量，可分别表示为：

$$\frac{e_2^{(1)}}{K_{12}} = \frac{e_1^{(1)}}{E_1 I_1 \beta^4 + K_{12}}$$

$$\frac{e_1^{(2)}}{-K_{12}} = \frac{e_2^{(2)}}{E_2 I_2 \gamma^4 + K_{12} + 2K_{23}}$$

因两边对称，取轧辊中部为坐标零点，故在中部斜率为零，同时对称中部剪力为零，故有边界条件：

$$x = 0, \quad \frac{dy_1}{dx} = \frac{dy_2}{dx} = 0, \quad \frac{d^3 y_1}{dx^3} = \frac{d^3 y_2}{dx^3} = 0$$

在轧辊的端部，弯矩为零，剪力等于轧制力的一半，故有：

$$x = \frac{B}{2}, \quad E_1 I_1 \frac{d^2 y_1}{dx^2} = -\frac{R}{2} \left(\frac{L}{2} - \frac{B}{2} \right)$$

$$x = \frac{B}{2}, \quad E_2 I_2 \frac{d^2 y_2}{dx^2} = -Fc$$

$$x = \frac{B}{2}, \quad E_1 I_1 \frac{d^3 y_1}{dx^3} = -\frac{R}{2} \tag{7.4.3}$$

$$E_2 I_2 \frac{d^3 y_2}{dx^3} = -\frac{F}{2}$$

式中：F 为弯辊力矩。

由式(7.4.3)可确定八个待定常数：$A_1, \cdots, D_1, A_2, \cdots, D_2$。

采用正弯辊法、负弯辊法或弯曲支承辊法，同理可得其对应的弯曲方程。

7.4.2 带凸度的轧辊挠曲线方程及最佳凸度

同样考虑加载之前轧辊间就有一定的分离量 $\delta = \delta(x)$，假如两工作辊均磨成凸形，则有：

$$p_{12} = K_{12}(y_2 - y_1 - \delta) \tag{7.4.4}$$

$$p_{23} = K_{12} y_1 - (K_{12} + 2K_{23}) y_2 \tag{7.4.5}$$

则微分方程(7.4.2)成为：

$$\begin{bmatrix} E_1 I_1 D^4 + K_{12} & -K_{12} \\ -K_{12} & E_2 I_2 D^4 + (K_{12} + 2K_{23}) \end{bmatrix} \begin{bmatrix} y_1 \\ y_2 \end{bmatrix} = \begin{bmatrix} K_{12} \\ K_{12} + 2K_{23} \end{bmatrix} \delta(x)$$

用算子法解得非齐次方程的特解：

$$y_1^* = \frac{\begin{vmatrix} -K_{12}\delta(x) & -K_{12} \\ (K_{12} + 2K_{23})\delta(x) & E_2 I_2 D^4 + (K_{12} + 2K_{23}) \end{vmatrix}}{\begin{vmatrix} E_1 I_1 D^4 + K_{12} & -K_{12} \\ -K_{12} & E_2 I_2 D^4 + (K_{12} + 2K_{23}) \end{vmatrix}}$$

$$y_2^* = \frac{\begin{vmatrix} E_1 I_1 D^4 + K_{12} & -K_{12}\delta(x) \\ -K_{12} & (K_{12} + 2K_{23})\delta(x) \end{vmatrix}}{\begin{vmatrix} E_1 I_1 D^4 + K_{12} & -K_{12} \\ -K_{12} & E_2 I_2 D^4 + (K_{12} + 2K_{23}) \end{vmatrix}}$$

带凸度的轧辊的挠曲方程为此特解与对应的齐次方程的通解之和。基于二辊轧机最佳凸度分析，对式(7.4.5)微分四次，由于假定均载，$p_{23} = p_{\mathrm{m}}$ =常数，故有：

$$\begin{aligned} \delta'(x) &= y_2' \\ \delta''(x) &= y_2'' \\ \delta'''(x) &= y_2''' \end{aligned} \tag{7.4.6}$$

$$\delta^{(4)}=y_2^{(4)}=\frac{1}{E_2I_2}(-p_{12}+p_{23}^{\mathrm{m}}) \tag{7.4.7}$$

对式(7.4.4)微分四次，考虑到上述关系，得到：

$$\begin{aligned}p_{12}'(x)&=-K_{12}y_1'\\p_{12}''(x)&=-K_{12}y_1''\\p_{12}'''(x)&=-K_{12}y_1'''\end{aligned} \tag{7.4.8}$$

$$p_{12}^{(4)}=-\frac{K_{12}}{E_2I_2}p_{12} \tag{7.4.9}$$

令：

$$\frac{K_{12}}{E_2I_2}=4\alpha^4$$

则式(7.4.9)成为：

$$(D^4+4\alpha^4)p_{12}=0$$

特征根为：

$$\lambda=\pm\alpha(1\pm\mathrm{i})$$

通解为：

$$p_{12}=\mathrm{e}^{\alpha x}[A\cos(\alpha x)+B\sin(\alpha x)]+\mathrm{e}^{-\alpha x}[C\cos(\alpha x)+D\sin(\alpha x)]$$

依边界条件可确定四个待定常数 A, B, C, D，将 p_{12} 的表达式代回式(7.4.7)，积分四次得：

$$\delta=\frac{-1}{E_2I_2}\iint\iint p_{12}\mathrm{d}x+\frac{p_{23}^{\mathrm{m}}}{E_2I_2}\frac{x^4}{4!}+C_3\frac{x^3}{3!}+C_2\frac{x^2}{2!}+C_1\frac{x}{1!}+C_0$$

同理，令轧辊中部凸量为零，即：

$$x=0\ ,\quad \delta=0$$

按边界条件确定四个待定常数 C_0,C_1,C_2,C_3 后，即可得最佳凸度 $\delta(x)$。

7.5　工作辊偏置情况分析

通常在四辊轧机中，为保持工作辊对于支承辊的稳定位置，支承辊的中心连线相对于工作辊的中心连线偏置，而工作辊与支承辊的中心连线倾斜一个角度 γ，如图 7.5.1 所示。因此工作辊不但产生垂直挠度，还产生水平挠度。变形后支承辊与工作辊中心距的改变量为：

$$y_2\cos\gamma-z_2\sin\gamma-y_1$$

式(7.4.4)成为：

$$E_1 I_1 \frac{\mathrm{d}^4 y_1}{\mathrm{d}x^4} = K_{12}(y_2 \cos\gamma - z_2 \sin\gamma - y_1)$$

$$E_2 I_2 \frac{\mathrm{d}^4 y_2}{\mathrm{d}x^4} = K_{12} y_1 \cos\gamma - (K_{12}\cos^2\gamma + 2K_{23}) y_2 - K_{23} y_3 + K_{12} \sin\gamma \cos\gamma$$

$$E_2 I_2 \frac{\mathrm{d}^4 z_2}{\mathrm{d}x^4} = K_{12}(y_2 \cos\gamma - z_2 \sin\gamma - y_1) \sin\gamma$$

由于 $y_1 = y_2$，则有：

$$\begin{bmatrix} E_1 I_1 D^4 + K_{12} & -K_{12}\cos\gamma & -K_{12}\sin\gamma \\ -K_{12}\cos\gamma & E_2 I_2 D^4 + K_{12}\cos^2\gamma + 2K_{23} & -K_{12}\sin\gamma\cos\gamma \\ K_{12}\sin\gamma & -K_{12}\sin\gamma\cos\gamma & E_2 I_2 D^4 + K_{12}\sin\gamma \end{bmatrix} \begin{bmatrix} y_1 \\ y_2 \\ z_2 \end{bmatrix} = 0$$

如特征根为：

$$\lambda_i^4 = -4\beta_i^4\text{，}\quad i = 1,2,3$$

则工作辊偏置的情况下，其挠曲为：

$$\begin{bmatrix} y_1 \\ y_2 \\ z_2 \end{bmatrix} = \sum_{i=1}^{3} \begin{bmatrix} e_1^i \\ e_2^i \\ e_3^i \end{bmatrix} \left\{ [\mathrm{e}^{\beta_i x} \left[A_i \cos(\beta_i x) + B_i \sin(\beta_i x) \right] + \mathrm{e}^{-\beta_i x} \left[C_i \cos(\beta_i x) + D_i \sin(\beta_i x) \right] \right\}$$

依边界条件构成确定待定常数的联立方程，可求得 $A_i \sim D_i$。

将这种方法推广到多辊轧机，亦可获得其挠曲变形方程。

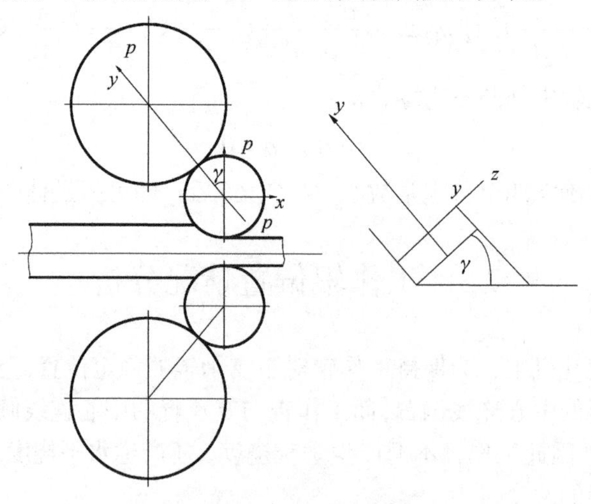

图 7.5.1　支承辊偏置的情形

第 8 章　蜗轮蜗杆副的偏载与修形

本章内容：蜗轮蜗杆的偏载问题可以看成是齿轮与螺旋偏载的组合。

本章目的：从分析蜗轮蜗杆啮合的偏载形态出发，让读者了解蜗轮蜗杆的偏载与齿轮偏载和螺旋偏载的区别与联系。

本章特色：对于蜗杆，类似于分析螺旋轴向拉压变形，导出蜗杆表面分布载荷所应满足的二阶微分方程，对应蜗轮仍然把它看做齿轮。蜗轮蜗杆的修形量不仅取决于蜗杆蜗轮变形，还取决于蜗杆蜗轮力的传递方式。

8.1　蜗轮蜗杆的偏载

一对蜗轮蜗杆副的啮合如图 8.1.1 所示。

图 8.1.1　一对蜗轮蜗杆副的啮合

如果蜗轮蜗杆轮体和齿体都是绝对刚体，只要齿廓形状大约精确，载荷必然沿齿宽均匀分布。但实际蜗轮蜗杆材料在受载后有弹性变形，齿面接触线上各点

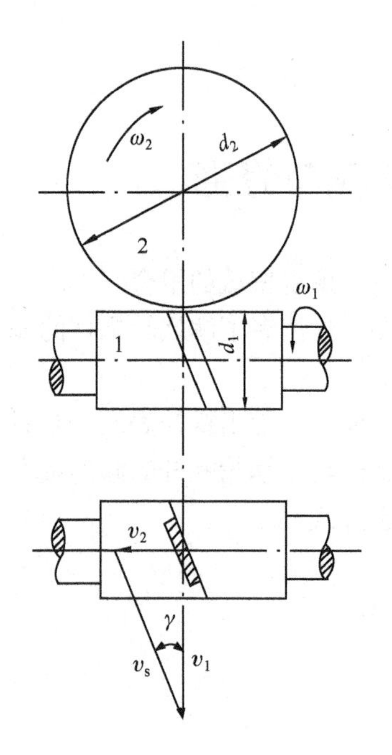

图 8.1.2　蜗杆轮齿载荷集中模型

的弹性变形不同，造成载荷沿接触线不均匀分布。图 8.1.2 为蜗杆轮齿载荷集中模型，类似于图 2.1.2，在未加载时两端面上的半径线是平行的，加载后扭转变形使半径线转过一个角而到了新的位置，母线也变到新的位置，左端的扭角大于右端，即垂直于轴的各断面内的扭角并不相等。

在蜗轮任意一个轴向位置截取一微段，如图 8.1.3 所示，设左截面内力扭矩为 T，右截面内力扭矩为 $T+\mathrm{d}T$，有物理方程：

$$\frac{\mathrm{d}\phi_1}{\mathrm{d}x}=\frac{T_1}{G_1J_1}$$

$$\frac{\mathrm{d}^2\phi_1}{\mathrm{d}x^2}=\frac{\mathrm{d}T_1}{\mathrm{d}x}\frac{1}{G_1J_1}$$

微段的力矩平衡条件为：

$$\left(T_1+\mathrm{d}T_1\right)-T_1=r_1p\cos\alpha\mathrm{d}x$$

$$\frac{\mathrm{d}T_1}{\mathrm{d}x}=r_1p\cos\alpha$$

$$\frac{\mathrm{d}^2\phi_1}{\mathrm{d}x^2}=\frac{r_1p\cos\alpha}{G_1J_1}$$

式中：ϕ_1 为蜗轮的相对附加扭转角。

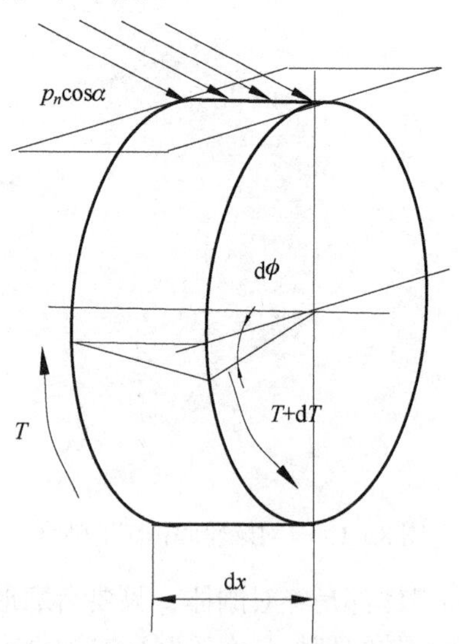

图 8.1.3　蜗轮微单元受力图

螺旋可以展开成斜线，而蜗杆可以看成螺旋，可以展开成斜齿条。故蜗轮蜗杆的偏载类似于齿轮齿条的偏载。只不过齿轮齿条的偏载中，假定齿条的横向力作用于齿条的端面，齿条受剪切，各个微截面受力后依次错开。而蜗轮蜗杆展开的假想齿条受到轴向压力，各个微截面受力后依次压缩。所以，假想齿条的轴截面面积仍然要按原来实际的圆形受力面积计算。

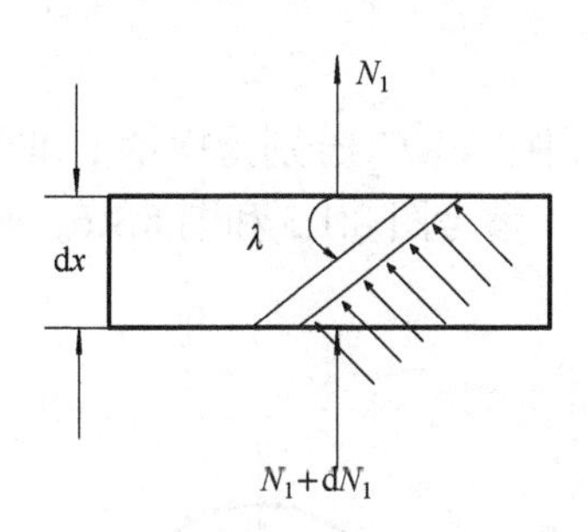

图 8.1.4　蜗杆螺纹牙载荷集中模型

图 8.1.4 为蜗杆螺纹牙载荷集中模型，类似于图 8.1.2，在未加载时两轴面上的母线是平行的，加载后拉伸变形使母线相对拉伸而到了新的位置，母线也变到新的位置，下端的拉伸量大于上端，即垂直于轴线的各断面内的拉伸量并不相等。

在任意一个轴向位置截取一微段，如图 8.1.3 所示，设左截面内力轴向力为 N_2，右截面内力轴向力为 $N_2+\mathrm{d}N_2$，有物理方程：

$$y = x\tan\lambda,\ \ \mathrm{d}y = \mathrm{d}x\tan\lambda$$

$$\frac{\mathrm{d}l_2}{\mathrm{d}y} = \frac{\mathrm{d}l_2}{\mathrm{d}x\tan\lambda} = \frac{N_2}{E_2A_2}$$

$$\frac{\mathrm{d}l_2}{\mathrm{d}x} = \frac{N_2\tan\lambda}{E_2A_2}$$

$$\frac{\mathrm{d}^2l}{\mathrm{d}y^2} = \frac{\mathrm{d}^2l}{\mathrm{d}x^2\tan^2\lambda} = \frac{\mathrm{d}N}{\mathrm{d}x}\frac{1}{EA\tan^2\lambda}$$

力的平衡关系为：

$$(N+\mathrm{d}N) - N = p\cos\alpha\mathrm{d}y = p\cos\alpha\mathrm{d}x\tan\lambda$$

$$\frac{\mathrm{d}l}{\mathrm{d}x} = p\cos\alpha\tan\lambda$$

$$\frac{\mathrm{d}^2l}{\mathrm{d}x^2} = \frac{p\cos\alpha}{EA}\tan^2\lambda$$

式中：l 为两螺旋的相对附加轴向拉压线变形量。

对蜗轮 1 和蜗杆 2 分别有：

$$\frac{\mathrm{d}^2\phi_2}{\mathrm{d}x^2} = \frac{r_1p\cos\alpha}{G_1J_1},\ \ \frac{\mathrm{d}^2l_2}{\mathrm{d}x^2} = \frac{p\cos\alpha}{E_2A_2}\tan\lambda$$

分别乘以 $r_1\cos\alpha, \cos\alpha$，再相加，得到：

$$\left(r\frac{\mathrm{d}^2\psi}{\mathrm{d}x^2}+\frac{\mathrm{d}^2l}{\mathrm{d}x^2}\right)\cos\alpha=\left(\frac{r^2}{GJ}+\frac{\tan^2\lambda}{EA}\right)p\cos^2\alpha \tag{8.1.1}$$

设轮齿综合刚度为 C，则有：

$$\frac{1}{C}=\frac{1}{C_1}+\frac{1}{C_2}$$

式中：C_1,C_2 分别为蜗轮 1 和蜗杆 2 的轮齿刚度。

参考图 8.1.5 和图 8.1.6，则齿向弹性变形为：

$$\frac{p}{C}=p\left(\frac{1}{C_1}+\frac{1}{C_2}\right)$$

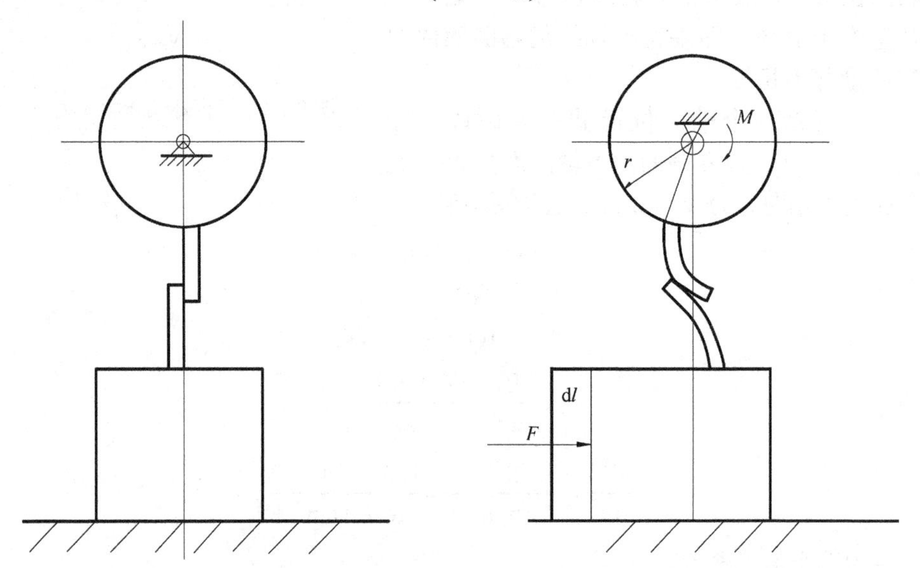

图 8.1.5　蜗轮与蜗杆的变形协调条件(变形前)　图 8.1.6　蜗轮与蜗杆的变形协调条件(变形后)

由于轮体变形后齿面仍然保持接触，齿面弹性变形应由两轴的相对附加转动弥补，如图 8.1.3 所示，故有变形协调条件：

$$(r\phi+l)\cos\alpha=\frac{p}{C}$$

因此齿面载荷分布问题实际上是轮齿变形与轮体扭转变形、蜗杆剪切变形的超静定问题，对上式微分两次，得：

$$(r\phi''+l'')\cos\alpha=\frac{p''}{C}$$

代入式(8.1.1)，得：

$$\frac{p''}{C}=\left(\frac{r^2}{GJ}+\frac{\tan^2\lambda}{EA}\right)p\cos^2\alpha$$

简写成：

$$p''-\beta^2 p=0 \tag{8.1.2}$$

式中：

$$\beta^2=\beta_1^2+\beta_2^2\text{，}\quad \beta_1^2=\frac{Cr_1^2\cos^2\alpha}{G_1J_1}\text{，}\quad \beta_2^2=\frac{C\cos^2\alpha\tan^2\lambda}{E_2A_2}$$

式(8.1.2)为蜗轮蜗杆偏载的基本微分方程，解此微分方程，得：

$$p=E\sinh(\beta x)+F\cosh(\beta x)$$

式中：E, F 为待定常数，与转矩的输入条件有关。

假定扭矩同时都由蜗轮 1 和蜗杆 2 的右端输入输出，则边界条件为：

$$x=0\text{，}\quad \frac{\mathrm{d}\phi_1}{\mathrm{d}x}=0,\quad \frac{\mathrm{d}l_2}{\mathrm{d}x}=0$$

$$x=B\text{，}\quad \frac{\mathrm{d}\phi}{\mathrm{d}x}=\frac{M_1}{G_1J_1}\text{，}\quad \frac{\mathrm{d}l_2}{\mathrm{d}x}=\frac{F_2}{E_2A_2}\tan^2\lambda$$

对变形协调条件式微分一次，得：

$$\left(r_1\frac{\mathrm{d}\phi_1}{\mathrm{d}x}+\frac{\mathrm{d}l_2}{\mathrm{d}x}\right)\cos\alpha=\frac{\mathrm{d}p}{\mathrm{d}x}\frac{1}{C}$$

故在左侧有：

$$x=0\text{，}\quad \frac{\mathrm{d}p}{\mathrm{d}x}=0$$

$$x=B\text{，}\quad \frac{\mathrm{d}p}{\mathrm{d}x}=C\left(\frac{M_1r_1}{G_1J_1}+\frac{F_2\tan^2\lambda}{E_2A_2}\right)\cos\alpha$$

$$\frac{M_1}{r_1}=F_2=p_{\mathrm{m}}B\cos\alpha$$

式中：p_{m} 为平均载荷。

在右侧有：

$$x=B\text{，}\quad \frac{\mathrm{d}p}{\mathrm{d}x}=C\left(\frac{r^2}{G\,J}+\frac{\tan^2\lambda}{EA}\right)p_{\mathrm{m}}B\cos^2\alpha=\beta^2p_{\mathrm{m}}B$$

$$p(x)=p_{\mathrm{m}}\beta^2B\left[\frac{\cosh(\beta B)}{\sinh(\beta B)}\cosh(\beta x)-\sinh(\beta x)\right] \tag{8.1.3}$$

载荷分布如图 8.1.2 所示，设扭矩通过蜗轮 1 左端传入，由蜗杆 2 的右端传出，

则边界条件为:

$$x=0\text{ , }\quad \frac{\mathrm{d}\phi_1}{\mathrm{d}x}=-\frac{M_1}{G_1J_1}\text{ , }\quad \frac{\mathrm{d}l_2}{\mathrm{d}x}=0$$

$$x=B\text{ , }\quad \frac{\mathrm{d}\phi_1}{\mathrm{d}x}=0\text{ , }\quad \frac{\mathrm{d}l_2}{\mathrm{d}x}=\frac{F_2\tan\lambda}{G_2A_2}$$

即:

$$x=0\text{ , }\quad \frac{\mathrm{d}p}{\mathrm{d}x}=-C\frac{M_1r_1}{G_1J_1}\cos\alpha=-\beta_1^2p_{\mathrm{m}}B$$

$$x=B\text{ , }\quad \frac{\mathrm{d}p}{\mathrm{d}x}=C\frac{F_2\tan\lambda}{G_2A_2}\cos^2\alpha=\beta_2^2p_{\mathrm{m}}B$$

$$p(x)=p_{\mathrm{m}}B\left(\frac{\beta_2^2+\beta_1^2\cosh(\beta B)}{\sinh(\beta B)}\cosh(\beta x)-\beta_1^2\sinh(\beta x)\right)\frac{1}{\beta}\tag{8.1.4}$$

8.2　考虑蜗轮蜗杆齿面误差的偏载

如果蜗轮蜗杆在加载前便存在齿向误差，那么两齿面加载前就有微小分离，分离量为$\delta(x)$。假定$\delta(x)$二阶导数存在，如$\delta(x)$不可用连续函数表示，可以先用二阶可导函数拟合，则变形协调条件为:

$$(r_1\phi_1+l_2)\cos\ \alpha=\frac{p}{C}+\delta(x)$$

$$(r_1\phi_1''+l_2'')\cos\alpha=\frac{p''}{C}+\delta''(x)$$

微分方程(8.1.2)可变化为以下非齐次微分方程:

$$p''-\beta^2p=-\delta''C$$

利用非齐次方程的常数变异法，方程特解p^*为:

$$p^*=E(x)\sinh(\beta x)+F(x)\cosh(\beta x)$$

其中$E(x),F(x)$满足:

$$E'(x)\sinh(\beta x)+F'(x)\cosh(\beta x)=0$$

$$E'(x)\sinh'(\beta x)+F'(x)\cosh'(\beta x)=-\delta''C$$

解得:

$$E'(x)=\frac{-C\delta''\cosh(\beta x)}{\beta}$$

$$E(x)=\frac{-C}{\beta}\int\delta''\cosh(\beta x)\mathrm{d}x$$

$$F'(x)=\frac{C\delta''\sinh(\beta x)}{\beta}$$

$$F(x)=\frac{C}{\beta}\int\delta''\sinh(\beta x)\mathrm{d}x$$

p 的通解为：

$$p=C_1\sinh(\beta x)+C_2\cosh(\beta x)-\frac{C}{\beta}\sinh(\beta x)\int\delta''\cosh(\beta x)\mathrm{d}x+\frac{C}{\beta}\cosh(\beta x)\int\delta''\sinh(\beta x)\mathrm{d}x \tag{8.2.1}$$

齿面载荷分布还取决于齿面原始误差 $\delta(x)$。

8.3　蜗轮蜗杆的修形

由于齿面载荷分布还取决于齿面原始误差，因而很自然地产生这样的想法，可以人为地改变齿面原始廓形，抵消偏载的影响，使偏载沿齿宽均匀分布，这个恰当的函数 $\delta(x)$ 就是齿廓修形量。在 $(r_1\phi_1+h_2\gamma_2)\cos\alpha=\dfrac{p}{C}$ 式两边乘以 C，再令：

$$\varPhi=C(r_1\phi_1+l_2)\cos\alpha$$

则式(8.1.1)成为：

$$\varPhi''=\beta^2 p$$

而 $(r_1\phi_1+l_2)\cos\alpha=\dfrac{p}{C}+\delta(x)$ 成为：

$$\varPhi=p+C\delta$$

而 $(r_1\phi_1''+l_2'')\cos\alpha=\dfrac{p''}{C}+\delta''(x)$ 成为：

$$\varPhi''=p''+C\delta''$$

对上式积分两次，因 p 为常数，$p\equiv p_{\mathrm{m}}$，则：

$$\varPhi=\frac{\beta^2 p_{\mathrm{m}}x^2}{2}+C_1x+C_2$$

由上式可得：

$$C\delta = \Phi - p_{\mathrm{m}} = \frac{\beta^2 p_{\mathrm{m}} x^2}{2} + C_1 x + C_2 - p_{\mathrm{m}}$$

仍然分两种情况讨论。先假定扭矩在两轮右端作用，边界条件为：

$$x = 0\ ,\quad \frac{\mathrm{d}\phi_1}{\mathrm{d}x} = 0\ ,\quad \frac{\mathrm{d}l_2}{\mathrm{d}x} = 0$$

即：

$$\frac{\mathrm{d}\Phi}{\mathrm{d}x} = 0$$

$$C_1 = 0$$

$$x = B\ ,\quad \frac{\mathrm{d}\phi_1}{\mathrm{d}x} = \frac{M_1}{G_1 J_1}\ ,\quad \frac{\mathrm{d}l_2}{\mathrm{d}x} = \frac{F_2 \tan\lambda}{G_2 A_2}$$

$$\begin{aligned} & C(r_1\phi_1' + l_2')\cos\alpha\,|_{x=B} \\ & = C\left(\frac{M_1 r_1}{G_1 J_1} + \frac{F_2 \tan\lambda}{E_2 A_2}\right)\cos\alpha \\ & = C\left(\frac{r_1^2}{G_1 J_1} + \frac{F_2\ \tan\lambda}{E_2 A_2}\right) p_{\mathrm{m}} B\cos\alpha \\ & = \beta^2 p_{\mathrm{m}} B \end{aligned}$$

对 $(r_1\phi_1 + l_2)\cos\alpha = \dfrac{p}{C} + \delta(x)$ 微分一次，得：

$$C\delta'\,|_{x=B} = \Phi\,|_{x=B}$$

$$\beta^2 p_{\mathrm{m}} B + C_1 = \beta^2 p_{\mathrm{m}} B$$

解得：

$$C_1 = 0$$

两个边界条件不独立。考虑到修形是齿廓相对于理想齿廓的减少量，取小载荷侧的边修形量为零，故令远离扭矩加载端的左端面的修形量为零，则：

$$x = 0\ ,\quad \delta = 0$$

$$C_2 - p_{\mathrm{m}} = 0$$

修形曲线为：

$$C\delta = \frac{\beta^2 p_{\mathrm{m}} x^2}{2}$$

齿廓曲面与分度圆柱的交线展开后是一条抛物线。再假定扭矩分别从两端传入，边界条件为：

$$x = 0\text{ ，}\quad \frac{\mathrm{d}\phi_1}{\mathrm{d}x} = -\frac{M_1}{G_1 J_1}\text{ ，}\quad \frac{\mathrm{d}l_2}{\mathrm{d}x} = 0$$

$$x = B\text{ ，}\quad \frac{\mathrm{d}\phi_1}{\mathrm{d}x} = 0\text{ ，}\quad \frac{\mathrm{d}l_2}{\mathrm{d}x} = \frac{F_2 \tan\lambda}{E_2 A_2}$$

即:

$$x = 0\text{ ，}\quad C(r_1\phi_1' + l_2')\cos\alpha = -C\frac{M_1 r_1}{G_1 J_1}\cos\alpha = -\beta_1^2 p_{\mathrm{m}} B$$

$$x = B\text{ ，}\quad C(r_1\phi_1' + l_2')\cos\alpha = C\frac{F_2 \tan\lambda}{E_2 A_2}\cos\alpha = \beta_2^2 p_{\mathrm{m}} B$$

$$C\delta'|_{x=B} = \beta^2 p_{\mathrm{m}} B + C_1 = -\beta_1^2 p_{\mathrm{m}} B$$

$$C_1 = -\beta_1^2 p_{\mathrm{m}} B$$

$$C\delta'|_{x=B} = \beta^2 p_{\mathrm{m}} B + C_1 = \beta_2^2 p_{\mathrm{m}} B$$

$$C_1 = p_{\mathrm{m}} B\left(\beta_2^2 - \beta_1^2\right) = -p_{\mathrm{m}} B \beta_1^2$$

两个边界条件也不独立。求修形曲线的最小值点，令:

$$C\delta'(x) = 0$$

即:

$$p_{\mathrm{m}}\beta^2 x - p_{\mathrm{m}} B \beta_1^2 = 0$$

解得:

$$x^* = \frac{B\beta_1^2}{\beta^2}$$

当两蜗轮蜗杆大小相同时，有:

$$\beta_1^2 = \beta_2^2 = \frac{\beta^2}{2}$$

$$x^* = \frac{B}{2}$$

令修形量曲线极小值点处修形量为零，有:

$$C\delta'(x) = \beta^2 p_{\mathrm{m}} \cdot \frac{1}{2}\left(\frac{\beta_1^2 B}{\beta^2}\right) - \beta_1^2 p_{\mathrm{m}} B\left(\frac{\beta_1^2 B}{\beta^2}\right) + C_2 - p_{\mathrm{m}} = 0$$

$$C_2 - p_{\mathrm{m}} = \frac{\beta_1^4 p_{\mathrm{m}} B}{2\beta^2}$$

修形曲线为:

$$C\delta = \beta^2 p_{\rm m} \frac{x}{2} - \beta_1^2 p_{\rm m} B + \frac{\beta_1^4 p_{\rm m} B}{2\beta^2}$$

两齿廓修形曲线如图 8.3.1 所示。

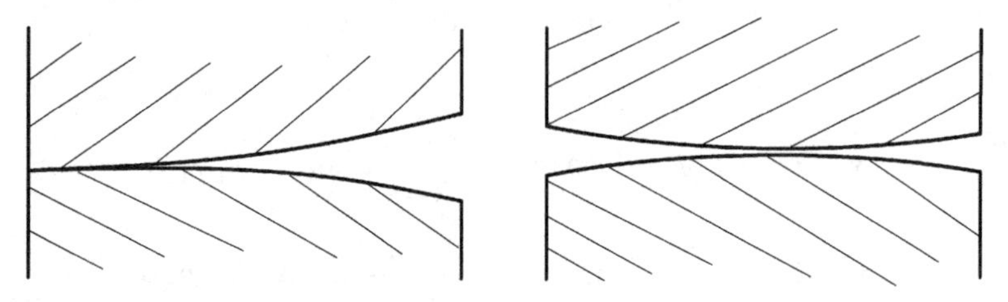

图 8.3.1　两齿廓修形曲线示意图

反之可以验证按抛物线方案修形齿面载荷为常数。当 δ'' = 常数时式(8.2.1)可改写为：

$$p = C_1 \sinh(\beta x) + C_2 \cosh(\beta x) - \frac{C\delta''}{\beta} \sinh(\beta x) \int \cosh(\beta x) {\rm d}x + \frac{C\delta''}{\beta} \cosh(\beta x) \int \sinh(\beta x)$$

$$= C_1 \sinh(\beta x) + C_2 \cosh(\beta x) + \frac{C\delta''}{\beta} \left(-\sinh^2(\beta x) + \cosh^2(\beta x) \right)$$

$$= C_1 \sinh(\beta x) + C_2 \cosh(\beta x) + \frac{C\delta''}{\beta}$$

$$= C_1 \sinh(\beta x) + C_2 \cosh(\beta x) + p_{\rm m}$$

边界条件为：

$$p'|_{x=0} = C(r_1\phi_1' + r_2\phi_2')\cos\alpha|_{x=0} - C\delta'|_{x=0}$$

$$C_1\beta\cosh(\beta x) + C_2\beta\sinh(\beta x)|_{x=0} = 0$$

$$C_1 = 0$$

$$p'|_{x=B} = C(r_1\phi_1' + r_2\phi_2')\cos\alpha|_{x=B} - C\delta'|_{x=B}$$

$$C_2\beta\sinh(\beta x) = C\left(\frac{M_1 r_1}{G_1 J_1} + \frac{F_2\tan\lambda}{E_2 A_2}\right)\cos^2\alpha - \beta p_{\rm m} B = 0$$

$$C_2 = 0$$

故：

$$p = p_{\rm m}$$

即齿面载荷恒等于平均载荷。

为了便于理解，在此给出计算实例。

现有一对蜗轮蜗杆传动，蜗轮齿数 $z_1 = 30$，蜗杆齿数 $z_2 = 1$，模数 $m = 4{\rm mm}$，蜗杆分度圆直径 $d_2 = 40{\rm mm}$，齿高 $h = 2.2m$，压力角 $\alpha = 20^\circ$，螺旋升角

$\lambda = \arctan\dfrac{z_2 m}{d_2} = \arctan\dfrac{1\times 4}{40} = \arctan 0.1 = 5.7105^\circ$， $\tan\lambda = 0.1$， $p_{\mathrm{m}} = 320\,\mathrm{N/mm}$，求修形曲线。

蜗轮分度圆直径为：

$$d_1 = 30\times 4 = 120\mathrm{mm}$$

对应的半径为：

$$r_1 = 60\mathrm{mm}$$

蜗轮齿根圆直径为：

$$d_{f1} = (30 - 2.4)\times 4 = 110.4\mathrm{mm}$$

蜗杆齿根圆直径为：

$$d_{f2} = 40 - 2.4\times 4 = 30.4\mathrm{mm}$$

蜗轮宽度为 30mm，蜗轮截面惯量为：

$$J_1 = \frac{\pi d_{f1}^4}{32}$$

蜗杆截面面积为：

$$A_2 = \frac{\pi d_{f2}^2}{4}$$

$$G_1 = G_2 = 80\times 10^3\,\mathrm{N/mm^2}$$

$$E_1 = E_2 = 190\times 10^3\,\mathrm{N/mm^2}$$

$$\begin{aligned}\delta &= \frac{\beta^2 p_{\mathrm{m}} x^2}{2C} \\ &= \left[\frac{p_{\mathrm{m}}}{2}\left(\frac{r_1^2}{G_1 J_1} + \frac{\tan^2\lambda}{E_2 A_2}\right)\cos^2\alpha\right]x^2 \\ &= \left[\frac{320}{2}\left(\frac{60^2}{110.4^4} + \frac{0.1^2\times 80\times 4}{30.4^2\times 190\times 32}\right)\frac{32\times\cos^2 20^\circ}{\pi\times 80\times 10^3}\right]x^2 \\ &= 4.46516\times 10^{-7}x^2\end{aligned}$$

最大修形量为：

$$\delta_{\max} = \delta_{x=B} = 3.41\times 10^{-3}\,\mathrm{mm}$$

当载荷从蜗轮蜗杆不同端输入时，有：

$$\delta = \frac{\cos^2\alpha p_{\rm m}}{2}\left(\frac{r_1^2}{G_1 J_1} + \frac{\tan^2\lambda}{E_2 A_2}\right)x^2 - \frac{p_{\rm m} r_1^2 B \cos^2\alpha}{G_1 J_1}x + \frac{p_{\rm m} B\left(\dfrac{r_1^2}{G_1 J_1}\right)^2 \cos^2\alpha}{2\left(\dfrac{r_1^2}{G_1 J_1} + \dfrac{\tan^2\lambda}{E_2 A_2}\right)}$$

$$= 4.46516\times10^{-7}x^2 - 6.67\times10^{-5}x + 1.35\times10^{-3}\,\text{mm}$$

最大修形量在蜗轮加载端，即：

$$\delta_{\max} = \delta_{x=B} = 3.15\times10^{-3}\,\text{mm}$$

第 9 章　偏载的对称性

本章内容：给出机械偏载基本微分方程的详细推导，并分析物理问题的对称性和微分方程解的对称性及其应用。

本章目的：分析对称筋板与非对称筋板的不同偏载。

本章特色：把轮辐板的位置看做扭矩的作用位置，由此推导出偏载微分方程的边界条件。从分析齿轮扭转变形出发，导出齿轮齿面分布载荷所应满足的二阶微分方程，并讨论筋板对称和不对称对偏载的影响。偏载量不仅取决于齿齿的变形，还取决于轮缘变形和腹板布置方式及扭矩的传递方式。

9.1　详 细 推 导

前面各章节中，有些公式没有做详细推导，现补充如下。

9.1.1　微分方程解的详细推导过程

已知微分方程：

$$p'' - \beta^2 p = 0$$

特征方程为：

$$D^2 - \beta^2 = 0$$

特征根为：

$$D = \pm\beta$$

微分方程的两个基本解为 $e^{\beta x}, e^{-\beta x}$，根据指数函数与双曲函数的关系，为了方便两个基本解也可以写成 $\sinh\beta x, \cosh\beta x$。微分方程的通解为：

$$p = E\sinh(\beta x) + F\cosh(\beta x)$$

边界条件为：

$$p\big|_{x=0} = -\beta_1^2 p_{\mathrm{m}} B$$

$$p\big|_{x=B} = \beta_2^2 p_{\mathrm{m}} B$$

$$p' = \beta E\cosh(\beta x) + \beta F\sinh(\beta x)$$

代入边界条件：

$$p'\big|_{x=0} = \beta E = -\beta_1^2 p_{\mathrm{m}} B$$

$$E = \frac{-\beta_1^2 p_{\mathrm{m}} B}{\beta}$$

$$p'\big|_{x=B} B = \beta E \cosh(\beta B) + \beta F \sinh(\beta B) = \beta_2^2 p_{\mathrm{m}} B$$

$$E \cosh(\beta B) + F \sinh(\beta B) = \frac{\beta_2^2 p_{\mathrm{m}} B}{\beta}$$

$$\begin{aligned} F \sinh(\beta B) &= \frac{\beta_2^2 p_{\mathrm{m}} B}{\beta} - \frac{\beta E \cosh(\beta B)}{\beta} \\ &= \frac{\beta_2^2 p_{\mathrm{m}}}{\beta} B + \frac{\beta_1^2}{\beta} E \cosh(\beta B) \\ &= p_{\mathrm{m}} B[\beta_2^2 + \beta_1^2 \cosh(\beta B)] \end{aligned}$$

$$F = \frac{p_{\mathrm{m}} B}{\beta \sinh(\beta B)}[\beta_2^2 + \beta_1^2 \cosh(\beta B)]$$

求出 E, F 两个待定系数，就可得到压力 p 的表达式：

$$\begin{aligned} p &= \frac{-\beta_1^2 p_{\mathrm{m}} B}{\beta} \sinh(\beta x) + \frac{p_{\mathrm{m}} B}{\beta \sinh(\beta B)}[\beta_2^2 + \beta_1^2 \cosh(\beta B)] \cosh(\beta x) \\ &= \frac{p_{\mathrm{m}} B}{\beta}\left(\frac{\beta_2^2 + \beta_1^2 \cosh(\beta B)}{\sinh(\beta B)} \cosh(\beta x) - \beta_1^2 \sinh(\beta x)\right) \\ &= \frac{p_{\mathrm{m}} B}{\beta \sinh(\beta B)}\left\{[\beta_2^2 + \beta_1^2 \cosh(\beta B)] \cosh(\beta x) - \beta_1^2 \sinh(\beta x) \sinh(\beta B)\right\} \\ &= \frac{p_{\mathrm{m}} B}{\beta \sinh(\beta B)}\left[\beta_2^2 \cosh(\beta x) + \beta_1^2 \cosh(\beta B) \cosh(\beta x) - \beta_1^2 \sinh(\beta x) \sinh(\beta B)\right] \\ &= \frac{p_{\mathrm{m}} B}{\beta \sinh(\beta B)}\{\beta_2^2 \cosh(\beta x) + \beta_1^2 \cosh[\beta(B - x)]\} \end{aligned} \tag{9.1.1}$$

可以看出方程解具有对称性，即如果把坐标原点放在齿轮另一边，$x' = B - x$，$x = B - x'$，β_1 与 β_2 互换，方程形式不变。

9.1.2 最小压力点所在位置

最小压力点坐标也是对称的，即：

$$p' = 0$$

$$\beta_2^2\sinh(\beta x)-\beta_1^2\sinh[\beta(B-x)]=0$$

$$\beta_2^2\sinh(\beta x)=\beta_1^2\sinh[\beta(B-x)]$$

$$\frac{\beta_2^2}{\beta_1^2}=\frac{\sinh[\beta(B-x)]}{\sinh(\beta x)}$$

设最小压力点所在位置的坐标为:

$$x=x^*$$

$$\beta_2^2\sinh(\beta x^*)-\beta_1^2\sinh[\beta(B-x^*)]=0$$

$$\beta_2^2\sinh(\beta x^*)=\beta_1^2\sinh[\beta(B-x^*)]$$

$$\beta_2^2\sinh(\beta x^*)=\beta_1^2[\sinh(\beta B)\cosh(\beta x^*)-\cosh(\beta B)\sinh(\beta x^*)]$$

$$\frac{\beta_2^2}{\beta_1^2}=\sinh(\beta B)\frac{\cosh(\beta x^*)}{\sinh(\beta x^*)}-\cosh(\beta B)$$

$$\frac{\dfrac{\beta_2^2}{\beta_1^2}+\cosh(\beta B)}{\text{shinh}(\beta B)}=\frac{\cosh(\beta x^*)}{\text{shinh}(\beta x^*)}$$

$$\text{cth}\,x^*=\frac{\dfrac{\beta_2^2}{\beta_1^2}+\cosh(\beta B)}{\text{shinh}(\beta B)}$$

解为:

$$x^*=\text{arccth}\left[\frac{\dfrac{\beta_2^2}{\beta_1^2}+\cosh(\beta B)}{\text{shinh}(\beta B)}\right]$$

$$=\frac{1}{2}\ln\left[\frac{\dfrac{\dfrac{\beta_2^2}{\beta_1^2}+\cosh(\beta B)}{\text{shinh}(\beta B)}+1}{\dfrac{\dfrac{\beta_2^2}{\beta_1^2}+\cosh(\beta B)}{\text{shinh}(\beta B)}-1}\right] \tag{9.1.2}$$

$$=\frac{1}{2}\ln\left[\frac{\beta_2^2+\beta_1^2\cosh(\beta B)+\beta_1^2\sinh(\beta B)}{\beta_2^2+\beta_1^2\cosh(\beta B)-\beta_1^2\sinh(\beta B)}\right]$$

求得最小压力的位置，则最小压力可以表示为:

$$p_{\min} = \frac{p_{\mathrm{m}} B}{\beta \sinh(\beta B)} \{\beta_2^2 \cosh(\beta x^*) + \beta_1^2 \cosh[\beta(B - x^*)]\} \tag{9.1.3}$$

9.1.3 齿面压力的最简表示形式

如果坐标原点既不在齿轮左端也不在齿轮右端，而是取在压力最小处，则齿面压力的表达式可以表现为更简洁的形式。设：

$$x' = x - x^*$$

$$x = x' + x^*$$

$$B - x = B - (x' + x^*)$$

$$\begin{aligned}
p &= \frac{p_{\mathrm{m}} B}{\beta \sinh(\beta B)} \{\beta_2^2 \cosh(\beta x) + \beta_1^2 \cosh[\beta(B - x)]\} \\
&= \frac{p_{\mathrm{m}} B}{\beta \sinh(\beta B)} \{\beta_2^2 \cosh[\beta(x' + x^*)] + \beta_1^2 \cosh[\beta(B - (x' + x^*)]\} \\
&= \frac{p_{\mathrm{m}} B}{\beta \sinh(\beta B)} \{\beta_2^2 [\cosh(\beta x') \cosh(\beta x^*) + \sinh(\beta x') \sinh(\beta x^*)] \\
&\quad + \beta_1^2 [\cosh(\beta(B - x^*)) \cosh(x') - \sinh(\beta(B - x^*)) \sinh(\beta x')]\} \\
&= \frac{p_{\mathrm{m}} B}{\beta \sinh(\beta B)} \{\beta_2^2 \cosh(\beta x') \cosh(\beta x^*) + \beta_1^2 \cosh(\beta(B - x^*)) \cosh(\beta x') \\
&\quad - \beta_1^2 \sinh(\beta(B - x^*)) \sinh(\beta x') + \beta_2^2 \sinh(\beta x') \sinh(\beta x^*)\} \\
&= \frac{p_{\mathrm{m}} B}{\beta \sinh(\beta B)} \{\beta_2^2 \cosh(\beta x') \cosh(\beta x^*) + \beta_1^2 \cosh(\beta(B - x^*)) \cosh(\beta x') \\
&\quad + [-\beta_1^2 \sinh(\beta(B - x^*)) + \beta_2^2 \sinh(\beta x')] \sinh(\beta x^*)\} \\
&= \frac{p_{\mathrm{m}} B}{\beta \sinh(\beta B)} \{\beta_2^2 \cosh(\beta x') \cosh(\beta x^*) + \beta_1^2 \cosh(\beta(B - x^*)) \cosh(\beta x')\} \\
&= \frac{p_{\mathrm{m}} B}{\beta \sinh(\beta B)} \{\beta_2^2 \cosh(\beta x^*) + \beta_1^2 \cosh(\beta(B - x^*))\} \cosh(\beta x')
\end{aligned}$$

因为前面有：

$$\beta_2^2 \sinh(\beta x^*) - \beta_1^2 \sinh[\beta(B - x^*)] = 0$$

根据定义，$x' = 0$ 时，有：

$$p = p_{\min}$$

$$p = \frac{p_{\mathrm{m}} B}{\beta \sinh(\beta B)} \{\beta_2^2 \cosh(\beta x^*) + \beta_1^2 \cosh[\beta(B - x^*)]\}$$

故：

$$\frac{p_{\min}\beta\sinh(\beta B)}{Bp_{\mathrm{m}}}=\{\beta_2^2\cosh(\beta x^*)+\beta_1^2\cosh[\beta(B-x^*)]\}$$

$$\begin{aligned}p&=\frac{p_{\mathrm{m}}B}{\beta\sinh(\beta B)}\frac{p_{\min}\beta\sinh(\beta B)}{Bp_{\mathrm{m}}}\cosh(\beta x')\\&=p_{\min}\cosh(\beta x')\end{aligned} \tag{9.1.4}$$

9.1.4 载荷作用于同端

当载荷作用于同端时，边界条件为：

$$p'\big|_{x=0}=0$$

$$p'\big|_{x=B}=\beta^2 p_{\mathrm{m}}B$$

$$p'=\beta E\cosh(\beta x)+\beta F\sinh(\beta x)$$

代入边界条件：

$$p'\big|_{x=0}=\beta E=0$$

$$E=0$$

$$p'\big|_{x=B}B=\beta E\cosh(\beta B)+\beta F\sinh(\beta B)=\beta^2 p_{\mathrm{m}}B$$

$$E\cosh(\beta B)+F\sinh(\beta B)=\frac{\beta^2 p_{\mathrm{m}}B}{\beta}$$

$$F\sinh(\beta B)=\frac{\beta^2 p_{\mathrm{m}}B}{\beta}-\beta E\cosh(\beta B)$$

$$F=\frac{p_{\mathrm{m}}B\beta}{\sinh(\beta B)}$$

$$p=\frac{p_{\mathrm{m}}B\beta}{\sinh(\beta B)}\cosh(\beta x) \tag{9.1.5}$$

当 $x=B$ 时，有：

$$p=p_{\max}$$

$$p_{\max}=\frac{p_{\mathrm{m}}B\beta}{\sinh(\beta B)}\cosh(\beta B) \tag{9.1.6}$$

$$\frac{p_{\max}}{\cosh(\beta B)}=\frac{p_{\mathrm{m}}B\beta}{\sinh(\beta B)}$$

$$p=p_{\max}\frac{\cosh(\beta x)}{\cosh(\beta B)} \tag{9.1.7}$$

9.1.5　修形曲线的对称性

已知修形曲线：

$$C\delta=\beta^2 p_{\mathrm{m}}\frac{x}{2}-\beta_1^2 p_{\mathrm{m}}B+\frac{\beta_1^4 p_{\mathrm{m}}B}{2\beta^2}$$

改写成：

$$\begin{aligned}\frac{2\beta^2 C\delta}{p_{\mathrm{m}}}&=\beta^4x^2-2\beta^2\beta_1^2Bx+\beta_1^4B\\&=(\beta^2x-\beta_1^2B)^2\end{aligned}$$

当 $\delta=0$，$x=x^*=\dfrac{\beta_1^2}{\beta^2}B$。为了写成更简洁的形式，类似于前文，作代换：

$$x'=x-x^*$$

$$x=x'+x^*$$

$$\frac{2\beta^2C\delta}{p_{\mathrm{m}}}=(\beta^2x-\beta_1^2B)^2=[\beta^2(x'+\frac{\beta_1^2}{\beta^2}B)\ -\beta_1^2B]^2=\beta^4x'^2$$

$$\delta=\frac{p_{\mathrm{m}}\beta^2x'^2}{2C}$$

9.2　对称筋板和非对称筋板位置

无论是对称的筋板还是非对称的筋板，都可以巧妙地利用解的对称性简化求解过程。

9.2.1　非对称筋板(腹板在同侧)

非对称筋板(腹板在同侧)如图 9.2.1 所示。按式(9.1.7)有：

$$p=p_{\max}\frac{\cosh(\beta x)}{\cosh(\beta B)}$$

9.2.2　非对称筋板(腹板在异侧)

非对称筋板(腹板在异侧)如图 9.2.2 所示。按式(9.1.4)有：

$$p=p_{\min}\cosh(\beta x')$$

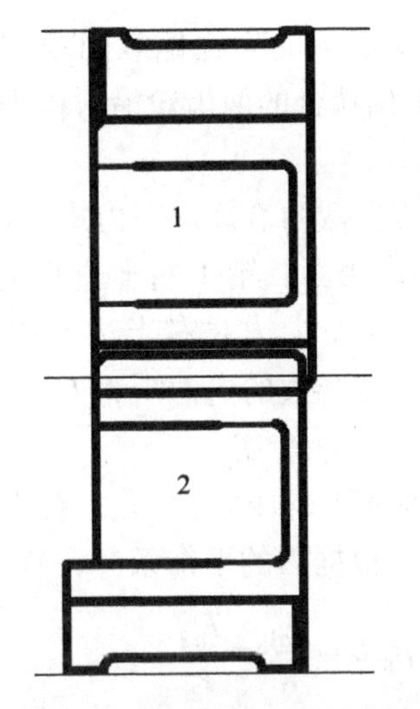

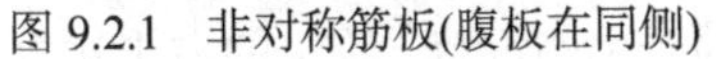

图 9.2.1　非对称筋板(腹板在同侧)

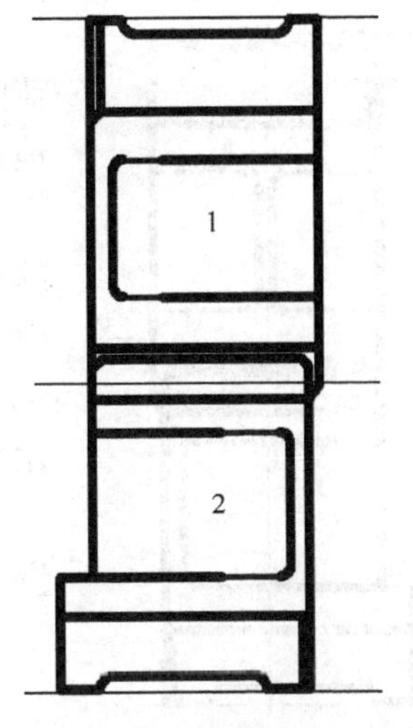

图 9.2.2　非对称筋板(腹板在异侧)

9.2.3　对称筋板(筋板在中间)

筋板居中如图 9.2.3 所示。如果两轮的筋板均在中间，对称地分成两半，就成为载荷作用于一端的情形。再用齿宽的一半代替原齿宽，得：

$$p_{\max}=\frac{p_{\mathrm{m}}\dfrac{B}{2}\beta}{\sinh\left(\beta\dfrac{B}{2}\right)}\cosh(\beta B)$$

$$=\frac{p_{\mathrm{m}}B\beta}{2\sinh\left(\beta\dfrac{B}{2}\right)}\cosh(\beta B)$$

$$p=p_{\max}\frac{\cosh(\beta x)}{\cosh\left(\beta\dfrac{B}{2}\right)}$$

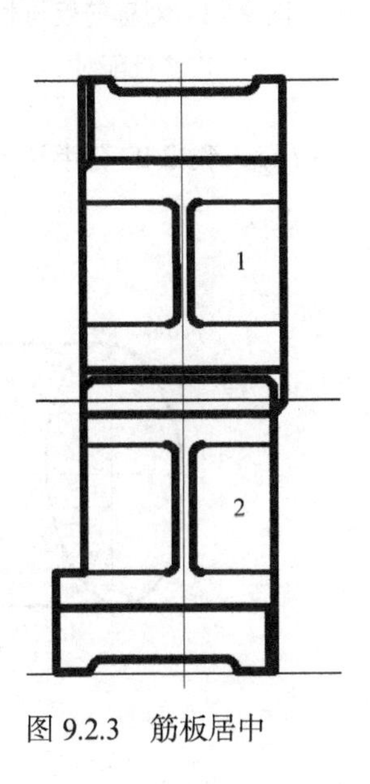

图 9.2.3　筋板居中

9.3　对称筋板与非对称筋板配对

很多齿轮传动中，大齿轮的腹板在中间，可以看成力矩作用于中间。小齿轮一般是整体的，或腹板在一边，可以看成力矩作用于一边。这是最难分析的一种筋板布置形式，如图 9.3.1 所示。

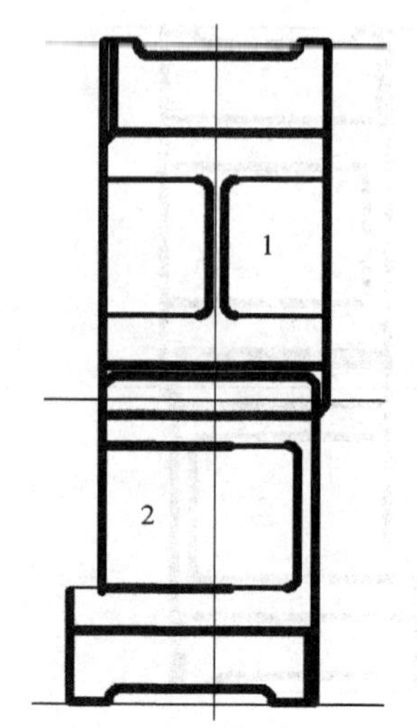

图 9.3.1　对称筋板与非对称筋板配对

为了分析这种情形下的齿轮偏载问题和齿轮载荷的分布规律，要把相啮合的两齿轮沿对称中心假想地截开，如图 9.3.2 所示。

取截面的时候要把截面恰好取在力矩 M_1 作用面的左边并紧靠 M_1 的作用面。轮 1 右半边对左半边的内力矩为 T_{n1}，则齿轮左半边对右半边的内力矩为 $-T_{n1}$。轮 2 右半边对左半边的内力矩为 T_{n2}，则齿轮左半边对右半边的内力矩为 $-T_{n2}$。

设左边部分的齿面平均压力为 p_{m}，右边部分的齿面平均压力为 q_{m}，根据力的平衡条件，有关系：

$$p_{\mathrm{m}}B=\frac{T_{n1}}{r_1}=\frac{T_{n2}}{r_2}$$

轮 1 右半边的受力情况为：轮 1 的右半边左侧受力矩 M_1-T_{n1}，轮 1 的右半边右侧受力矩为 0。齿轮 2 右半边的受力情况为：轮 2 的右半边左侧受力矩 $-T_{n2}$，轮 2 的右半边右侧受力矩 M_2。根据力的平衡条件，有：

$$q_{\mathrm{m}}B=\frac{M_1-T_{n1}}{r_1}=\frac{M_2-T_{n2}}{r_2}$$

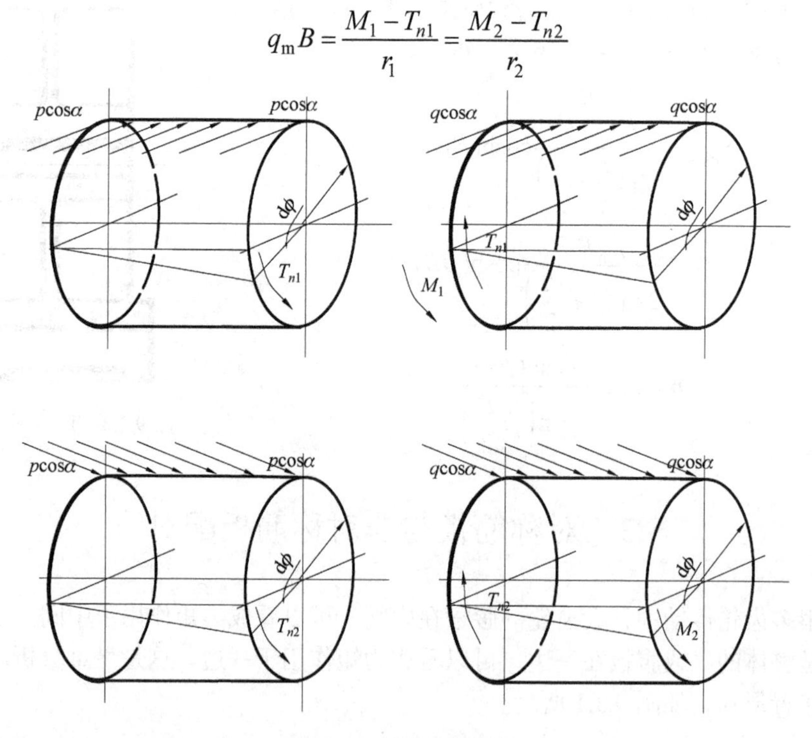

图 9.3.2　截面内力矩

设左边部分的齿面压力为 p，右边部分的齿面压力为 q，应分别满足如下微分方程：

$$p = E\sinh(\beta x) + F\cosh(\beta x)$$

$$q = G\sinh(\beta x) + H\cosh(\beta x)$$

下面确定解条件。左边部分的边界条件为：

$$x = -B\text{，}\quad \frac{\mathrm{d}p}{\mathrm{d}x} = 0 \tag{9.3.1}$$

$$x = 0\text{，}\quad \frac{\mathrm{d}p}{\mathrm{d}x} = \beta^2 p_{\mathrm{m}} B \tag{9.3.2}$$

右边部分的边界条件为：

$$x = 0\text{，}\quad \frac{\mathrm{d}q}{\mathrm{d}x} = \text{应满足的边界变形条件} \tag{9.3.3}$$

$$x = B\text{，}\quad \frac{\mathrm{d}q}{\mathrm{d}x} = \text{应满足的边界变形条件} \tag{9.3.4}$$

在左右结合部 $x = 0$ 处，齿体应该连续，$\phi_{\text{左}} = \phi_{\text{右}}$。而根据变形协调条件：

$$p = C\cos\alpha(r_1\phi_1 + r_2\phi_2)\text{，}\quad q = C\cos\alpha(r_1\phi_1 + r_2\phi_2)$$

所以：

$$x = 0\text{，}\quad p = q \tag{9.3.5}$$

由式(9.3.1)～式(9.3.5)可以求解 E, F, G, H 和 T_{n1} 共 5 个未知参数，因此方程组可解。

再对左边部分的求解。设 p 的解为：

$$p = E\sinh(\beta x) + F\cosh(\beta x)$$

式中：E, F 为待定常数。

待定系数与腹板的布置位置有关，内力扭矩同时在轮 1 和轮 2 右端，有：

$$x = -B\text{，}\quad \frac{\mathrm{d}\phi_1}{\mathrm{d}x} = \frac{\mathrm{d}\phi_2}{\mathrm{d}x} = 0$$

$$x = 0\text{，}\quad \frac{\mathrm{d}\phi_1}{\mathrm{d}x} = \frac{T_{n1}}{G_1 J_1}\text{，}\quad \frac{\mathrm{d}\phi_2}{\mathrm{d}x} = \frac{T_{n2}}{G_2 J_2}$$

对变形协调条件式微分一次，得：

$$\left(r_1\frac{\mathrm{d}\phi_1}{\mathrm{d}x} + r_2\frac{\mathrm{d}\phi_2}{\mathrm{d}x}\right)\cos\alpha = \frac{\mathrm{d}p}{\mathrm{d}x}\frac{1}{C}$$

故边界条件为：

$$x = -B\text{，}\quad \frac{\mathrm{d}p}{\mathrm{d}x} = 0$$

$$x=0\ ,\quad \frac{\mathrm{d}p}{\mathrm{d}x}=C\left(\frac{T_{n1}r_1}{G_1J_1}+\frac{T_{n2}r_2}{G_2J_2}\right)\cos\alpha$$

$$\frac{T_{n1}}{r_1}=\frac{T_{n2}}{r_2}=p_{\mathrm{m}}B\cos\alpha$$

故有：

$$x=0\ ,\quad \frac{\mathrm{d}p}{\mathrm{d}x}=C\left(\frac{r_1^2}{G_1J_1}+\frac{r_2^2}{G_2J_2}\right)p_{\mathrm{m}}B\cos^2\alpha=\beta^2p_{\mathrm{m}}B$$

$$\beta E+\beta\times 0=\beta^2p_{\mathrm{m}}B\ ,\quad E=\beta p_{\mathrm{m}}B$$

由 $x=-B$ ，$\frac{\mathrm{d}p}{\mathrm{d}x}=0$ ，得：

$$p\big|_{x=-B}=0$$

$$p'=\beta E\cosh(-\beta B)+\beta F\sinh(-\beta B)$$

$$\beta E\cosh(\beta B)-\beta F\sinh(\beta B)=0$$

$$F=\frac{E\cosh(\beta B)}{\sinh(\beta B)}=\beta p_{\mathrm{m}}B\frac{\cosh(\beta B)}{\sinh(\beta B)}$$

求出 E, F 两个待定系数，就可得到压力 p 的表达式：

$$\begin{aligned}p&=\beta p_{\mathrm{m}}B\sinh(\beta x)+\beta p_{\mathrm{m}}B\frac{\cosh(\beta B)}{\sinh(\beta B)}\cosh(\beta x)\\&=\frac{\beta p_{\mathrm{m}}B}{\sinh(\beta B)}[\sinh(\beta B)\sinh(\beta x)+\cosh(\beta B)\cosh(\beta x)]\\&=\frac{\beta p_{\mathrm{m}}B}{\sinh(\beta B)}\cosh[\beta(B+x)]\end{aligned}$$

$$p\big|_{x=0}=\frac{p_{\mathrm{m}}B\beta}{\sinh(\beta B)}\cosh(\beta B)$$

再求右边部分的载荷分布。如图 9.3.3 所示，根据力的叠加原理，可以把右边部分的受力分成两种受力状态的叠加。其一为由内力扭矩产生的齿面载荷 q_T ，其二为由外力扭矩产生的齿面载荷 q_M ，即：

$$q=q_T+q_M$$

$$q_T'\big|_{x=0}=-\beta^2q_{T\mathrm{m}}B$$

$$q_T'\big|_{x=B}=0$$

$$q_T'=\beta G\cosh(\beta x)+\beta H\sinh(\beta x)$$

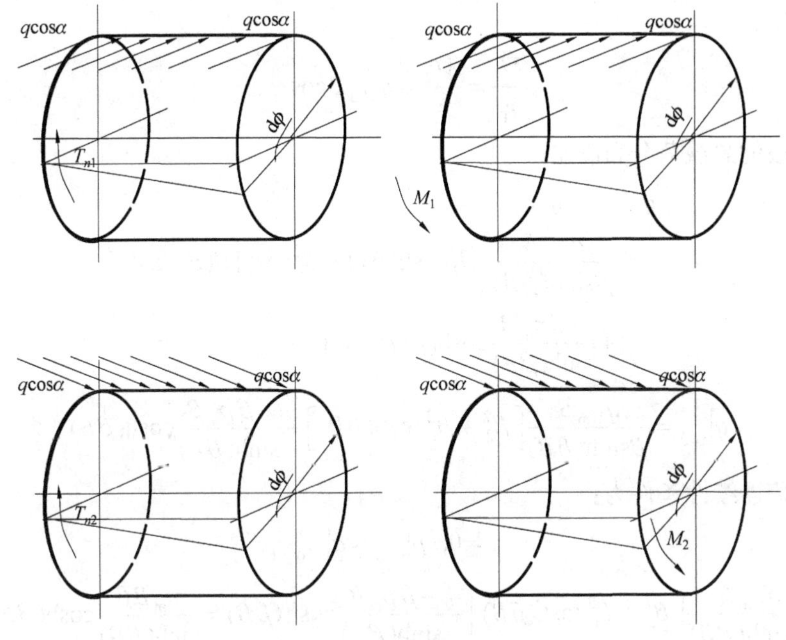

图 9.3.3　力的叠加原理

代入边界条件：

$$\beta G = -\beta^2 q_{T\mathrm{m}} B \text{，} \ G = -\beta q_{T\mathrm{m}} B$$

$$q'\big|_{x=B} = \beta G \cosh(\beta B) + \beta H \sinh(\beta B) = 0$$

$$H = -\frac{G\cosh(\beta B)}{\sinh(\beta B)} = \frac{\cosh(\beta B)}{\sinh(\beta B)} \beta q_{T\mathrm{m}} B$$

$$\begin{aligned} q_T &= -\beta q_{T\mathrm{m}} B \sinh(\beta x) + \frac{\cosh(\beta B)}{\sinh(\beta B)} \beta q_{T\mathrm{m}} \cosh(\beta x) \\ &= \frac{-\beta q_{T\mathrm{m}} B}{\sinh(\beta B)} [-\sinh(\beta x)\sinh(\beta B) + \cosh(\beta x)\cosh(\beta B)] \\ &= \frac{-\beta q_{T\mathrm{m}} B}{\sinh(\beta B)} \cosh[\beta(B - x)] \end{aligned}$$

$$\frac{T_{n1}}{r_1} = \frac{T_{n2}}{r_2} = q_{T\mathrm{m}} B \cos\alpha, \ q_{T\mathrm{m}} = p_\mathrm{m}$$

$$q_T == \frac{-\beta p_\mathrm{m} B}{\sinh(\beta B)} \cosh[\beta(B-x)] \text{，} \ q_T\big|_{x=0} == \frac{-\beta p_\mathrm{m} B}{\sinh(\beta B)} \cosh(\beta B)$$

而 q_M 与前面推导的一样，可以直接引用：

$$q_M = \frac{q_{M\mathrm{m}} B}{\beta \sinh(\beta B)} \{\beta_2^2 \cosh(\beta x) + \beta_1^2 \cosh[\beta(B-x)]\}$$

式中：

$$\frac{M_1}{r_1}=\frac{M_2}{r_2}=q_{M\mathrm{m}}B\cos\alpha$$

右段的总载荷分布满足：

$$\begin{aligned}q&=q_T+q_M\\&=\frac{q_{M\mathrm{m}}B}{\beta\sinh(\beta B)}\{\beta_2^2\cosh(\beta x)+\beta_1^2\cosh[\beta(B-x)]\}\\&\quad+\frac{-\beta p_{\mathrm{m}}B}{\sinh(\beta B)}\cosh[\beta(B-x)]\end{aligned}$$

$$q\big|_{x=0}=\frac{q_{M\mathrm{m}}B}{\beta\sinh(\beta B)}\left[\beta_2^2+\beta_1^2\cosh(\beta B)\right]+\frac{-\beta p_{\mathrm{m}}B}{\sinh(\beta B)}\cosh(\beta B)$$

位移连续性条件为：

$$x=0,\ p\big|_{x=0}=q\big|_{x=0}$$

$$\frac{q_{M\mathrm{m}}B}{\beta\sinh(\beta B)}\left[\beta_2^2+\beta_1^2\cosh(\beta B)\right]+\frac{-\beta p_{\mathrm{m}}B}{\sinh(\beta B)}\cosh(\beta B)=\frac{p_{\mathrm{m}}B\beta}{\sinh(\beta B)}\cosh(\beta B)$$

$$\frac{q_{M\mathrm{m}}B}{\beta\sinh(\beta B)}\left[\beta_2^2+\beta_1^2\cosh(\beta B)\right]=\frac{2p_{\mathrm{m}}B\beta}{\sinh(\beta B)}\cosh(\beta B)$$

由此求出内力矩 T_n。压力分布如图 9.3.4 所示，曲线 AB 为左半齿面由内力矩引起的载荷，曲线 CD 为右半齿面由内力矩引起的载荷，EF 是齿轮右半边由外力矩引起的载荷，BG 是 EF 与 CD 反向叠加形成的，是齿轮右半边由外力矩和内力矩引起的载荷，即最终的载荷。齿宽中部曲线连续但不光滑，这是由于作用集中力矩的缘故。

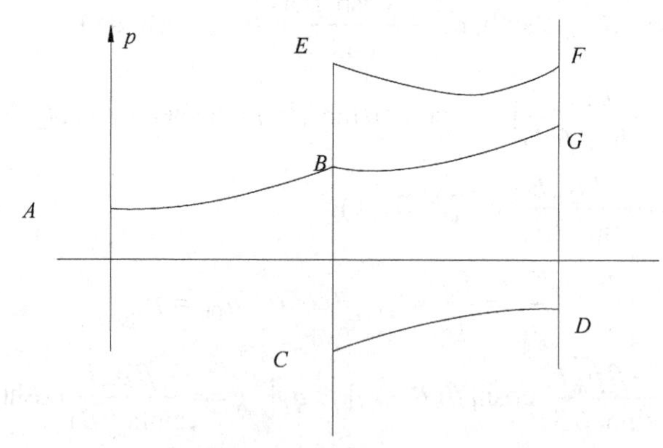

图 9.3.4　压力分布曲线

参考文献

范垂本. 齿轮强度与实验[M]. 北京: 机械工业出版社, 1997.

何兆太, 李国顺, 刘鹄然. 齿轮扭转偏载的基本方程[J]. 机械设计, 2002,19(5): 57-58.

雷保珍, 李大庆, 王训伟, 等. 面齿轮副啮合性能预控方法及试验[J]. 航空动力学报, 2014, 29(7): 1752-1760.

刘鹄然, 胡庆夕. 悬置螺母的最佳轴截面曲线[J]. 机械, 1997, 42(5): 30-31.

刘鹄然. 齿轮在复合啮合下的偏载计算[J]. 机械, 1997, 35(2): 32-35.

罗才旺, 唐进元, 陈思雨. 齿向鼓形修形及偏载对齿轮传动特性的影响研究[J]. 机械科学与技术, 2011, 30(8): 1332-1342.

盛钢, 沈云波. 斜齿轮高阶传动误差设计与分析[J]. 西安工业大学学报, 2010, 30(4): 325-328.

杨素芬, 贺敬良, 董和媛. 基于 MASTA 的齿轮微观修形研究[J]. 北京信息科技大学学报: 自然科学版, 2012, 27(4): 89-92.

周建军, 刘鹄然, 楼易. 复杂曲面高效精密数控加工[M]. 杭州: 浙江大学出版社, 2014.

周建军, 刘鹄然, 楼易. 密切接触理论在机械工程中的应用[M]. 杭州: 浙江大学出版社, 2013.

朱传敏, 宋孔杰, 田志仁.齿轮修形的优化设计与试验研究[J]. 机械工程学报, 1998, 34(4): 63-68.

朱孝录, 鄂中凯. 齿轮承载能力分析[M]. 北京: 高等教育出版社, 1987.

Dwyer-Joyce R S, Drinkwater B W. In situ measurement of contact area and pressure distribution in machine elements[J]. Tribology Letters, 2003, 14(1): 41-52.

Guilbault R, Gosselin C, Cloutier L. Helical gears, effects of tooth deviations and tooth modifications on load sharing and fillet stresses[J]. Journal of Mechanical Design, 2006, 128(2): 444-456.

Ing D, Kissling U, Kisssoft A, et al. Determination of the optimum flank line modifications for gear pairs and for planetary stages[J]. EES-KISSsoft Gmbh, 1999, (3): 130-136.

ISO:6336, Part 1: Basic Principles for the Calculation of Load Capacity of Spur and Helical gears[S], 2006.

Schulze T, Hartmann-Gerlach C, Schlecht B. Calculation of load distribution in planetary gears for an effective gear design process[R]. Technical University of Dresden, October, 2010.

Miller D L, Marshek K M, Naji M R. Determination of load distribution in a threaded connection[J]. Mechanism and Machine Theory, 1983, 18(6): 421-430.

Mohamad E N, Komori M, Murakami H, et al. Effect of convex tooth flank form deviation on the characteristics of transmission error of gears considering elastic deformation[J]. Journal of Mechanical Design, 2010, 132(10): 101005.

Rademacher J. Ermittlung von Lastverteilungsfaktoren für Stirnradgetrieben[J]. Ind-Anz, 1967, 89(17): 31-34.

Timmers J. Der Einfluss Fertigungstechnisch-und Lastbedingter Achsversetzungen in Stirnradgetrieben auf die Zahnverformung[J]. Ind-Anz, 1965, 87(1): 1771-1778.

Velex P, Maatar M. A mathematical model for analyzing the influence of shape deviations and mounting errors on gear dynamic behavior[J]. Sound and Vibration, 1996, 191(5): 629-660.

Wei J, Sun W, Wang L C. Effects of flank deviation on load distributions for helical gear [J]. Journal of Mechanical Science and Technology, 2011, 25(7): 1781-1789.

Часовников Лев Дмитриевич. Передачи зацеплением зубчатые и червячные[M]. Москва: Машгиз, 1961. (Часовников Лев Дмитриевич. 齿轮传动之齿轮与蜗杆[M]. 莫斯科: 机械出版社, 1961.)